市政工程工程量清单
分部分项计价与预算定额计价对照
实 例 详 解

土石方工程
道路工程
桥涵护岸工程

工程造价员网校 编

中国建筑工业出版社

图书在版编目（CIP）数据

市政工程工程量清单分部分项计价与预算定额计价对照实例详解. 1/工程造价员网校编. —北京：中国建筑工业出版社，2009
ISBN 978-7-112-10886-2

Ⅰ.市… Ⅱ.工… Ⅲ.①市政工程—工程造价②市政工程—建筑预算定额 Ⅳ.TU723.3

中国版本图书馆 CIP 数据核字（2009）第 050833 号

本书按照《全国统一市政工程预算定额》的章节，结合《建设工程工程量清单计价规范》（GB 50500—2008）中"市政工程工程量清单项目及计算规则"，以一例一图一解的方式，对市政工程各分项的工程量计算方法作了较详细的解释说明。本书最大的特点是实际操作性强，便于读者解决实际工作中经常遇到的难点。

* * *

责任编辑：刘　江　周世明
责任设计：董建平
责任校对：王金珠　关　健

**市政工程工程量清单
分部分项计价与预算定额计价对照实例详解**

❶

土石方工程
道路工程
桥涵护岸工程

工程造价员网校　编

*

中国建筑工业出版社出版、发行（北京西郊百万庄）
各地新华书店、建筑书店经销
北京红光制版公司制版
北京富生印刷厂印刷

*

开本：787×1092 毫米　1/16　印张：31　字数：774 千字
2009 年 7 月第一版　2011 年 10 月第三次印刷
印数：4001—5000 册　定价：**64.00 元**
ISBN 978-7-112-10886-2
（18127）

版权所有　翻印必究
如有印装质量问题，可寄本社退换
（邮政编码 100037）

编 委 会

主　编　张国栋

参　编　张国强　牛舍妮　张瑞宪　张文立　张国升
　　　　　李爱琴　张文甫　张小颖　张国林　王巧英
　　　　　付慧艳　张路平　张建国　高巧风　张建民
　　　　　张根琴　王新州　王　伟　王　妮　张喜房
　　　　　张国安　李小金　张志刚　张志军　张国武
　　　　　张志玲　张书娟　张国红　张二琴　张国彦
　　　　　张二国　张国勤　张根琴　王新州　张志伟
　　　　　文学红

前 言

为了推动《建设工程工程量清单计价规范》(GB 50500—2008)实施,帮助造价工作者提高实际操作水平,我们特组织编写此书。

本书按照《全国统一市政工程预算定额》的章节编写,编写时参考《建设工程工程量清单计价规范》(GB 50500—2008)中"市政工程工程量清单项目及计算规则",以实例阐述各分项工程的工程量计算方法,同时也简要说明了定额与清单的区别,其目的是帮助工作人员解决实际操作问题,提高工作效率。

本书与同类书相比,其显著特点是:

(1) 内容全面,针对性强,且项目划分明细,以便读者有目标性地学习。

(2) 实际操作性强,书中主要以实例说明实际操作中的有关问题及解决方法,便于提高读者的实际操作水平。

本书在编写过程中得到了许多同行的支持与帮助,借此表示感谢。由于编者水平有限和时间的限制,书中难免有错误和不妥之处,望广大读者批评指正。如有疑问,请登录 www.gclqd.com(工程量清单计价网)或 www.jbjsys.com(基本建设预算网)或 www.gczjy.com(工程造价员网校)或发邮件至 dlwhgs@tom.com 与编者联系。

编 者

目 录

第一章 土石方工程 (D.1) …………………………………………………… 1
 第一节 分部分项实例 …………………………………………………… 1
 第二节 综合实例 ………………………………………………………… 56
第二章 道路工程 (D.2) …………………………………………………… 133
 第一节 分部分项实例 ………………………………………………… 133
 第二节 综合实例 ……………………………………………………… 200
 附 录 道路工程工程量清单设置与计价举例 ……………………… 271
第三章 桥涵护岸工程 (D.3) …………………………………………… 288
 第一节 分部分项实例 ………………………………………………… 288
 第二节 综合实例 ……………………………………………………… 383

第一章 土石方工程(D.1)

第一节 分部分项实例

项目编码：040101001   项目名称：挖一般土方

【例1】 某沟槽的示意图如图1-1所示，槽长25m，采用人工挖土，土质为四类土，试计算该沟槽的挖土方工程量。

【解】（1）根据清单计算规则，由于该沟槽长为25m，大于3倍槽宽，底面积在150m² 以上，应按一般土方040101001计算其工程量。

按设计图示开挖线以体积计算 $V = 7.4 \times 2 \times 25 = 370 m^3$

清单工程量计算见下表：

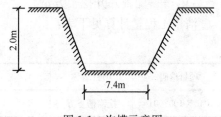

图1-1 沟槽示意图

清单工程量计算表

项目编码	项目名称	项目特征描述	计量单位	工程量
040101001001	挖一般土方	四类土，深2m	m³	370

（2）根据定额计算规则，沟槽底宽在7m以外，底长大于底宽3倍，底面积在150m²以上，应按挖土方计算。

$$K=0.25 \quad V=(2.0 \times 0.25 + 7.4) \times 2.0 \times 25 m^3 = 395 m^3$$

项目编码：040101002   项目名称：挖沟槽土方

【例2】 某市政工程埋设一排水管道，管道为混凝土管，管外径300mm，管长200m，圆形检查井外半径2.0m，开挖管道沟槽的断面图如图1-2所示，平面图如图1-3所示，采用人工开挖，土质为三类土，试计算其挖土方工程量。

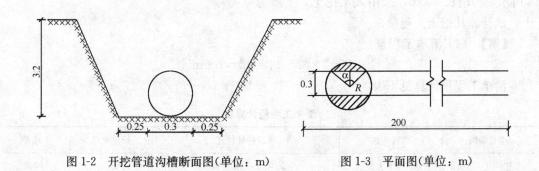

图1-2 开挖管道沟槽断面图(单位：m)   图1-3 平面图(单位：m)

【解】（1）清单工程量：

$$V_1 = 0.8 \times 3.2 \times 200 \text{m}^3 = 512 \text{m}^3$$

$$V_2 = 2 \times \left(\frac{\pi}{180} \times \alpha R^2 - 2 \times \sqrt{R^2 - 0.15^2} \times 0.15 \times \frac{1}{2}\right) \times 3.2 \text{m}^3$$

$$= 2 \times \left(\frac{\pi}{180} \times \arccos \frac{0.15}{2} \times 2^2 - 2 \times \sqrt{2^2 - 0.15^2} \times 0.15 \times \frac{1}{2}\right) \times 3.2 \text{m}^3$$

$$= 2 \times (5.98 - 0.30) \times 3.2 \text{m}^3$$

$$= 36.35 \text{m}^3$$

$$V = V_1 + V_2 = (512 + 36.35) \text{m}^3 = 548.35 \text{m}^3$$

式中 V——总挖土方量；

V_1——挖管道沟槽土方量；

V_2——检查井开挖土方量。

清单工程量计算见下表：

清单工程量计算表

项目编码	项目名称	项目特征描述	计量单位	工程量
040101002001	挖沟槽土方	三类土，深3.2m	m³	548.35

（2）定额工程量：

查定额中放坡系数表可得：

$$K = 0.33$$

$$V = [(3.2 \times 0.33 + 0.8) \times 3.2 \times (200 - 4) + \pi \times 2^2 \times 3.2] \text{m}^3$$

$$= (1164.08 + 40.21) \text{m}^3 = 1204.29 \text{m}^3$$

说明：管道沟槽土方量计算按清单计算时，应按地面线以下的构筑物最大水平投影面积乘以平均挖土深度计算，井位挖方清单工程量必须扣除与管沟重叠部分的分量。按定额计算时其土方量按体积计算，检查井接口等处需加宽沟槽而增加的土方量不另行计算。

项目编码：040101002 **项目名称：挖沟槽土方**

【例3】 某沟槽不放坡，双面支挡土板，混凝土基础支模板，预留工作面0.3m，其断面图如图1-4所示，沟槽长100m，采用人工挖土，土质为二类土，试计算其挖土工程量。

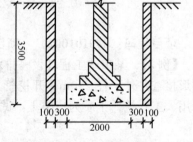

图1-4 沟槽断面图

【解】（1）清单工程量：

$$V = 2 \times 3.5 \times 100 \text{m}^3 = 700 \text{m}^3$$

清单工程量计算见下表：

清单工程量计算表

项目编码	项目名称	项目特征描述	计量单位	工程量
040101002001	挖沟槽土方	二类土，深3.5m	m³	700

(2) 定额工程量。

$$V=(0.1\times 2+0.3\times 2+2)\times 3.5\times 100\text{m}^3=980\text{m}^3$$

项目编码：040101003　　项目名称：挖基坑土方

【例4】 某构筑物基础为满堂基础，其基坑采用矩形放坡，不支挡土板，留工作面0.3m，其基坑示意图如图1-5、图1-6所示，基础长宽方向的外边线尺寸为15.3m和10.6m，挖深4.5m，放坡按1∶0.5放坡，人工开挖，试求其开挖的土方工程量。

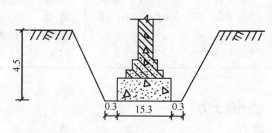
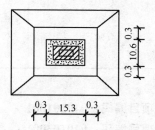

图1-5 基坑断面图(单位：m)　　　　图1-6 基坑平面图(单位：m)

【解】(1) 清单工程量：

$$V=15.3\times 10.6\times 4.5\text{m}^3=729.81\text{m}^3$$

清单工程量计算见下表：

清单工程量计算表

项目编码	项目名称	项目特征描述	计量单位	工程量
040101003001	挖基坑土方	挖深4.5m	m³	729.81

(2) 定额工程量：

方形放坡地坑计算式：$V=(a+2c+kh)(b+2c+kh)\times h+\dfrac{1}{3}k^2h^3$

坑深4.5，放坡系数$K=0.5$，查表1-1角锥体积为7.59m³

$$\begin{aligned}V&=\Big[(15.3+0.3\times 2+0.5\times 4.5)\times(10.6+0.3\times 2+0.5\times 4.5)\\&\quad\times 4.5+\dfrac{1}{3}\times 0.5^2\times 4.5^3\Big]\text{m}^3\\&=(18.15\times 13.45\times 4.5+7.59)\text{m}^3\\&=1106.12\text{m}^3\end{aligned}$$

说明：清单工程量计算以构筑物最大水平投影面积乘以坑底到地面的平均深度计算，而定额按图示尺寸以体积计算其工程量。

地坑放坡时四角的角锥体体积表(单位：m³)　　　　表1-1

放坡系数(K) 坑深(m)	0.10	0.25	0.33	0.5	0.67	0.75	1.00
4.00	0.21	1.33	2.32	5.33	9.58	12.00	21.33
4.10	0.23	1.44	2.50	5.74	10.31	12.92	22.97
4.20	0.25	1.54	2.69	6.17	11.09	13.89	24.69

续表

放坡系数(K) 坑深（m）	0.10	0.25	0.33	0.5	0.67	0.75	1.00
4.30	0.27	1.66	2.89	6.63	11.90	14.91	26.50
4.40	0.28	1.78	3.09	7.10	12.75	15.97	28.39
4.50	0.30	1.90	3.31	7.59	13.64	17.09	30.38
4.60	0.32	2.03	3.53	8.11	14.56	18.25	32.45
4.70	0.35	2.16	3.77	8.65	15.54	19.47	34.61
4.80	0.37	2.30	4.01	9.22	16.55	20.74	36.86
4.90	0.39	2.45	4.27	9.80	17.60	22.06	39.21
5.00	0.42	2.60	4.54	10.42	18.70	23.44	41.67

项目编码：040101001　　　项目名称：挖一般土方
项目编码：040103001　　　项目名称：填方
项目编码：040103002　　　项目名称：余方弃置

【例5】　某市修建一大型中心广场，其场地方格网如图1-7所示，方格边长 $a=50\mathrm{m}$，试计算其土方量（三类土，填方密实度为95%，余土运至3km处弃置）。

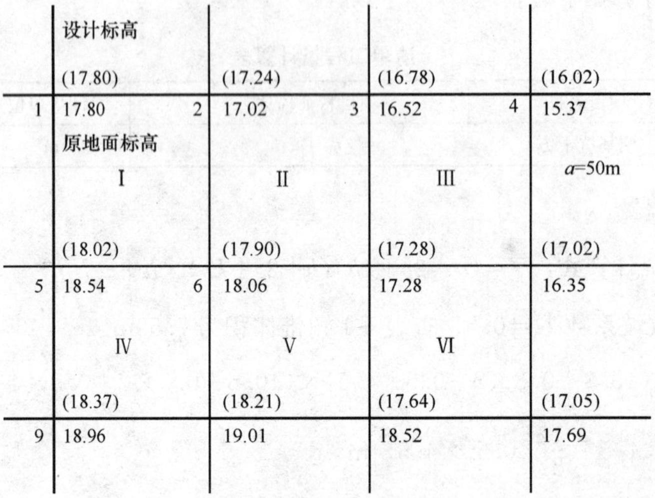

	设计标高			
	(17.80)	(17.24)	(16.78)	(16.02)
1　　　　　2	17.80　　　　17.02	3 16.52	4 15.37	
	原地面标高			$a=50\mathrm{m}$
	Ⅰ	Ⅱ	Ⅲ	
	(18.02)	(17.90)	(17.28)	(17.02)
5　　　　　6	18.54　　　　18.06	17.28	16.35	
	Ⅳ	Ⅴ	Ⅵ	
	(18.37)	(18.21)	(17.64)	(17.05)
9	18.96	19.01	18.52	17.69

图1-7　场地方格网坐标图

【解】　(1)清单工程量：
1) 计算施工高程：（图1-8）　施工高程＝地面实测标高－设计标高
2) 确定零线
计算零点边长

$$X=\frac{ah_1}{h_1+h_2}$$

方格Ⅵ中：$h_1=-0.67\mathrm{m}$　$h_2=0.64\mathrm{m}$　$a=50\mathrm{m}$

代入公式 $x=\dfrac{50\times 0.67}{0.67+0.64}\mathrm{m}=25.57\mathrm{m}$

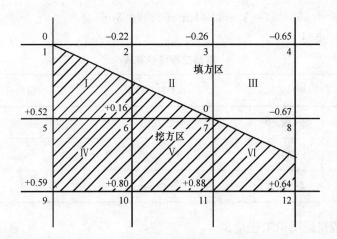

图 1-8 施工高程计算图

$$a-x=(50-25.57)\text{m}=24.43\text{m}$$

方格 I 中：$h_1=-0.22\text{m}$　$h_2=0.16\text{m}$　$a=50\text{m}$

代入公式 $x=\dfrac{50\times 0.22}{0.22+0.16}\text{m}=28.95\text{m}$

$$a-x=21.05\text{m}$$

3) 计算土方量

方格 I、II 底面为两个三角形：

① 三角形 137：$V_{填}=\dfrac{1}{6}\times 0.26\times 50\times 100\text{m}^3=216.67\text{m}^3$

② 三角形 157：$V_{挖}=\dfrac{1}{6}\times 0.52\times 50\times 100\text{m}^3=433.33\text{m}^3$

方格 III、IV、V 底面为正方形公式：$V=\dfrac{a^2}{4}(h_1+h_2+h_3+h_4)=\dfrac{a^2}{4}\sum h$

① III：$V_{填}=\dfrac{50^2}{4}\times(0.26+0.65+0.67)\text{m}^3=987.5\text{m}^3$

② IV：$V_{挖}=\dfrac{50^2}{4}\times(0.52+0.16+0.59+0.8)\text{m}^3=1293.75\text{m}^3$

③ V：$V_{挖}=\dfrac{50^2}{4}\times(0.16+0.8+0.88)\text{m}^3=1150\text{m}^3$

方格 VI 底面为一个三角形和一个梯形：

① 三角形：$V_{填}=\dfrac{1}{6}\times 0.67\times(50\times 25.57)\text{m}^3=142.77\text{m}^3$

② 梯形：$V_{挖}=\dfrac{1}{8}\times(50+24.43)\times 50\times(0.64+0.88)\text{m}^3=707.09\text{m}^3$

4) 全部挖方量：$\sum V_{挖}=(433.33+1293.75+1150+707.09)\text{m}^3=3584.17\text{m}^3$

全部填方量：$\sum V_{填}=(216.67+987.5+142.77)\text{m}^3=1346.94\text{m}^3$

余土弃运：$V = (3584.17 - 1346.94)\text{m}^3 = 2237.23\text{m}^3$

清单工程量计算见下表：

清单工程量计算表

序号	项目编码	项目名称	项目特征描述	计量单位	工程量
1	040101001001	挖一般土方	三类土	m³	3584.17
2	040103001001	填方	密实度95%	m³	1346.94
3	040103002001	余方弃置	运距3km	m³	2237.23

(2) 定额工程量同清单工程量。

项目编码：040101004　　项目名称：竖井挖土方

【例6】 某隧道工程采用竖井增加工作面，竖井深度为100m，竖井直径为5m，其断面图与平面图如图1-9、图1-10所示。采用人工开挖，土质为四类土，井内衬砌厚度为25cm，试计算其挖土方工程量。

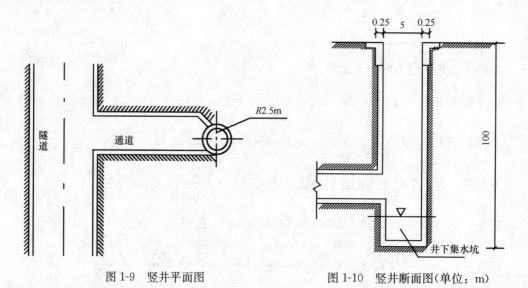

图1-9　竖井平面图　　　　图1-10　竖井断面图(单位：m)

【解】 (1) 清单工程量：
$$V = \pi \times (2.5 + 0.25)^2 \times 100 \text{m}^3 = 2374.63 \text{m}^3$$

清单工程量计算见下表：

清单工程量计算表

项目编码	项目名称	项目特征描述	计量单位	工程量
040101004001	竖井挖土方	四类土，深100m	m³	2374.63

(2) 定额工程量同清单工程量。

项目编码：040101003　项目名称：挖基坑土方

【例7】 一基础底部尺寸为30m×40m，埋深为－3.70m，如图1-11所示，基坑底部尺寸每边比基础底部放宽0.8m，原地面线平均标高为－0.530m，地下水位为－1.500m，已知－8.000m以上为黏质粉土，－8.000m以下为不透水黏土层，基坑开挖为四面放坡，边坡坡度为1：0.25。采用轻型井点降水，试计算该基础的挖土方工程量。

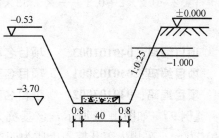

图1-11　基坑示意图（单位：m）

【解】（1）清单工程量：

$$V = 30 \times 400 \times (3.7 - 0.53) \text{m}^3$$
$$= 3804 \text{m}^3$$

清单工程量计算见下表：

清单工程量计算表

项目编码	项目名称	项目特征描述	计量单位	工程量
040101003001	挖基坑土方	黏土，深3.17m	m³	3804

（2）定额工程量：

$$V = \{[40 + 2 \times 0.8 + 0.25 \times (3.7 - 0.53)] \times [(30 + 2 \times 0.8 + 0.25$$
$$\times (3.7 - 0.53)] \times (3.7 - 0.53) + \frac{1}{3} \times 0.25^2 \times (3.7 - 0.53)^3\} \text{m}^3$$
$$= 4353.70 \text{m}^3$$

说明：采用井点降水的土方应按干土计算。

项目编码：040101002　项目名称：挖沟槽土方

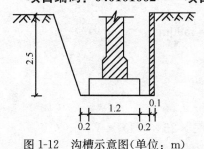

图1-12　沟槽示意图（单位：m）

【例8】 如图1-12所示，某沟槽长150m，槽深2.5m，人工开挖，三类土，混凝土垫层宽1.20m，砖石基础，一面放坡，一面支挡板，求挖沟槽土方体积。

【解】 人工开挖三类土，查表得放坡系数 $K = 0.33$

砖石基础增加工作面宽查表为 $C = 0.2$m

（1）清单工程量：

$$V = 1.2 \times 2.5 \times 150 \text{m}^3 = 450 \text{m}^3$$

清单工程量计算见下表：

清单工程量计算表

项目编码	项目名称	项目特征描述	计量单位	工程量
040101002001	挖沟槽土方	三类土，深2.5m	m³	450.00

（2）定额工程量：

$$\left(1.2+0.2\times 2+0.1+\frac{1}{2}\times 0.33\times 2.5\right)\times 2.5\times 150\mathrm{m}^3=792.19\mathrm{m}^3$$

项目编码：040101003   项目名称：挖基坑土方
项目编码：040103001   项目名称：填方
项目编码：040103002   项目名称：余方弃置

【例9】 如图1-13所示，该基坑为矩形放坡，不支挡土板，留工作面，室外标高为 −0.300m，采用人工开挖，土质为四类，求该基坑的挖土工程量，回填土工程量，取土或余土外运工程量（填方密实度为95%，余土运至3km处弃置）。

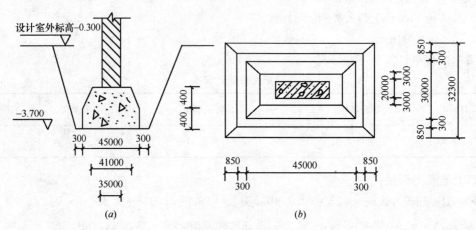

图1-13 基坑示意图
(a) 断面图；(b) 平面图

【解】 由人工开挖四类土可知 $K=0.25$

(1) 清单工程量：

1) 挖土工程量

$$V_1=45\times 30\times (3.7-0.3)\mathrm{m}^3=4590\mathrm{m}^3$$

2) 填土工程量

$$\frac{x}{x+0.4}=\frac{41}{45} \quad x=4.1\mathrm{m} \quad x+0.4=4.5$$

$$V_2=\left\{4590-\left[45\times 30\times 0.4+\frac{1}{3}\times (45\times 30\times 4.5-41\times 26\times 4.1)\right.\right.$$

$$\left.\left.+35\times 20\times (3.7-0.3-0.8)\right]\right\}\mathrm{m}^3$$

$$=\left\{5194.49-\left[540+\frac{1}{3}\times (6075-4370.6)+1820\right]\right\}\mathrm{m}^3$$

$$=1161.87\mathrm{m}^3$$

3) 余土外运工程量

$$V_3=(4590-1161.87)\mathrm{m}^3=3428.13\mathrm{m}^3$$

清单工程量计算见下表：

清单工程量计算表

序号	项目编码	项目名称	项目特征描述	计量单位	工程量
1	040101003001	挖基坑土方	四类土，深3.4m	m³	4590.00
2	040103001001	填方	密实度95%	m³	1161.87
3	040103002001	余方弃置	运距3km	m³	3428.13

(2) 定额工程量：

1) 挖土工程量

$$V_1 = \{[45+2\times0.3+0.25\times(3.7-0.3)]\times[30+2\times0.3$$
$$+0.25\times(3.7-0.3)]\times(3.7-0.3)+\frac{1}{3}\times0.25^2\times(3.7-0.3)^3\}\text{m}^3$$
$$=(46.45\times31.45\times3.4+0.82)\text{m}^3$$
$$=4967.72\text{m}^3$$

2) 填土工程量

$$V_2 = \{4967.72-[45\times30\times0.4+\frac{1}{3}\times(45\times30\times4.5-41\times26\times4.1)$$
$$+35\times20\times(3.7-0.3-0.8)]\}\text{m}^3=2039.59\text{m}^3$$

3) 余土外运工程量

$$V_3=(4967.72-2039.59)\text{m}^3=2928.13\text{m}^3$$

【例10】 根据图1-14计算人工平整场地工程量。

【解】 (1) 定额工程量：

$$S_平=S_底+2L_外+16$$

代入数据计算得

$$S_平=[20\times10+(10\times2+20\times2)\times2.0+16]\text{m}^2$$
$$=(200+120+16)\text{m}^2=336\text{m}^2$$

(2) 清单工程量同定额工程量。

说明：平整场地是指建筑物或构筑物场地厚度在±30cm以内的场地挖填土及找平工作，平整场地工程量按建筑物首层建筑面积计算。

上式中 $S_底$ 为底层建筑面积(m²)，$L_外$ 为外墙外边线周长(m)。

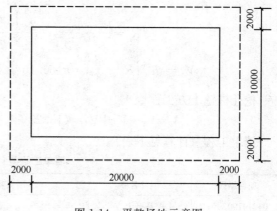

图1-14 平整场地示意图

项目编码：040101003   项目名称：挖基坑土方

【例11】 某桥梁工程中采用挖孔桩，其结构示意图如图1-15、图1-16所示，试计算该挖孔桩的土方工程量(三类土)。

【解】 (1) 清单工程量：

1) 桩身部分

$$V_1=\pi r^2 H=\pi\times\left(\frac{1.25}{2}\right)^2\times10.8\text{m}^3=13.25\text{m}^3$$

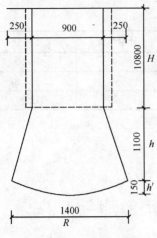

图 1-15 挖孔桩示意图

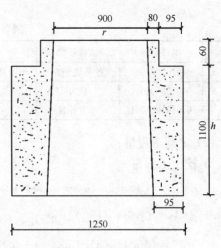

图 1-16 挖孔桩结构示意图

2) 圆台部分

$$V_2 = \frac{1}{3}\pi h(r^2 + R^2 + rR)$$
$$= \frac{\pi}{3} \times 1.1 \times \left[\left(\frac{0.9}{2}\right)^2 + \left(\frac{1.4}{2}\right)^2 + \frac{0.9}{2} \times \frac{1.4}{2}\right] m^3$$
$$= 1.06 m^3$$

3) 球冠部分

$$R' = \frac{R^2 + h'^2}{2h'} = \frac{\left(\frac{1.4}{2}\right)^2 + 0.15^2}{2 \times 0.15} m = 1.71 m$$

$$V_3 = \pi h'^2 \left(R' - \frac{h'}{3}\right) = \pi \times 0.15^2 \times \left(1.71 - \frac{0.15}{3}\right) m^3 = 0.12 m^3$$

挖孔桩挖土方工程量

$$V = V_1 + V_2 + V_3 = (13.25 + 1.06 + 0.12) m^3 = 14.43 m^3$$

清单工程量计算见下表：

清单工程量计算表

项目编码	项目名称	项目特征描述	计量单位	工程量
040101003001	挖基坑土方	三类土	m³	14.43

(2) 定额工程量同清单工程量。

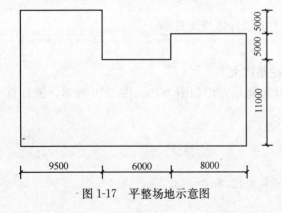

图 1-17 平整场地示意图

【例 12】 根据图 1-17 计算人工平整场地工程量。

【解】 清单工程量：

该建筑物底层面积为：

$$S_d = (9.5 \times 21 + 6 \times 11 + 8 \times 16) m^2$$
$$= 393.5 m^2$$

场地平整按每边各增加 2m 范围的面积计算，则：

$$L_{外} = (21 + 23.5 + 5) \times 2 m^2 = 99 m^2$$

$$S_{平}=S_{d}+2L_{外}+16=(393.5+2\times99+16)\text{m}^2=607.5\text{m}^2$$

项目编码：040101001　　项目名称：挖一般土方

项目编码：040103001　　项目名称：填方

【例13】 某市四号道路一段修筑起点 K1+200，终点 K1+325，如图 1-18 所示，路面采用沥青混凝土铺筑，路面宽度 16m，路肩各宽 1.5m，土质为三类土，余方运至 5km 处弃置，填方要求密实度达到 95%，试用横断面法计算该段道路的土方量。

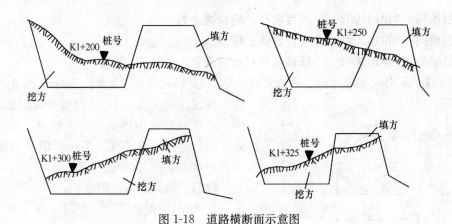

图 1-18　道路横断面示意图

【解】 （1）清单工程量：

各个截面面积可套用公式计算，如：

$$F=h\left[b+\frac{h(m+n)}{2}\right]\text{（图 1-19）}$$

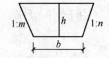

图 1-19

设备桩号的填（挖）方横断面积见表 1-2，

可根据公式 $V=\frac{1}{2}(F_1+F_2)\times L$ 计算土方量，例如：K1+200 挖方 16.2m²，填方 7.4m²，K1+250 挖方 8.7m²，填方 6.8m²，$L=50$m。

则 $V_{挖方}=\frac{1}{2}\times(16.2+8.7)\times50\text{m}^3=622.5\text{m}^3$

$V_{填方}=\frac{1}{2}\times(7.4+6.8)\times50\text{m}^3=355\text{m}^3$

土方量计算表　　　　　　　　　　　　表 1-2

桩号	土方面积(m²)		平均面积(m²)		距离(m)	土方量(m³)	
	挖方	填方	挖方	填方		挖方	填方
K1+200	16.2	7.4	12.45	7.1	50	622.5	355
K1+250	8.7	6.8	9.1	3.4	50	455	170
K1+300	9.5						
K1+325		3.2	4.75	1.6	25	118.75	40

清单工程量计算见下表：

清单工程量计算表

序号	项目编码	项目名称	项目特征描述	计量单位	工程量
1	040101001001	挖一般土方	三类土	m³	622.5
2	040103001001	填方	密实度95%	m³	355

(2) 定额工程量同清单工程量。

项目编码：040101002　　项目名称：挖沟槽土方
项目编码：040103001　　项目名称：填方
项目编码：040103002　　项目名称：余方弃置

【例14】某市政工程埋设一污水管道，管外径1500mm，管道长250m，采用混凝土管，埋设深度为2.5m，其沟槽示意图如图1-20所示，求该管道沟槽的挖土工程量，填土工程量，余方运土工程量（三类土，填土密实度达95%，余方运至2km处弃置）。

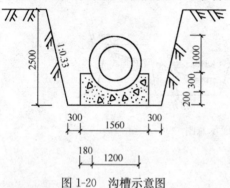

图1-20　沟槽示意图

【解】(1) 清单工程量：
1) 挖土工程量

$$V_1 = 1.56 \times 2.5 \times 250 \text{m}^3$$
$$= 975 \text{m}^3$$

2) 填土工程量

由于混凝土管外径大于500mm，因此其填土扣除管体积可查表得1.55m³/m。

$$\text{管座截面积} = \left[1.56 \times 0.5 - \frac{2\arccos\frac{0.45}{0.75}}{180°} \times \frac{1}{2}\pi \times 0.75^2 + \frac{1}{2} \times 1.2 \times 0.45 \right] \text{m}^2$$
$$= 0.53 \text{m}^2$$

管回填土体积

$$V_2 = (975 - 1.55 \times 250 - 0.53 \times 250) \text{m}^3 = 455 \text{m}^3$$

3) 余方运土工程量

$$V_3 = (975 - 455) \text{m}^3 = 520 \text{m}^3$$

清单工程量计算见下表：

清单工程量计算表

序号	项目编码	项目名称	项目特征描述	计量单位	工程量
1	040101002001	挖沟槽土方	三类土，深2.5m	m³	975
2	040103001001	填方	密实度95%	m³	455
3	040103002001	余方弃置	运距2km	m³	520

(2) 定额工程量:

1) 挖土工程量

$$V_1=(1.56+0.3\times2+2.5\times0.33)\times2.5\times250\text{m}^3=1865.63\text{m}^3$$

2) 填土工程量

$$V_2=[1865.63-(0.53+1.55)\times250]\text{m}^3=1345.63\text{m}^3$$

3) 余方运土工程量

$$V_3=(1865.63-1345.63)\text{m}^3=520\text{m}^3$$

项目编码: 040101002   项目名称: 挖沟槽土方
项目编码: 040103001   项目名称: 填方

【例15】 某项给水排管工程,管径为1000mm,排管长度500m,梯形沟槽,挖土深度为3.7m,如图1-21所示,采用机械挖土,在城郊施工,求该工程中的土方工程部分的工程量(填土密实度95%)。

【解】 (1) 定额工程量:

1) 挖土体积

梯形沟槽挖土体积公式:

$V_{wt}=L\times[b+(H-h)\times f]$
$\quad\times(H-h)\times1.025$

∴ $V_1=500\times(2.0+3.7\times0.25)\times$
$\quad 3.7\times1.025\text{m}^3$
$\quad =5570.23\text{m}^3$

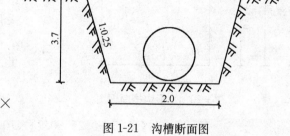

图1-21 沟槽断面图

2) 湿土排水体积

梯形沟槽湿土排水体积

$$V_{st}=L\times[b+(H-1)\times f]\times(H-1)\times1.025$$

∴ $V_2=500\times[2.0+(3.7-1)\times0.25]\times(3.7-1)\times1.025\text{m}^3=3701.53\text{m}^3$

3) 回填土工程量

$$V_3=\left[5570.23-\pi\left(\frac{1}{2}\right)^2\times500\right]\text{m}^3=5177.53\text{m}^3$$

(2) 清单工程量:

1) 挖土体积 $V_1=2.0\times3.7\times500\text{m}^3=3700\text{m}^3$

2) 湿土排水体积

湿土最上表面的截面宽度: $x=3.35\text{m}$

$$V_2=2\times500\times(3.7-1)\text{m}^3=2700\text{m}^3$$

3) 回填土工程量

$$V_3=\left[3700-\pi\left(\frac{1}{2}\right)^2\times500\right]\text{m}^3=3307.5\text{m}^3$$

清单工程量计算见下表:

清单工程量计算表

序号	项目编码	项目名称	项目特征描述	计量单位	工程量
1	040101002001	挖沟槽土方	四类土,深3.7m	m³	3700.00
2	040103001001	填方	密实度95%	m³	3307.5

说明:定额工程量计算是按图示尺寸以体积计算,排管沟槽为梯形,因此其所需增加的开挖土方量应按沟槽总土方量的2.5%计算。若为矩形,应按7.5%计算,当沟槽深度超过1m时,可计取湿土排水费用。

清单工程量计算挖沟槽应按构筑物最大水平投影面积,乘以室外设计标高到槽底的深度所得的工程量,在其他方面无定额中那些规定。

项目编码:040101002   项目名称:挖沟槽土方
项目编码:040103001   项目名称:填方

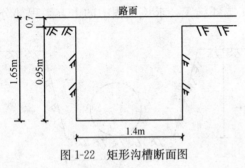

图1-22 矩形沟槽断面图

【例16】某项煤气排管工程,管径为DN600,排管长度700m,管位在城市道路人行道上,路面结构层厚70cm,采用人工挖土,矩形沟槽如图1-22所示,求该工程中的土方工程部分的工程量。

【解】(1)定额工程量:
1)挖土工程量

$$V_1=1.4\times(1.65+0.25-0.7)\times700\times1.075\text{m}^3=1264.2\text{m}^3$$

2)湿土排水工程量

$$V_2=1.4\times(1.65+0.25-1)\times700\times1.075\text{m}^3=948.15\text{m}^3$$

3)回填土工程量

$$V_3=(1264.2-948.15)\text{m}^3=316.05\text{m}^3$$

(2)清单工程量:
1)挖土工程量

$$V_1=1.4\times(1.65-0.7)\times700\text{m}^3=931\text{m}^3$$

2)湿土排水工程量

$$V_2=1.4\times(1.65-1)\times700\text{m}^3=637\text{m}^3$$

3)回填土工程量

$$V_3=(931-637)\text{m}^3=294\text{m}^3$$

清单工程量计算见下表:

清单工程量计算表

序号	项目编码	项目名称	项目特征描述	计量单位	工程量
1	040101002001	挖沟槽土方	深0.95m	m³	931
2	040103001001	填方	密实度95%	m³	294

说明:人工煤气管道工程排管沟槽的深度应在其他管道沟槽规定的深度上增加0.25m,定额中还规定矩形沟槽所增加的开挖土方量应按沟槽总土方量的7.5%计算。

项目编码:040101002   项目名称:挖沟槽土方

【例17】 某沟槽开挖,其结构如图1-23所示,管道为直径1000mm的铸铁管,混凝土基础宽度为1.4m,采用人工支护开挖,土质为三类土。设沟槽长度为100m,$H=-0.250m$,$h=-4.750m$,试计算其挖土工程量。

【解】 (1)清单工程量:
$$V=1.4\times(4.750-0.250)\times100m^3=630m^3$$

清单工程量计算见下表:

清单工程量计算表

项目编码	项目名称	项目特征描述	计量单位	工程量
040101002001	挖沟槽土方	三类土,深4.5m	m³	630

(2)定额工程量:
$$V=(1.4+0.3\times2+0.2)\times(4.750-0.250)\times100\times1.025m^3$$
$$=2.2\times4.5\times100\times1.025m^3=1014.75m^3$$

说明:铸铁管道沟槽其接口等处的土方增加量可按其沟槽土方总量的2.5%计算,其他管道沟槽的接口处土方增加量可不另行计算。

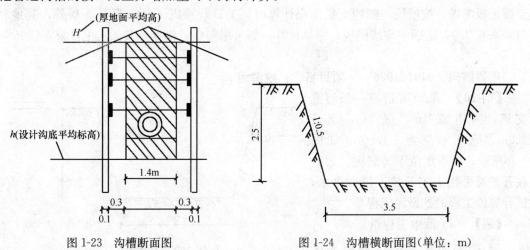

图1-23 沟槽断面图   图1-24 沟槽横断面图(单位:m)

项目编码:040101002   项目名称:挖沟槽土方

【例18】 某排水工程开挖沟槽,其截面图如图1-24所示,采用机械开挖,该工程地质为六类岩石,沟槽全长400m,其中有26m的黏土地质,试计算该工程的石方开挖量。

【解】 (1)清单工程量:
$$V=3.5\times2.5\times(400-26)m^3=3272.5m^3$$

清单工程量计算见下表:

清单工程量计算表

项目编码	项目名称	项目特征描述	计量单位	工程量
040101002001	挖沟槽土方	六类岩石,深2.5m	m³	3272.50

(2) 定额工程量：

六类岩石每边允许超挖量为 20cm。

$$\therefore V = (3.5 + 2.5 \times 0.5 + 0.2 \times 2) \times 2.5 \times (400 - 26) \text{m}^3$$
$$= 4815.25 \text{m}^3$$

说明：石方工程量清单计算同土方工程沟槽土方量计算，在定额计算中需根据岩石类别增加超挖量。Ⅳ类岩石属次坚石，而次坚石开挖坡面每侧允许超挖 20cm。

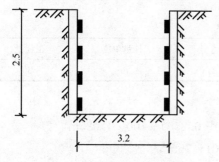

图 1-25 沟槽示意图（单位：m）

【例 19】 某工程在排水管道施工中，由于沟槽两侧埋设有电缆线，不能大开挖，需采用支撑防护，拟采用竖板、横撑，该段沟槽长 100m，宽 3.2m，深 2.5m，如图 1-25 所示，上层 1.0m，下层 1.5m，采用支撑，求支撑面积。

【解】（1）清单工程量：

$$S_{支撑} = 2.5 \times 100 \times 2 \text{m}^2 = 500 \text{m}^2$$

(2) 定额工程量同清单工程量

说明：当槽坑宽度大于 4.1m 时，两侧按一侧支撑土板考虑，按槽坑一侧挡土板面积计算时，工日数乘以 1.33，除挡土板外，其他材料乘系数 2.0，定额中均按横板、竖撑计算，如采用竖板、横撑，其人工工日乘系数 2.0。

项目编码：040101006 项目名称：挖淤泥

【例 20】 某市需新修一条河流支道，河道宽 4m，深 3m，全长 320m，地下水位为 −1.50m，如图 1-26 所示，地下水位下为淤泥，因此在开挖时采用人工开挖，机械排水，试计算该工程的挖淤泥工程量。

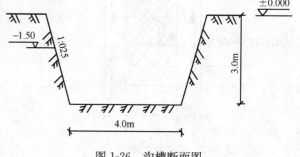

图 1-26 沟槽断面图

【解】（1）清单工程量：

1) 地下水位处的横截面宽度计算

$$(4 + 1.5 \times 0.25 \times 2) \text{m} = 4.75 \text{m}$$

2) $V = \frac{1}{2} \times (4.0 + 4.75) \times 320 \times 1.5 \text{m}^3 = 2100 \text{m}^3$

清单工程量计算见下表：

清单工程量计算表

项目编码	项目名称	项目特征描述	计量单位	工程量
040101006001	挖淤泥	深1.5m	m³	2100

(2) 定额工程量：

$$V = (4.0 + 1.5 \times 0.25) \times 1.5 \times 320 \text{m}^3 = 2100 \text{m}^3$$

项目编码：040101005   项目名称：暗挖土方

【例21】 某城市隧道工程采用浅埋暗挖法施工，利用上台阶分部开挖法，设该隧道总长500m，采用机械开挖，四类土质，其暗挖横截面如图1-27所示，试求该隧道暗挖土方量。

【解】 (1) 清单工程量：

$$V = \left(3 \times 2.5 + \pi r^2 - \frac{\pi r^2}{360} \cdot 2\arccos\frac{0.5}{1.5} + \frac{1}{2} \right.$$
$$\left. \times 0.5 \times \sqrt{1.5^2 - 0.5^2}\right) \times 500 \mathrm{m}^3$$
$$= (7.5 + 4.299 + 0.707) \times 500 \mathrm{m}^3$$
$$= 6253.05 \mathrm{m}^3$$

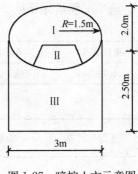

图 1-27 暗挖土方示意图

清单工程量计算见下表：

清单工程量计算表

项目编码	项目名称	项目特征描述	计量单位	工程量
040101005001	暗挖土方	四类土	m³	6253.05

(2) 定额工程量同清单工程量。

项目编码：040101003   项目名称：挖基坑土方

【例22】 有某一圆形基坑的混凝土基础，如图1-28所示自垫层上表面放坡，基础底部垫层半径4m，垫层厚0.3m，挖土深 $h=4.8\mathrm{m}$，工作面每边各增加0.5m，场地土质为三类土，人工挖土，试计算挖土工程量。

【解】 (1) 清单工程量：

如图1-28所示，圆形基坑，工程量计算公式如下：

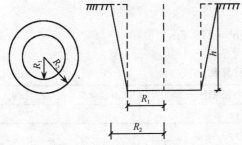

图 1-28 圆形基坑断面图

$$V = \frac{1}{3}\pi h(R_1^2 + R_1 R_2 + R_2^2) + \pi R^2 h_1$$

式中 $R_1 = R + C$——基坑底挖土半径，(m)；

$R_2 = R_1 + kh$——基坑上口挖土半径，(m)。

查表1-3放坡系数表，查得 $K=0.33$

$$R_1 = R + C = (4 + 0.5)\mathrm{m} = 4.5\mathrm{m}$$
$$R_2 = R_1 + kh = (4.5 + 0.33 \times 4.8)\mathrm{m} = 6.08\mathrm{m}$$

则挖方量 $V = \frac{1}{3}\pi h(R_1^2 + R_1 R_2 + R_2^2) + \pi R^2 h_1$

$$= \left[\frac{1}{3}\pi \times 4.8 \times (4.5^2 + 6.08^2 + 4.5 \times 6.08) + 3.14 \times 4^2 \times 0.3\right]\mathrm{m}^3$$
$$= 440.20\mathrm{m}^3$$

清单工程量计算见下表：

清单工程量计算表

项目编码	项目名称	项目特征描述	计量单位	工程量
040101003001	挖基坑土方	三类土，深 4.8m	m³	440.20

放坡系数表　　　　　　　　　　　　　　　　表 1-3

土壤类别	放坡起点	人工挖土	机械挖土	
			在坑内作业	在坑上作业
一、二类土	1.20	1：0.5	1：0.33	1：0.75
三类土	1.50	1：0.33	1：0.25	1：0.67
四类土	2.00	1：0.25	1：0.10	1：0.33

(2) 定额工程量同清单工程量。

说明：计算基坑工程量放坡时，放坡系数按全国统一建筑工程预算工程量计算原则计算，基坑中土壤类别不同时，分别按其放坡起点，放坡系数，依不同土壤厚度加权平均计算；计算放坡时，在交接处的重复工程量不予扣除，原槽、坑依基础垫层时，放坡自垫层上表面开始计算。基坑挖土体积以立方米计算。

项目编码：040102002　　项目名称：挖沟槽石方

【例 23】 某工程施工现场为坚硬岩石，外墙沟槽开挖(如图 1-29 所示)，长度为 90m，计算工程量。

【解】 (1) 清单工程量：
$$V = 1.3 \times 1.5 \times 90 \text{m}^3 = 175.5 \text{m}^3$$

清单工程量计算见下表：

清单工程量计算表

项目编码	项目名称	项目特征描述	计量单位	工程量
040102002001	挖沟槽石方	坚硬岩石，深 1.5m	m³	297

(2) 定额工程量

石方沟槽开挖工程量如图 1-29 所示尺寸另加允许超挖量以立方米计算。允许超挖厚度：次坚石为 20cm，特坚石为 15cm。其工程量计算公式为：

$$V = H(b + 2d + 2c)L$$
$$= 1.50 \times (1.30 + 2 \times 0.15 + 0.3 \times 2) \times 90 \text{m}^3$$
$$= 297 \text{m}^3$$

式中　V——石方沟槽开挖工程量(m^3)；
　　　d——允许超挖厚度(m)；
　　　H——沟槽开挖深度(m)；
　　　L——沟槽开挖长度(m)；
　　　b——沟槽设计宽度，不包括工作面的宽度(m)；
　　　c——工作面宽度(m)。

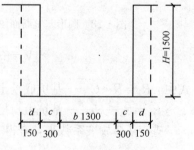

图 1-29　沟槽横断面图

项目编码：040101002   项目名称：挖沟槽土方

【例 24】 某一铸铁管道沟槽开挖，土质为三类土，如图 1-30 所示，沟槽长度 615m，试计算工程量。

【解】（1）清单工程量：

挖沟槽工程量应根据是否增加工作面，支挡土板，放坡和不放坡等具体情况分别计算。

不放坡，不支挡土板，不留工作面如图 1-30 所示。由题意知 $k=0.33$。

$$\begin{aligned} V &= b \times h \times l \\ &= 1.2 \times 1.36 \times 615 \text{m}^3 \\ &= 1003.68 \text{m}^3 \end{aligned}$$

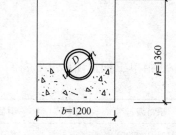

图 1-30 沟槽横断面示意图

式中 V——挖槽工程量(m^3)；
b——槽底宽度(m)；
h——挖土深度(m)；
k——放坡系数；
l——沟槽长度(m)。

清单工程量计算见下表：

清单工程量计算表

项目编码	项目名称	项目特征描述	计量单位	工程量
040101002001	挖沟槽土方	三类土，深 1.36m	m^3	1003.68

（2）定额工程量：

$$\begin{aligned} V &= b \times h \times l \times 1.025 \\ &= 1.2 \times 1.36 \times 615 \times 1.025 \text{m}^3 \\ &= 128.77 \text{m}^3 \end{aligned}$$

说明：清单工程量按原地面线以下按构筑物最大水平投影面积乘以挖土深度以体积计算。定额工程量按图示设计尺寸以体积计算，铺设铸铁给水排水管道时，其接口等处的土方增加量可按管道沟槽土方总量的 2.5% 计算。

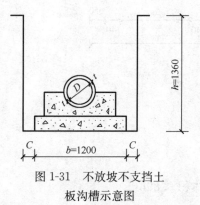

图 1-31 不放坡不支挡土板沟槽示意图

项目编码：040101002   项目名称：挖沟槽土方

【例 25】 某一排管工程，挖掘沟槽为混凝土基础垫层，沟槽长度 700m，试计算工程量(三类土)。

【解】 定额工程量：

不放坡，不支挡土板，留工作面如图 1-31 所示，计算公式为：

$$V = (b+2c) \times h \times l \times 1.075$$

式中 c——增加工作面宽度，按表 1-4 取值；
b——基础底宽度(m)。

$$V = (b+2c) \times h \times l \times 1.075$$
$$= (1.2 + 2 \times 0.3) \times 1.36 \times 700 \times 1.075 \text{m}^3$$
$$= 1842.12 \text{m}^3$$

清单工程量计算见下表：

清单工程量计算表

项目编码	项目名称	项目特征描述	计量单位	工程量	计算式
040101002001	挖沟槽土方	三类土，深1.36m	m³	1142.40	1.2×1.36×700

基础施工所需工作面宽度计算表　　　　表1-4

基础材料	每边各增加工作面宽度(mm)
砖基础	200
浆砌毛石，条石基础	150
混凝土基础垫层支模板	300
混凝土基础支模板	300
基础垂直面做防水层	800（防水层面）

说明：沟槽宽度按图示尺寸计算，深度按图示槽底面至室外地坪的深度计算。工作面宽度是按全国统一建筑工程预算工程量计算规则计算。排管工程管道接口处土方增加量，若为矩形，按土方总量的7.5%计算。

项目编码：040101003　　项目名称：挖基坑土方

【例26】 挖方形地坑如图1-32所示，求其工程量。

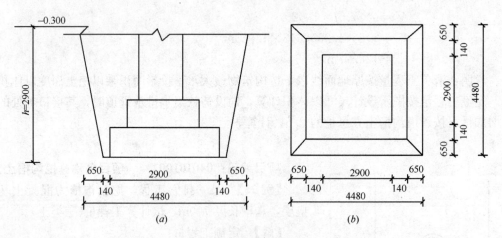

图1-32 地坑示意图
(a) 横断面图；(b) 平面图

工作面宽度140mm，放坡系数1:0.33，三类土。

【解】 (1) 定额工程量：

由于坑深2.9m，放坡系数0.33，查表1-5得角锥体积0.89m³。

地坑放坡时四角的角锥体体积表(单位：m^3) 表 1-5

坑深 (m) \ 放坡系数 (R)	0.10	0.25	0.33	0.50	0.67	0.75	1.00
2.10	0.03	0.19	0.34	0.77	1.39	1.74	3.09
2.20	0.04	0.22	0.39	0.89	1.59	2.00	3.55
2.30	0.04	0.25	0.44	1.01	1.82	2.28	4.06
2.40	0.05	0.29	0.50	1.15	2.07	2.59	4.61
2.50	0.05	0.33	0.57	1.30	2.34	2.93	5.21
2.60	0.06	0.37	0.64	1.46	2.63	3.30	5.86
2.70	0.07	0.41	0.71	1.64	2.95	3.69	6.56
2.80	0.07	0.46	0.80	1.83	3.28	4.12	7.31
2.90	0.08	0.51	0.89	2.03	3.65	4.57	8.13

则挖方量

$$V = (a+2c+kh)(a+2c+kh) \times h + \frac{1}{3}k^2 h^3$$
$$= [(2.9+2\times 0.14+0.33\times 2.9)^2 \times 2.9 + 0.89] m^3$$
$$= 50.52 m^3$$

(2) 清单工程量：

$$V = 2.9 \times 2.9 \times 2.9 m^3 = 24.39 m^3$$

清单工程量计算见下表：

清单工程量计算表

项目编码	项目名称	项目特征描述	计量单位	工程量
040101003001	挖基坑土方	三类土，深 2.9m	m^3	24.39

说明：按原地面线以下构筑物最大水平投影面积乘以挖土深度以体积计算。

项目编码：040102002   项目名称：余方弃置

【例 27】 某土方工程，设计挖土数量为 $2860m^3$，填土数量为 $600m^3$，挖填土考虑现场平衡，试计算其土方外运量（余土运至 3km 处弃置）。

土方体积换算表 表 1-6

虚方体积	天然密实度体积	夯实后体积	松填体积
1.00	0.77	0.67	0.83
1.30	1.00	0.87	1.08
1.50	1.15	1.00	1.25
1.20	0.92	0.80	1.00

【解】 定额工程量：

填土数量为 $600m^3$，查表 1-6 土方体积换算表，得夯实后体积：天然密实度体积＝1∶1.15，填土所需天然密实方体积为 $600m^3 \times 1.15 = 690m^3$，故其土方外运量为 $2860m^3 - 690m^3 = 2170m^3$。

清单工程量计算见下表：

清单工程量计算表

项目编码	项目名称	项目特征描述	计量单位	工程量	计算式
040103002001	余方弃置	运距 3km	m³	2260	2860－600

说明：土、石方体积均以天然密实体积(自然方)计算，回填土按碾压夯实后的体积(实方)计算，土方体积换算见上表。

项目编码：040101002　　项目名称：挖沟槽土方

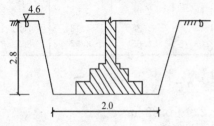

图 1-33　沟槽横断面图　（单位：m）

【例28】 某污水工程沟槽开挖，采用机械和人工开挖，机械挖沿沟槽方向长度，人工用来清理沟底，土壤类别为四类土，原地面平均标高为4.6m，设计槽坑底平均标高为1.80m，设计槽坑底宽含工作面为2m，沟槽全长1.6km，机械挖土挖至基底标高以上20cm处，其余为人工开挖。如图1-33所示，试分别计算该工程机械及人工土方工程量。

【解】 定额工程量：

由题可知该工程土方开挖深度为2.8m，土壤类别为四类土，需放坡，查表1-3得放坡系数为0.1。

$$土方总量－人工辅助开挖量＝机械土方量$$

$$V_{总}=(2+0.1\times2.8)\times2.8\times1600\times1.025 m^3 = 10469.76 m^3$$

$$V_{人工}=(2+0.1\times0.2)\times0.2\times1600\times1.5 m^3 = 969.6 m^3$$

则　$V_{机械}=(10469.76-969.6)m^3 = 9500.16 m^3$

清单工程量计算见下表：

清单工程量计算表

项目编码	项目名称	项目特征描述	计量单位	工程量	计算式
040101002001	挖沟槽土方	四类土，深2.8m	m³	6276	(2－0.3×2)×2.8×1600

说明：机械挖沟槽，基坑土方中如需人工辅助开挖(包括切边、修整底边)，机械挖土按实挖土方量计算(人工挖土土方量按实挖套相应定额乘以系数1.50)，沟槽的管道作业坑和沿线各种井室，及工程新旧管连接所需增加开挖的土方量，梯形沟槽按沟槽总土方量的2.5%计算。

【例29】 某工程沟槽采用井字支撑挡土板，其支撑高度为1.8m，宽度4.8m，长度60m，计算其工程量。

【解】 定额工程量：

因为支撑宽度4.8m超过4.1m，所以两侧均按一侧支挡木板考虑。

则支撑挡土板工程量为：$1.8\times60 m^2 = 108 m^2$

说明：定额中挡土板支撑按槽坑两侧同时支撑挡土板考虑，支撑面积为两侧挡土板面积之和，支撑宽度为4.1m以内。如超过4.1m时，其两侧均按一侧支挡土板考虑。

项目编码：040101003　　项目名称：挖基坑土方

【例30】　某一圆形蓄水池基础如图1-34所示，其挖土深度为4.0m，土壤类别为四类土，试计算该基础挖土方量。

【解】　从基础节点圆中可以看出，基础边至垫层边的距离为650mm，混凝土池外壁至垫层边的距离为1350mm，均满足基础立面支模和作防潮层的施工要求，无需增加工作面，人工挖土需要放坡，查放坡系数表。

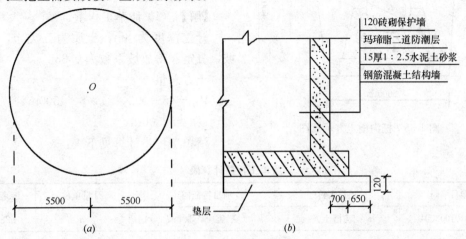

图1-34　圆形蓄水池示意图
(a)基础平面；(b)基础剖面

放坡系数为：1:0.25
则放坡宽度为：$b_k = 4.0 \times 0.25 \text{m} = 1\text{m}$
垫层直径：$D = (5.5 + 0.7 + 0.65) \times 2\text{m} = 13.7\text{m}$
挖基础土方计算：
清单项目挖土方量：$V_I = 0.785 D^2 \cdot h = 0.785 \times 13.7^2 \times 4 \text{m}^3 = 589.35 \text{m}^3$
清单工程量计算见下表：

清单工程量计算表

项目编码	项目名称	项目特征描述	计量单位	工程量
040101003001	挖基坑土方	四类土，深4m	m³	589.35

放坡挖土方量：$V_{II} = 1.57 b_k \cdot h(D + 0.667 b_k)$
$= 1.57 \times 1 \times 4 \times (13.7 + 0.667 \times 1) \text{m}^3$
$= 6.28 \times 14.367 \text{m}^3$
$= 90.22 \text{m}^3$

定额挖土方量：$V_{挖} = V_I + V_{II} = (589.35 + 90.22) \text{m}^3 = 679.57 \text{m}^3$

用传统方法验算：
基坑下底面积：$S_下 = 0.785 \times 13.7^2 \text{m}^2 = 147.34 \text{m}^2$
基坑上口面积：$S_上 = 0.785 \times (13.7 + 1 \times 2)^2 \text{m}^2 = 193.49 \text{m}^2$
定额挖土方量：$V_{挖} = \frac{1}{3} \times 4 \times (147.34 + 193.49 + \sqrt{147.34 \times 193.49}) \text{m}^3 = 679.57 \text{m}^3$

经验证与前面计算方法结果相等。

项目编码：040101002   项目名称：挖沟槽土方

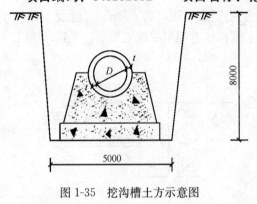

图 1-35 挖沟槽土方示意图

【例 31】 某排管工程，人工挖沟槽 8m 深，5m 宽，沟槽全长 1.5km，如图 1-35 所示，土质为三类土，试计算挖沟槽挖方量。

【解】（1）清单工程量：

开挖深度为 8m，土质为三类土，需放坡，查定额得放坡系数为 0.33。

土方总量

$$V_总=(5-0.3\times2)\times8\times1500\text{m}^3$$
$$=52800\text{m}^3$$

清单工程量计算见下表：

清单工程量计算表

项目编码	项目名称	项目特征描述	计量单位	工程量
040101002001	挖沟槽土方	三类土，深 8m	m³	52800

（2）定额工程量：

$$V_总=(5+0.33\times8)\times8\times1500\times1.025\text{m}^3=93972\text{m}^3$$

说明：挖沟槽按体积以立方米计算工程量，沟槽宽度按图示尺寸计算，深度按图示槽底面至室外地坪的深度计算。

项目编码：040101003   项目名称：挖基坑土方

【例 32】 某构筑物基础为混凝土基础，基础垫层为无筋混凝土，长为 12.86m，宽为 8.64m，基础垫层厚度为 25cm，垫层顶面标高为 -4.50m，室外地面标高为 -0.75m，地下常水位标高为 -3.5m，如图 1-36 所示，该土的类别为四类土，试计算挖土方工程量。

【解】（1）清单工程量：

$$V=12.86\times8.64\times4\text{m}^3=444.44\text{m}^3$$

清单工程量计算见下表：

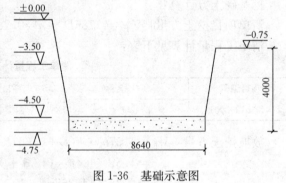

图 1-36 基础示意图

清单工程量计算表

项目编码	项目名称	项目特征描述	计量单位	工程量
040101003001	挖基坑土方	四类土，深 4m	m³	444.44

（2）定额工程量：

根据题意，结合图 1-36 可知，基础埋至地下常水位以下，坑内有干、湿土，应该分

别计算:

1) 挖土总量用 $V_{总}$ 表示,查定额放坡系数表得 $K=0.25$,则地坑放坡时四角的角锥体体积 $\frac{1}{3}K^2h^3=\frac{1}{3}\times 0.25^2\times 3.75^3 \text{m}^3=1.0986\text{m}^3$,设垫层部分的土方量为 V_1,垫层以上的挖方量为 V_2,总土方量为 $V_{总}$,则:

$$V_{总}=V_1+V_2$$
$$=[12.86\times 8.64\times 0.25+(12.86+0.25\times 3.75)\times(8.64+0.25\times 3.75)\times 3.75+1.0986]\text{m}^3$$
$$=(27.78+13.80\times 9.58\times 3.75+1.0986)\text{m}^3$$
$$=524.64\text{m}^3$$

2) 挖湿土量,按图 1-36,放坡部分挖湿土深度为 1m,则 $\frac{1}{3}K^2h^3=\frac{1}{3}\times 0.25^2\times 1^3\text{m}^3=0.021\text{m}^3$,设湿土量为 V_3,则:

$$V_3=[V_1+(12.86+0.25\times 1)\times(8.64+0.25\times 1)\times 1+0.021]\text{m}^3$$
$$=(22.22+13.11\times 8.89+0.021)\text{m}^3$$
$$=44.24\text{m}^3$$

3) 挖干土量为 V_4

$$V_4=V_{总}-V_3=(524.64-44.24)\text{m}^3=480.4\text{m}^3$$

项目编码:040101003 **项目名称:挖基坑土方**

【例 33】 某一矩形塔的满堂基础,单面放坡,其他三面支挡土板,留工作面,土质为三类土如图 1-37 所示,试计算工程量。

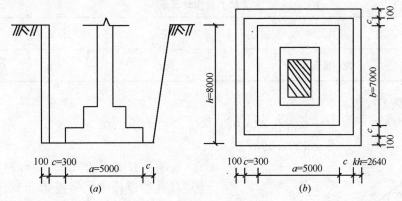

图 1-37 矩形支挡土板基坑
(a)断面图;(b)平面图

【解】 (1) 清单工程量:
由题意可知,放坡系数 $k=0.33$
工程量计算式为:

$$V=5\times 7\times 8\text{m}^3=280\text{m}^3$$

清单工程量计算见下表:

清单工程量计算表

项目编码	项目名称	项目特征描述	计量单位	工程量
040101003001	挖基坑土方	三类土，深8m	m³	280

(2) 定额工程量：

$$V=(a+2c+0.1)(b+2c+0.2)\times h+\frac{1}{2}\times kh\times h\times(b+2c+0.2)$$

$$=[(5+2\times0.3+0.1)\times(7+2\times0.3+0.2)\times8+\frac{1}{2}$$

$$\times0.33\times8\times8\times(7+2\times0.3+0.2)]m^3$$

$$=438.05m^3$$

说明：基坑挖土体积以立方米计算，基坑深度按图示坑底面至室外地坪深度计算。

项目编码：040101002　　项目名称：挖沟槽土方

【例34】 某排水工程沟槽开挖，沿沟槽方向采用机械开挖，设计槽坑底宽为2.0m，深度为8.98m，沟槽全长为2km，机械挖土挖至基底30cm以内处，采用人工清理基础，土壤类别为一、二类，试计算人工清理基坑基础的土方量。

【解】 (1) 清单工程量：

根据土壤类别为一、二类，查定额当中放坡系数表，得 $K=0.33$。

$V=(2+0.33\times0.3\times2)\times0.3\times2000m^3=1318.8m^3$

清单工程量计算见下表：

清单工程量计算表

项目编码	项目名称	项目特征描述	计量单位	工程量
040101002001	挖沟槽土方	一、二类土	m³	1318.8

(2) 定额工程量：

$$V=(2+0.33\times0.3)\times0.3\times2000\times1.025m^3$$

$$=1290.89m^3$$

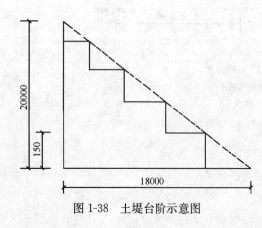

图1-38 土堤台阶示意图

说明：夯实土堤按设计断面计算，清理土堤基础按设计以水平投影面积计算，清理厚度为30cm内，废土运距按30m计算。

【例35】 某工程施工，采用人工挖土堤台阶，其计算数据如图1-38所示，横向坡度1:3.2，土壤类别为三类土，台阶长为8m，台阶宽为0.28m，试计算其人工挖土堤台阶工程量。

【解】 (1) 定额工程量：

斜坡面长为 $\sqrt{18^2+20^2}m=26.9m$

则斜面积为 $S = 26.9 \times 8 \text{m}^2 = 215.2 \text{m}^2$

（2）清单工程量：

假如挖台阶数为 80 个，则人工挖土堤台阶工程量为

$$V = 0.28 \times 8 \times 0.15 \times 80 \text{m}^3 = 26.88 \text{m}^3$$

说明：定额工程量计算规则是按定额规定，人工挖土堤台阶工程量，按挖前的堤坡斜面积计算，运土应另行计算，清单工程量是按实际所挖的土方量计算而得。

【例 36】 某大城市有一广场，需采用人工铺草皮，其广场为圆形，中间有一半径为 5m 的喷泉，广场还设有四条径道，其余部门全是人工铺草皮为满铺草皮，径道采用花格铺草皮，如图 1-39 所示，试计算人工铺草皮工程量。

【解】（1）定额工程量：

$$\begin{aligned} S_{人工} &= \pi R^2 - \pi r^2 \\ &= (\pi \times 30^2 - \pi \times 5^2) \text{m}^2 \\ &= (2827.43 - 78.54) \text{m}^2 \\ &= 2748.89 \text{m}^2 \end{aligned}$$

（2）清单工程量同定额工程量

说明：人工铺草皮工程量以实际铺设的面积计算，花格铺草皮中的空格部分不扣除，花格铺草皮，设计草皮面积与定额不符时，可以调整草皮数量，人工按草皮增加比例增加，其余不调整。

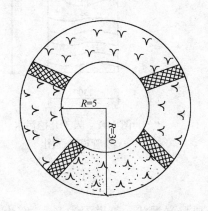

图 1-39 人工铺草皮平面图（单位：m）

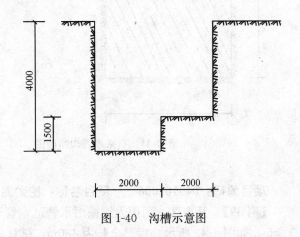

图 1-40 沟槽示意图

项目编码：040101002　　项目名称：挖沟槽土方

【例 37】 某工程挖排水管道，为了使两条（或两条以上）管道埋设在同一沟槽内，该工程采用联合槽，其沟槽全长为 500m，其他数据看沟槽尺寸示意图（图 1-40），试计算该联合槽的挖土方工程量。

【解】（1）清单工程量：

$$\begin{aligned} V &= [(2 \times 4 \times 500) + (4 - 1.5) \times 2 \times 500] 1.075 \text{m}^3 \\ &= (4000 + 2500) 1.075 \text{m}^3 \\ &= 6987.5 \text{m}^3 \end{aligned}$$

清单工程量计算见下表：

清单工程量计算表

项目编码	项目名称	项目特征描述	计量单位	工程量
040101002001	挖沟槽土方	深4m	m³	6987.5

(2) 定额工程量同清单工程量：

说明：该沟槽均以设计图示尺寸计算，工程量均以体积计算。

【例38】 某工程采用人工挖自来水管道，其管道深度为3m，管道底宽为5.6m，管道全长50m，其采用人工装运土方，如图1-41所示，人力垂直运输土方深度为3m，另加水平距离10m，试计算人工装运土方工程量。

【解】 (1) 清单工程量：
$$V = 5.6 \times 50 \times 3 \text{m}^3 = 840 \text{m}^3$$

(2) 定额工程量同清单工程量：

说明：管道沟槽的深度，按图示沟底至室外地坪深度计算，土方量按体积以立方米计算。

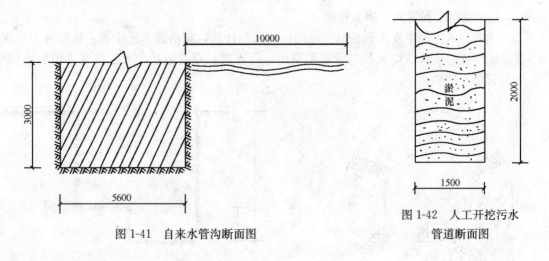

图1-41 自来水管沟断面图

图1-42 人工开挖污水管道断面图

项目编码：040101006　　**项目名称：挖淤泥**

【例39】 某市区，采用人工挖污水管道，管道内土质呈淤泥状，管道深为2m，宽为1.5m，如图1-42所示，管道全长为480m，试计算其人工挖淤泥工程量。

【解】 (1) 清单工程量：

则人工挖淤泥工程量：$V = 1.5 \times 2.0 \times 480 \text{m}^3 = 1440 \text{m}^3$

清单工程量计算见下表：

清单工程量计算表

项目编码	项目名称	项目特征描述	计量单位	工程量
040101006001	挖淤泥	深2m	m³	1440

(2) 定额工程量：
$$V = 2 \times 7 \times 480 \text{m}^3 = 6720 \text{m}^3$$

说明：人工挖沟槽基坑内淤泥，按定额执行。如果挖深超过1.5m时，超过部分工程量按垂直深度每1m折合成水平距离7m增加工日,深度按全高计算。

【例40】 如图1-43所示是某建筑物底面积的外边线尺寸,试计算其平整场地面积。

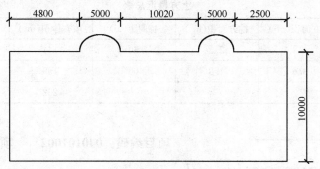

图1-43 建筑物平面示意图

【解】 (1) 清单工程量:
该建筑物底层面积为
$$S_d=(10\times 27.32+\pi\times 2.5^2)m^2=292.83m^2$$

(2) 定额工程量:
场地平整按每边各增加2m范围的面积计算,考虑到半圆的连接,则可得场地平整面积为:
$$S=(S_d+2L_{外}+16)m^2$$

式中 S_d——底层建筑面积(m^2);

$L_{外}$——外墙外边线周长(m)。

$$S=[292.83+(10\times 2+27.32+4.8+10.02+2.5+2\times 3.14\times 2.5)\times 2+16]m^2$$
$$=469.51m^2$$

说明:人工平整场地按每边增加2m范围内的面积计算。

项目编码:040101001　　项目名称:**挖一般土方**
项目编码:040103001　　项目名称:**填方**

【例41】 设桩号为0+0.000的横断面填方量为$4.8m^2$,横断面挖方量为$2.2m^2$,桩号为0+0.600填方横断面填方量为$3.6m^2$,挖方横断面为$1.8m^2$,试计算填挖方土方量(三类土,填方密实度为95%)。

【解】 (1) 清单工程量:
$$V_{填}=\frac{1}{2}\times(4.8+3.6)\times 60m^3=252m^3$$
$$V_{挖}=\frac{1}{2}\times(2.2+1.8)\times 60m^3=120m^3$$

清单工程量计算见下表:

清单工程量计算表

序号	项目编码	项目名称	项目特征描述	计量单位	工程量
1	040101001001	挖一般土方	三类土	m^3	120
2	040103001001	填方	密实度95%	m^3	252

(2) 定额工程量同清单工程量：

土方量汇总表见表 1-7。

土方量汇总表 表 1-7

桩号	填方面积(m^2)	挖方面积(m^2)	桩间距(m)	填方体积(m^3)	挖方体积(m^3)
0+0.000	4.8	2.2	60	144	66
0+0.600	3.6	1.8	60	108	54
合计				252	120

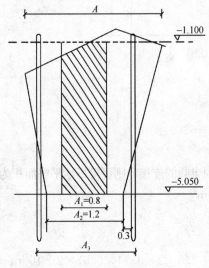

图 1-44 沟槽横断面示意图(单位：m)

项目编码：040101002　　项目名称：挖沟槽土方

【例 42】 某大城市，采用人工挖污水管道，管道为钢筋混凝土管，混凝土基础宽度 $A_1=0.8m$，需挖污水管道沟槽长度为 198m，试计算该工程挖槽工程量。

【解】（1）清单工程量：

根据图 1-44，沟槽深度为

$$h=(5.05-1.1)m=3.95m$$

则　$V=A_1 \times 3.95 \times 198 m^3$

$$=0.8 \times 3.95 \times 198 m^3$$

$$=625.68 m^3$$

清单工程量计算见下表：

清单工程量计算表

项目编码	项目名称	项目特征描述	计量单位	工程量
040101002001	挖沟槽土方	深 3.95m	m^3	625.68

(2) 定额工程量：

当支护开挖时，按照定额工程量计算规则：

$$A_3=(0.8+0.2\times2+0.3\times2+0.1\times2)m=2.0m$$

$$V=2.0\times3.95\times198m^3=1564.2m^3$$

当放坡开挖时，按照定额工程量计算规则：

$$A_2=1.2m$$

若放坡系数为 1∶0.33，则

$$V=(1.2+0.33\times3.95)\times3.95\times198m^3=1957.99m^3$$

【例 43】 某工程采用支密撑木挡土板，其支撑高度为 2.0m，宽度为 4.8m，长度 46m，计算其工程量。

【解】（1）清单工程量：

$$2.0\times46m^2=92m^2$$

因为支撑宽度 4.8m 超过 4.1m，所以两侧均按一侧支挡土板考虑。

（2）定额工程量：

$$2.0 \times 46 m^2 = 92 m^2$$

说明：按照定额工程量计算规则计算，定额中挡土板支撑按槽坑两侧同时支撑挡土板考虑，支撑面积为两侧挡土板面积之和，支撑宽度为 4.1m 以内，如果槽坑宽度超过 4.1m 时，其两侧均按一侧支挡土板考虑。

【例44】 某工程基坑采用支撑，其支撑如图 1-45 所示，上层放坡，下层支撑，支撑宽度为 5.0m，支撑高度为 8.5m，试计算支撑挡土板工程量。

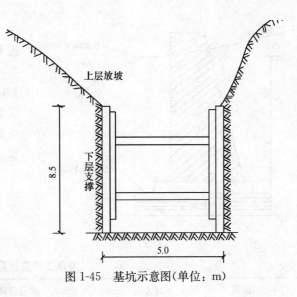

图 1-45 基坑示意图（单位：m）

【解】（1）清单工程量：

$$5.0 \times 8.5 m^2 = 42.5 m^2$$

（2）定额工程量同清单工程量

说明：定额中规定，放坡开挖不得再计算挡土板，如遇上层放坡，下层支撑则按实际支撑面积计算。

项目编码：040102001   项目名称：挖一般石方

【例45】 某峒库工程施工现场为坚硬岩石，其峒库工程断面图如图 1-46 所示，试计算峒库挖石方工程量。

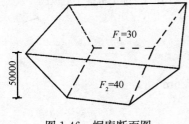

图 1-46 峒库断面图

【解】 定额工程量：

$$V = \frac{F_1 + F_2}{2} \times L$$

式中 V——相邻两截面间的石方工程量(m^3)；
F_1、F_2——相邻两截面的截面面积(m^2)；
L——相邻两截面的距离(m)。

则 石方工程量

$$V = \frac{30 + 40}{2} \times 50 m^3 = 1750 m^3$$

清单工程量计算见下表：

清单工程量计算表

项目编码	项目名称	项目特征描述	计量单位	工程量
040102001001	挖一般石方	坚硬岩石	m^3	1750

说明：石方工程量计算一般采用横断面法，峒库工程断面图，可按直接测成峒后的断面所得数据绘制。

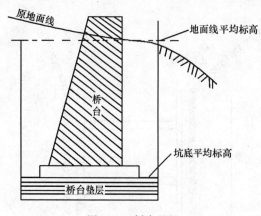

图 1-47 桥台基坑

项目编码：040101003　项目名称：挖基坑土方

【例 46】 某工程挖桥台基坑，如图 1-47 所示，桥台垫层宽为 3m，桥台垫层长度为 25m，地面线平均标高 10.0m，基坑底面平均标高为 2.0m，试计算基坑挖土方量。

【解】（1）定额工程量：

$$V = 3 \times 25 \times (10-2) \text{m}^3 = 600 \text{m}^3$$

（2）清单工程量同定额工程量：

清单工程量计算见下表：

清单工程量计算表

项目编码	项目名称	项目特征描述	计量单位	工程量
040101003001	挖基坑土方	深 8m	m³	600

说明：按照定额计算规则计算，挖基坑土石方的清单工程量，按原地面线以下构筑物最大水平投影面积乘以挖土深度（原地面平均标高至坑槽底平均标高的高度）以体积计算。

【例 47】 某土方工程采用 55kW 履带式推土机推土上坡，如图 1-48 所示，已知 A 点标高为 20.68m，B 点标高为 15.42m，两点水平距离为 56m，推土厚度为 180mm，宽度为 32m，土方为一、二类土。试确定推土机推土工程量。

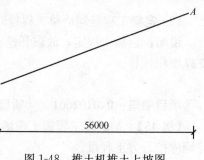

图 1-48 推土机推土上坡图

【解】 定额工程量：

由题可知 A、B 两点总高差

$$H_{AB} = (20.68 - 15.42)\text{m} = 5.26\text{m}$$

坡度 $i = 5.26/56 \times 100\% = 9.4\%$

据第一册《通用项目》第一章《土石方工程》工程量计算规则第 8 条，推土机推土大于 5%，斜道运距按斜道长度乘以表 1-8 系数：

$$\text{斜道长度} = (56^2 + 5.26^2)^{1/2} \text{m} = 56.25\text{m}$$

则　　　斜道运距 $= 56.25 \times 1.75 \text{m} = 98.44 \text{m}$

则　　　推土机推土工程量：$98.44 \times 32 \times 0.18 \text{m}^3 = 567.01 \text{m}^3$

土石方上坡增运系数表　　　表 1-8

项　目	推土机、铲运机				人力及人力车
坡度(%)	5～10	15 以内	20 以内	25 以内	15 以上
系　数	1.75	2	2.25	2.5	5

项目编码：040101003   项目名称：挖基坑土方

【例48】 某一工程施工，需要采用挖掘机挖基坑，如图1-49所示，基坑是矩形，地面标高为5.7m，基坑地面标高为2.2m，宽度为8.4m，设计基坑长度为200m，无防潮层，坑上作业，土壤为二类，试确定挖掘机挖土方工程量。

【解】（1）清单工程量：

$$V = 8.4 \times 200 \times 3.5 m^3 = 5880 m^3$$

清单工程量计算见下表：

清单工程量计算表

项目编码	项目名称	项目特征描述	计量单位	工程量
040101003001	挖基坑土方	二类土，深3.5m	m³	5880

（2）定额工程量：

根据题需查第一册《通用项目》第一章《土石方工程》工程量计算规则第7条可知：二类土机械开挖坑上作业，放坡系数为1∶0.75，无防潮层构筑物按基础外缘每侧增加工作面宽度40cm，则：

底面长为 (200+0.4×2)m=200.8m
底面宽为 (8.4+0.4×2)m=9.2m
基坑上面长 [200.8+2×0.75×(5.7-2.2)]m
　　　　　　=206.05m
基坑上面宽 [9.2+2×0.75×(5.7-2.2)]m
　　　　　　=14.45m

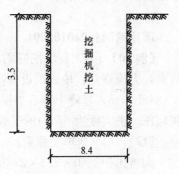

图1-49 矩形基坑断面图
（单位：m）

则挖掘机挖土方量

$$V = (5.7-2.2)/6 \times (206.05 \times 14.45 + 200.8 \times 9.2 + 406.85 \times 23.65) m^3$$
$$= 3.5/6 \times (2977.4 + 1847.4 + 9622) m^3$$
$$= 8427 m^3$$

说明：定额中按计算规则规定，构筑物基坑无防潮层按基础外缘每侧增加工作面宽度40cm。

项目编码：040103002   项目名称：余方弃置
项目编码：040103003   项目名称：缺方内运

【例49】 某道路路基工程，已知挖土3800m³，其中可利用2600m³，填土3800m³，土方运距为2km，现场挖填平衡，试确定：

（1）余土外运数量；
（2）填缺土方数量。

【解】（1）清单工程量：
由题意可知：余土外运数量：(3800-2600)m³=1200m³（自然方）
清单工程量计算见下表：

清单工程量计算表

序号	项目编码	项目名称	项目特征描述	计量单位	工程量	计算式
1	040103002001	余方弃置	运距2km	m³	1200	3800−2600
2	040103003001	缺方内运	运距2km	m³	1200	3800−2600

(2) 定额工程量：

据第一册《通用项目》第一章《土石方工程》工程量计算规则第1条"土方体积换算表"可得：

填缺土方数量：$(3800×1.15−2600)m^3 = 1770m^3$（自然方）

说明：工程量计算规则规定土、石方体积以天然密实体积（自然方）计算，回填土按碾实后的体积（实方）计算。

项目编码：040103001   项目名称：填方

【例50】 某工程已挖好雨水管道，长为50m，宽为2.5m，平均深度为2.8m，矩形截面，无检查井。槽内铺设φ800钢筋混凝土平口管，管壁厚0.12m，管下混凝土基座为0.4849m³/m，基座下碎石垫层0.24m³/m，试确定该沟槽填土压实（机械回填；10t压路机碾压，密实度为97%）的工程量。

【解】 (1) 清单工程量：

沟槽体积：$50×2.5×2.8 m^3 = 350 m^3$

混凝土基座体积 $= 0.4849×50 m^3 = 24.25 m^3$

碎石垫层体积 $= 0.24×50 m^3 = 12 m^3$

φ800管子外形体积 $= π×(0.8+0.12×2)^2/4×50 m^3 = 42.45 m^3$

填土压实土方量为：$(350−24.25−12−42.45) m^3 = 271.3 m^3$

清单工程量计算见下表：

清单工程量计算表

项目编码	项目名称	项目特征描述	计量单位	工程量
040103001001	填方	密实度97%	m³	271.3

(2) 定额工程量同清单工程量。

说明：按照定额规定工程量计算原则计算，管沟回填土应扣除管径在500mm以上的管道基础、垫层和各种构筑物所占的体积（查第一册《通用项目》第一章《土石方工程量》计算规则第6条）。

项目编码：040101002   项目名称：挖沟槽土方

【例51】 某给水排水管工程，需埋设钢筋混凝土管道。车行道施工，梯形沟槽，长度为780m，道路结构层厚度h=0.86m，管道深度为4.5m，管道底部宽度1.2m，土质类别为三类土，试确定该工程梯形槽的土方量。

【解】 土质为三类土，需放坡，查第一册《通用项目》第一章《土石方工程》工程量计算规则第七条放坡系数表得k=0.33。

(1) 定额工程量：

$$V=780\times[1.2+(4.5-0.86)\times0.33]\times(4.5-0.86)\times1.025\text{m}^3$$
$$=6987.9\text{m}^3$$

(2) 清单工程量：
$$V=1.2\times4.5\times780\text{m}^3$$
$$=4212\text{m}^3$$

清单工程量计算见下表：

清单工程量计算表

项目编码	项目名称	项目特征描述	计量单位	工程量
040101002001	挖沟槽土方	三类土	m³	4212.00

说明：排管沟槽分矩形沟槽和梯形沟槽，沟槽的管道作业坑和沿线各种井室，及工程新旧管连接所需增加开挖的土方量，矩形沟槽按沟槽总土方量7.5%计算，梯形沟槽按沟槽总土方量2.5%计算。

项目编码：040101002　　项目名称：挖沟槽土方

【例52】　某项煤气排管工程，管径为DN1000，排管长度为800m，矩形沟槽，道路结构层厚度为0.58m，采用机械挖土，求该工程中的土方工程部分的工程量。

【解】　查表1-9，DN1000煤气管沟槽宽为2.0m，沟槽深度为2.30m，则挖土方体积：

$$V=2.0\times800\times(2.3-0.58)\times1.075\text{m}^3=2958\text{m}^3$$

管道工程沟槽宽度、深度、修路宽度及铸铁管外径截面积表　　表1-9

管道直径 (mm)	沟槽槽底宽度(m)	深槽深度(m)		街坊修路平均宽度(m)	铸铁管外径截面积(m²)
		街坊、农用、人行道	车行道		
1000	2.00	—	2.30	—	0.850
1200	2.20	—	2.50	—	1.220
1400	2.50	—	2.70	—	1.584
1600	2.80	—	2.90	—	2.61
1800	3.00	—	3.10	—	2.602

清单工程量计算见下表：

清单工程量计算表

项目编码	项目名称	项目特征描述	计量单位	工程量	计算式
040101002001	挖沟槽土方	深2.3m	m³	3680	2×2.3×800

说明：按照定额中土方量计算规则规定，矩形沟槽按沟槽总土方量7.5%计算。

项目编码：040101003　　项目名称：挖基坑土方

【例53】　某市政工程在开挖基坑时采用铲运机铲土，人工辅助开挖，三类土。已知该基坑的尺寸为64m×48m，基坑示意图如图1-50所示，试计算该工程挖土方工程量。

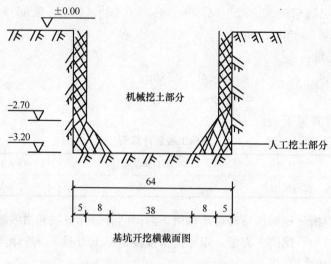

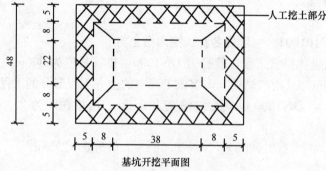

图 1-50 基坑开挖示意图(单位:m)

【解】 (1) 定额工程量:

1) 机械挖土

$$\frac{x+0.5}{x}=\frac{54}{38} \quad x=1.19\text{m} \quad x+0.5=1.69\text{m}$$

$$V_1 = \left(54\times38\times2.7+\frac{1}{3}\times54\times38\times1.69-\frac{1}{3}\times38\times22\times1.19\right)\text{m}^3$$

$$=6364.75\text{m}^3$$

2) 人工挖土

$$V_2 = (64\times48\times3.2-6364.75)\times1.5\text{m}^3$$

$$=3465.65\times1.5\text{m}^3$$

$$=5198.48\text{m}^3$$

总的挖土方量 $V=V_1+V_2=(6364.75+5198.48)\text{m}^3=11563.23\text{m}^3$

(2) 清单工程量:

总的挖土方量 $V=64\times48\times3.2=9830.4\text{m}^3$

清单工程量计算见下表:

清单工程量计算表

项目编码	项目名称	项目特征描述	计量单位	工程量
040101003001	挖基坑土方	三类土,深3.2m	m³	9830.4

说明:根据清单工程量计算规则,基坑底面积在150m²以内,底宽7m以内,长大于宽3倍以上的按沟槽计算,或底长小于底宽3倍以内,按基坑计算,其余的应按挖土石方计算。因此本工程应按挖一般土石方计算工程量,在开挖中采用了人工辅助开挖,因此根据定额计算规则人工开挖工程量应按实乘以系数1.5。

项目编码:040101006   项目名称:挖淤泥

【例54】 某桥梁工程修筑基础时,由于该河段多流砂、淤泥,因此其基坑开挖采用挖掘机挖土,经研究拟采用0.2m³抓铲挖掘机挖土,其基坑的示意图如图1-51所示,已知共需要挖10个这样的基坑,试计算该工程中挖掘机挖土、淤泥、流砂的工程量。

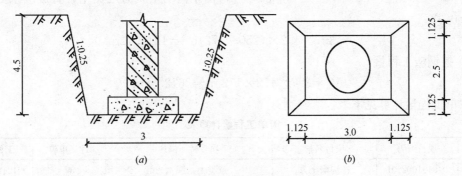

图 1-51 桥梁基础结构示意图(单位:m)
(a)横断面图;(b)平面图

【解】 (1)清单工程量:
$$V = (3+4.5\times0.25\times2)\times(2.5+4.5\times0.25\times2)\times4.5\times10\text{m}^3$$
$$= 1122.2\text{m}^3$$

清单工程量计算见下表:

清单工程量计算表

项目编码	项目名称	项目特征描述	计量单位	工程量
040101006001	挖淤泥	深4.5m	m³	1122.2

(2)定额工程量:

基坑放坡,留工作面的挖土工程量计算公式为
$$V = (a+2c+Kh)(b+2c+Kh)\times h + \frac{1}{3}K^2h^3$$

本工程中$K=0.25$,$h=4.5$,因此$\frac{1}{3}K^2h^3$可查表得1.90m³,

所以定额工程量为
$$V = [(3+0.25\times4.5)\times(2.5+0.25\times4.5)\times4.5+1.90]\times2.5\times10\text{m}^3$$
$$= 69.19\times2.5\times10\text{m}^3$$

$$=1729.7 \text{m}^3$$

说明：根据清单计算规则，挖基坑应按构筑物最大水平投影面积乘以挖土深度以体积计算，在定额计算中，除应按定额计算规则进行计算外，还应乘以 0.2m^3 抓斗挖土机挖土、淤泥、流砂的放大系数 2.50。

项目编码：040101002　　项目名称：挖沟槽土方

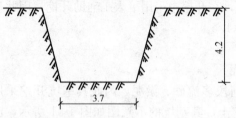

图 1-52　沟槽示意图（单位：m）

【例 55】　某市政工程利用机械开挖沟槽，如图 1-52 所示，全长 250m，其中有 172m 地下埋设的是钢渣，其余为三类地质，试计算该工程的挖坑和挖钢渣工程量。

【解】（1）清单工程量：

1）挖土方工程量

由于沟槽土质为三类土，查放坡系数表可知 $K=0.33$。

$$V_1 = 3.7 \times 4.2 \times (250-172) \text{m}^3 = 1212.12 \text{m}^3$$

2）挖钢渣工程量

$$V_2 = 3.7 \times 4.2 \times 172 \text{m}^3 = 2672.88 \text{m}^3$$

清单工程量计算见下表：

清单工程量计算表

序号	项目编码	项目名称	项目特征描述	计量单位	工程量
1	040101002001	挖沟槽土方	三类土，深 4.2m	m³	1212.12
2	040101002002	挖沟槽土方	钢渣，深 4.2m	m³	2672.88

（2）定额工程量：

1）挖土方工程量

$$V_1 = (3.7 + 4.2 \times 0.33) \times 4.2 \times (250-172) \text{m}^3 = 1666.17 \text{m}^3$$

2）挖钢渣工程量

$$V_2 = (3.7 + 4.2 \times 0.33) \times 4.2 \times 172 \text{m}^3 = 3674.13 \text{m}^3$$

项目编码：040101003　　项目名称：挖基坑土方

【例 56】　某市政工程基坑开挖，由于该处在地平下 1.5m，地质松软，多流砂、散土。因此在施工过程中采用在支撑下 0.5m^3 抓铲挖掘机挖土，基坑示意图如图 1-53 所示，试计算该工程的挖土方工程量。

【解】（1）清单工程量：

1）放坡挖土方量

$$V_1 = (4.2 + 1.5 \times 0.5 \times 2) \times (2.7 + 1.5 \times 0.5 \times 2) \times 1.5 \text{m}^3 = 35.91 \text{m}^3$$

2）支撑下挖土方量

$$V_2 = 4.2 \times 2.7 \times (6.3 - 1.5) \text{m}^3 = 54.432 \text{m}^3$$

则该工程挖土方总量为

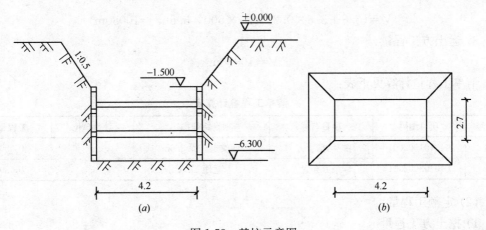

图 1-53 基坑示意图
(a) 断面图；(b) 平面图

$$V = V_1 + V_2 = (35.91 + 54.432) \text{m}^3 = 90.34 \text{m}^3$$

清单工程量计算见下表：

清单工程量计算表

项目编码	项目名称	项目特征描述	计量单位	工程量
040101003001	挖基坑土方	流砂、散土，深6.3m	m³	90.34

(2) 定额工程量：

1) 放坡挖土方量

$$V_1 = \left[(4.2+1.5\times0.5)\times(2.7+1.5\times0.5)\times1.5+\frac{1}{3}\times0.5^2\times1.5^3\right]\text{m}^3$$
$$= 25.90 \text{m}^3$$

2) 支撑挖土方量

$$V_2 = 4.2\times2.7\times(6.3-1.5)\times1.2 \text{m}^3 = 65.32 \text{m}^3$$

则该工程的定额挖土方工程量为

$$V = V_1 + V_2 = (25.90+65.32)\text{m}^3 = 91.22 \text{m}^3$$

说明：定额中规定在支撑下挖土，按实挖体积人工乘以系数1.43，机械乘以系数1.20，先开挖后支撑的不属于支撑下挖土。

项目编码：040101002　　项目名称：挖沟槽土方
项目编码：040103002　　项目名称：余方弃置

【例57】某沟槽利用推土机推土，四类土，弃土置于槽边1m之处，并采用人工装土，自卸汽车运土，运距2km，沟槽的横断面如图1-54所示，已知沟槽全长500m，试计算该工程挖土方工程量及运土工程量。

【解】(1) 清单工程量：

1) 挖土方工程量

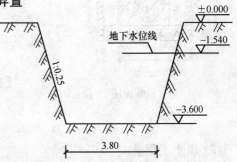

图 1-54 沟槽横断面图(单位：m)

$$V = (3.8 + 3.6 \times 0.25 \times 2) \times 500 \times 3.6 \text{m}^3 = 10080 \text{m}^3$$

2) 运土方工程量

$$V = 10080 \text{m}^3$$

清单工程量计算见下表:

清单工程量计算表

序号	项目编码	项目名称	项目特征描述	计量单位	工程量
1	040101002001	挖沟槽土方	四类土,深3.6m	m³	10080
2	040103002001	余方弃置	运距2km	m³	10080

(2) 定额工程量:

1) 挖土方工程量

挖干土

$$V_1 = (3.8 + 2 \times 3.6 \times 0.25 - 1.54 \times 0.25 \times 2 + 1.54 \times 0.25) \times 1.54 \times 500 \text{m}^3$$
$$= 4015.55 \text{m}^3$$

挖湿土

$$V_2 = [3.8 + (3.6 - 1.54) \times 0.25] \times (3.6 - 1.54) \times 500 \times 1.18 \text{m}^3$$
$$= 5244.45 \text{m}^3$$

∴ 挖土方工程量为

$$V = V_1 + V_2 = (4015.55 + 5244.45) \text{m}^3 = 9260.00 \text{m}^3$$

2) 运土方工程量为

$$V = 9260.00 \text{m}^3$$

说明:在本定额中规定在地下常水位以下为湿土,以上为干土,定额中的干湿土应分别计算,湿土工程量计算时,人工、机械均乘以系数1.18。

项目编码:040101003   项目名称:挖基坑土方
项目编码:040103001   项目名称:填方
项目编码:040103002   项目名称:余方弃置

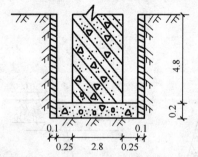

图1-55 基坑横断面图(单位:m)

【例58】某桥梁工程采用反铲挖掘机(斗容量0.6m³)不装车挖圆形基坑,基坑支挡土板,在砌筑基础时,先铺筑0.2m厚的水泥砂浆垫层,基础为圆形,直径2.8m,以四类土质填土,密实度达98%,基坑的结构示意图如图1-55所示,试计算该基坑的挖土方工程量、填土工程量及运土工程量(余土运至3km处弃置)。

【解】(1) 清单工程量:
1) 挖土方工程量

$$V_1 = \pi \times (1.4 + 0.25 + 0.1)^2 \times 5.0 \text{m}^3 = 48.11 \text{m}^3$$

2) 填土工程量

$$V_2 = [V_1 - \pi \times (1.4 + 0.25)^2 \times 0.2 - \pi \times 1.4^2 \times 4.8 - [\pi \times (1.4 + 0.25 + 0.1)^2$$

$$-\pi\times(1.4+0.25)^2]\times5.0]m^3$$
$$=11.50m^3$$

3) 余方运土工程量
$$V_3=V_1-V_2=(48.11-11.50)m^3=36.61m^3$$

清单工程量计算见下表：

清单工程量计算表

序号	项目编码	项目名称	项目特征描述	计量单位	工程量
1	040101003001	挖基坑土方	深5m	m³	48.11
2	040103001001	填方	四类土，密实度达98%	m³	11.50
3	040103002001	余方弃置	运距3km	m³	36.61

(2) 定额工程量同清单工程量。

项目编码：040101002　　项目名称：挖沟槽土方
项目编码：040103001　　项目名称：填方
项目编码：040103003　　项目名称：缺方内运

【例59】 某市政工程基础沟槽开挖并回填，其结构示意图如图1-56、图1-57所示，试计算该工程的挖土工程量及回填土工程量、运土工程量(已知该工程为四类土质，填土密实度达95%，缺方运距为1km)。

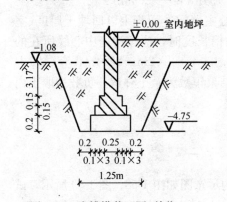

图1-56 沟槽横截面图(单位：m)

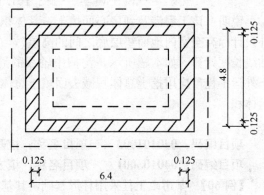

图1-57 平面图(单位：m)

【解】 (1) 清单工程量：
已知为四类土质，因此$K=0.25$
1) 挖土工程量
$$V_1=[1.25+(4.75-1.08)\times0.25\times2]\times(4.75-1.08)\times(6.4+4.8)\times2m^3$$
$$=253.61m^3$$

2) 填土工程量
$$V_2=[V_1-(0.85\times0.2+0.65\times0.15+0.45\times0.15+0.25\times3.17)\times(6.4+4.8)$$
$$\times2+(6.4-0.25)\times(4.8-0.25)\times1.08]m^3$$
$$=(253.61-1.1275\times11.2\times2+6.15\times4.55\times1.08)m^3$$
$$=258.58m^3$$

3) 缺方运土工程量
$$V_3=-V_2+V_1=(-258.58+253.61)\text{m}^3=-4.97\text{m}^3$$

清单工程量计算见下表：

清单工程量计算表

序号	项目编码	项目名称	项目特征描述	计量单位	工程量
1	040101002001	挖沟槽土方	四类土，深3.67m	m³	253.61
2	040103001001	填方	密实度95%	m³	258.58
3	040103003001	缺方内运	运距1km	m³	4.97

（2）定额工程量：

1) 挖土方工程量
$$V_1=[1.25+(4.75-1.08)\times0.25]\times(4.75-1.08)\times(6.4+4.8)\times2\text{m}^3$$
$$=178.19\text{m}^3$$

2) 填土工程量
$$V_2=[V_1-(0.85\times0.2+0.65\times0.15+0.45\times0.15+0.25\times3.17)\times(6.4+4.8)$$
$$\times2+(6.4-0.25)\times(4.8-0.25)\times1.08]\text{m}^3$$
$$=(178.19-1.1275\times11.2\times2+6.15\times4.55\times1.08)\text{m}^3$$
$$=183.16\text{m}^3$$

3) 缺方运土工程量
$$V_3=-V_2+V_1=(-183.161.15+178.19)\text{m}^3=-32.44\text{m}^3$$

说明：该工程涉及到房心回填土，其体积应为房心主墙间净面积乘以回填土厚度（室外设计标高至室内地面垫层底之间的高差），在计算沟槽长度时，应按沟槽中心线所在的轴线长度计算，如本题所示，沟槽中轴线的周长为(6.4+4.8)×2m=22.4m，弃（缺）方土外运工程量应用挖土总体积减去回填土总体积，其结果正数为余土外运，负数为取土内运体积。

项目编码：040101003　　项目名称：挖基坑土方
项目编码：040103001　　项目名称：填方

【例60】　某市政工程采用杯形基础，其基础的结构示意图如图1-58、图1-59所示，试分别以人工开挖和机械开挖计算该基础的挖土方工程量及回填土工程量（填方密实度97%）。

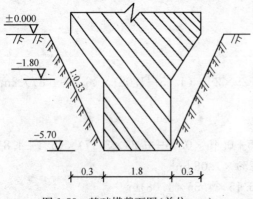

图1-58　基础横截面图（单位：m）

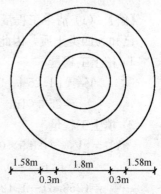

图1-59　基础平面图

【解】 (1) 清单工程量：
1) 人工挖土
① 挖土方工程量

$$V_1 = \left[\frac{1}{2} \times (1.8 + 5.70 \times 0.33 \times 2)\right]^2 \times 5.70 \times \pi \, \text{m}^3 = 138.49 \, \text{m}^3$$

② 填土工程量

$$V_2 = \left\{V_1 - \pi \times \left(\frac{1.8}{2}\right)^2 \times (5.70 - 1.80) - \frac{1}{3}\left[\pi \times \left(\frac{1.8 + 0.6}{2}\right)^2\right.\right.$$

$$\left.\left. \times 7.2 - \pi \times \left(\frac{1.8}{2}\right)^2 \times 5.4\right]\right\} \text{m}^3$$

$$= 122.29 \, \text{m}^3$$

清单工程量计算见下表：

清单工程量计算表

序号	项目编码	项目名称	项目特征描述	计量单位	工程量
1	040101003001	挖基坑土方	三类土，深5.7m	m³	138.49
2	040103001001	填方	密实度97%	m³	122.29

2) 机械挖土工程量
(2) 定额工程量：
1) 人工挖土量

$$\frac{x}{x+5.7} = \frac{1.8}{1.8 + 5.7 \times 0.33 \times 2}$$

$$x = 2.73 \, \text{m} \qquad x + 5.7 = 8.43 \, \text{m}$$

① 挖土方工程量

$$V_1 = \frac{\pi}{3} \times \left[\left(\frac{1.8 + 0.33 \times 5.7 \times 2}{2}\right)^2 \times 8.43 - \left(\frac{1.8}{2}\right)^2 \times 2.73\right] \text{m}^3$$

$$= 65.96 \, \text{m}^3$$

② 填土工程量

$$V_2 = \left\{V_1 - \pi \times \left(\frac{1.8}{2}\right)^2 \times 3.90 - \frac{\pi}{3}\left[\left(\frac{1.8 + 0.6}{2}\right)^2 \times 7.2 - \left(\frac{1.8}{2}\right)^2 \times 5.4\right]\right\} \text{m}^3$$

$$= 49.76 \, \text{m}^3$$

2) 机械挖土同1)
说明：本例题未区分干湿土、人工和机械开挖，回填在计算工程量时均按相同的计算规则进行，但在套用额定时就不相同了。

项目编码：040101002　　项目名称：挖沟槽土方
项目编码：040103001　　项目名称：填方

【例61】 某市政工程埋设一地下给水管道，管道为DN1200铸铁管道，其管道沟槽

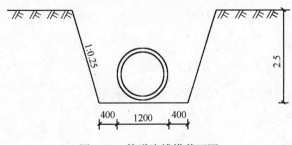

图 1-60 管道沟槽横截面图

的横截面如图 1-60 所示,在该管道工程中有 2 座检查井,其示意图如图 1-61 所示,已知整个管道长 578m,土质为四类土,试计算该管道工程的挖土方工程量及回填土工程量(填方密实度 98%)。

【解】(1)清单工程量:

1)挖土方

①管沟挖土方工程量

$$V_1 = (2.0 + 2.50 \times 0.25 \times 2) \times 578 \times 2.5 \text{m}^3 = 4696.25 \text{m}^3$$

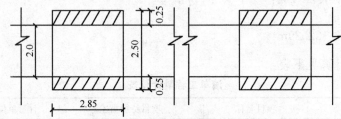

图 1-61 管网平面示意图

②井位挖土方工程量

$$V_2 = [2.85 \times 2.5 \times (2 + 0.25 \times 2) - (2 + 2.5 \times 0.25 \times 2) \times 2.85 \times 2.5] \times 2 \text{m}^3$$
$$= -10.69 \text{m}^3$$

所示该工程的挖土方工程量

$$V = 4696.25 \text{m}^3$$

2)回填土工程量

$$V = \left[4696.25 - \pi \times \left(\frac{1.2}{2} \right)^2 \times (578 - 2.85 \times 2) - 2.85 \times 2.5 \times 2.5 \times 2 \right] \text{m}^3$$
$$= 4013.37 \text{m}^3$$

清单工程量计算见下表:

清单工程量计算表

序号	项目编码	项目名称	项目特征描述	计量单位	工程量
1	040101002001	挖沟槽土方	四类土,深 2.5m	m³	4696.25
2	040103001001	填方	密实度 98%	m³	4013.37

(2)定额工程量:

1)挖土方工程量

$$V = (2.0 + 2.5 \times 0.25) \times 2.5 \times 578 \times 1.025 \text{m}^3 = 3887.95 \text{m}^3$$

2)回填土方工程量

$$V = [3887.95 - \pi \times 0.6^2 \times (578 - 2.85 \times 2) - 2 \times 2.85 \times 2.5 \times 2.5] \text{m}^3$$
$$= 3205.07 \text{m}^3$$

说明:根据清单计算规则,各种井位挖方的计算,必须扣除与管沟重叠部分的土方量。由于本题中井位挖方土方量小于该段沟槽挖方量,因此总的挖土方量即为整个沟槽的挖土方量,在定额中规定计算管沟土方工程量时,各种井类及管道(铸铁给水排水管除外)接口等处,需加宽沟槽而增加的土方工程量不另行计算。若井类底面积大于 $20m^2$ 时,其增加的工程量应并入管沟土方的计算,铺设铸铁给水管道时,其接口等处的土方增加量可按管道沟槽土方总量的 2.5% 计算。

项目编码:040101006　　项目名称:挖淤泥

【例62】 某桥梁工程需在水中修筑基础,因此搭建垫板采用 $0.5m^3$ 抓铲挖掘机进行作业,开挖基坑,基坑示意图如图1-62所示,试计算开挖基坑的土方工程量(已知基坑土质为淤泥、流砂)。

【解】(1)清单工程量:
$V = \pi \times 1.6^2 \times (12.28 - 7.84) m^3$
$= 35.71 m^3$

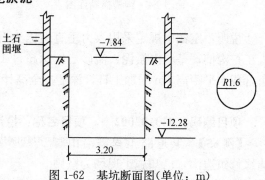

图1-62　基坑断面图(单位:m)

清单工程量计算见下表:

清单工程量计算表

项目编码	项目名称	项目特征描述	计量单位	工程量
040101006001	挖淤泥	深4.44m	m³	35.71

(2)定额工程量:
$$V = \pi \times 1.6^2 \times (12.28 - 7.84) \times 1.25 m^3 = 44.64 m^3$$

说明:清单计算规则规定挖淤泥,应按设计图示的位置及界限以体积计算,在定额计算规则中规定挖土机在整板上作业时,人工和机械应乘以系数1.25。

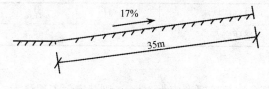

图1-63　斜坡长度及坡度

【例63】 某施工场地用推土机推运土方上坡,已知坡长35m,坡度为17%,如图1-63所示,试计算该推土机运距,若改用人力车推土上坡,计算人力推土运距。

【解】(1)清单工程量:
1)推土机推土运距为35m
2)人力车推土运距为35m

(2)定额工程量:
查表1-8可知推土机推土坡度17%,其系数为2.25,人力车推土,其系数为5。
所以:
1)推土机推土运距为 $L = 35 \times 2.25 m = 78.75 m$
2)人力车推土运距为 $L = 35 \times 5 m = 175 m$

说明:定额中规定,土石方运距应以挖土重心至填土重心或弃土重心最近距离计算,当人力及人力车运土石方上坡坡度在15%以上,推土机、铲运机重车上坡坡度大于5%时,其斜道运距应用斜道长乘以表1-8中的相应系数。

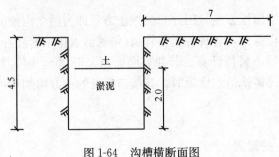

图 1-64 沟槽横断面图

【例64】 某沟槽开挖深度为 4.5m，采用人力垂直运输土方，水平运距为 7m，其示意图如图 1-64 所示，计算其运距。

【解】 (1) 清单工程量：
$$L=(4.5+7)\mathrm{m}=11.5\mathrm{m}$$
(2) 定额工程量：
$$L=(4.5\times7+7)\mathrm{m}=38.5\mathrm{m}$$

说明：定额中规定采用人力垂直运输土石方，垂直深度每米折合水平运距 7m 计算，人工挖沟槽、基坑内淤泥、流砂、挖深超过 1.5m 时，超过部分工程量按垂直深度每 1m 折合成水平距离 7m 增加工日，深度按全高计算，套定额计算规则 8-3。

项目编码：040102002　　项目名称：挖沟槽石方

【例65】 某道路工程需沿山脚边缘修筑边沟，已知施工现场为坚硬岩石，沿山脚开挖沟槽的长度为 320m，边沟的横断面形式如图 1-65 所示，采用人工凿石，并弃渣于槽边 1m 以外，人力装石、机动翻斗车运，试计算该工程挖石方工程量。

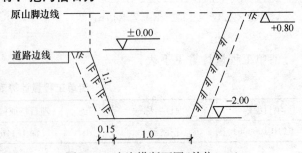

图 1-65 边沟横断面图(单位：m)

【解】 (1) 清单工程量：
$$V=[1.0+2.0\times1+(2.0+0.8)\times1]\times320\times2.8\mathrm{m}^3=5196.8\mathrm{m}^3$$
清单工程量计算见下表：

清单工程量计算表

项目编码	项目名称	项目特征描述	计量单位	工程量
040102002001	挖沟槽石方	坚硬岩石	m³	5196.8

(2) 定额工程量：

根据规定，该施工现场为坚硬岩石，因此其允许超挖厚度应为 15cm，则其定额工程量为：

$$V=\left[(1.3+2.0\times1)\times2.0+\frac{1}{2}\times(1.3+2.0\times1\times2+1.3+2.0\times1\times2+0.8\times1)\right.$$
$$\left.\times0.8\right]\times320\mathrm{m}^3$$
$$=\left[6.6+\frac{1}{2}\times(6.6+4+0.8)\times0.8\right]\times320\mathrm{m}^3$$
$$=3571.2\mathrm{m}^3$$

说明：根据清单计算规则，挖沟槽石方应按原地面线以下构筑物最大水平投影面积乘以挖石深度(原地面平均标高至槽底高度)以体积计算，按定额计算规则，石方沟槽开挖工程量应按图示尺寸另加允许超挖量以立方米计算，允许超挖厚度：普通岩石为 20cm，坚硬岩石为 15cm。

【例 66】 某市进行城市绿化工程建设,拟在广场进行人工铺花格草皮,已知铺草皮区域如图 1-66 所示,每块花格的计算示意如图 1-67 所示,试计算该绿化工程人工铺草皮的工程量。

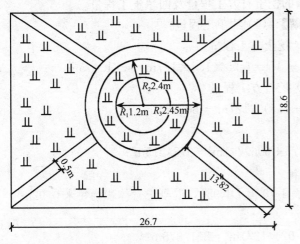

图 1-66 草坪示意图(单位:m)　　图 1-67 花格示意图(单位:m)

【解】 (1) 清单工程量:

由图 1-66 计算人工铺草坪区域的面积为

$$S_1 = [26.7 \times 18.6 - \pi \times 1.2^2 - \pi(2.45^2 - 2.4^2) - 13.82 \times 0.5 \times 4] \text{m}^2$$
$$= 463.69 \text{m}^2$$

每块花格所占用的平面面积为:

$$S_2 = [0.3 \times 0.1 + (0.1 + 0.3) \times 0.1] \text{m}^2 = 0.07 \text{m}^2$$

花格中空心部分的面积为:

$$S_3 = \pi \times 0.12^2 \text{m}^2 = 0.045 \text{m}^2$$

该区域共需花格数为

$$N = S_1/S_2 = \frac{463.69}{0.07} \text{块} = 6624 \text{ 块}$$

则人工铺草皮面积为:

$$S = N \cdot S_3 = 6624 \times 0.045 \text{m}^2 = 298.09 \text{m}^2$$

(2) 定额工程量:

由于定额中规定人工铺草皮工程量以实际铺设的面积计算,花格铺草皮中的空格部分不扣除,花格铺草皮,设计草皮面积,与定额不符时可以调整草皮数量,人工按草皮增加比例增加。

因此定额中的人工铺草皮工程量为:

$$S = S_1 = 463.69 \text{m}^2$$

项目编码:040101002　　项目名称:挖沟槽土方
项目编码:040102002　　项目名称:挖沟槽石方
项目编码:040103001　　项目名称:填方

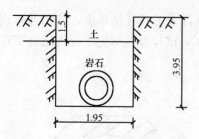

图 1-68 某管道沟槽断面图(单位:m)

【例 67】 某管道沟槽如图 1-68 所示,管道长 127m,混凝土管管径 950mm,施工场地上层 1.5m 为四类土,下层为普通岩石地质,利用人工开挖,求该管道沟槽的挖土石方工程量及回填土工程量。

【解】(1)清单工程量:

1)挖土方工程量

$$V_1 = 1.95 \times 1.5 \times 127 \text{m}^3 = 371.475 \text{m}^3$$

2)挖石方工程量

$$V_2 = 1.95 \times (3.95 - 1.5) \times 127 \text{m}^3 = 606.74 \text{m}^3$$

则挖土石方总量为

$$V = V_1 + V_2 = (371.475 + 606.74) \text{m}^3 = 978.215 \text{m}^3$$

3)填土工程量:

由于管道直径为 950mm,因此可查表 1-10 得 DN950,混凝土管体积为每米 0.92m³。

则回填土工程量:

$$V' = (978.215 - 0.92 \times 127) \text{m}^3 = 861.375 \text{m}^3$$

清单工程量计算见下表:

清单工程量计算表

序号	项目编码	项目名称	项目特征描述	计量单位	工程量
1	040101002001	挖沟槽土方	四类土	m³	371.475
2	040102002001	挖沟槽石方	普通岩石	m³	606.74
3	040103001001	填方	密实度 95%	m³	861.375

(2)定额工程量:

1)挖土方工程量

$$V_1 = 371.475 \times 1.075 \text{m}^3 = 399.34 \text{m}^3$$

2)挖石方工程量

根据规定,普通岩石的允许超挖厚度为 0.20m,则

$$V_2 = (1.95 + 0.20 \times 2) \times (3.95 - 1.5) \times 127 \text{m}^3 = 731.20 \text{m}^3$$

则挖土石方工程总量为:

$$V = (399.34 + 731.20) \text{m}^3 = 1130.54 \text{m}^3$$

3)填土工程量

$$V' = (1130.54 - 0.92 \times 127) \text{m}^3 = 1013.7 \text{m}^3$$

管道扣除土方体积表 表 1-10

管道名称	管道直径 (mm)					
	500~600	601~800	801~1000	1101~1200	1201~1400	1401~1600
钢管	0.21	0.44	0.71	—	—	—
铸锈管	0.24	0.49	0.77	—	—	—
混凝土管	0.33	0.60	0.92	1.15	1.35	1.55

项目编码：040101002　　项目名称：挖沟槽土方
项目编码：040103001　　项目名称：填方

【例68】　某市政管网在排管时，在同一沟槽底部铺设双管长256m，已知沟槽上方有69cm的道路结构层厚度，同底双管的横断面如图1-69所示，采用人工开挖，三类土质，试计算该沟槽的挖土方工程量及回填土工程量（填方密实度达96%）。

【解】（1）清单工程量：
已知人工开挖三类土，可查放坡系数表得 $K=0.33$。

1）挖土工程量

$$V_1 = (1.15+1+0.65+3.75\times0.33\times2)\times256\times3.75\text{m}^3$$
$$= 5064\text{m}^3$$

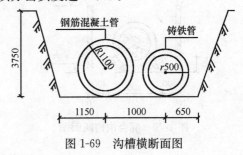

图1-69　沟槽横断面图

2）回填土工程量

$$V_2 = [V_1-(\pi\times1.1^2+\pi\times0.5^2)\times256]\text{m}^3 = 3889.80\text{m}^3$$

清单工程量计算见下表：

清单工程量计算表

序号	项目编码	项目名称	项目特征描述	计量单位	工程量
1	040101002001	挖沟槽土方	三类土，深3.75m	m³	5064
2	040103001001	填方	密实度96%	m³	3889.80

（2）定额工程量：

1）挖土工程量

$$V_1 = [2.8+(3.75-0.69)\times0.33]\times(3.75-0.69)\times256\times1.025\text{m}^3$$
$$= 3059.06\text{m}^3$$

2）填土工程量

$$V_2 = [V_1-(\pi\times1.1^2+\pi\times0.5^2)\times256]\text{m}^3 = 1884.86\text{m}^3$$

说明：同底双管或多管同沟槽排管，沟槽的槽底深度同沟槽排管口径最大者，沟槽宽度按最外两管设计中心距加上该两管各自排管沟槽宽度的一半计算，如本例题中，查表1-11，钢筋混凝土管径 $DN1100$，其排管沟槽底宽为2.3m，铸铁管 $DN500$，沟槽底宽为1.30m，梯形排管沟槽的增开土方量按沟槽总土方量2.5%计算。

管道地沟底宽计算表（单位：m）　　　表1-11

管径 (mm)	铸铁管、钢管 石棉水泥管	混凝土、钢筋 混凝土预应 力混凝土管	陶土管	管径 (mm)	铸铁管、钢管 石棉水泥管	混凝土、钢筋 混凝土预应 力混凝土管	陶土管
50～70	0.60	0.80	0.70	700～800	1.60	1.80	—
100～200	0.70	0.90	0.80	900～1000	1.80	2.00	—
250～350	0.80	1.00	0.90	1100～1200	2.00	2.30	—
400～450	1.00	1.30	1.10	1300～1400	2.20	2.60	—
500～600	1.30	1.50	1.40				

项目编码：040101002　　项目名称：挖沟槽土方

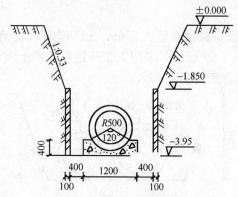

图 1-70　混合沟槽断面图

【例69】 某市进行了排水管网施工，根据当地的地形和地质，决定采用混合沟槽开挖的形式，其断面示意图如图 1-70 所示，采用人工开挖，三类土，地下常水位线为 -1.85m，沟槽全长 227m，试计算该管沟槽的挖土方工程量。

【解】（1）清单工程量：

$$V = 1.2 \times 3.95 \times 227 \text{m}^3$$
$$= 1075.98$$

清单工程量计算见下表：

清单工程量计算表

项目编码	项目名称	项目特征描述	计量单位	工程量
040101002001	挖沟槽土方	三类土，深3.95m	m³	1075.98

(2) 定额工程量：

1) 挖干土

$$V_1 = (2.2 + 1.85 \times 0.33) \times 1.85 \times 227 \times 1.025 \text{m}^3 = 1209.78 \text{m}^3$$

2) 挖湿土

$$V_2 = 2.2 \times (3.95 - 1.85) \times 227 \times 1.075 \text{m}^3 = 1127.40 \text{m}^3$$

则该管沟挖土工程总量为

$$V = V_1 + V_2 = (1209.78 + 1127.40) \text{m}^3 = 2337.18 \text{m}^3$$

项目编码：040103001　　项目名称：填方
项目编码：040103002　　项目名称：余方弃置

【例70】 如例69所述，试计算该槽的回填土方工程量，场内运输工程量，及场地平整工程量(填方密实度为95%，余土运距为800m)。

【解】（1）清单工程量：

1) 回填土方工程量

$$V_1 = \left[1075.98 - 1.2 \times 0.4 \times 227 - 227 \times \left(\pi \times 0.5^2 \times \frac{2}{3} + \frac{1}{2} \times 0.25 \times 0.5\sqrt{3}\right)\right] \text{m}^3$$
$$= (1075.98 - 108.96 - 143.43) \text{m}^3$$
$$= 823.59 \text{m}^3$$

2) 场内运输工程量

$$V_2 = (1075.98 - 823.59) \text{m}^3 = 252.39 \text{m}^3$$

3) 场地平整工程量

$$S = 227 \times (2.2 + 1.85 \times 0.33 \times 2) \text{m}^2 = 776.57 \text{m}^2$$

清单工程量计算见下表:

清单工程量计算表

序号	项目编码	项目名称	项目特征描述	计量单位	工程量
1	040103001001	填方	密实度为95%	m³	2815.05
2	040103002001	余方弃置	运距800m	m³	252.39

(2) 定额工程量:

1) 回填土方工程量

$$V_1 = \left[2337.18 - 1.2 \times 0.4 \times 227 - \left(\frac{2\pi}{3} \times 0.5^2 + \frac{1}{2} \times 0.25 \times 0.5\sqrt{3}\right) \times 227\right] m^3$$
$$= 2084.79 m^3$$

2) 场内运输工程量

$$V_2 = (2337.18 - 2084.79) \times 60\% m^3 = 151.43 m^3$$

3) 场地平整工程量

$$S = 227 \times (2.2 + 1.85 \times 0.33 \times 2 + 6) m^2 = 2138.57 m^2$$

说明:在定额中规定挖土现场运输土方量的公式为

$$V_{wg} = (V_w - V_d) \times 60\%$$

式中 V_{wg}——挖土现场运输土方量;

V_w——挖土量;

V_d——场内填土量。

场地平整工程量按面积计算,其公式为

$$S = L \times (B + b)$$

式中 S——场地平整面积(m^2);

L——场地平整段排管沟槽长度(m);

B——沟槽上口宽度(m)。

项目编码:040101002   项目名称:挖沟槽土方
项目编码:040103001   项目名称:填方

【例71】 某市政工程在铺设管网时,将两条管道同槽不同底进行敷设,沟槽的断面形式如图1-71所示,沟槽长369m,计算该沟槽的挖土方工程量及回填土工程量(三类土,填方密实度98%)。

【解】 (1) 清单工程量:

1) 挖土工程量

$$V_1 = [2.5 \times 369 \times 3.25 + 4.0 \times 369 \\ \times (2.0 + 3.25)] m^3$$
$$= 10747.125 m^3$$

2) 填土工程量

$$V_2 = [V_1 - (\pi \times 1.0^2 + \pi \times 1.5^2) \times 369] m^3$$
$$= (10747.125 - 3765.65) m^3$$

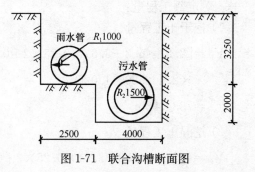

图1-71 联合沟槽断面图

$= 6987.475 \text{m}^3$

清单工程量计算见下表：

清单工程量计算表

序号	项目编码	项目名称	项目特征描述	计量单位	工程量
1	040101002001	挖沟槽土方	三类土，深5.25m	m³	10747.125
2	040103001001	填方	密实度98%	m³	6987.475

（2）定额工程量：

1）挖土方工程量

$$V_1 = 10747.125 \times 1.075 \text{m}^3 = 11553.16 \text{m}^3$$

2）填土方工程量

$$V_2 = [11553.16 - \pi \times (1.0^2 + 1.5^2) \times 369] \text{m}^3$$
$$= 7785.61 \text{m}^3$$

项目编码：040101002　　项目名称：挖沟槽土方

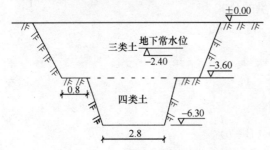

图1-72　分层开挖沟示意图（单位：m）

【例72】　某排水工程开挖一段长520m的深排水沟渠，沟槽挖深6.30m，在施工过程中采用分层人工开挖，其沟槽的横断面如图1-72所示，土质为三、四类土，试计算该工程人工挖土方工程量。

【解】　人工开挖三类土$k_1 = 0.33$，四类土$k_2 = 0.25$。

（1）清单工程量：

$$V = [2.8 + (6.3 - 3.6) \times 2 \times 0.25 + 0.8 \times 2 + 3.6 \times 2 \times 0.33] \times 520 \times 6.3 \text{m}^3$$
$$= 26620.78 \text{m}^3$$

清单工程量计算见下表：

清单工程量计算表

项目编码	项目名称	项目特征描述	计量单位	工程量
040101002001	挖沟槽土方	三、四类土	m³	26620.78

（2）定额工程量：

1）挖干土工程量

$$V_1 = [2.8 + (6.3 - 3.6) \times 0.25 \times 2 + 0.8 \times 2 + (3.6 - 2.4) \times 0.33 \times 2 + 2.4 \times 0.33]$$
$$\times 2.4 \times 520 \times 1.025 \text{m}^3$$
$$= 7334.93 \text{m}^3$$

2）挖湿土工程量

$$V_2 = \{[2.8 + (6.3 - 3.6) \times 0.25 \times 2 + 0.8 \times 2 + (3.6 - 2.4) \times 0.33] \times (3.6 - 2.4)$$

$$\times 520+[2.8+(6.3-3.6)\times 0.25]\times(6.3-3.6)\times 520\}\times 1.025\text{m}^3$$
$$=(3835.104+4878.9)\times 1.025\text{m}^3$$
$$=8931.85\text{m}^3$$

则该工程挖土方定额工程总量为：
$$V=V_1+V_2=(7334.93+8931.85)\text{m}^3=16266.78\text{m}^3$$

说明：较深的沟槽，宜分层开挖，每层槽深，人工挖槽一般在3m左右，在条件许可时，一般采用大开槽（即放坡不支撑），人工开挖多层槽的层间留台深度，大开槽与直槽之间一般不小于0.8m，直槽与直槽之间宜留0.3～0.5m，安装井点时，槽台宽度不应小于1m。

项目编码：040103001　　项目名称：填方
项目编码：040103002　　项目名称：余方弃置
项目编码：040103003　　项目名称：缺方内运

【例73】　某道路改建工程，欲将原道路双向六车道扩建为双向八车道，其路基工程中，已知挖土方体积为4500m³，可利用3000m³，改建段的道路横断面如图1-73所示，道路结构层厚度为69cm，改建段长600m，试计算该道路路基工程的填缺土方数量及余土外运数量（填方密实度97%，土方运距为2km）。

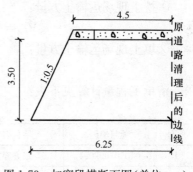

图1-73　加宽段横断面图（单位：m）

【解】（1）清单工程量：
1）路基填土方数量为
$$V_1=(4.5+0.5\times 0.69+6.25)\times 3.5\times \frac{1}{2}\times 600\text{m}^3$$
$$=11649.75\text{m}^3$$

2）填缺土方数量为
$$V_2=(11649.75-3000\times 0.87)\text{m}^3=9039.75\text{m}^3\text{（实方）}$$

3）余土外运数量为
$$V_3=(4500-3000)\text{m}^3=1500\text{m}^3\text{（自然方）}$$

清单工程量计算见下表：

清单工程量计算表

序号	项目编码	项目名称	项目特征描述	计量单位	工程量
1	040103001001	填方	密实度97%	m³	11649.75
2	040103002001	余方弃置	运距2km	m³	1500
3	040103003001	缺方内运	运距2km	m³	9039.75

（2）定额工程量同清单工程量。

说明：本题中有挖方，有填方，根据定额中规定，土石方体积均以天然密实体积（自然方）计算，回填土按碾压后的体积（实方）计算，其土方体积换算表可查表1-6，如本题中可利用3000m³挖方换算成实方即乘以系数0.87。

项目编码：040103002　　　项目名称：余方弃置
项目编码：040103003　　　项目名称：缺方内运

【例74】 某基础开挖，已知挖土560m³，在基础回填时，可利用的挖土量为120m³，填土数量为740m³，试求(1)余土外运数量；(2)填缺土方数量；(3)土方场内运输工程量（余土、填缺土运距为1km，土方场内运输80m）。

【解】（1）清单工程量：
1) 余土外运数量
$$V_1=(560-120)\text{m}^3=440\text{m}^3（自然方）$$
2) 填缺土方数量
$$V_2=(740\times1.15-120)\text{m}^3=731\text{m}^3（自然方）$$
3) 土方场内运输工程量
①挖土现场运输土方量：
$$V_{wg}=(560-120)\times60\%\text{m}^3=264\text{m}^3$$
②填土现场运输土方量：
$$V_{dg}=731\text{m}^3$$

清单工程量计算见下表：

清单工程量计算表

序号	项目编码	项目名称	项目特征描述	计量单位	工程量
1	040103002001	余方弃置	运距1km	m³	440
2	040103002002	余方弃置	运距80m	m³	264
3	040103003001	缺方内运	运距1km	m³	731
4	040103003002	缺方内运	运距80m	m³	731

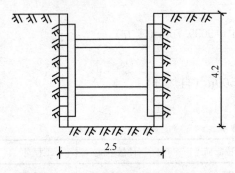

图1-74 沟槽支撑示意图（单位：m）

（2）定额工程量同清单工程量。

说明：填土现场运输土方量应该为自然方。

【例75】 某段沟槽长65m，宽2.5m，平均深4.2m，开挖时采用支密撑钢制挡土板，横板竖撑，满堂撑板，其示意图如图1-74所示，求该工程的支撑挡土板工程量。

【解】（1）清单工程量：
$$S=65\times4.2\times2\text{m}^2=546\text{m}^2$$
（2）定额工程量同清单工程量。

【例76】 如上题所述，若沟槽底宽5.2m时，试计算该工程的支撑挡土板工程量。

【解】（1）清单工程量：
$$S=65\times4.2\times2\text{m}^2=546\text{m}^2$$
（2）定额工程量：
$$S=4.2\times65\text{m}^2=273\text{m}^2$$

说明：在定额中除槽钢挡土板外，定额均按横板，竖撑计算，如采用竖板，横撑，其人工工日应乘以系数1.2，支撑工程按施工组织设计确定的支撑面积以平方米计算，当支撑宽度在4.1m以内时，支撑面积为两侧挡土板面积之和，如槽坑宽度超过4.1m时，其两侧均按一侧支挡土板考虑，且工日数乘以系数1.33，除挡土板外，其他材料乘以系数2.0。

项目编码：040101003　　项目名称：挖基坑土方

【例77】 某市政管网工程沿管沟长度方向设有检修井3座，阀门井1座，雨水井5座，其示意图如图1-75所示，试计算该工程中的井位挖方工程量。

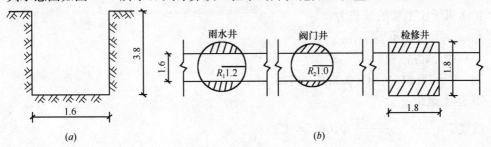

图 1-75　管道井位挖方示意图
(a)管沟横截面图(单位：m)；(b)各井位示意图(单位：m)

【解】(1) 清单工程量：

1) 检修井挖土方工程量

$$V_1 = (1.8 \times 1.8 \times 3.8 - 1.6 \times 1.8 \times 3.8) \times 3 \text{m}^3 = 4.104 \text{m}^3$$

2) 阀门井挖土方工程量

$$V_2 = \left(\frac{2\arccos\frac{0.8}{1.0}}{360} \times \pi \times 1.0^2 - 0.8 \times \sqrt{1.0^2 - 0.8^2} \right) \times 2 \times 3.8 \text{m}^3$$
$$= (0.644 - 0.48) \times 2 \times 3.8 \text{m}^3$$
$$= 1.25 \text{m}^3$$

3) 雨水井挖土方工程量

$$V_3 = \left(\frac{2\arccos\frac{0.8}{1.2}}{360} \times \pi \times 1.2^2 - 0.8 \times \sqrt{1.2^2 - 0.8^2} \right) \times 2 \times 3.8 \times 5 \text{m}^3$$
$$= (1.744 - 0.716) \times 2 \times 3.8 \times 5 \text{m}^3$$
$$= 39.064 \text{m}^3$$

清单工程量计算见下表：

清单工程量计算表

序号	项目编码	项目名称	项目特征描述	计量单位	工程量
1	040101003001	挖基坑土方	检修井，深3.8m	m³	4.104
2	040101003002	挖基坑土方	阀门井，深3.8m	m³	1.25
3	040101003003	挖基坑土方	雨水井，深3.8m	m³	39.064

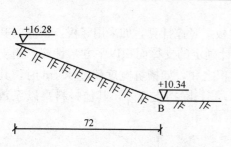

图 1-76 铲运机铲运土方示意图(单位：m)

(2) 定额工程量同清单工程量。

【例78】 某施工工地用 $3m^3$ 拖式铲运机上坡铲运土方，已知铲运土层厚度为 30cm，宽度为 54m，四类土，两点间的水平距离为 72m，铲运机上坡铲运土方如图 1-76 所示，试计算该工程的土方工程量及铲运机运土运距，若为自行铲运机铲运土，则其运土运距又为多少？

【解】 (1) 清单工程量：

1) 土方工程量

铲运机铲土上坡的坡长为：

$$L = \sqrt{72^2 + (16.28 - 10.34)^2} \text{ m}$$
$$= 72.245 \text{m}$$

则 $V = 72.245 \times 54 \times 0.3 m^3 = 1170.36 m^3$

2) 运土运距

坡度 $i = \dfrac{16.28 - 10.34}{72} \times 100\% = 8.25\%$

根据 $i = 8.25\%$ 时，其斜道运距可乘系数 1.75，则运距

$$L' = (72.245 \times 1.75 + 27) \text{m} = 153.43 \text{m}$$

3) 若为自行铲运机运土，则

$$L' = (72.245 \times 1.75 + 45) \text{m} = 171.43 \text{m}$$

(2) 定额工程量同清单工程量。

第二节 综合实例

项目编码：040101001　　项目名称：挖一般土方
项目编码：040103001　　项目名称：填方
项目编码：040103002　　项目名称：余方弃置
项目编码：040103003　　项目名称：缺方内运

【例1】 某工程施工现场进行场地平整，其地形图与方格网图如图 1-77 所示，施工方案：

(1) 图中每方格内的土方调配按 15m 考虑，土方运距在 20m 内按推土机，200m 内按拖式铲运机，5km 按正铲挖土自卸汽车运土分别计算(三类土)。

(2) 场区内不可利用的土拟采用人工装土、自卸汽车运土。

(3) 机械作业不到的地方由人工完成，人工挖土方量考虑占总挖方量的 8%，填方密实度 95%。

求该工程的土石方工程量(已知方格网 $a = 20m$，设计泄水坡度 $i_x = 2‰$，$i = 3‰$)

【解】 清单工程量：

(1) 求各角点的地面标高

角点1： $h_1 = \left(\dfrac{x}{h} \times 0.5 + 21.0\right) \text{m} = \left(\dfrac{0.3}{1.6} \times 0.5 + 21\right) \text{m} = 21.09 \text{m}$

式中 x——角点 1 到等高线 a 的垂直距离;

h——等高线 a、b 过角点 1 的垂直距离;

0.5——等高线 a、b 之间的等差。

式中 x、h 均在图中直接量出,其他各点均按此计算,其计算结果如图 1-77 所示。

(2) 计算场地设计标高 A_0。

$$\Sigma H_1 = (21.09+23.45+19.28+17.625)\text{m} = 81.445\text{m}$$

$$2\Sigma H_2 = 2\times(21.57+22.22+22.59+22.93+22.27+21.24+20.375+19.03+18.68$$

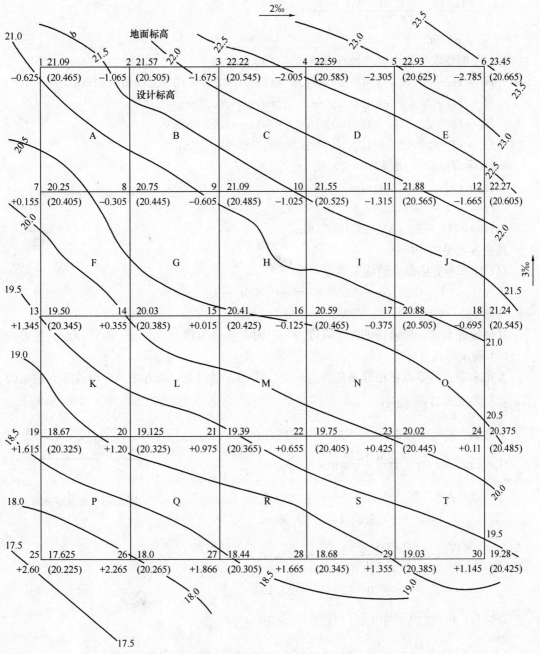

图 1-77 地形图与方格网示意图

$$+18.44+18.0+18.67+19.50+20.25)\text{m}$$
$$=571.53\text{m}$$
$$4\Sigma H_3=4\times(20.75+21.09+21.55+21.88+20.03+20.41+20.59+20.88+19.125$$
$$+19.39+19.75+20.02)\text{m}$$
$$=981.86\text{m}$$
$$H_0=\frac{\Sigma H_1+2\Sigma H_2+4\Sigma H_3}{4a}\text{m}$$
$$=\frac{81.445+571.53+981.86}{4\times 20}\text{m}$$
$$=20.445\text{m}$$

(3) 根据要求的泄水坡度计算方格角点的设计标高

$$H_1=H_0-50\times 2‰+40\times 3‰=(20.445-50\times 2‰+40\times 3‰)\text{m}=20.465\text{m}$$
$$H_2=H_1+20\times 2‰=(20.465+20\times 2‰)\text{m}=20.505\text{m}$$
$$H_3=H_2+20\times 2‰=(20.505+20\times 2‰)\text{m}=20.545\text{m}$$
$$H_4=H_3+20\times 2‰=(20.545+20\times 2‰)\text{m}=20.585\text{m}$$
$$H_5=(H_4+20\times 2‰)\text{m}=20.625\text{m}$$
$$H_6=(H_5+20\times 2‰)\text{m}=20.665\text{m}$$
$$H_7=(H_1-20\times 3‰)\text{m}=(20.465-20\times 3‰)\text{m}=20.405\text{m}$$
$$H_{13}=(H_7-20\times 3‰)\text{m}=20.345\text{m}$$

其余各点见图中所标。

(4) 计算各方格角点的施工高度

角点 1： $h_1=(20.465-21.09)\text{m}=-0.625\text{m}$

角点 7： $h_7=(20.405-20.25)\text{m}=+0.155\text{m}$

其余按此类推，所求得的施工高度为"＋"时，该点为填方；为"－"时，该点为挖方。

(5) 确定零线

首先求零点，零点在相邻两角点为一挖一填的方格线上，如方格 A，计算零点边长公式为：$x=\dfrac{ah_1}{h_1+h_2}$（图 1-78）

方格 A：$h_1=-0.625\text{m}$　　$h_2=+0.155\text{m}$

代入公式　$x=\dfrac{20\times 0.625}{0.625+0.155}\text{m}=16.03\text{m}$

$$a-x=(20-16.03)\text{m}=3.97\text{m}$$

$h_1=+0.155\text{m}$　　$h_2=-0.305\text{m}$

$$x=\frac{20\times 0.155}{0.155+0.305}\text{m}=6.74\text{m}$$

$$a-x=(20-6.74)\text{m}=13.26\text{m}$$

方格 G：$h_1=-0.305\text{m}$　　$h_2=+0.355\text{m}$

$$x=\frac{20\times 0.305}{0.305+0.355}\text{m}=9.24\text{m}\qquad a-x=(20-9.24)\text{m}=10.74\text{m}$$

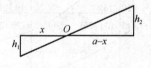

图 1-78 重点示意图

方格 H：$h_1 = -0.605\text{m}$ $h_2 = +0.015\text{m}$

$$x = \frac{20 \times 0.605}{0.605 + 0.015}\text{m} = 19.5\text{m} \quad a - x = (20 - 19.50)\text{m} = 0.50\text{m}$$

方格 M：$h_1 = +0.015\text{m}$ $h_2 = -0.125\text{m}$

$$x = \frac{20 \times 0.015}{0.015 + 0.125}\text{m} = 2.14\text{m} \quad a - x = (20 - 2.14)\text{m} = 17.86\text{m}$$

方格 N：$h_1 = -0.125\text{m}$ $h_2 = +0.655\text{m}$

$$x = \frac{20 \times 0.125}{0.125 + 0.655}\text{m} = 3.21\text{m} \quad a - x = (20 - 3.21)\text{m} = 16.79\text{m}$$

方格 O：$h_1 = -0.375\text{m}$ $h_2 = +0.425\text{m}$

$$x = \frac{20 \times 0.375}{0.375 + 0.425}\text{m} = 9.375\text{m} \quad a - x = (20 - 9.375)\text{m} = 10.625\text{m}$$

$h_1 = -0.695\text{m}$ $h_2 = +0.11\text{m}$

$$x = \frac{20 \times 0.695}{0.695 + 0.11}\text{m} = 17.27\text{m} \quad a - x = (20 - 17.27)\text{m} = 2.73\text{m}$$

将各相邻零点连接起来即为所求的零线，如图 1-79 所示。

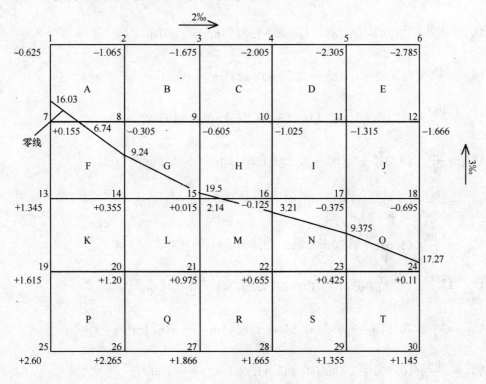

图 1-79 零线示意图

(6) 计算土方量

方格 B、C、D、E、I、J 六个角点全为挖方，方格 K、L、P、Q、R、S、T 全为填

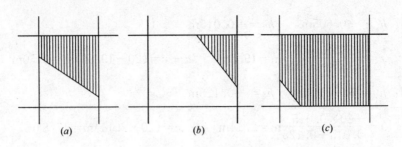

图 1-80 方格网示意图

(a)两填两挖；(b)三填一挖方格网；(c)三挖一填方格网

方，这四个方格的土方量为：

$$V_{挖(填)} = \frac{a^2}{4}(h_1+h_2+h_3+h_4)$$

$V_{挖B} = \frac{400}{4} \times (1.065+1.675+0.605+0.305)\text{m}^3 = -365\text{m}^3$

$V_{挖C} = \frac{400}{4} \times (1.675+2.005+1.025+0.605)\text{m}^3 = -531\text{m}^3$

$V_{挖D} = \frac{400}{4} \times (2.005+2.305+1.315+1.025)\text{m}^3 = -665\text{m}^3$

$V_{挖E} = \frac{400}{4} \times (2.305+2.785+1.665+1.315)\text{m}^3 = -807\text{m}^3$

$V_{挖I} = \frac{400}{4} \times (1.025+1.315+0.375+0.125)\text{m}^3 = -284\text{m}^3$

$V_{挖J} = \frac{400}{4} \times (1.315+1.665+0.695+0.375)\text{m}^3 = -405\text{m}^3$

$V_{填K} = \frac{400}{4} \times (1.345+0.355+1.20+1.615)\text{m}^3 = +451.5\text{m}^3$

$V_{填L} = \frac{400}{4} \times (0.355+0.015+0.975+1.20)\text{m}^3 = +254.5\text{m}^3$

$V_{填P} = \frac{400}{4} \times (1.615+1.20+2.265+2.60)\text{m}^3 = +768\text{m}^3$

$V_{填Q} = \frac{400}{4} \times (1.20+0.975+1.866+2.265)\text{m}^3 = +630.6\text{m}^3$

$V_{填R} = \frac{400}{4} \times (0.975+0.655+1.665+1.866)\text{m}^3 = +516.1\text{m}^3$

$V_{填S} = \frac{400}{4} \times (0.655+0.425+1.355+1.665)\text{m}^3 = +410\text{m}^3$

$V_{填T} = \frac{400}{4} \times (0.425+0.11+1.145+1.355)\text{m}^3 = +303.5\text{m}^3$

方格 G、N、O 为两挖两填方格(图 1-80a)土方计算量为：

$$V_{挖} = \frac{a^2}{4}\left(\frac{h_1^2}{h_1+h_4} + \frac{h_2^2}{h_2+h_3}\right)$$

$$V_{填} = \frac{a^2}{4}\left(\frac{h_3^2}{h_2+h_3} + \frac{h_4^2}{h_1+h_4}\right)$$

$$V_{挖G} = \frac{400}{4} \times \left(\frac{0.305^2}{0.305+0.355} + \frac{0.605^2}{0.605+0.015}\right)\text{m}^3 = -73.1\text{m}^3$$

$$V_{填G} = \frac{400}{4} \times \left(\frac{0.015^2}{0.605+0.015} + \frac{0.355^2}{0.355+0.305}\right)\text{m}^3 = +19.12\text{m}^3$$

$$V_{挖N} = \frac{400}{4} \times \left(\frac{0.125^2}{0.125+0.655} + \frac{0.375^2}{0.375+0.425}\right)\text{m}^3 = -19.58\text{m}^3$$

$$V_{填N} = \frac{400}{4} \times \left(\frac{0.425^2}{0.425+0.375} + \frac{0.655^2}{0.655+0.125}\right)\text{m}^3 = +77.58\text{m}^3$$

$$V_{挖O} = \frac{400}{4} \times \left(\frac{0.375^2}{0.375+0.425} + \frac{0.695^2}{0.695+0.11}\right)\text{m}^3 = -77.58\text{m}^3$$

$$V_{填O} = \frac{400}{4} \times \left(\frac{0.11^2}{0.11+0.695} + \frac{0.425^2}{0.425+0.375}\right)\text{m}^3 = +24.08\text{m}^3$$

方格 A、H 为三挖一填方格(图 1-80b)，方格 F、M 为三填一挖方格(图 1-80c)，其土方量计算为：

$$V_4 = \frac{a^2}{6}\left[\frac{h_4^3}{(h_1+h_4)(h_3+h_4)}\right] \quad V_{1.2.3} = \frac{a^2}{6}(2h_1+h_2+2h_3-h_4)+V_4$$

$$V_{挖A} = \left[\frac{400}{6} \times (2\times0.625+1.065+2\times0.305-0.155)+V_{A填}\right]\text{m}^3 = -185.3\text{m}^3$$

$$V_{填A} = \frac{400}{6} \times \left(\frac{0.155^3}{(0.625+0.155)\times(0.305+0.155)}\right)\text{m}^3 = 0.69\text{m}^3$$

$$V_{填H} = \frac{400}{6} \times \frac{0.015^3}{(0.605+0.015)\times(0.125+0.015)}\text{m}^3 = 18.0\text{m}^3$$

$$V_{挖H} = \left[\frac{400}{6} \times (2\times0.605+1.025+2\times0.125-0.015)+18.0\right]\text{m}^3 = -182.6\text{m}^3$$

$$V_{挖F} = \frac{400}{6} \times \frac{0.305^3}{(0.1555+0.305)\times(0.355+0.305)}\text{m}^3 = -6.23\text{m}^3$$

$$V_{填F} = \left[\frac{400}{6} \times (2\times0.155+1.345+2\times0.355-0.305)+6.23\right]\text{m}^3 = +143.5\text{m}^3$$

$$V_{挖M} = \frac{400}{6} \times \frac{0.125^3}{(0.015+0.125)\times(0.125+0.655)}\text{m}^3 = -1.19\text{m}^3$$

$$V_{填M} = \left[\frac{400}{6} \times (2\times0.015+0.975+2\times0.655-0.125)+1.19\right]\text{m}^3 = 147.19\text{m}^3$$

总挖方量：

$$\Sigma V_{挖} = (365+531+665+807+284+405+73.1+19.58+77.58+185.3+6.23+1.19$$

$$+182.6)\text{m}^3$$
$$=3596.35\text{m}^3$$
$$\Sigma V_{填}=(451.5+254.5+768+630.6+516.1+410+303.5+19.12+77.58+24.08$$
$$+0.69+18.0+143.5+147.19)\text{m}^3$$
$$=3764.36\text{m}^3$$

计算结果见表 1-12。

大型土方、场平工程量计算列表　　　　　　　　　　　表 1-12

序号	区号	填方(m³)	挖方(m³)	
1	A	0.69	185.3	137.25m³ 运 40m
2	B		365	100m³ 不可利用　254.5m³ 运 60m　10.5m³ 运 100m
3	C		531	451.5m³ 运 100m　70m³ 不可利用　9.5m³ 运 80m
4	D		665	630.6m³ 运 120m　34.4m³ 运 60m
5	E		807	804m³ 运 160m　3m³ 运 80m
6	F	143.5	6.23	
7	G	19.12	73.1	38m³ 运 80m　15.98m³ 不可利用
8	H	18.0	182.6	146m³ 运 40m　5m³ 运 80m
9	I		284	284m³ 运 80m
10	J		405	405m³ 运 80m
11	K	451.5		
12	L	254.5		
13	M	147.19	1.19	
14	N	77.58	19.58	
15	O	24.08	77.58	53.5m³ 运 80m
16	P	768		
17	Q	630.6		
18	R	516.1		
19	S	410		
20	T	303.5		
21	Σ	3764.36	3596.35	差 168.01m³　5km 运距　弃土 185.98m³

本区内调配 88.89m³ 运 15m，差土 168.01m³，运距 5km，弃土 185.98m³。

人工挖土：$3596.35\times 8\%\text{m}^3=301.15\text{m}^3$

机械挖土：$(3596.35-301.15)\text{m}^3=3295.20\text{m}^3$

清单工程量计算见下表：

清单工程量计算表

序号	项目编码	项目名称	项目特征描述	计量单位	工程量
1	040101001001	挖一般土方	三类土	m³	3596.35
2	040103001001	填方	密实度 95%	m³	3764.36
3	040103002001	余方弃置	运距 5km	m³	185.98
4	040103003001	缺方内运	运距 5km	m³	168.01

项目编码：040101001　　　　项目名称：挖一般土方
项目编码：040103001　　　　项目名称：填方
项目编码：040103003　　　　项目名称：缺方内运

【例2】 某道路工程四号标段修筑起点 K0+000，终点 K0+800，如图 1-81、图 1-82 所示，采用机械挖土、人工辅助开挖，四类土质，路面修筑宽度为 16m，路肩各宽 1m，余方运至 5km 处弃置，填方要求具有 95% 密实度，场内土方平衡考虑采用人工手推车运土，缺土用自卸汽车运土，路基填土压实拟采用压路机碾压，碾压厚度每层不超过 25cm，人工挖土方量考虑占总挖方量的 8%，土方纵向平衡调运由机械完成。

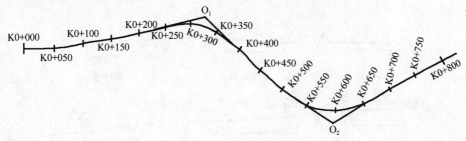

图 1-81　道路路线平面图

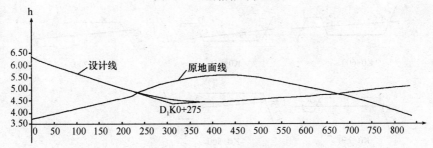

图 1-82　道路纵断面图

【解】 （1）清单工程量：
1）根据平面图和道路纵断面图画道路的横断面图，如图 1-83 所示。
2）按图 1-84 计算横截面面积，按公式计算，如：

$$F = b \cdot \frac{h_1 + h_2}{2} + n h_1 \cdot h_2$$

式中　b——道路总宽(m)；
　　　n——护坡坡率。

K0+000：$h_1 = 2\text{m}$　$h_2 = 3.2\text{m}$　$n = 1.5$　$b = 18\text{m}$

$$F = \left(18 \times \frac{2 + 3.2}{2} + 1.5 \times 2 \times 3.2\right) \text{m}^2 = 56.4 \text{m}^2$$

其余各点的横截面面积均以此计算，具体结果见表 1-13。
3）计算土方量：根据截面面积计算土方量

$$V = \frac{1}{2}(F_1 + F_2) \times L$$

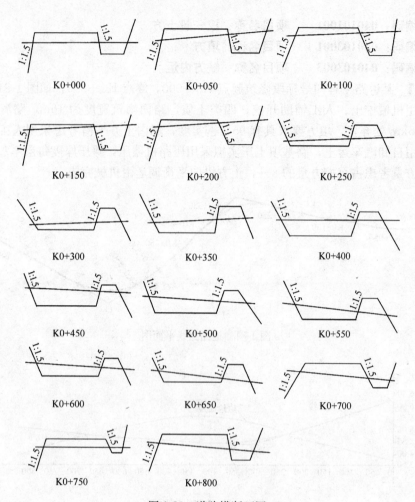

图 1-83 道路横断面图

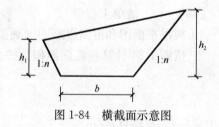

图 1-84 横截面示意图

式中 V——相邻两截面间的土方量(m^3);

L——相邻两截面间距(m);

F_1、F_2——相邻两截面的挖(填)方截面积(m^2)。

例如:K0+000 填方面积为 $56.4m^2$,K0+050 填方面积为 $45.63m^2$,$L=50m$ 则 K0+000~K0+050 之间的土方量为:$V=\frac{1}{2}\times(56.4+45.63)\times50m^3=2550.75m^3$

其余填(挖)方体积均以此计算,见表 1-13。

4) 将土方量汇总

见表 1-13,总填方体积为 $7591.35m^3$,总挖方体积为 $6113.7m^3$,则:

人工挖土方工程量为:

$$V_人=6113.7\times8\%m^3=489.096m^3$$
$$V_{机械}=(6113.7-489.096)m^3=5624.604m^3$$

缺方内运土方量为：
$$V_{缺}=(7591.35-6113.7)m^3=1477.65m^3$$

清单工程量计算见下表：

清单工程量计算表

序号	项目编码	项目名称	项目特征描述	计量单位	工程量
1	040101001001	挖一般土方	四类土	m³	6113.7
2	040103001001	填方	密实度95%	m³	7591.35
3	040103003001	缺方内运	运距5km	m³	1477.65

土方量汇总表　　　　　　　　　　　　　　　　　表1-13

断面	填方面积 m²	挖方面积 m²	截面间距 m	填方体积 m³	挖方体积 m³
0+000	56.4	0	50		
0+050	45.63	0	50	2550.75	
0+100	31.142	0	50	1919.30	
0+150	19.692	0	50	1270.85	
0+200	10.026	0	50	742.95	
0+250	0	3.87	50		96.75
0+300	0	12.51	50		409.5
0+350	0	18.69	50		780
0+400	0	23.51	50		1055
0+450	0	24.399	50		1197.725
0+500	0	17.28	50		1041.975
0+550	0	13.29	50		764.25
0+600	0	7.82	50		527.75
0+650	0	1.81	50		240.75
0+700	2.91		50	72.75	
0+750	9.92		50	320.75	
0+800	18.64		50	714	
合计				7591.35	6113.7

（2）定额工程量同清单工程量。

项目编码：040101002　　　项目名称：挖沟槽土方
项目编码：040101003　　　项目名称：挖基坑土方
项目编码：040103001　　　项目名称：填方
项目编码：040103002　　　项目名称：余方弃置

【例3】　某城市道路新建一排水工程，该工程排水管总长680m，拟埋设污水管 $DN600$，混凝土管570m，雨水管 $DN500$，铸铁管680m，其中有570m采用双管同沟槽同底排管，两管中心距为1.0m。该工程的平面图、断面图、管道基础图、$\Phi1800$ 砖砌圆形雨水检查井标准图，$\Phi1800$ 浆砌砖石混凝土圆形检修井标准图如图1-85~图1-91所示。

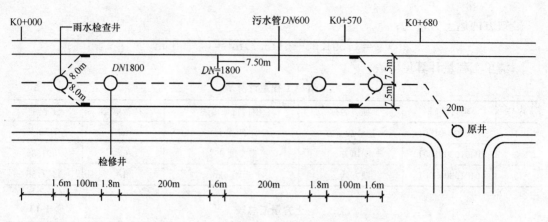

图 1-85 平面图

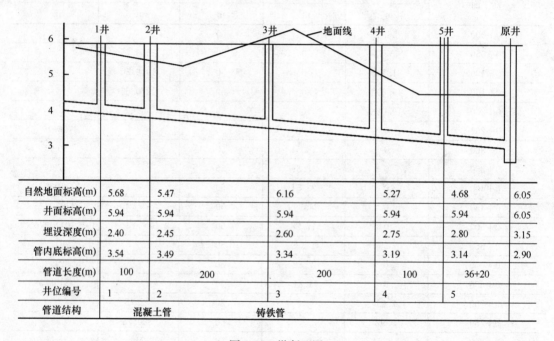

图 1-86 纵断面图

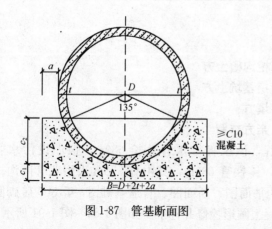

图 1-87 管基断面图

图 1-88 支管沟槽断面图

该工程的具体施工方案如下：

(1) 该工程的管沟土方回填后，余土采用人工装车，自卸汽车运土弃于1km处；

(2) 所有挖土均采用人工挖土，土方场内运输采用手推车运，填土采用机械夯实，密实度达到95%；

(3) 5号检查井与原井连接部分的干管管沟挖土，用木挡土板密板支撑，以确保施工的安全；

(4) 其余干管管沟部分挖土采取放坡，支管部分管沟挖土采取不放坡支挡土板。

【解】 (1)清单工程量：

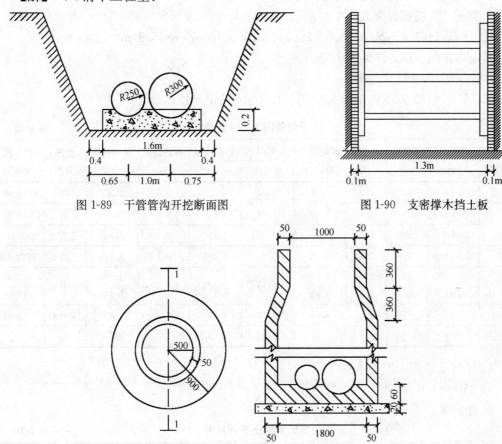

图1-89 干管管沟开挖断面图

图1-90 支密撑木挡土板

图1-91 φ1800砖砌圆形雨水井、检修井
(a)平面图；(b)1—1剖面图

1) 主要工程材料见表1-14

主要工程材料表　　　　　　　　　表1-14

序　号	名　称	单　位	数　量	规　格
1	混凝土管	m	570	DN600
2	铸铁管	m	680	DN500
3	检查井	座	2	Φ1800砖砌
4	检修井	座	3	Φ1800浆砌

2)确定各段管道沟槽长度

①双管同沟槽排管沟槽长度为570m

②DN500铸铁雨水管排管沟槽长为

$$(680-570)m=110m$$

3)计算干管管沟挖土体积

矩形沟槽挖土体积 $V=L\times b\times(H-h)$

梯形沟槽挖土体积 $V=[b+2n(H-h)]\times L\times(H-h)$

双管同沟槽排管沟槽挖土体积

三类土,放坡系数为$K=0.33$

如 $V_{1\sim 2}=(2.4+2\times 0.33\times 2.255)\times 2.255\times 100m^3=876.81m^3$

其余均按此计算,详见表1-15。

DN500雨水管排管沟槽

如 $V_5=(1.3+2\times 0.33\times 1.505)\times 1.505\times 36m^3=124.25m^3$

干管管沟土方计算表　　　　　　　　　　表1-15

井号或管数	管径(mm)	管沟长(m)	沟底宽(m)	原地面平均标高(m)	井底流水位标高(m)		基础加深(m)	平均挖深(m)	土壤类别	数量(m³)
					流水位	平 均				
起点	500+600	35	2.4	5.8	3.62	3.58	0.2	2.42	三类土	338.56
1	500+600	100	2.4	5.57	3.54	3.515	0.2	2.255	三类土	876.81
2	500+600	200	2.4	5.60	3.49	3.415	0.2	2.385	三类土	1895.65
3	500+600	200	2.4	6.09	3.34	3.265	0.2	3.025	三类土	2659.88
4	500+600 500	35 65	2.4 1.5	5.05 4.68	3.19	3.165	0.2	2.085 1.715	三类土	275.56 293.39
5	500	45	1.5	4.65	3.14	2.995	0.2	1.855	四类土	125.21
止原井	500					2.85				

4)计算支管管沟挖土体积

如 $V=(1.3+0.2)\times 20\times 2.25m^3=67.5m^3$

见表1-16。

支管管沟土方计算表　　　　　　　　　　表1-16

管径(mm)	管沟长(m)	沟底宽(m)	平均挖深(m)	土壤类别	计算式	数量(m³)	备注
	L	b	H		L×b×H		
d500	39.5	1.5	1.25	三类土	39.5×1.5×1.25	74.06	

5)挖井位土方

根据清单计算规则

井位挖土方量=构筑物最大投影面积×平均挖土深度

如井1: $V=\left(\dfrac{1.9}{2}\right)^2\times\pi\times 2.255m^3=6.39m^3$

其余各井位均按此计算,详见表1-17。

6)管道及基础所占体积

①双管同沟槽管道与基础所占体积为

$$V_1 = 2.0 \times 0.2 \times 570 + \left[\frac{2}{3}\pi \times (0.25^2 + 0.3^2) + \sqrt{0.25^2 - 0.125^2} \times 0.125\right.$$
$$\left. + \sqrt{0.3^2 - 0.15^2} \times 0.15\right] \times 570 \text{m}^3$$
$$= 447.69 \text{m}^3$$

②单管(DN500雨水铸铁管)管道与基础所占体积

$$V_2 = \left[1.3 \times 0.2 \times (110 + 20 + 8 \times 2 + 7.5) + \left(\frac{2}{3}\pi \times 0.25^2 + \sqrt{0.25^2 - 0.125^2} \times 0.125\right)\right.$$
$$\left. \times (110 + 20 + 8 \times 2 + 7.5)\right] \text{m}^3$$
$$= 64.16 \text{m}^3$$

见表1-18。

挖井位土方计算表 表1-17

井号	井底基础尺寸(m)			原地面至流水面高(m)	基础加深(m)	平均挖深(m)	个数	土壤类别	计 算 式	数量(m³)
	长 L	宽 B	直径 φ			H				
1			1.9	2.055	0.2	2.255	1	三类土	$2.255 \times \left(\frac{1.9}{2}\right)^2 \times \pi$	6.39
2			1.9	2.185	0.2	2.385	1	三类土	$2.385 \times \left(\frac{1.9}{2}\right)^2 \times \pi$	6.76
3			1.9	2.825	0.2	3.025	1	三类土	$3.025 \times \left(\frac{1.9}{2}\right)^2 \times \pi$	8.58
4			1.9	1.885	0.2	2.085	1	三类土	$2.085 \times \left(\frac{1.9}{2}\right)^2 \times \pi$	5.91
5			1.9	1.305	0.2	1.855	1	四类土	$1.855 \times \left(\frac{1.9}{2}\right)^2 \times \pi$	4.72

管道及基础所占体积 表1-18

序号	部 位 名 称	计 算 式	数量(m³)
1	双管同沟槽管道与基础所占体积	$2.0 \times 0.2 \times 570 + \left[\frac{2}{3}\pi \times (0.25^2 + 0.3^2)\right.$ $\left. + \sqrt{0.25^2 - 0.125^2} \times 0.125 + \sqrt{0.3^2 - 0.15^2} \times 0.15\right] \times 570$	447.69
2	单管(DN500雨水铸铁管)管道与基础所占体积	$1.3 \times 0.2 \times (110 + 20 + 8 \times 2 + 7.5) + \left[\frac{2}{3}\pi \times 0.25^2\right.$ $\left. + \sqrt{0.25^2 - 0.125^2} \times 0.125\right] \times (110 + 20 + 8 \times 2 + 7.5)$	64.16

土方量汇总表见表1-19。

土方汇总表 表1-19

序号	部 位 名 称	计 算 式	数量(m³)
1	挖沟槽土方三类土2m以内	293.39+74.06+4.27	371.72
2	挖沟槽土方三类土4m以内	338.56+876.81+1895.65+2659.88+275.56 +6.39+6.76+8.58+5.91	6074.1
3	挖沟槽土方四类土2m以内	125.21	125.21
4	管道沟回填方	371.72+6074.1+125.21−447.69−64.16	6059.18
5	外运弃土		511.85

清单工程量计算见下表:

清单工程量计算表

序号	项目编码	项目名称	项目特征描述	计量单位	工程量
1	040101002001	挖沟槽土方	三类土,深2m内	m^3	371.72
2	040101002002	挖沟槽土方	三类土,深4m内	m^3	6074.1
3	040101002003	挖沟槽土方	四类土,2m内	m^3	125.21
4	040101003001	挖基坑土方	三类土	m^3	27.64
5	040101003002	挖基坑土方	四类土	m^3	4.72
6	040103001001	填方	密实度95%	m^3	6059.18
7	040103002001	余方弃置	运距1km	m^3	511.85

(2)定额工程量:

1)挖管沟土方和挡土板尺寸见表1-20。

挖管沟土方和挡土板 表1-20

井号或管数	管径(mm)	管沟长(mm)	沟底宽(m)	厚地面标高(mm)	井底流水位标高(m)	基础加深(mm)	平均挖土深度(m)	计 算 式	挖土方量(m^3) 深度(m以内)			挡土板
		L	b	平均	井底	平均	H	放坡$1:i$ $V=LH(b+Hi)$	2 三类土	4 三类土	4 四类土	木支撑密板 (m^2)
				1		2	3	1-2+3				
起点—1	500+600	35	2.4	5.8	3.62 3.58	0.2	2.42	35×2.42×(2.4 +2.42×0.33)	—	270.92	—	—
1—2	500+600	100	2.4	5.57	3.54 3.515	0.2	2.255	100×2.255×(2.4 +2.255×0.33)	—	709	—	—
2—3	500+600	200	2.4	5.60	3.49 3.415	0.2	2.385	200×2.385×(2.4 +2.385×0.33)	—	1520.2	—	—
3—4	500+600	200	2.4	6.09	3.34 3.265	0.2	3.025	200×2.085×(2.4 +2.085×0.33)	—	2055.94	—	—
4—5	500+600 500	35 65	2.4 1.5	5.05 4.68	3.19 3.165 3.14	0.2 0.2	2.085 1.715	35×2.085×(2.4 +2.085×0.33) 65×1.715×(1.5 +1.715×0.33)	230.30	225.35		
5—止原井	500	45	1.5	4.65	2.995 2.85	0.2	1.855	不放坡$V=LbH$: 45×1.5×1.855			125.21	45×1.855 ×2=166.95
								小 计	230.30	4781.41	125.21	166.95
支管	500	39.5	1.5			0.25	1.25	不放坡$V=LbH$: 39.5×1.5×1.25	74.06	—	—	—
								合 计	304.36	4781.41	125.21	166.95

总挖土方量为：
$$V=[(230.30+4781.41)\times1.025+(125.21+74.06)\times1.075]\text{m}^3$$
$$=5351.22\text{m}^3$$

2) 挖井位土方及管道和基础所占体积同(1)中5)、6)
3) 回填土方量为：
$$V=(5351.22-511.85)\text{m}^3=4839.37\text{m}^3$$
4) 余土外运土方量为：
$$V=511.85\text{m}^3$$

项目编码：040101001　　　项目名称：挖一般土方
项目编码：040101003　　　项目名称：挖基坑土方
项目编码：040103002　　　项目名称：余方弃置

【例4】 某市新建一人民广场，广场预设音乐喷泉，绿化带等，其平面图及各项设施的平纵面图如图1-92、图1-93所示，施工方案：

(1) 拟采用反铲挖掘机挖土，人工辅助开挖，三类土，考虑占总挖土方量的5%，修整切边，放坡系数为1；
(2) 挖喷泉基坑采用人工挖土，不放坡不支挡土板，坑深2.5m，如图1-94所示；
(3) 采用人工平整场地，挖土堤台阶；
(4) 外运土方采用装载机装土，自卸汽车运输，运距4km。

【解】 定额工程量：
由于本工程挖地坑的底面积为 $\pi\times20^2=400\pi>150\text{m}^2$，因此其土石方工程量计算应按一般土石方计算。

圆台计算如图1-95所示
$$\frac{x}{x+5}=\frac{40}{50} \quad x=20\text{m} \quad x+5=25\text{m}$$

(1) 挖土方工程量为
$$V_1=\frac{1}{3}\pi\times5\times(25^2+20^2+25\times20)\text{m}^3=7984.87\text{m}^3$$

人工挖一般土方工程量为
$$7984.87\times5\%\text{m}^3=399.24\text{m}^3$$

则机械挖土工程量为
$$(7984.87-399.24)\text{m}^3=7585.63\text{m}^3$$

(2) 人工挖喷泉基坑土方工程量为
$$V_2=\pi\times5^2\times2.5\text{m}^3=196.35\text{m}^3$$

则人工挖土方工程量总计为
$$(399.24+196.35)\text{m}^3=595.59\text{m}^3$$

(3) 人工平整场地工程量为
顶面 $S_1=[100\times60+2\times(100+60)\times2+16-\pi\times25^2]\text{m}^2$
$$=4692.50\text{m}^2$$

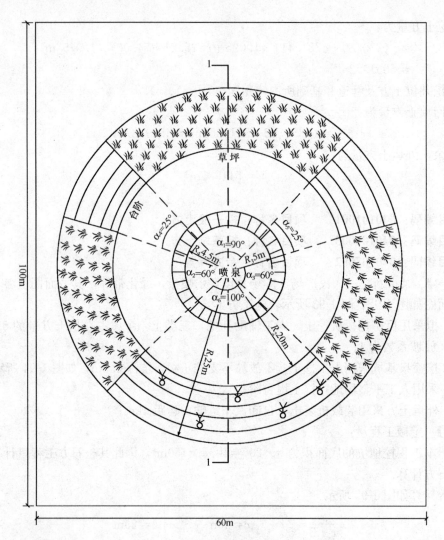

图 1-92 广场平面图

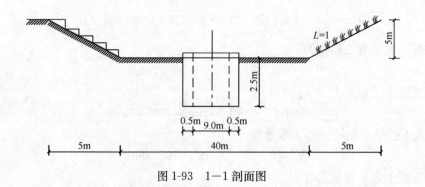

图 1-93 1—1 剖面图

底面　$S_2 = (\pi \times 20^2 - \pi \times 5^2) \text{m}^2 = 1178.10 \text{m}^2$

则人工平整场地总工程量为

$$S = S_1 + S_2 = (4692.50 + 1178.10) \text{m}^2 = 5870.60 \text{m}^2$$

(4) 人工挖土堤台阶工程量为(根据定额中的规定,按挖前的堤坡斜面积计算)

$$S = \left[\frac{1}{2} \times \frac{25°}{360°} \times (2\pi \times 20 + 2\pi \times 25) \times 5\sqrt{2} \times 2 + \frac{1}{2} \times \frac{100°}{360°} \times (2\pi \times 20 + 2\pi \times 25) \times 5\sqrt{2}\right] m^2$$

$$= \frac{75}{360} \times 90\pi \times 5\sqrt{2} \, m^2$$

$$= 416.52 \, m^2$$

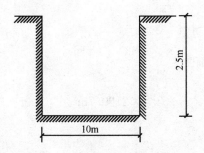

图 1-94　喷泉基坑计算示意图

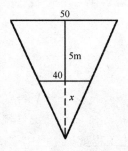

图 1-95　圆台计算示意图

(5) 人工铺草皮工程量为(根据定额计算规则,以实际铺设的面积计算)

$$S = \left[\frac{1}{2} \times \frac{1}{4} \times (2\pi \times 20 + 2\pi \times 25) \times 5\sqrt{2} + 2 \times \frac{1}{2} \times \frac{1}{6} \times (2\pi \times 20 + 2\pi \times 25) \times 5\sqrt{2}\right] m^2$$

$$= \left(\frac{90\pi}{8} \times 5\sqrt{2} + \frac{90\pi}{6} \times 5\sqrt{2}\right) m^2$$

$$= 583.13 \, m^2$$

(6) 外运土方工程量为

$$V = (7984.87 + 196.35) m^3 = 8181.22 \, m^3$$

清单工程量计算见下表:

清单工程量计算表

序号	项目编码	项目名称	项目特征描述	计量单位	工程量
1	040101001001	挖一般土方	三类土	m^3	7984.87
2	040101003001	挖基坑土方	三类土,深2.5m	m^3	196.35
3	040103002001	余方弃置	运距4km	m^3	8181.22

【例5】　某施工现场挖土,土壤类别为四类土,基础为带形基础,其示意图如图1-96所示,基础总长为2160.7m,垫层宽为1000mm,挖土深度为2.4m,其施工方案为:

(1) 每边留工作面0.3m,放坡系数为0.25,人工挖土,填土密实度为95%。

(2) 现场堆土除应填的土堆在沟边,其余的堆土运距为50m,采用人工运输。

(3) 余土外运用人工装土,自卸汽车运土,运距3km。

【解】　(1) 清单工程量:

1) 人工挖土方工程量

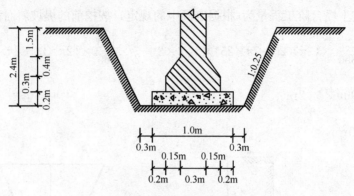

图 1-96 基础断面图

$$V_1 = (1.6 + 2.4 \times 0.25 \times 2) \times 2.4 \times 2160.7 \text{m}^3$$
$$= 14519.90 \text{m}^3$$

2）回填土工程量

$$V_2 = \left\{ 14519.90 - \left[1.0 \times 0.2 + 0.6 \times 0.3 + \frac{1}{2} \times (0.6+0.3) \times 0.4 + 0.3 \times 1.5 \right] \times 2160.7 \right\} \text{m}^3$$
$$= 12337.59 \text{m}^3$$

3）余土外运土方量

$$V_3 = (14519.9 - 12337.59) \text{m}^3 = 2182.31 \text{m}^3$$

所以采用人工挖土方量为 14519.9m³，回填土 12337.59m³，人工运输现场堆土 2182.31m³，运距 50m，人工装土，自卸汽车运土外运土方量为 2182.31m³。

清单工程量计算见下表：

清单工程量计算表

序号	项目编码	项目名称	项目特征描述	计量单位	工程量
1	040101002001	挖沟槽土方	四类土，深 2.4m	m³	14519.90
2	040103001001	填方	密实度 95%	m³	12337.59
3	040103002001	余方弃置	运距 50m	m³	2182.31
4	040103002002	余方弃置	运距 3km	m³	2182.31

（2）定额工程量：

1）挖土方工程量

$$V_1 = (1.6 + 2.4 \times 0.25) \times 2.4 \times 2160.7 \text{m}^3 = 11408.496 \text{m}^3$$

2）回填土方工程量

$$V_2 = \left\{ 11408.496 - \left[1.0 \times 0.2 + 0.6 \times 0.3 + \frac{1}{2} \times (0.6+0.3) \times 0.4 + 0.3 \times 1.5 \right] \times 2160.7 \right\} \text{m}^3$$
$$= 9226.186 \text{m}^3$$

3）余土 50m 处堆置及外运工程量

$$V_3 = (11408.496 - 9226.186) \text{m}^3 = 2182.31 \text{m}^3$$

【例6】 某市新修一排水渠道，将邻近河道中的水引进城内，以便城市绿化。已知 1 标段全长 325.7m，渠道底宽 15m，在原河道基础上改建而成，新修桥涵 1 座，该工程的平、纵面图及其他设施设计图如图 1-97～图 1-99 所示，拟定施工方案为：

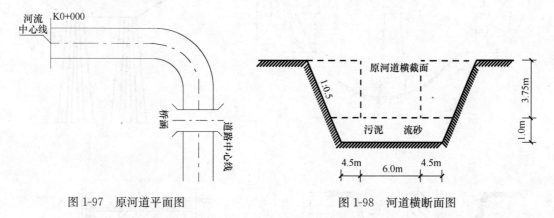

图 1-97　原河道平面图　　　　　图 1-98　河道横断面图

(1) 拟采用正铲挖掘机挖土，一、二类土放坡系数为 0.5，人工清理土堤基础，厚度为 10cm，填方密实度 95%。

(2) 弃土采用装载机装土，自卸汽车运土，运距 500m 处弃置。

(3) 桥墩基础开挖采用支撑下挖土，挖土机在垫板上作业，桥台采用人工四面放坡开挖 $K=0.5$。

(4) 挖淤泥、流砂部分采用 $0.2m^3$ 抓铲挖掘机开挖。

【解】(1) 清单工程量：

1) 挖土方工程量

①河道土方量

$$V_1 = (4.5+1.0 \times 0.5+4.5+4.75 \times 0.5) \times \frac{1}{2} \times 3.75 \times 2 \times 325.7 m^3$$
$$= 14503.83 m^3$$

②人工挖桥台基础土方

$$V_2 = 5.9 \times 4.9 \times 2.4 \times 2 m^3 = 138.768 m^3$$

2) 挖淤泥、流砂工程量

①挖河道淤泥、流砂工程量为

$$V_3 = (15+1.0 \times 0.5 \times 2) \times 1.0 \times 325.7 m^3 = 5211.2 m^3$$

②机械垫板上开挖桥墩基础淤泥、流砂工程量为

$$V_4 = \pi \times \left(\frac{2.2}{2}\right)^2 \times 2.4 \times 2 m^3 = 18.25 m^3$$

3) 回填土方工程量

$$V_5 = [V_2-(1.9 \times 2.9 \times 0.15+1.5 \times 2.5 \times 0.4+1.1 \times 2.1 \times 1.85) \times 2] m^3$$
$$= (138.768-6.6 \times 2) m^3$$
$$= 125.568 m^3$$

$$V_6 = \left\{V_4-\left[\pi \times \left(\frac{1.6}{2}\right)^2 \times 0.4+\pi \times \left(\frac{1.0}{2}\right)^2 \times 2.0\right] \times 2\right\} m^3$$
$$= (18.25-2 \times 2.374) m^3$$
$$= 13.5 m^3$$

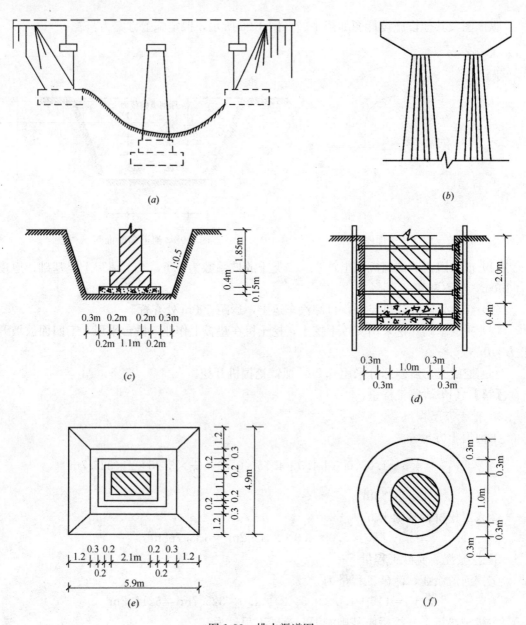

图 1-99 排水渠道图

(a)桥梁示意图;(b)桥墩示意图;(c)桥台基础横截面图;

(d)桥墩基础横截面图;(e)桥台基础平面图;(f)桥墩基础平面图

则回填土方工程总量为

$$V_7 = V_5 + V_6 = (125.795 + 13.5)\mathrm{m}^3 = 139.295\mathrm{m}^3$$

4) 余方外运工程量

外运土方

$$V_8 = V_1 + V_2 - V_7 = (14503.83 + 138.768 - 139.295)\mathrm{m}^3 = 14503.303\mathrm{m}^3$$

外运淤泥、流砂

$$V_9 = V_3 + V_4 = (5211.2 + 18.25)\mathrm{m}^3 = 5229.45\mathrm{m}^3$$

5) 人工清理土堤基础工程量

$$S=\sqrt{4.75^2+(4.75\times0.5)^2}\times325.7\times2\text{m}^2=1729.68\text{m}^2$$

清单工程量计算见下表：

清单工程量计算表

序号	项目编码	项目名称	项目特征描述	计量单位	工程量
1	040101002001	挖沟槽土方	一、二类土，深3.75m	m³	14503.83
2	040101003001	挖基坑土方	一、二类土，深2.4m内	m³	138.768
3	040101006001	挖淤泥	深1m	m³	5211.2
4	040101006002	挖淤泥	深2.4m	m³	18.25
5	040103001001	填方	密实度95%	m³	139.295
6	040103002001	余方弃置	三类土，运距500m	m³	14503.303
7	040103002002	余方弃置	淤泥、流砂，运距500m	m³	5229.45

(2) 定额工程量：
1) 挖土方工程量
①挖河道土方量与清单工程量计算相同为：
$$V_1=14503.83\text{m}^3$$

②人工挖桥台基础土方为：
$$V_2=\left[(2.5+0.5\times2.4)\times(3.5+0.5\times2.4)\times2.4+\frac{1}{3}k^2h^3\right]\times2\text{m}^3$$
$$=\left(41.736+\frac{1}{3}k^2h^3\right)\times2\text{m}^3$$

当 $K=0.5$ $h=2.4$ 时 $\frac{1}{3}k^2h^3=1.15$

则 $V_2=(41.736+1.15)\times2\text{m}^3=42.886\times2\text{m}^3=85.772\text{m}^3$

2) 挖淤泥工程量
①挖河道淤泥、流砂工程量(0.2m³ 抓铲挖掘机)
$$V_3=5211.2\text{m}^3$$

在套用定额时，这部分应按 0.5m³ 抓铲挖掘机挖淤泥、流砂定额消耗量乘以系数 2.50 计算。

②挖桥墩基础淤泥、流砂工程量(机械支撑下开挖)
$$V_4=18.25\times1.2\text{m}^3=21.90\text{m}^3 \quad 套定额同上$$

则挖淤泥、流砂工程总量为：$V_5=V_3+V_4=(5211.2+21.90)\text{m}^3=5233.10\text{m}^3$

3) 回填土方工程量

桥台　$V_6=[85.772-(1.9\times2.9\times0.15+1.5\times2.5\times0.4+1.1\times2.1\times1.85)\times2]\text{m}^3$
　　　　$=72.57\text{m}^3$

桥墩　$V_7=\left\{21.90-2\times\left[\pi\times\left(\frac{1.6}{2}\right)^2\times0.4+\pi\times\left(\frac{1.0}{2}\right)^2\times2.0\right]\right\}\text{m}^3=17.15\text{m}^3$

则回填土方工程总量为
$$V_8=V_6+V_7=(72.57+17.15)\text{m}^3=89.72\text{m}^3$$

4) 余方外运工程量

外运土方：$V_9=V_1+V_2-V_8=(14503.83+85.772-89.72)\text{m}^3=14499.882\text{m}^3$

外运流砂、淤泥工程量为：$V_{10}=5238.575\text{m}^3$

5) 人工清理土堤基础工程量
$$S=4.75\times0.5\times325.7\times2\text{m}^2=1547.075\text{m}^2$$

项目编码：040101004　　项目名称：竖井挖土方
项目编码：040101005　　项目名称：暗挖土方
项目编码：040101006　　项目名称：挖淤泥
项目编码：040102002　　项目名称：挖沟槽石方
项目编码：040103002　　项目名称：余方弃置

【例 7】 某市新建一道路，其中隧道长 275m，洞口桩号为 K2+150 和 K2+425，其中 K2+200 至 K2+325 段为岩石地质，岩石为硬坚石，其余为四类土，隧道设计断面如图 1-100 所示。

拟定施工方案为：

(1) 在洞正上方开挖竖井，采用盾构开挖的方式进行隧道开挖，竖井布置图如图 1-101 所示。

(2) 弃土(石)采用自卸汽车运输，运至 1500m 处弃场弃置。

(3) 竖井开挖采用机械开挖。

试计算该道路隧道工程的土石方工程量。

【解】 (1) 清单工程量：

1) 隧道挖土方工程量
$$V_1=\left[\frac{1}{2}\pi\times5.75^2+(10+0.75\times2)\times3\right]\times(275-125)\text{m}^3=12965.17\text{m}^3$$

2) 隧道挖石方工程量
$$V_2=\left[\frac{1}{2}\pi\times5.75^2+(10+0.75\times2)\times3\right]\times125\text{m}^3=10804.30\text{m}^3$$

3) 竖井挖土方工程量(在清单中无干、湿土之分)
$$V_3=\pi\times2.8^2\times34\text{m}^3=837.42\text{m}^3$$

4) 竖井挖淤泥、流砂工程量
$$V_4=\pi\times2.8^2\times4.3\text{m}^3=105.91\text{m}^3$$

5) 该工程挖土方工程总量
$$V_1+V_3=(12965.17+837.42)\text{m}^3=13802.59\text{m}^3$$

挖石方工程总量为：10804.30m^3

挖淤泥、流砂工程总量为：105.91m^3

6) 弃土(石)外运工程量
$$\begin{aligned}V_5&=V_1+V_2+V_3+V_4\\&=(12965.17+10804.30+837.42+105.91)\text{m}^3\\&=24712.8\text{m}^3\end{aligned}$$

7) 挖土方运距

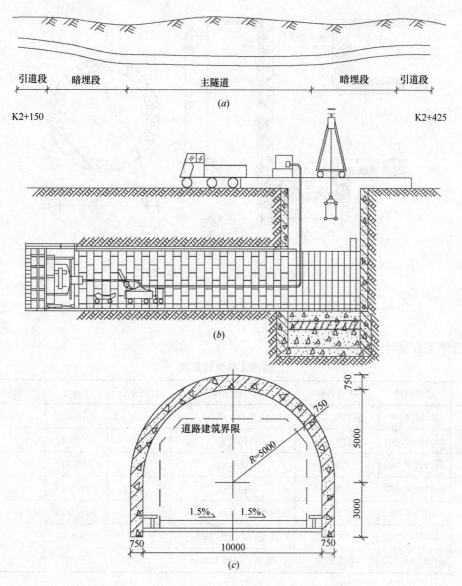

图 1-100 隧道设计断面图
(a) 隧道示意图；(b) 盾构法施工示意图；(c) 隧道设计开挖断面图

①隧道土方

$$L_1=\left(\frac{50}{2}+\frac{425-325}{2}+325-150+32\times7\right)\text{m}=474\text{m}（水平运距）$$

②竖井土方

$$L_2=\frac{34}{2}\times7\text{m}=119\text{m}（水平运距）$$

8）挖石方运距

$$L_3=\left(\frac{125}{2}+200-150+32\times7\right)\text{m}=336.5\text{m}$$

9）挖淤泥、流砂运距

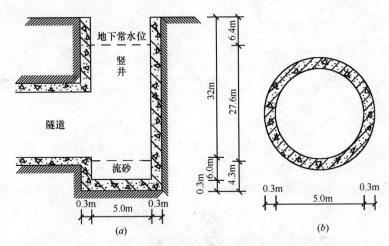

图 1-101 竖井布置图
(a) 竖井纵断面图；(b) 竖井平面示意图

$$L_4 = \left(\frac{4.3}{2} + 34\right) \times 7 \text{m} = 253.05 \text{m}$$

清单工程量计算见下表：

清单工程量计算表

序号	项目编码	项目名称	项目特征描述	计量单位	工程量	计算式
1	040101004001	竖井挖土方	四类土，深 34m	m³	837.42	
2	040101005001	暗挖土方	四类土	m³	12965.17	
3	040101006001	挖淤泥	深 4.3m	m³	105.91	
4	040102002001	挖沟槽石方	硬坚石	m³	10804.30	
5	040103002001	余方弃置	四类土，运距 1500m	m³	13802.59	837.42+12965.17
6	040103002002	余方弃置	硬坚石，运距 1500m	m³	10804.30	
7	040103002003	余方弃置	淤泥，运距 1500m	m³	105.91	

(2) 定额工程量：

1) 隧道挖土方工程量为

$$V_1 = \left[\frac{1}{2} \times \pi \times 5.75^2 + (10 + 0.75 \times 2) \times 3\right] \times (275 - 125) \text{m}^3$$
$$= 12965.17 \text{m}^3$$

2) 隧道挖石方工程量为

$$V_2 = \left[\frac{1}{2}\pi \times (5.75 + 0.15)^2 + (10 + 0.75 \times 2 + 0.15 \times 2) \times 3\right] \times 125 \text{m}^3$$
$$= 11256.46 \text{m}^3$$

3) 竖井挖土方工程量

①干土 $V_3 = \pi \times 2.8^2 \times 6.4 \text{m}^3 = 157.63 \text{m}^3$

②湿土 $V_4 = \pi \times 2.8^2 \times 27.6 \text{m}^3 = 679.79 \text{m}^3$

4) 竖井挖淤泥、流砂工程量

$$V_5 = \pi \times 2.8^2 \times 4.3 \text{m}^3 = 105.91 \text{m}^3$$

5) 该工程的土石方量汇总

干土方量　$V_6 = V_3 = 157.63 \text{m}^3$

湿土方量　$V_7 = V_1 + V_4 = (12965.17 + 679.79) \text{m}^3 = 13644.96 \text{m}^3$

石方工程量　$V_8 = V_2 = 11256.46 \text{m}^3$

挖淤泥、流砂工程量为　$V_9 = V_5 = 105.91 \text{m}^3$

6) 弃土(石)方外运工程量

外运土方

$$V_{10} = V_6 + V_7 = (157.63 + 13644.96) \text{m}^3 = 13802.59 \text{m}^3$$

外运石方　$V_{11} = V_8 = 11256.46 \text{m}^3$

外运淤泥、流砂　$V_{12} = V_9 = 105.91 \text{m}^3$

7) 土石方场内运输

①土方运距　$L_1 = (474 + 119) \text{m} = 593 \text{m}$

②石方运距　$L_2 = 336.5 \text{m}$

③淤泥、流砂运距　$L_3 = 253.05 \text{m}$

项目编码：040101005　　**项目名称：暗挖土方**

项目编码：040102002　　**项目名称：挖沟槽石方**

项目编码：040103002　　**项目名称：余方弃置**

【例8】　某山岭区新修一铁路隧道，隧道总长167.3m，在工程建设前期，根据当地土层地质，经研究决定采用全断面爆破开挖，其开挖为平洞开挖，已知在该段隧道中有56m的普坚石岩石土层，次坚石岩石土层72m，余下的均为四类土质地层，该山岭隧道的开挖断面如图1-102所示，弃土石渣采用装载车装上，自卸汽车运土，并弃土，石渣于施工场地3000m以外的弃土石场，隧道采用撑锚杆钢筋混凝土衬砌，厚度为50cm，试编制该工程的工程量清单。

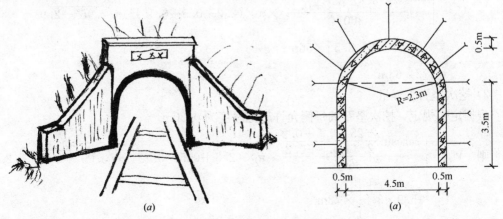

图1-102　隧道施工示意图

(a) 隧道洞门图；(b) 隧道施工图

【解】 (1) 清单工程量：

1) 挖普坚石工程量

隧道上部圆面部分(图 1-103)面积为

$$S = \left[\frac{2\arcsin\dfrac{2.25+0.5}{2.3+0.5}}{360}\pi \cdot (2.3+0.5)^2 - \dfrac{1}{2}\times 2\times\sqrt{2.8^2-2.75^2}\times 2.75\right]\text{m}^2$$

$$= 9.38\text{m}^2$$

则 $V_1 = (S+5.5\times 3.5)\times 56\text{m}^3 = (9.38+19.25)\times 56\text{m}^3 = 1603.28\text{m}^3$

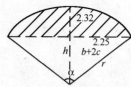

图 1-103 隧道上部圆面示意图

2) 挖次坚石工程量

$$V_2 = (S+5.5\times 3.5)\times 72\text{m}^3 = 2061.36\text{m}^3$$

3) 挖土工程量

$$V_3 = (S+5.5\times 3.5)\times (167.3-72-56)\text{m}^3 = 1125.159\text{m}^3$$

4) 外运土、石方工程量

运石 $V_4 = V_1+V_2 = (1603.28+2061.36)\text{m}^3 = 3664.64\text{m}^3$

运土 $V_5 = V_3 = 1125.159\text{m}^3$

清单工程量计算见下表：

清单工程量计算表

序号	项目编码	项目名称	项目特征描述	计量单位	工程量
1	040101005001	暗挖土方	四类土	m³	1125.159
2	040102002001	挖沟槽石方	普坚石	m³	1603.28
3	040102002002	挖沟槽石方	次坚石	m³	2061.36
4	040103002001	余方弃置	四类土，运距 3km	m³	1125.159
5	040103002002	余方弃置	普坚石，运距 3km	m³	1603.28
6	040103002003	余方弃置	次坚石，运距 3km	m³	2061.36

(2) 定额工程量：

1) 挖普坚石工程量

根据定额规定，挖普坚石每侧允许超挖 0.15m，也应计入石方量中，则：

$$V_1 = \left[\dfrac{2\arcsin\dfrac{2.25+0.5+0.15}{2.3+0.5+0.15}}{360}\times\pi\times(2.3+0.5+0.15)^2 - \sqrt{2.95^2-2.9^2}\right.$$

$$\left.\times 2.9 + 5.8\times 3.5\right]\times 56\text{m}^3$$

$$= 1724.63\text{m}^3$$

2) 挖次坚石工程量

根据定额规定，挖次坚石的每侧允许超挖厚度为 0.20m。

则 $V_2 = \left[\dfrac{2\arcsin\dfrac{2.25+0.5+0.2}{2.3+0.5+0.2}}{360}\times\pi\times(2.3+0.5+0.2)^2 - \sqrt{3.00^2-2.95^2}\times 2.95\right.$

$$\left.+5.9\times 3.5\right]\times 72\text{m}^3$$

$$= 2270.35\text{m}^3$$

3) 挖土方工程量

挖土方不需设超挖面，则

$$V_3 = 1125.159 \text{m}^3$$

4) 外运土、石方工程量

运土　　$V_4 = V_3 = 1125.159 \text{m}^3$

运石　　$V_5 = V_1 + V_2 = (1724.63 + 2270.35) \text{m}^3 = 3994.98 \text{m}^3$

项目编码：040101002　　　　项目名称：挖沟槽土方

项目编码：040101005　　　　项目名称：暗挖土方

项目编码：040102002　　　　项目名称：挖沟槽石方

项目编码：040103001　　　　项目名称：填方

项目编码：040103002　　　　项目名称：余方弃置

项目编码：040801001　　　　项目名称：拆除路面

【例9】　某市需新修一地下排水渠道，全长共325m，其中有100m需在自行车道下修筑，渠道采取石砌拱形渠道，四类土质，其中有62.5m的松石地质，采用人工开挖，在自行车道下开挖时采取支密撑木挡土板，其余均放坡开挖，放坡系数为0.25。填方密实度达98%，现场堆土采用人工手推车运输，运距50m，外运土石方采用人工装车，自卸汽车运输，运于1000m之外的弃场弃置，该排水渠道的平面图及横截面图如图1-104、图1-105所示，沟槽放坡和支密撑挡土板如图1-106、图1-107所示。试编制该工程的土石方工程量清单。

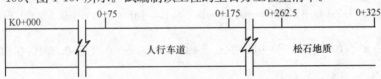

图1-104　排水渠道平面示意图

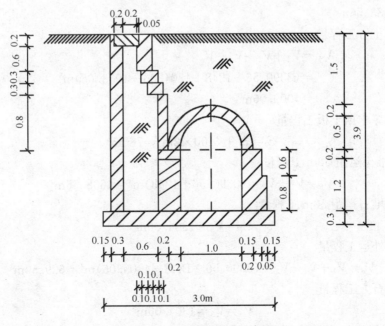

图1-105　石砌拱形渠道示意图

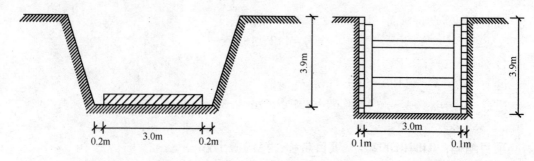

图 1-106 沟槽放坡挖横截面图　　图 1-107 支密撑挡土板横截面图

【解】（1）清单工程量：
1）挖土方工程量
①放坡开挖
$$V_1=(3.4+3.9\times0.25\times2)\times3.9\times(325-100-62.5)\text{m}^3=3390.56\text{m}^3$$
②支密撑挡土板开挖
$$V_2=3.2\times3.9\times100\text{m}^3=1248\text{m}^3$$
2）挖石方工程量
$$V_3=(3.4+3.9\times0.25\times2)\times3.9\times62.5\text{m}^3=1304.06\text{m}^3$$
3）基础及排水渠道所占体积
$$V_4=\Big[3.0\times0.3+0.3\times(3.9-0.3)+0.4\times1.4+0.4\times0.8+0.35\times0.6+0.2\times0.8$$
$$+\frac{1}{2}\pi\times(0.7^2-0.5^2)+0.2\times0.2+0.3\times(0.6+0.2)+0.3\times0.3+0.3\times0.3$$
$$+1.0\times1.4+\frac{1}{2}\pi\times0.5^2\Big]\times325\text{m}^3$$
$$=1933.56\text{m}^3$$
4）回填土方工程量
$$V_5=V_1+V_2+V_3-V_4$$
$$=(3390.56+1248+1304.06-1933.65)\text{m}^3$$
$$=4009.06\text{m}^3$$
5）支密撑木挡土板工程量
$$S_1=3.9\times100\times2\text{m}^2=780\text{m}^2$$
6）现场堆土运距 50m 工程量
$$V_6=V_1+V_2=(3390.56+1248)\text{m}^3=4638.56\text{m}^3$$
7）现场堆石运距 50m 工程量
$$V_7=V_3=1304.06\text{m}^3$$
8）余土外运工程量
$$V_8=V_1+V_2-V_5=(3390.56+1248-4009.06)\text{m}^3=629.50\text{m}^3$$
9）外运石方工程量
$$V_9=V_3=1304.06\text{m}^3$$
10）拆除路面工程量（沥青路面，厚 53cm）

$$S_2 = 3.2 \times 100 \text{m}^2 = 320 \text{m}^2$$

清单工程量计算见下表：

清单工程量计算表

序号	项目编码	项目名称	项目特征描述	计量单位	工程量
1	040101002001	挖沟槽土方	四类土，深3.9m	m³	3390.56
2	040101005001	暗挖土方	四类土，深3.9m	m³	1248
3	040102002001	挖沟槽石方	松石，深3.9m	m³	1304.06
4	040103001001	填方	密实度98%	m³	4009.06
5	040103002001	余方弃置	四类土，运距50m	m³	4638.56
6	040103002002	余方弃置	松石，运距50m	m³	1304.06
7	040103002003	余方弃置	四类土，运距1km	m³	629.50
8	040103002004	余方弃置	松石，运距1km	m³	1304.06
9	040801001001	拆除路面	沥青路面，厚53cm	m²	320

(2) 定额工程量：

1) 挖土方工程量

①放坡开挖

$$V_1 = (3.4 + 3.9 \times 0.25) \times 3.9 \times (325 - 100 - 62.5) \text{m}^3 = 2772.66 \text{m}^3$$

②支撑开挖

$$V_2 = 3.2 \times 3.9 \times 100 \text{m}^3 = 1248 \text{m}^3$$

2) 挖石方工程量

根据定额规定，松石应加允许超挖厚度为20cm。

则 $V_3 = (3.4 + 0.4 + 3.9 \times 0.25) \times 3.9 \times 62.5 \text{m}^3 = 1163.91 \text{m}^3$

3) 基础所占体积

$$V_4 = 1933.56 \text{m}^3$$

4) 回填土方工程量

$$V_5 = V_1 + V_2 + V_3 - V_4$$
$$= (2772.66 + 1248 + 1163.91 - 1933.56) \text{m}^3 = 3251.01 \text{m}^3$$

5) 支密撑挡土板工程量

$$S_1 = 780 \text{m}^2$$

6) 现场堆土运距50m 工程量

$$V_6 = V_1 + V_2 = (2772.66 + 1248) \text{m}^3 = 4020.66 \text{m}^3$$

7) 现场堆石运距50m 工程量

$$V_7 = V_3 = 1163.91 \text{m}^3$$

8) 余土外运工程量

$$V_9 = V_1 + V_2 - V_5 = (2772.66 + 1248 - 3251.01) \text{m}^3 = 769.45 \text{m}^3$$

9) 外运石方工程量

$$V_{10} = V_3 = 1163.91 \text{m}^3$$

10) 拆除路面工程量

$$S_2 = 3.2 \times 100 \text{m}^2 = 320 \text{m}^2$$

项目编码：040102002　　　项目名称：挖沟槽石方

项目编码：040103002　　　项目名称：余方弃置

【例10】 某山岭隧道工程采用斜洞（横洞）光面爆破开挖，其横洞布置如图 1-108 所示，隧道总长 765m，有 340m 为次坚石岩石地质，其余均为特坚石岩石地质，隧道开挖横截面如图 1-109 所示，拟定施工方案为：

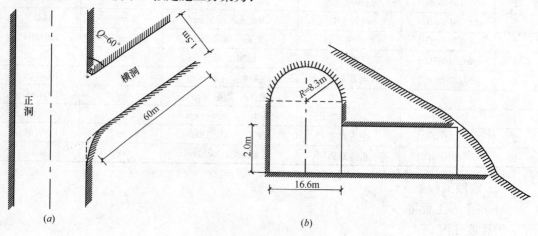

图 1-108　横洞布置示意图
(a)平面图；(b)立面图

(1) 采用横洞光面爆破开挖隧道，横洞部分采用机械开挖，次坚石地质，如图 1-110 所示。

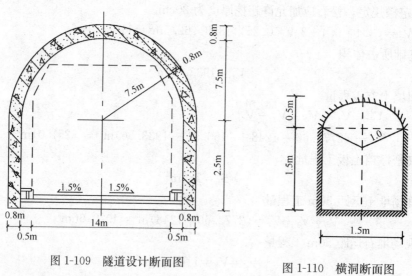

图 1-109　隧道设计断面图　　　　图 1-110　横洞断面图

(2) 拟采用人工装石渣，有轨运输至洞外，再用自卸汽车运输至 1000m 处的弃场弃置。

试编制该工程的土石方工程量清单。

【解】 (1) 清单工程量：

1) 挖次坚石方工程量

$$V_1 = \left[\left(16.6\times2.5+\frac{1}{2}\pi\times8.3^2\right)\times340+\left(1.5\times1.5+\frac{2\arcsin\frac{0.75}{1.0}}{360}\times\pi\times1.0^2-\frac{1}{2}\times\right.\right.$$

$$\left.\left.\sqrt{1.0^2-0.75^2}\times1.5\right]\times60\right]\mathrm{m}^3$$

$$=(36833.60+156.12)\mathrm{m}^3$$
$$=36989.72\mathrm{m}^3$$

2) 挖特坚石工程量

$$V_2 = \left(16.6\times2.5+\frac{1}{2}\pi\times8.3^2\right)\times(765-340)\mathrm{m}^3$$
$$=63627.63\mathrm{m}^3$$

3) 外运石方工程量

$$V_3=V_1+V_2=(36989.72+63627.63)\mathrm{m}^3=100617.35\mathrm{m}^3$$

清单工程量计算见下表：

清单工程量计算表

序号	项目编码	项目名称	项目特征描述	计量单位	工程量
1	040102002001	挖沟槽石方	次坚石	m³	36989.72
2	040102002002	挖沟槽石方	特坚石	m³	63627.63
3	040103002001	余方弃置	次坚石，运距1km	m³	36989.72
4	040103002002	余方弃置	特坚石，运距1km	m³	63627.63

(2) 定额工程量：

1) 挖次坚石工程量

根据定额计算规则，挖次坚石的每侧允许超挖厚度为0.20m，则

$$V_1 = \left[\left(17.0\times2.5+\frac{1}{2}\pi\times8.5^2\right)\times340+\left(1.9\times1.5+\frac{2\arcsin\frac{0.95}{1.20}}{360}\times\pi\times1.2^2-\frac{1}{2}\times\right.\right.$$

$$\left.\left.1.9\times\sqrt{1.2^2-0.95^2}\right]\times60\right]\mathrm{m}^3$$

$$=(53017.05+208.14)\mathrm{m}^3$$
$$=53225.19\mathrm{m}^3$$

2) 挖特坚石工程量

根据定额计算规则，挖特坚石的每侧允许超挖厚度为0.15m，则

$$V_2=\left(16.9\times2.5+\frac{1}{2}\pi\times8.45^2\right)\times(765-340)\mathrm{m}^3$$
$$=65623.73\mathrm{m}^3$$

3) 外运石方工程量

$$V_3=V_1+V_2=(53225.19+65623.73)\mathrm{m}^3=118848.88\mathrm{m}^3$$

【例11】 某新建道路排水系统，设计图如图1-111所示，该工程起终点为K1+300和K1+500，工程内容为排水工程主干管道、支管及沿线检查井、雨水口工程施工，人工

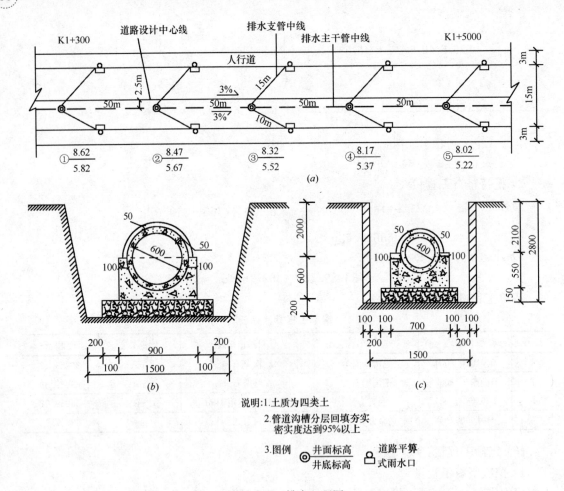

图 1-111 排水工程图
(a) 排水工程平面图；(b) 干管沟槽开挖断面图；(c) 支管沟槽开挖断面图

开挖，主干管道为钢筋混凝土管 $D=600mm$，支管为混凝土管 $D=400mm$，均采用 1∶2 水泥砂浆抹带接口，180°混凝土管座，管基下铺设 20cm 碎砾石砂垫层，排水检查井为 $\Phi1200mm$ 圆形砖砌污水检查井，如图 1-112 所示，井内外均采用 1∶2 水泥砂浆抹灰，该路段原地面标高与井顶面标高相同，平箅式雨水口如图 1-113 所示。请编制该排水工程主干管道、支管、检查井、雨水口工程量清单(四类土，填方密实度 95%，取余土运距为 1km)。

【解】(1) 清单工程量：
1) 挖土方工程量
① 干管管沟土方量(放坡)
本题中无明确标明放坡系数，因此可根据定额中的放坡系数表(表 1-3)查得四类土人工开挖 $K=0.25$。
则 $V_1=(1.5+2.8\times0.25\times2)\times2.8\times200 m^3=1624 m^3$
② 支管管沟土方量
$$V_2=1.7\times2.8\times(15\times5+10\times5)m^3=595 m^3$$
③ 挖井位土方量

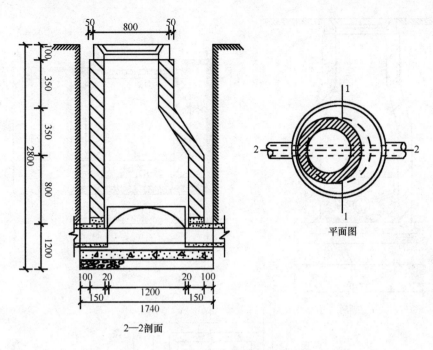

图 1-112 φ1200 石砌圆形雨水检查井

$$V_3 = [\pi \times 1.74^2 \times 2.8 - (1.5 + 2.8 \times 0.25 \times 2) \times 2.8 \times 1.74] \times 5 \text{m}^3$$
$$= 62.52 \text{m}^3$$

④挖雨水口土方工程量
$$V_4 = 1.1 \times 1.0 \times 1.4 \times 10 \text{m}^3 = 15.4 \text{m}^3$$

⑤挖土方工程总量
$$V_5 = V_1 + V_2 + V_3 + V_4 = (1624 + 595 + 62.52 + 15.4) \text{m}^3 = 2296.92 \text{m}^3$$

2) 回填土方工程量

①干管结构基础所占体积
$$V_6 = \left(1.1 \times 0.2 + 0.9 \times 0.6 + \frac{1}{2}\pi \times 0.35^2\right) \times 200 \text{m}^3 = 190.47 \text{m}^3$$

②支管结构基础所占体积
$$V_7 = \left(0.9 \times 0.15 + 0.7 \times 0.55 + \frac{1}{2}\pi \times 0.25^2\right) \times (15 \times 5 + 10 \times 5) \text{m}^3 = 77.27 \text{m}^3$$

③φ1200 砖砌圆形雨水井所占体积
$$V_8 = \left[\pi \times 0.4^2 \times 0.1 + \pi \times 0.45^2 \times 0.35 + \pi \times \left(\frac{1.54}{2}\right)^2 \times 0.8 \right.$$
$$\left. + \frac{(1.54 + 0.9)^2}{4} \times \pi \times 0.35\right] \times 5 \text{m}^3$$
$$= 2.172 \times 5 \text{m}^3$$
$$= 10.86 \text{m}^3$$

④雨水口所占体积
$$V_9 = (1.1 \times 1.0 \times 0.2 + 0.9 \times 0.8 \times 1.0 + 0.66 \times 0.56 \times 0.2) \times 10 \text{m}^3$$
$$= 10.14 \text{m}^3$$

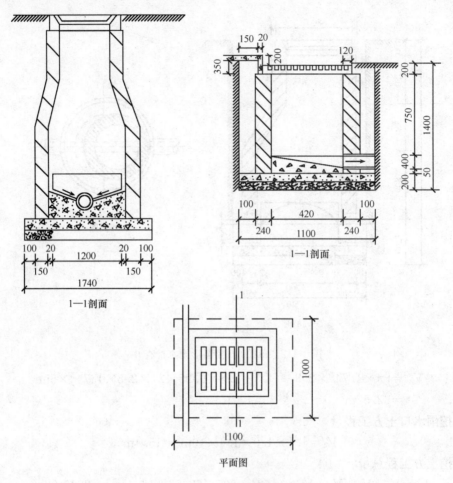

图 1-113 平算式雨水口

⑤回填土方总体积

$$V_{10}=V_5-V_6-V_7-V_8-V_9$$
$$=(2296.92-202.24-82.67-10.86-10.14)m^3$$
$$=1991.01m^3$$

3) 弃土方体积为

$$V_{11}=V_6+V_7+V_8+V_9$$
$$=(202.24+82.67+10.86+10.14)m^3$$
$$=305.91m^3$$

(2) 定额工程量:

1) 挖土方工程量

①挖干管管沟土方量

$$V_1=(1.5+2.8\times0.25)\times2.8\times200\times1.025m^3=1262.8m^3$$

②挖支管管沟土方量

$$V_2=1.7\times2.8\times(15\times5+10\times5)\times1.075m^3=639.63m^3$$

③挖井位土方量

$$V_3=62.52\text{m}^3$$

④挖雨水口土方工程量
$$V_4=15.4\text{m}^3$$

⑤挖土方工程总量
$$\begin{aligned}V_5 &= V_1+V_2+V_3+V_4\\ &=(1262.8+639.63+62.52+15.4)\text{m}^3\\ &=1980.35\text{m}^3\end{aligned}$$

2) 回填土方工程量

①干管管道基础所占体积 $V_6=202.24\text{m}^3$

②支管管道基础所占体积 $V_7=82.67\text{m}^3$

③$\phi1200$砖砌圆形雨水井所占体积 $V_8=10.86\text{m}^3$

④平箅式雨水口所占体积 $V_9=10.14\text{m}^3$

⑤回填土方总量为
$$\begin{aligned}V_{10} &= V_5-V_6-V_7-V_8-V_9\\ &=(1980.35-202.24-82.67-10.86-10.14)\text{m}^3\\ &=1674.44\text{m}^3\end{aligned}$$

3) 弃土方工程量
$$V_1=V_5-V_{10}=305.91\text{m}^3$$

(3) 某新建道路排水系统工程量计算见表1-21～表1-24。

1) 主要工程材料

主要工程材料表　　　　　　　　　　　　　　表1-21

序号	名　称	单位	数量	规　格	备　注
1	钢筋混凝土管	m	250	$d600$	
2	混凝土管	m	125	$d400$	
3	检查井	座	5	$\phi1200$砖砌	
4	雨水口	座	10	1100×1000　$H=1.4$	

2) 管道铺设及基础

管道铺设及基础表　　　　　　　　　　　　　　表1-22

管段井号	管径(m)	管道铺设长度(井中至井中)(m)	基础及接口形式	支管及180°平接口基础铺设管径400
1	600	50		25
2	600	50		25
3	600	50	180°平接口	25
4	600	50		25
合　计		200		100

3) 检查井、进水井数量

检查井、进水井数量表 表1-23

井号	检查井设计井面标高(m)	井底标高(m)	井深(m)	砖砌圆形井		雨水口井		
				直径	数量(个)	规格	井深(m)	数量(座)
1	8.62	5.82	2.8	φ1200	1	1100×1000	1.4	2
2	8.47	5.67	2.8	φ1200	1	1100×1000	1.4	2
3	8.32	5.52	2.8	φ1200	1	1100×1000	1.4	2
4	8.17	5.37	2.8	φ1200	1	1100×1000	1.4	2
5	8.02	5.22	2.8	φ1200	1	1100×1000	1.4	2

表1-23综合小计：

1. 砖砌圆形雨水检查井φ1200平均深2.8m共5座；
2. 砖砌雨水口进水井1100×1000深1.4m共10座。

4) 土方工程量清单与定额对照

土方工程量清单与定额对照表 表1-24

	挖 土 方(m³)				填 土 方(m³)		余土外运(m³)
	干管	支管	检查井	雨水口	管道基础及占体积	填土	
清单工程量	1624	595	62.52	15.4	305.91	1991.01	305.91
定额工程量	1262.8	639.63	62.52	15.4	305.91	1674.44	305.91

项目编码：040101002　　项目名称：挖沟槽土方
项目编码：040101005　　项目名称：暗挖土方
项目编码：040101006　　项目名称：挖淤泥
项目编码：040103001　　项目名称：填方
项目编码：040103002　　项目名称：余方弃置
项目编码：040103003　　项目名称：缺方内运
项目编码：040801001　　项目名称：拆除路面

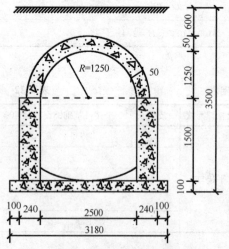

图1-114　渠道横断面设计图

【例12】 某市需新建一地下渠道，拟建全长817.2m，大型钢筋混凝土渠道，其断面图如图1-114所示，地下水位为2.2～3.8m，施工期间的地下水位为3.8m，下穿慢车道长225m，该段为尽量减少对道路面层的破坏，拟采取支挡土板开挖沟槽，其余部分根据土质采取放坡开挖，如图1-115、图1-116所示，回填土方密实度应在95%以上，且采取分层人工夯实，人工挖土，其中只有45%的土方可利用，缺方采用自卸汽车运输，运距3000m，弃土采用人工装车，自卸汽车运于1000m处弃场弃置，已知在非车道路段有200m的地下埋设的是钢渣，有125m的淤泥、流砂，其余部分为三类土质，试编制该工程的土石方工程量。

说明：1. 图中尺寸均以 mm 计；2. 管道沟槽必须分层回填夯实密实度达 95% 以上。

【解】（1）清单工程量：

1) 挖土方工程量

①放坡开挖：三类土质，放坡系数 $K=0.33$

则 $V_1=(3.18+0.4+3.5\times0.33\times2)\times3.5\times(817.2-225-200-125)\text{m}^3$

$=5.89\times3.5\times267.2\text{m}^3$

$=5508.33\text{m}^3$

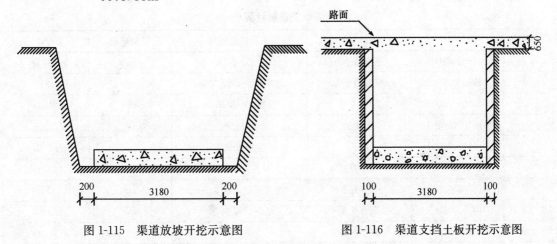

图 1-115 渠道放坡开挖示意图　　图 1-116 渠道支挡土板开挖示意图

②支挡土板开挖（穿车道）

$$V_2=(3.18+0.2)\times3.5\times225\text{m}^3=2661.75\text{m}^3$$

2) 挖淤泥、流砂工程量

$$V_3=(3.18+0.4+3.5\times0.33\times2)\times3.5\times125\text{m}^3=2576.88\text{m}^3$$

3) 挖密实钢渣工程量

$$V_4=(3.18+0.4+3.5\times0.33\times2)\times3.5\times200\text{m}^3=4123\text{m}^3$$

4) 挖土方总体积

$$V_5=V_1+V_2=(5508.33+2661.75)\text{m}^3=8170.08\text{m}^3$$

则可利用土的体积为

$$V_6=V_5\times45\%=8170.08\times45\%\text{m}^3=3676.54\text{m}^3$$

5) 排水渠道及基础所占体积

$$V_7=\left(3.18\times0.1+2.98\times1.5+\frac{1}{2}\pi\times1.3^2\right)\times817.2\text{m}^3$$

$$=6082.13\text{m}^3$$

6) 回填土方工程量

$$V_8=V_1+V_2+V_3+V_4-V_7$$

$$=(5508.33+2661.75+2576.88+4123-6082.13)\text{m}^3$$

$$=8787.83\text{m}^3$$

7) 缺方运土工程量

$$V_9 = V_8 - V_6 = (8787.83 - 3676.54)\text{m}^3 = 5111.29\text{m}^3$$

8）弃方外运工程量

$$V_{10} = V_5 - V_6 + V_3 + V_4$$
$$= (8170.08 - 3676.54 + 2576.88 + 4123)\text{m}^3$$
$$= 11193.42\text{m}^3$$

9）拆除路面工程量（水泥混凝土路面，厚56cm）

$$S = (3.18 + 0.2) \times 225\text{m}^2 = 760.5\text{m}^2$$

清单工程量计算见下表：

清单工程量计算表

序号	项目编码	项目名称	项目特征描述	计量单位	工程量
1	040101002001	挖沟槽土方	三类土，深3.5m	m³	5508.33
2	040101002002	挖沟槽土方	密实钢渣，深3.5m	m³	4123
3	040101005001	暗挖土方	三类土，深3.5m	m³	2661.75
4	040101006001	挖淤泥	深3.5m	m³	2576.88
5	040103001001	填方	密实度95%以上	m³	8787.83
6	040103002001	余方弃置	三类土，运距1km	m³	8170.08
7	040103002002	余方弃置	密实钢渣，深3.5m	m³	4123
8	040103002003	余方弃置	淤泥，深3.5m	m³	2576.88
9	040103003001	缺方内运	运距3km	m³	5111.29
10	040801001001	拆除路面	水泥混凝土路面，厚56cm	m²	760.5

（2）定额工程量：

1）挖土方工程量

①放坡开挖

$$V_1 = (3.18 + 0.4 + 3.5 \times 0.33) \times 3.5 \times (817.2 - 225 - 200 - 125)\text{m}^3$$
$$= 4428.172\text{m}^3$$

②支护开挖

$$V_2 = (3.18 + 0.2) \times 3.5 \times 225\text{m}^3 = 2661.75\text{m}^3$$

2）挖淤泥、流砂工程量

$$V_3 = (3.18 + 0.4 + 3.5 \times 0.33) \times 3.5 \times 125\text{m}^3 = 2071.56\text{m}^3$$

3）挖密实钢渣工程量

根据定额规定，挖密实钢渣可按四类土人工乘系数2.50，机械乘以系数1.50。

四类土人工开挖 $K = 0.25$ 则

$$V_4 = (3.18 + 0.4 + 3.5 \times 0.25) \times 3.5 \times 200\text{m}^3 = 3118.5\text{m}^3$$

在查定额时，可按规定乘系数2.50。

4）挖土方体积

$$V_5 = V_1 + V_2 = (4428.172 + 2661.75)\text{m}^3 = 7143.922\text{m}^3$$

则可利用的土方量为

$$V_6 = 7143.922 \times 45\%\text{m}^3 = 3214.75\text{m}^3$$

5) 排水渠道及基础所占体积

$$V_7 = (3.18 \times 0.1 + 2.98 \times 1.5 + \frac{\pi}{2} \times 1.3^2) \times 817.2 \text{m}^3$$
$$= 6082.13 \text{m}^3$$

6) 回填土方工程量

$$V_8 = V_1 + V_2 + V_3 + V_4 - V_7$$
$$= (4428.172 + 2661.75 + 2071.56 + 3118.5 - 6082.13) \text{m}^3$$
$$= 6197.852 \text{m}^3$$

7) 缺方运土工程量

$$V_9 = V_8 - V_6 = (6197.852 - 3214.75) \text{m}^3 = 2983.102 \text{m}^3$$

8) 弃方外运工程量

$$V_{10} = V_5 - V_6 + V_3 + V_4$$
$$= (7143.922 - 3214.75 + 2071.56 + 3118.5) \text{m}^3$$
$$= 9119.232 \text{m}^3$$

9) 拆除路面工程量

$$S = (3.18 + 0.2) \times 225 \text{m}^2 = 760.5 \text{m}^2$$

(3) 定额与清单工程量对照见表 1-25：

定额与清单工程量对照表　　　　　　表 1-25

项目名称	挖土方工程量(m³)		挖淤泥流砂(m³)	挖钢渣(m³)	基础所占体积(m³)	回填土方量(m³)	缺方外运(m³)	弃方外运(m³)	拆除路面(m²)
	放坡	支护							
清单工程量	5508.33	2661.75	2576.88	4123	6082.13	8787.83	5111.29	11193.42	760.5
定额工程量	4428.172	2661.75	2071.56	3118.5	6082.13	6197.852	2983.102	9119.232	760.5

项目编码：040101001　　项目名称：挖一般土方

项目编码：040103001　　项目名称：填方

项目编码：040103002　　项目名称：余方弃置

【例 13】　某市二号道路土方工程，修筑起点 K0+000，终点 K0+600，采用人工挖土，路基设计宽度为 16m，该路段内有填方也有挖方，如图 1-117、图 1-118 所示，余方运至 5km 处弃置点，填方要求密实度达到 95%，土方平衡部分场内运输考虑用手推车运

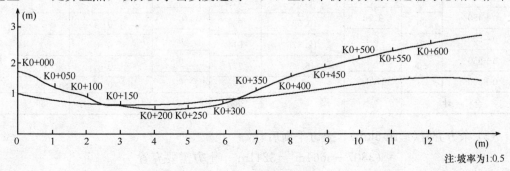

图 1-117　道路平面图

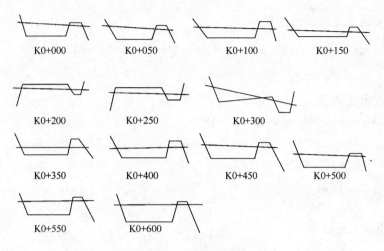

图 1-118 道路断面图

土,余方弃置用人工装土,自卸汽车运输,请编制土方工程量。

【解】 土方工程量计算表见表 1-26。

清单工程量:

(1) 挖一般土方(三类土) 3807m³

(2) 填方(密实度 95%) 566m³

道路工程土方量计算表　　　　　　　　　　　　表 1-26

桩号	距离(m)	挖土			填土			备注
		断面积(m²)	平均断面积(m²)	体积(m³)	断面积(m²)	平均断面积(m²)	体积(m³)	
K0+000	50	9.64	8.06	403	0	0	0	
0+050	50	6.48	5.66	283	0	0	0	
0+100	50	4.84	3.345	167	0	0	0	
0+150	50	1.85	0.925	46	0	1.61	81	
0+200	50	0	0	0	3.22	4.03	202	
0+250	50	0	1.01	50	4.84	4.03	202	
0+300	50	2.02	3.43	171	3.22	0	0	
0+350	50	4.84	6.48	324	0	1.61	81	
0+400	50	8.12	8.84	442	0	0	0	
0+450	50	9.76	10.595	530	0	0	0	
0+500	50	11.43	12.275	614	0	0	0	
0+550	50	13.12	15.55	777	0	0	0	
0+600		17.48			0	0	0	
合计				3807			566	

(3) 余方弃置(运距 5km) 土方平衡后有:

$(3807-566)m^3 = 3241m^3$ 土方需要弃置

清单工程量计算见下表:

清单工程量计算表

序号	项目编码	项目名称	项目特征描述	计量单位	工程量
1	040101001001	挖一般土方	三类土	m³	3807.00
2	040103001001	填方	密实度95%	m³	566.00
3	040103002001	余方弃置	运距5km	m³	3241.00

项目编码：040101001　　项目名称：挖一般土方
项目编码：040103002　　项目名称：余方弃置

【例14】 某道路改造工程，现进行公开招标，本道路原为土路，全长260m，三类土，桩位K0+000～K0+260，行车道宽为16m，此道路施工期间，断绝交通，地下管线埋置较深并无干扰，路槽土方可采用推土50m堆积在路边，人行道土方采用人工挖路槽方法，用手推车运输50m堆积，再由装载机装土，自卸车运土至5km处的弃土地点，本工程无特殊结构要求，采用一般施工方法。如图1-119～图1-121所示。

【解】（1）清单工程量：
1) 土方开挖工程量计算
挖一般土方计算
$$260\times[16.8\times0.49+(6-0.6)\times2\times0.24]m^3=2814.24m^3$$

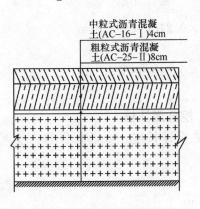

图1-119　路面结构图

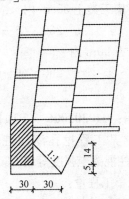

图1-120　人行道板铺装图

2) 余方弃置
$$260\times[16.8\times0.49+(6-0.6)\times2\times0.24]m^3=2814.24m^3$$
则土方计算见表1-27。

土方计算表　　　　表1-27

序号	项目名称	单位	计算公式	数量
1	挖一般土方	m³	260×[16.8×0.49+(6-0.6)×2×0.24]	2814.24
2	余方弃置	m³	260×[16.8×0.49+(6-0.6)×2×0.24]	2814.24

清单工程量计算见下表：

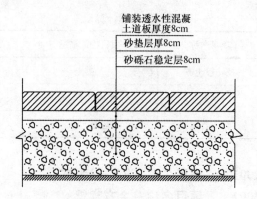

图 1-121 人行道结构图

清单工程量计算表

序号	项目编码	项目名称	项目特征描述	计量单位	工程量
1	040101001001	挖一般土方	三类土	m³	2814.24
2	040103002001	余方弃置	运距5km	m³	2814.24

(2) 定额工程量计算：

推土机推路槽三类土 50m 内

$$260 \times 16.8 \times 0.49 m^3 = 2140.32 m^3$$

人工挖路槽三类土 30cm 内

$$260 \times (6 - 0.6) \times 2 \times 0.24 m^3 = 673.92 m^3$$

人工运土方 50m 内

$$260 \times (6 - 0.6) \times 2 \times 0.24 m^3 = 673.92 m^3$$

项目编码：040301006　　项目名称：挖孔灌注桩

【例15】 某工程挖孔灌注桩，单根桩设计长度 10m，总根数为 168 根，桩截面 Φ900mm，灌注混凝土强度等级 C30。

【解】 清单工程量：

混凝土灌注桩总长为 $10 \times 168 m = 1680 m$

清单工程量计算见下表：

清单工程量计算表

项目编码	项目名称	项目特征描述	计量单位	工程量
040301006001	挖孔灌注桩	混凝土强度等级为 C30	m	1680

【例16】 某城市一洛浦长虹桥，如图 1-122 所示，全长为 200m，每隔 50m 设计挖一墩台基坑，采用人工挖基坑土方，半径为 1.5m，当人工挖坑 2m 深时，下面出现淤泥，继续采用人工开挖，填方要求密实度达到 95%，人力手推车运土（运距 100m 以内），人工运淤泥（运距 100m 以内），填土方采用人工装土机动翻斗车运土（运距为 200m 以内），试着编制该洛浦长虹桥土方量。

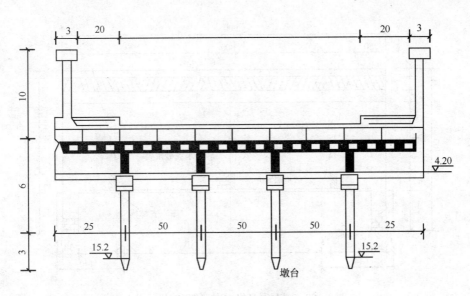

图 1-122 桥梁示意图

【解】 清单工程量：
根据地质情况测得土质为一、二类土，人工挖一般土 2m 以内，土方工程量为
$$2 \times \pi \times 1.5^2 \times 4 \mathrm{m}^3 = 56.52 \mathrm{m}^3$$
人工挖淤泥　$1 \times 3.14 \times 1.5^2 \times 4 \mathrm{m}^3 = 28.26 \mathrm{m}^3$
填土密实度(95%)　$\pi \times 1.5^2 \times 3 \times 4 \times 1.15 \mathrm{m}^3 = 97.55 \mathrm{m}^3$
清单工程量计算见下表：

清单工程量计算表

序号	项目编码	项目名称	项目特征描述	计量单位	工程量
1	040101003001	挖基坑土方	一、二类土	m³	56.52
2	040101006001	挖淤泥	深 1m	m³	28.26
3	040103001001	填方	密实度 95%	m³	9755
4	040103002001	余方弃置	运距 100m，一、二类土	m³	56.52
5	040103002002	余方弃置	运距 100m，淤泥	m³	28.26
6	040103003001	缺方内运	运距 200m	m³	9755

经上述计算：人力手推车运土(运距 100m 以内)为 56.52m³

人工运淤泥(运距 100m 以内)为 28.26m³

人工装土机动翻斗车运土(运距为 200m 以内)为 97.55m³

项目编码：040101003　**项目名称：挖基坑土方**

项目编码：040103001　**项目名称：填方**

【例 17】 某涵洞工程，涵洞洞身纵向布置图和涵洞断面图如图 1-123、图 1-124 所示，该涵洞位置的土质为密实的黄土，不考虑地下水，施工期间地表河流无水，基坑开挖多余的土方可就地弃置，试确定该涵洞土方清单工程量。

【解】 清单工程量：

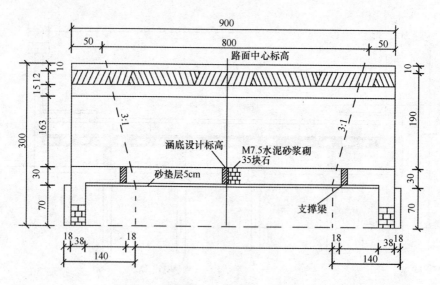

图 1-123 涵洞洞身纵向布置图(单位：cm)

从涵洞洞身纵向布置图和涵洞断面图可以看出，该涵洞的标准跨径为 2.4m，净跨径为 1.8m，下部结构的工程内容有：现浇 C20 混凝土台帽，M7.5 砂浆砌，35 号块石台身，现浇 C20 混凝土基础，M5 水泥砂浆砌块石截水墙，河床铺砌 50mm 厚砂垫层，在两台之间共设 3 道支撑梁。涵洞位置处地形平坦，原地面以下最大挖深 1m，最小挖深为 0.3m，土质为密实的黄土，属一、二类土土壤。

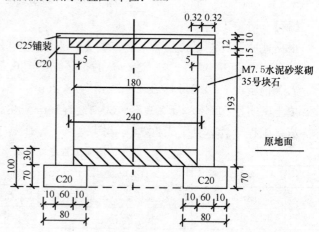

图 1-124 涵洞断面图(单位：cm)

(1) 挖基坑土方(一、二类土，挖深 1m)

1) 涵台基坑

$(9.0+0.18\times2)\times0.8\times1.00\times2m^3=14.976m^3$

2) 铺砌基坑

$[9.0\times(1.8-0.1\times2)\times1.00-(9.0-0.38\times2)\times(1.8-0.1\times2)\times0.7]m^3$

$=5.171m^3$

合计：$(14.976+5.171)m^3=20.147m^3$

(2) 基坑回填(原土回填，压实度 95%)

1) 基础所占体积：即为现浇混凝土基础(C20 混凝土)

$0.8\times0.7\times(9.0+2\times0.18)\times2m^3=10.48m^3$

2) 铺砌所占体积即为浆砌块石(M7.5 水泥砂浆，35 号块石河床铺砌，含 50mm 砂垫层)

$[9.0×1.8×(0.3-0.05)-(0.3-0.05)×0.1×1.8×3+0.38×(0.7+0.05)×0.8×2]m^3$
$=4.37m^3$

3) 台身所占体积

$$9.0×0.6×0.38×2m^3=4.104m^3$$

合计：$(10.48+4.37+4.104)m^3=18.954m^3$

回填土方＝挖方量－结构所占体积＝$(20.147-18.954)m^3=1.193m^3$

(3) 土方汇总表见表 1-28

土 方 汇 总 表 表 1-28

序 号	项目名称	分部分项名称	单位(m³)	总工程数量合计
1	挖基坑土方	涵台基坑	14.976	20.147
		铺砌基坑	5.171	
2	基坑回填土方	基础回填土	10.48	18.954
		铺砌回填土	4.37	
		台身回填土	4.104	

说明：本题中设计图的尺寸均以 cm 为单位，计算数均详见图。

清单工程量计算见下表：

清单工程量计算表

序号	项目编码	项目名称	项目特征描述	计量单位	工程量
1	040101003001	挖基坑土方	一、二类土，深1m	m³	20.15
2	040103001001	填方	原土回填，密实度95％	m³	1.19

项目编码：040101002　　**项目名称：挖沟槽土方**
项目编码：040101003　　**项目名称：挖基坑土方**
项目编码：040103001　　**项目名称：填方**

【例 18】 某管道工程，采用人工挖管沟土方，管道全长为 500m，管沟深度为 2m，根据设计可知，该管道基础的宽度为 0.80m，厚度为 0.4m，管半径为 0.2m，此管道设有 φ1000 检查井，基础直径为 1.50m，基坑回填土要求密实度为 95％。如图 1-125、图 1-126所示，该管道位置处地形平坦，土壤为一、二类土，试编制该管道工程土石方工程量。

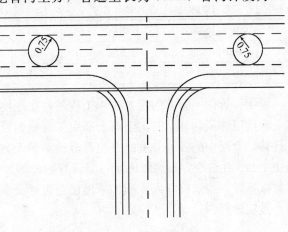

图 1-125 管道平面图

【解】 清单工程量(图 1-127)：

(1) 挖土方量

挖基坑土方(一、二类土，挖2m 深)

检查井基坑　$2×3.14×0.75^2×2m^3=7.065m^3$

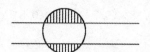

图 1-126 井位挖方示意图

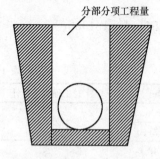

图 1-127 清单土方量示意图

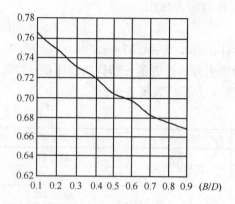

图 1-128 井位弓形面积计算系数

管道沟槽 $2.0 \times 0.8 \times 500 m^3 = 800 m^3$

管道结构物以外的挖土方

由 $B/D = 0.8/1.5 = 0.53$，由图 1-128 曲线查得井位弓形面积计算系数为 0.70，则井位增加的土方量

$2 \times 0.70 \times 2 \times (1.5 - 0.8) \times \sqrt{1.5^2 - 0.8^2} m^3 = 2.486 m^3$

(2) 基坑回填（原土回填，密实度 95%）

检查井所占体积　$7.065 m^3$

管所占体积　$\pi \times 0.2^2 \times 500 m^3 = 62.8 m^3$

管基所占体积　$0.8 \times 0.4 \times 500 m^3 = 160 m^3$ 则回填土方 = 挖土量 - 结构所占体积

$(800 + 2.486 - 7.065 - 62.8 - 160) m^3 = 571.378 m^3$

清单工程量计算见下表：

清单工程量计算表

序号	项目编码	项目名称	项目特征描述	计量单位	工程量
1	040101002001	挖沟槽土方	一、二类土，深 2m	m³	800.00
2	040101003001	挖基坑土方	一、二类土，深 2m	m³	2.49
3	040103001001	填方	原土回填，密实度 95%	m³	571.38

说明：管沟土石方的挖方清单工程量，按原地面线以下构筑物最大水平投影面积乘以挖土深度以体积计算。管沟土石方清单工程量的管沟计算长度按管网铺设的管道中心线长度计算，管网中的各种井室的井位部分的清单土方量必须扣除与管沟重叠部分的土方量，如图 1-126 井位挖方示意图所示，只计算阴影部分的土方量，沟槽填方按挖方清单项目工程量减基础，构筑物埋入体积加原地面至设计要求标高间的体积计算。排水管道扣减的体积可按实计算。

项目编码：040101002　　**项目名称：挖沟槽土方**

项目编码：040101003　　**项目名称：挖基坑土方**

项目编码：040103001　　项目名称：填方

【例19】 某 $d400$ 的钢筋混凝土排水管道，$135°$ 混凝土基础，选用 $\phi800$ 的检查井，管沟深度为 2.10m，管沟断面如图1-129所示，由设计需要得知，管道基础的宽度为0.980m，管半径为0.24m，$\phi800$ 检查井基础直径为1.2m，管道长度为480m，管沟开挖的边坡率为0.5，土质为一、二类土，检查井为1座，试计算：

(1) 挖方清单工程量；

(2) 基坑回填土方量(密实度达95%)。

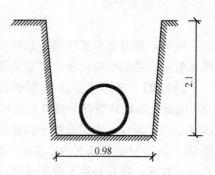

图1-129　管沟断面示意图

【解】 (1) 清单工程量：

本例题与前例题有点相似，本题管沟设有边坡，坡率为0.5，土质为一、二类土。

1) 挖土方量

管沟基坑土方量

$$(0.98+2.1\times0.5\times2)\times2.1\times480\text{m}^3=3104.64\text{m}^3$$

检查井所挖土方量

$$\pi\times0.6^2\times2.10\text{m}^3=2.375\text{m}^3$$

挖方清单工程量按管道结构外侧宽度计算，另加井位土方量

$$V=[(0.98+2.1\times0.5\times2)\times480\times2.1+0.67\times2.1\times(1.2-0.98)\times\sqrt{1.2^2-0.98^2}]\text{m}^3$$
$$=3104.85^3$$

此工程量按定额计算：$(3104.85-3104.64)\text{m}^3=0.21\text{m}^3$

2) 基坑回填(回填土，密实度95%)

检查井所占体积　2.375m³

管所占体积　$\pi0.24^2\times480\text{m}^3=86.81\text{m}^3$

填土方量＝挖方量－结构物所占体积

$$=(3104.64+0.21-2.375-86.81)\text{m}^3$$
$$=3015.40\text{m}^3$$

清单工程量计算见下表：

清单工程量计算表

序号	项目编码	项目名称	项目特征描述	计量单位	工程量
1	040101002001	挖沟槽土方	一、二类土，深2.1m	m³	3104.64
2	040101003001	挖基坑土方	一、二类土，深2.1m	m³	0.21
3	040103001001	填方	原土回填，密实度95%	m³	3015.40

(2) 定额工程量：

1) 基坑挖土方量

$$(0.98+0.5\times2.1)\times2.1\times480\text{m}^3=2046.24\text{m}^3$$

检查井挖方量　2.375m³

2) 回填土方量

$$(2046.24+0.21-2.375-86.81)m^3 = 1957.26m^3$$

说明：挖方清单工程量按结构外侧宽度计算，另加井位土方量。回填土方时，混凝土排水管应将管道和基础所占体积全部扣除，有垫层者还应该扣除垫层所占体积。

【例20】 某排水管道为钢筋混凝土管 $d600$，如图 1-130 所示，为石棉水泥接口，180°混凝土基础，管基下换填石屑厚 450mm，排水检查井为 $\Phi1000$ 圆形砖砌检查井，管道在道路下铺设，水泥混凝土路面厚 150mm，管道深度为 3m，路面下为水泥石屑稳定层厚 200mm，稳定层以下为三类土，地下水位埋深为 1.0～2.0m，施工期间为 2.0m，检查井外需抹灰，抹灰高度不低于最高地下水位以上 0.2m，试计算该工程土方量。

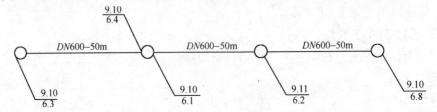

图 1-130 排水管道图

【解】 清单工程量图(1-131)：

(1) 如图 1-130 所示，管道 $d600$ 实际铺长度

$3 \times 50m = 150m$

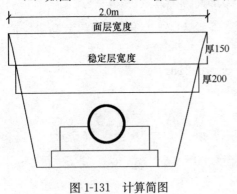

图 1-131 计算简图

(2) 按标准图

$d600$ 管径×管长×壁厚(mm) 为 $d600 \times 2000 \times 50$

$d600$ 管道，基础宽度 900mm，基础厚度 120mm，$\phi1000$ 检查井标准图号 S231-28-6，规定检查井基础直径 = 1.58m，基础厚度 120mm。

(3) 基础加深和开挖宽度

基础加深 = 管壁厚度 + 基础厚度 + 垫层厚度

则 $d600$ 管道基础加深 $(0.05+0.12+0.45)m = 0.62m$

(4) 1～2 管段井位挖方量 $d600$ 为：因 $0.9/1.58=0.57$，查井位弓形面积计算系数图 $K=0.7$，本段内平均深度为 2.75m。

土方平均深度为 $(2.75-0.2-0.25)m = 2.3m$

该段土方量为

$$0.7 \times (1.58-0.9) \times \sqrt{1.58^2-0.9^2} \times 2.3 m^3 = 1.42 m^3$$

面层数量：$0.618 m^2$

稳定层数量：$0.618 m^2$

(5) 2～3 管段，平均深度为 2.85m，土方平均深度$(2.85-0.2-0.25)m = 2.4m$

土方量：$0.7 \times (1.58-0.9) \times \sqrt{1.58^2-0.9^2} \times 2.4 m^3 = 1.4832 m^3$

面层数量：$0.618 m^2$

稳定层数量：0.618m²

(6) 3~4 段：本段平均深度：2.60m

土方平均深度：(2.60−0.2−0.25)m=2.15m

土方量：0.618×2.15m³=1.33m³

面层数量：0.618m²

稳定层数量：0.618m²

(7) 挖管道土方量：150×2×3m³=900m³

总面层数量：150×2m²=300m²

总稳定层数量：150×2×0.33m²=99m²（坡率为0.33）

(8) 挖土方汇总表见表1-29

挖 土 方 汇 总 表　　　　　　　　　　　　　　　表1-29

序号	分项名称	平均深度(m)	计算平均深度(m)	土方量(m³)	面层数量(m²)	稳定层数量(m²)
1	1~2 管段	2.75	2.3	1.42	0.618	0.618
2	2~3 管段	2.85	2.4	1.48	0.618	0.618
3	3~4 管段	2.6	2.15	1.33	0.618	0.618
合计				900+1.42+1.48+1.33=904.23	300+(0.618×3)=301.854	99−(0.618×3)=97.146

(9) 土方回填量

d600 管道所占体积：查表1-30 排水管道所占回填土方量（管体与基础之和）表，得0.616m³。

排水管道所占回填土方量（单位：m³/m）　　　　　表1-30

管径 D(mm)	抹带接口混凝土基础		
	90°	135°	180°
450	0.285	0.330	0.361
500	0.349	0.408	0.445
600	0.418	0.564	0.616

石屑 D600 所占体积：[(0.9+0.2)×0.45+0.618×0.45×150]m³=42.21m³

土方回填数量计算：(904.23−0.616×97.9)m³=843.92m³

清单工程量计算见下表：

清单工程量计算表

序号	项目编码	项目名称	项目特征描述	计量单位	工程量
1	040101002001	挖沟槽土方	三类土，深4m内	m³	904.23
2	040103001001	填方	原土回填	m³	843.92
3	040801001001	拆除路面	水泥混凝土路面，厚150mm	m²	301.85
4	040801002001	拆除基层	水泥石屑稳定层，厚200mm	m²	97.15

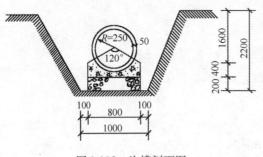

图 1-132 沟槽剖面图

【例 21】 某 $d500$ 的钢筋混凝土排水管道，$120°$ 混凝土基础，选用 $\phi1250$ 检查井 2 座，管沟深 2.2m，排水管道长 68m，人工开挖三类土，如图 1-132、图 1-133 所示，试编制该工程的工程量清单(余土运至 2km 处弃置)。

【解】 (1) 清单工程量：

1) 管沟挖土方工程量

$$K = 0.33$$
$$V_1 = (0.8 + 0.1 \times 2 + 2.2 \times 0.33 \times 2) \times 2.2 \times 68 \, \text{m}^3$$
$$= 366.82 \, \text{m}^3$$

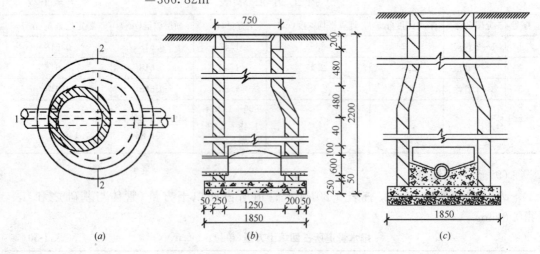

图 1-133 $\phi1250$ 砖砌圆形雨水检查井

(a) 平面图；(b) 1—1 剖面图；(c) 1—2 剖面图

说明：1. 图中尺寸均为 mm；2. 填土夯实密实度 95%

2) 挖井位土方工程量

根据设计图示尺寸可知该管道基础宽度为 $B = 0.8$m，$\phi1250$ 检查井基础直径为 $D = 1.85$m，$H = 2.2$m，则可查图 1-134 得井位方形面积的计算系数，由 $B/D = 0.80/1.85 = 0.43$，得 $K = 0.714$

则根据公式可得一个井位增加的土方量为

$$\begin{aligned}V_2 &= KH(D-B) \times \sqrt{D^2 - B^2} \\ &= 0.714 \times 2.2 \times (1.85 - 0.8) \\ &\quad \times \sqrt{1.85^2 - 0.8^2} \, \text{m}^3 \\ &= 2.75 \, \text{m}^3\end{aligned}$$

则井位土方工程总量为

$$V_3 = 2V_2 = 2 \times 2.75 \, \text{m}^3 = 5.5 \, \text{m}^3$$

3) 挖土方工程量总量为

$$V_4 = V_1 + V_3 = (366.82 + 5.5) \, \text{m}^3 = 372.32 \, \text{m}^3$$

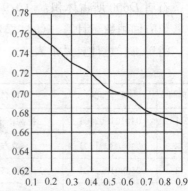

图 1-134 井位方形面积计算系数

4) 回填沟槽土方量

$$V_5 = \left[372.32 - \left(0.8 \times 0.6 + \pi \times 0.3^2 \times \frac{2}{3} + \frac{1}{2} \times 0.8 \times 0.4 \times \frac{\sqrt{3}}{3}\right) \times 68\right] \text{m}^3$$

$$= (366.82 + 5.5 - 51.74) \text{m}^3 = 320.58 \text{m}^3$$

5) 外运土方工程量

$$V_6 = V_4 - V_5 = (372.32 - 320.58) \text{m}^3 = 51.74 \text{m}^3$$

清单工程量计算见下表：

清单工程量计算表

序号	项目编码	项目名称	项目特征描述	计量单位	工程量
1	040101002001	挖沟槽土方	三类土，深2.2m	m³	366.82
2	040101003001	挖基坑土方	三类土，深2.2m	m³	5.5
3	040103001001	填方	原土回填	m³	320.58
4	040103002001	余方弃置	运距2km	m³	51.74

(2) 定额工程量：

1) 管沟挖土方工程量

三类土人工开挖查放坡系数表1-3可知 $K=0.33$ 则

$$V_1 = (1.0 + 2.2 \times 0.33) \times 2.2 \times 68 \times 1.025 \text{m}^3 = 264.67 \text{m}^3$$

2) 井位挖土方工程量

$$V_2 = 2 \times 0.714 \times 2.2 \times (1.85 - 0.8) \times \sqrt{1.85^2 - 0.8^2} \text{m}^3 = 5.5 \text{m}^3$$

3) 挖土方工程量总和

$$V_3 = V_1 + V_2 = (264.67 + 5.5) \text{m}^3 = 270.17 \text{m}^3$$

4) 回填土方工程量

$$V_4 = \left[V_3 - \left(\frac{\pi}{4} \times 0.6^2 \times \frac{2}{3} + 0.8 \times 0.6 + \frac{1}{2} \times 0.8 \times \frac{0.4\sqrt{3}}{3}\right) \times 68\right] \text{m}^3$$

$$= (270.17 - 51.74) \text{m}^3$$

$$= 218.43 \text{m}^3$$

5) 外运土方工程量

$$V_5 = V_3 - V_4 = (270.17 - 218.43) \text{m}^3 = 51.74 \text{m}^3$$

项目编码：040101002　　**项目名称：挖沟槽土方**
项目编码：040101003　　**项目名称：挖基坑土方**
项目编码：040103001　　**项目名称：填方**
项目编码：040801001　　**项目名称：拆除路面**
项目编码：040801002　　**项目名称：拆除基层**

【例22】某排水管道为钢筋混凝土钢管 d500，混凝土管 d800，如图1-135～图1-138所示，水泥砂浆抹带接口，180°混凝土基础，管基下换填碎砾石屑厚0.5m，有 Φ1850 圆形砖砌检查井6座，管道在慢车道下铺设，两管同沟槽不同底排管50m，沥青混凝土路面厚250mm，路面下砂石稳定层300mm，稳定层以下为二类土，地下常水位标高为

—2.2m，检查井外需抹灰，抹灰高度应高于地下常水位0.5m，试编制该工程的工程量清单(砖砌检查井如图1-133所示)。

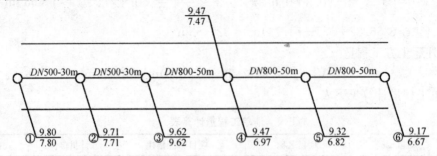

图 1-135 排水管道平面示意图

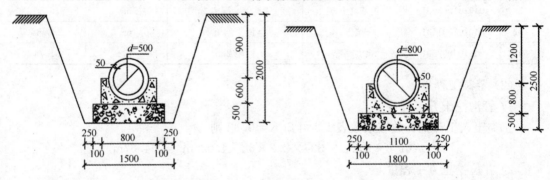

图 1-136 d500 沟槽示意图   图 1-137 d800 沟槽示意图

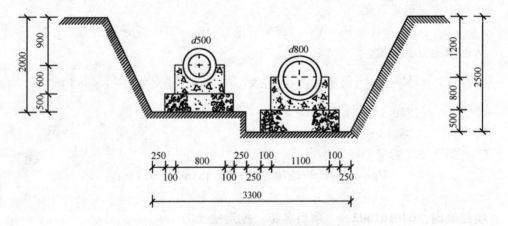

图 1-138 双筒同沟槽不同底排管示意图

【解】(1) 清单工程量：
土方的计算深度为沟深减去面层和稳定层的厚度，则
d500 的土方计算深度为(2.0－0.25－0.3)m＝1.45m 此段长 60m
d800 的土方计算深度为(2.5－0.25－0.3)m＝1.95m 此段长 100m
双管同槽不同底计算深度分别计算：d500 为 1.45m、d800 为 1.95m、长 50m。
1) 挖管沟槽土方工程量
$$V_1 = [1.0 \times 1.45 \times (60+50) + 1.3 \times 1.95 \times (50+100)] m^3$$

$$= (159.5 + 380.25) \text{m}^3$$
$$= 539.75 \text{m}^3$$

2) 井位挖土方工程量

$d500$：基础宽度 $B=1.0\text{m}$，检查井计算直径 $D=1.85\text{m}$，则 $B/D=0.54$。根据图 1-134，可得 $K=0.704$ 故

1～2 管段 $d500$ 的井位挖方量为：

$$V_2 = [0.704 \times 1.45 \times (1.85-1.0) \times \sqrt{1.85^2 - 1.0^2}\,]\text{m}^3$$
$$= 1.35 \text{m}^3$$

2～3 管段井位挖方量 $d500$：$B/D=1.0/1.85=0.54$，则 $K=0.704$，

故 $V_3 = [0.704 \times 1.45 \times (1.85-1.0) \times \sqrt{1.85^2 - 1.0^2}\,]\text{m}^3$
$$= 1.35 \text{m}^3$$

3～4 管段井位挖方量按管径最大者，即 $d800$ 计算，由设计图示可知，基础宽度 $B=1.30$，$D=1.85$，则 $B/D=1.30/1.85=0.7$，则查图 1-134 可得 $K=0.69$，故

$$V_4 = [0.69 \times 1.95 \times (1.85-1.30) \times \sqrt{1.85^2 - 1.30^2}\,] \times 2\text{m}^3$$
$$= 0.974 \times 2\text{m}^3$$
$$= 1.948 \text{m}^3$$

4～5 管段井位挖方量 $d800$ $V_5 = 0.974 \text{m}^3$

5～6 管段井位挖方量 $d800$ $V_6 = 0.974 \text{m}^3$

则井位挖土方工程总量为

$$V_7 = V_2 + V_3 + V_4 + V_5 + V_6$$
$$= (1.35 + 1.35 + 1.948 + 0.974 + 0.974) \text{m}^3$$
$$= 6.596 \text{m}^3$$

3) 开挖稳定层工程量

由于人工开挖二类土，则放坡系数 $K=0.50$，所以

$d500$ 段 $S_1 = \{[1.5 + (2.0-0.25) \times 0.5 \times 2] \times 60 + [1.5 + (2.0-0.25) \times 0.5] \times 50\}\text{m}^2$
$$= 313.75 \text{m}^2$$

$d800$ 段 $S_2 = \{[1.8 + (2.5-0.25) \times 0.5 \times 2] \times 100 + [1.8 + (2.5-0.25) \times 0.5]$
$$\times 50\} \text{m}^2$$
$$= (405 + 146.25) \text{m}^2$$
$$= 551.25 \text{m}^2$$

4) 开挖面层工程量

$d500$ 段 $S_3 = [(1.5 + 2.0 \times 0.5 \times 2) \times 60 + (1.5 + 2.0 \times 0.5) \times 50]\text{m}^2$
$$= (210 + 125) \text{m}^2$$
$$= 335 \text{m}^2$$

$d800$ 段 $S_4 = [(1.8 + 2.5 \times 0.5 \times 2) \times 100 + (1.8 + 2.5 \times 0.5) \times 50]\text{m}^2$
$$= (430 + 152.5) \text{m}^2$$
$$= 582.5 \text{m}^2$$

5) 清单挖方量汇总

土方量 $V_8 = V_1 + V_7 = (539.75 + 6.596) \text{m}^3 = 546.346 \text{m}^3$

稳定层数量

$$S_5 = \{S_1 + S_2 + [2 \times 0.704 \times (1.85 - 1.0) \times \sqrt{1.85^2 - 1.0^2}] + [4 \times 0.69 \times (1.85 - 1.30) \times \sqrt{1.85^2 - 1.3^2}]\} \text{m}^2$$

$$= (313.75 + 551.25 + 1.86 + 2.0) \text{m}^2$$

$$= 868.86 \text{m}^2$$

面层数量 $S_6 = (S_3 + S_4 + 1.86 + 2.0) \text{m}^2$

$$= (335 + 582.5 + 1.86 + 2.0) \text{m}^2$$

$$= 921.36 \text{m}^2$$

6) 清单回填土方量

$$V_9 = \left[V_8 - \left(1.0 \times 0.5 + 0.8 \times 0.6 + \frac{\pi}{2} \times 0.3^2\right) \times (110 - 1.85 \times 3) - \left(1.3 \times 0.5 + 1.1 \times 0.8 + \frac{\pi}{2} \times 0.45^2\right) \times (150 - 1.85 \times 3) - 1.86 \times 0.5 - 2.0 \times 0.5\right] \text{m}^3$$

$$= (546.346 - 117.13 - 263.54 - 0.93 - 1.0) \text{m}^3$$

$$= 163.746 \text{m}^3$$

清单工程量计算见下表：

清单工程量计算表

序号	项目编码	项目名称	项目特征描述	计量单位	工程量
1	040101002001	挖沟槽土方	二类土，深2m内	m³	539.75
2	040101003001	挖基坑土方	二类土，深2m内	m³	6.60
3	040103001001	填方	原土回填	m³	163.75
4	040801001001	拆除路面	沥青混凝土路面，厚250mm	m²	921.36
5	040801002001	拆除基层	砂石稳定层，厚300mm	m²	868.86

(2) 定额工程量：

1) 挖管沟土方工程量

$d500 \quad V_1 = \left[(1.5 + 0.5 \times 1.45) \times 1.45 \times 60 + \frac{1}{2} \times (1.5 + 1.5 + 0.5 \times 1.45) \times 1.45 \times 50\right] \times 1.025 \text{m}^3$

$$= (193.575 + 135.031) \times 1.025 \text{m}^3$$

$$= 336.82 \text{m}^3$$

$d800 \quad V_2 = \left[(1.8 + 0.5 \times 1.95) \times 1.95 \times 100 + \frac{1}{2} \times (1.8 + 1.8 + 0.5 \times 1.95) \times 1.95 \times 50\right] \times 1.025 \text{m}^3$

$$= (541.125 + 223.031) \times 1.025 \text{m}^3$$

$$= 783.26 \text{m}^3$$

2) 井位挖土方工程量(同清单工程量)

$$V_3 = 6.596 \text{m}^3$$

3) 稳定层数量

井位稳定层

$S_1 = [2 \times 0.704 \times (1.85-1.0) \times \sqrt{1.85^2 - 1.0^2} + 4 \times 0.69 \times (1.85-1.3)$
$\qquad \times \sqrt{1.85^2 - 1.3^2}\ ]\text{m}^2$
$\quad = (1.86 + 2.0)\text{m}^2$
$\quad = 3.86\text{m}^2$

$d500$ 稳定层

$S_2 = \{[1.5 + (2.0-0.25) \times 0.5 \times 2] \times 60 + [1.5 + (2.0-0.25) \times 0.5] \times 50\}\text{m}^2$
$\quad = 313.75\text{m}^2$

$d800$ 稳定层

$S_3 = \{[1.8 + (2.5-0.25) \times 0.5 \times 2] \times 100 + [1.8 + (2.5-0.25) \times 0.5] \times 50\}\text{m}^2$
$\quad = 551.25\text{m}^2$

4) 面层数量

井位面层增加量

$$S_4 = (1.86 + 2.0)\text{m}^2 = 3.86\text{m}^2$$

$d500$ 段面层数量

$$S_5 = [(1.5 + 2.0 \times 0.5 \times 2) \times 60 + (1.5 + 2.0 \times 0.5) \times 50]\text{m}^2 = 335\text{m}^2$$

$d800$ 段面层数量

$$S_6 = [(1.8 + 2.5 \times 0.5 \times 2) \times 100 + (1.8 + 2.5 \times 0.5) \times 50]\text{m}^2 = 582.5\text{m}^2$$

5) 定额挖方工程量汇总

挖土方量

$$V_4 = V_1 + V_2 + V_3 = (336.82 + 783.26 + 6.596)\text{m}^3 = 1126.676\text{m}^3$$

稳定层数量

$$S_7 = S_1 + S_2 + S_3 = (3.86 + 313.75 + 551.25)\text{m}^2 = 868.86\text{m}^2$$

面层数量

$$S_8 = S_4 + S_5 + S_6 = (3.86 + 335 + 582.5)\text{m}^2 = 921.36\text{m}^2$$

6) 挖湿土工程量

$V_5 = \left[(1.8 + 0.3 \times 0.5) \times 0.3 \times 100 + (1.8 + 1.8 + 0.3 \times 0.5) \times 0.3 \times \dfrac{1}{2} \times 50\right]\text{m}^3$
$\quad = (58.5 + 28.125)\text{m}^3$
$\quad = 86.625\text{m}^3$

7) 挖干土工程量

$$V_6 = V_4 - V_5 = (1126.676 - 86.625)\text{m}^3 = 1040.051\text{m}^3$$

8) 沟槽回填土方量

$V_7 = \left[V_4 - \left(1.0 \times 0.5 + 0.8 \times 0.6 + \dfrac{\pi}{2} \times 0.3^2\right) \times (110 - 1.85 \times 3) - \left(1.3 \times 0.5 + 1.1\right.\right.$
$\qquad \left.\left. \times 0.8 + \dfrac{\pi}{2} \times 0.45^2\right) \times (150 - 1.85 \times 3) - 1.86 \times 0.5 - 2.0 \times 0.5\right]\text{m}^3$
$\quad = (1126.676 - 117.13 - 263.54 - 0.93 - 1.0)\text{m}^3$
$\quad = 744.076\text{m}^3$

项目编码：040102002　　项目名称：挖沟槽石方
项目编码：040102003　　项目名称：挖基坑石方
项目编码：040103002　　项目名称：余方弃置

【例23】 某隧道工程在施工过程中根据当地的地形与地质，决定采用斜井的方式开挖，其示意图如图1-139所示，隧道全长265m，其中有108m为松散坚石地质，须采用锚杆和喷射混凝土来支护，其余为普坚石地质，试计算该工程的土石方工程量。

施工方案：

(1) 斜井和隧道均采用人工爆破开挖，洞内采用有轨运输的方式除渣，在斜井倾斜段人工推手推车将石渣运于洞外。

(2) 弃渣石采用人工装车，自卸汽车运输的形式将渣石运于洞外1000m处的弃场弃置。

【解】 (1) 清单工程量(图1-140)：

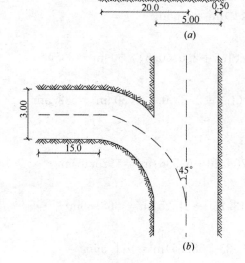

图1-139　斜井布置示意图
(a) 立面图；(b) 平面图
注：1. 图中尺寸均以"m"为单位；2. 支护段采用

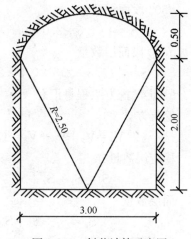

图1-140　斜井计算示意图

1) 斜井挖石方量

$$V_1 = \left(3.0 \times 2.0 + \frac{2\arcsin\frac{1.5}{2.5}}{360} \times \pi \times 2.5^2 - \frac{1}{2} \times 3 \times \sqrt{2.5^2 - 1.5^2}\right) \times \left(\sqrt{4.0^2 + 15^2}\right.$$

$$\left. + \frac{1}{8} \times 2\pi \times 20\sqrt{2}\right) \mathrm{m}^3$$

$$= (6.0 + 4.02 - 3) \times 37.74 \mathrm{m}^3$$

$$= 264.93 \mathrm{m}^3$$

2) 隧道挖石方工程量

$$V_2 = \left(5.0 \times 3.5 + \frac{\pi}{2} \times 2.50^2\right) \times 265 \mathrm{m}^3 = 7239.13 \mathrm{m}^3$$

3) 挖石方工程总量
$$V_3 = V_1 + V_2 = (264.93 + 7239.13) \text{m}^3 = 7504.06 \text{m}^3$$

4) 外运石方工程量
$$V_4 = V_3 = 7504.06 \text{m}^3$$

清单工程量计算见下表：

清单工程量计算表

序号	项目编码	项目名称	项目特征描述	计量单位	工程量
1	040102002001	挖沟槽石方	坚石	m³	7239.13
2	040102003001	挖基坑石方	坚石	m³	264.93
3	040103002001	余方弃置	坚石，运距1km	m³	7504.06

(2) 定额工程量：

根据市政工程预算定额第一册《通用项目》所规定的工程量计算规则第二条，石方工程量应按图示尺寸加允许超挖量，开挖坡面每侧允许超挖量为：松、次坚石为20cm，普、特坚石为15cm，则

1) 斜井挖石方工程量

$$V_1 = \left[\left(3.0 + 0.4\right) \times 2.0 + \frac{2\arcsin\frac{1.7}{2.7}}{360} \times \pi \times 2.7^2 - \frac{1}{2} \times 3.4 \times \sqrt{2.7^2 - 1.7^2}\right]$$
$$\times \left(\sqrt{4.0^2 + 15.0^2} + \frac{1}{8} \times 2\pi \times 20\sqrt{2}\right) \text{m}^3$$
$$= 8.199 \times 37.74 \text{m}^3$$
$$= 309.43 \text{m}^3$$

2) 隧道挖石方工程量

挖松坚石
$$V_2 = \left[(5.0 + 0.4) \times 3.5 + \frac{\pi}{2} \times (2 + 0.2 + 0.5)^2\right] \times 108 \text{m}^3$$
$$= 30.35 \times 108 \text{m}^3$$
$$= 3277.92 \text{m}^3$$

挖普坚石
$$V_3 = \left[(5.0 + 0.3) \times 3.5 + \frac{\pi}{2} \times (2 + 0.5 + 0.15)^2\right] \times (265 - 108) \text{m}^3$$
$$= 29.58 \times 157 \text{m}^3$$
$$= 4644.20 \text{m}^3$$

3) 挖石方工程总量
$$V_4 = V_1 + V_2 + V_3 = (309.43 + 3277.92 + 4644.20) \text{m}^3 = 8231.55 \text{m}^3$$

4) 外运石方工程量
$$V_5 = V_4 = 8231.55 \text{m}^3$$

【例 24】 某大型施工场地进行场地平整,该场地的地形图和方格网如图 1-141 所示,$a=50m$,场地要求平整后具有 $ix=2\%$,$ig=3\%$ 的坡度,在施工过程中采用正铲挖掘机挖土,三类土,推土机推运土,余(缺)土采用自卸汽车运输,外运土运距 3000m,场内土方平衡运距按每格网 30m 计算,填土区采用机械夯实,密实度达到 95% 以上,试计算该工程的清单工程量和定额工程量。

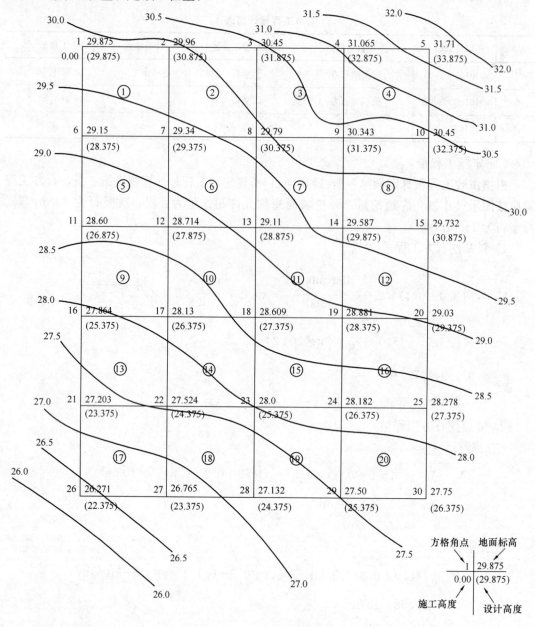

图 1-141 方格网与地形示意图

【解】 (1) 清单工程量:
1) 根据方格网图和地形图确定各个角点的地面标高(采用比值法)
如角点 1(图 1-142)

角点 1 的地面标高

$$h_1 = \frac{l_2}{l_1 + l_2} \times 0.5\text{m} + 29.5\text{m}$$
$$= \left(\frac{1.5}{2} \times 0.5 + 29.5\right)\text{m}$$
$$= 29.875\text{m}$$

其余各点均按此计算,如图 1-141 所示,再根据设计标高求出高差。

2) 确定零线

计算零点边长公式为 $x = \dfrac{ah_1}{h_1 + h_2}$(图 1-143)

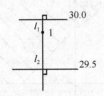
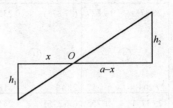

图 1-142 角点 1 示意图　　　图 1-143 计算简图

方格①　$h_1 = 0.775\text{m}$　　$h_2 = -0.035\text{m}$　　$a = 50\text{m}$ 代入公式

$$x = \frac{50 \times 0.775}{0.775 + 0.035}\text{m} = 47.84\text{m} \qquad a - x = (50 - 47.84)\text{m} = 2.16\text{m}$$

方格⑤　$h_1 = -0.035\text{m}$　　$h_2 = 0.839\text{m}$　　$a = 50\text{m}$

$$x = \frac{50 \times 0.035}{0.035 + 0.839}\text{m} = 2.0\text{m} \qquad a - x = 48\text{m}$$

方格⑥　$h_1 = -0.585\text{m}$　　$h_2 = 0.235\text{m}$　　$a = 50\text{m}$

$$x = \frac{50 \times 0.585}{0.585 + 0.235}\text{m} = 35.67\text{m} \qquad a - x = 14.33\text{m}$$

方格⑦　$h_1 = 0.235\text{m}$　　$h_2 = -0.288\text{m}$　　$a = 50\text{m}$

$$x = \frac{50 \times 0.235}{0.235 + 0.288}\text{m} = 22.47\text{m} \qquad a - x = 27.53\text{m}$$

方格⑫：$h_1 = -0.288\text{m}$　　$h_2 = 0.506\text{m}$　　$a = 50\text{m}$

$$x = \frac{50 \times 0.288}{0.288 + 0.506}\text{m} = 18.14\text{m} \qquad a - x = 31.86\text{m}$$

$h_1 = 0.506\text{m}$　　$h_2 = -0.345\text{m}$　　$a = 50\text{m}$

$$x = \frac{50 \times 0.506}{0.506 + 0.345}\text{m} = 29.73\text{m} \qquad a - x = 20.27\text{m}$$

方格⑯　$h_1 = -0.345\text{m}$　　$h_2 = 0.403\text{m}$　　$a = 50\text{m}$

$$x = \frac{50 \times 0.345}{0.345 + 0.403}\text{m} = 23.06\text{m} \qquad a - x = 26.94\text{m}$$

将各零点连接起来即为所求的零线,如图 1-144 所示,图中阴影所示部分即为填方。

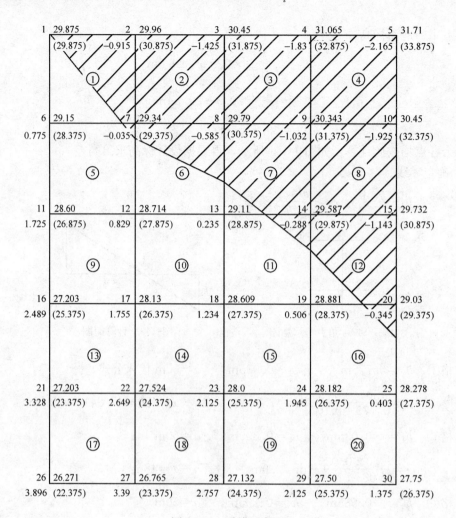

图 1-144 零线示意图

3) 计算土方量

方格②③④⑧为全填区域，⑨⑩⑬⑭⑮⑰⑱⑲⑳为全挖区域，根据公式计算其填挖方量

$$V=\frac{a^2}{4}(h_1+h_2+h_3+h_4)=\frac{a^2}{4}\sum h$$

②：$V_{填}=\frac{50^2}{4}\times(0.915+1.425+0.585+0.035)\mathrm{m}^3$

　　　$=1850\mathrm{m}^3$

③：$V_{填}=\frac{50^2}{4}\times(1.425+1.83+1.032+0.585)\mathrm{m}^3$

　　　$=3045\mathrm{m}^3$

④：$V_{填}=\frac{50^2}{4}\times(1.83+2.165+1.925+1.032)\mathrm{m}^3=4345\mathrm{m}^3$

⑧：$V_{填}=\frac{50^2}{4}\times(1.032+1.925+1.143+0.288)\mathrm{m}^3=2742.5\mathrm{m}^3$

⑨：$V_{挖} = \dfrac{50^2}{4} \times (1.725 + 0.839 + 1.755 + 2.489) \text{m}^3 = 4255 \text{m}^3$

⑩：$V_{挖} = \dfrac{50^2}{4} \times (0.839 + 0.235 + 1.234 + 1.755) \text{m}^3 = 2539.375 \text{m}^3$

⑬：$V_{挖} = \dfrac{50^2}{4} \times (2.489 + 1.755 + 2.649 + 3.328) \text{m}^3 = 6388.125 \text{m}^3$

⑭：$V_{挖} = \dfrac{50^2}{4} \times (1.755 + 1.234 + 2.125 + 2.649) \text{m}^3 = 4851.875 \text{m}^3$

⑮：$V_{挖} = \dfrac{50^2}{4} \times (1.234 + 0.506 + 1.945 + 2.125) \text{m}^3 = 3631.25 \text{m}^3$

⑰：$V_{挖} = \dfrac{50^2}{4} \times (3.328 + 2.649 + 3.39 + 3.896) \text{m}^3 = 8289.375 \text{m}^3$

⑱：$V_{挖} = \dfrac{50^2}{4} \times (2.649 + 2.125 + 2.757 + 3.39) \text{m}^3 = 7144.375 \text{m}^3$

⑲：$V_{挖} = \dfrac{50^2}{4} \times (2.125 + 1.945 + 2.125 + 2.757) \text{m}^3 = 5595 \text{m}^3$

⑳：$V_{挖} = \dfrac{50^2}{4} \times (1.945 + 0.403 + 1.375 + 2.125) \text{m}^3 = 3655 \text{m}^3$

方格①、⑥为两填两挖区域，根据公式求土方量为：

$$V_{挖} = \dfrac{a^2}{4}\left(\dfrac{h_1^2}{h_1 + h_4} + \dfrac{h_2^2}{h_2 + h_3}\right) \qquad V_{填} = \dfrac{a^2}{4}\left(\dfrac{h_3^2}{h_2 + h_3} + \dfrac{h_4^2}{h_1 + h_4}\right)$$

则①：$V_{挖} = \dfrac{50^2}{4} \times \dfrac{0.775^2}{0.775 + 0.035} \text{m}^3 = 463.445 \text{m}^3$

$V_{填} = \dfrac{50^2}{4} \times \left(\dfrac{0.035^2}{0.775 + 0.035} + \dfrac{0.915^2}{0 + 0.915}\right) \text{m}^3 = 572.82 \text{m}^3$

⑥：$V_{挖} = \dfrac{50^2}{4} \times \left(\dfrac{0.839^2}{0.839 + 0.035} + \dfrac{0.235^2}{0.235 + 0.585}\right) \text{m}^3 = 545.47 \text{m}^3$

$V_{填} = \dfrac{50^2}{4} \times \left(\dfrac{0.585^2}{0.235 + 0.585} + \dfrac{0.035^2}{0.839 + 0.035}\right) \text{m}^3 = 261.72 \text{m}^3$

方格⑤⑪⑯为三挖一填，方格⑦⑫为三填一挖，根据公式

$$V_4 = \dfrac{a^2}{6} \cdot \dfrac{h_4^3}{(h_1 + h_4)(h_3 + h_4)}$$

$$V_{1,2,3} = \dfrac{a^2}{6}(2h_1 + h_2 + 2h_3 - h_4) + V_4$$

求各部分的填挖方量

⑤：$V_{填} = \dfrac{50^2}{6} \times \dfrac{0.035^3}{(0.775 + 0.035) \times (0.839 + 0.035)} \text{m}^3 = 0.025 \text{m}^3$

$V_{挖} = \left[\dfrac{50^2}{6} \times (2 \times 0.775 + 1.725 + 2 \times 0.839 - 0.035) + 0.025\right] \text{m}^3$

$= 2049.19 \text{m}^3$

⑪：$V_{填} = \dfrac{50^2}{6} \times \dfrac{0.288^3}{(0.235 + 0.288) \times (0.506 + 0.288)} \text{m}^3 = 23.97 \text{m}^3$

$$V_{挖}=\left[\frac{50^2}{6}\times(2\times0.235+1.234+2\times0.506-0.288)+23.97\right]m^3$$
$$=1035.64m^3$$

⑯：$V_{填}=\frac{50^2}{6}\times\frac{0.345^3}{(0.506+0.345)\times(0.403+0.345)}m^3=26.88m^3$

$$V_{挖}=\left[\frac{50^2}{6}\times(2\times0.506+1.945+2\times0.403-0.345)+26.88\right]m^3$$
$$=1451.05m^3$$

⑦：$V_{挖}=\frac{50^2}{6}\times\frac{0.235^3}{(0.585+0.235)\times(0.288+0.235)}m^3=12.61m^3$

$$V_{填}=\left[\frac{50^2}{6}\times(2\times0.585+1.032+2\times0.288-0.235)+12.61\right]m^3$$
$$=1072.19m^3$$

⑫：$V_{挖}=\frac{50^2}{6}\times\frac{0.506^3}{(0.288+0.506)\times(0.345+0.506)}m^3=79.89m^3$

$$V_{填}=\left[\frac{50^2}{6}\times(2\times0.288+1.143+2\times0.345-0.506)+79.89\right]m^3$$
$$=872.81m^3$$

某场地平整土方调配施工图如图 1-145 所示。

4）土方量汇总

$V_{填}=(1850+3045+4345+2742.5+572.82+261.72+0.025+23.97+26.88$
$\quad+1072.19+872.81)m^3$
$\quad=14812.915m^3$

$V_{挖}=(4255+2539.375+6388.125+4851.875+3631.25+8289.375+7144.375$
$\quad+5595+3655+463.445+545.47+2049.19+1035.64+1451.05$
$\quad+12.61+79.89)m^3$
$\quad=51986.67m^3$

5）场地平整工程量

$$S=200\times250m^2=50000m^2$$

6）余土外运工程量

$$V=V_{挖}-V_{填}=(51986.67-14812.915)m^3=37173.76m^3$$

清单工程量计算见下表：

清单工程量计算表

序号	项目编码	项目名称	项目特征描述	计量单位	工程量
1	040101001001	挖一般土方	三类土	m³	51986.67
2	040103001001	填方	密实度达 95％以上	m³	14812.92
3	040103002001	余方弃置	运距 3km	m³	37173.76

（2）定额工程量：

①～④项同清单工程量

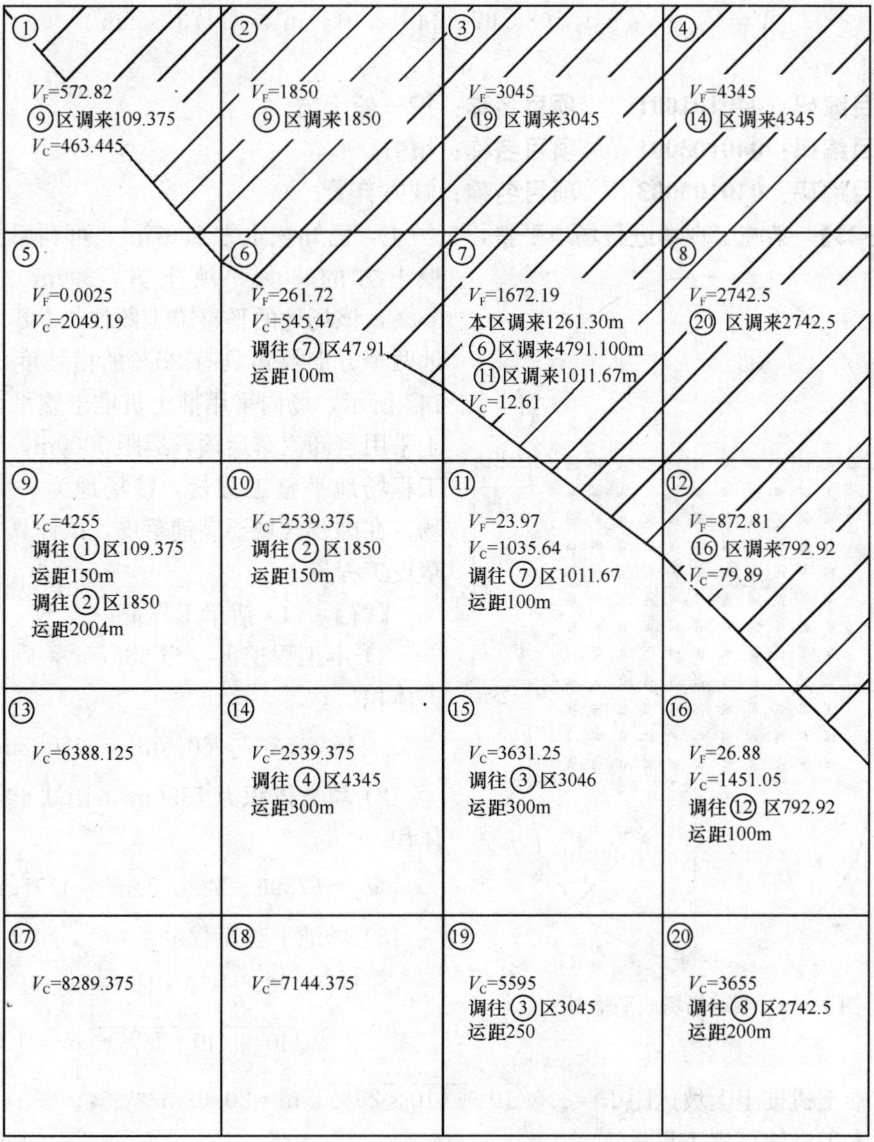

① V_F=572.82 ⑨区调来109.375 V_C=463.445	② V_F=1850 ⑨区调来1850	③ V_F=3045 ⑲区调来3045	④ V_F=4345 ⑭区调来4345
⑤ V_F=0.0025 V_C=2049.19	⑥ V_F=261.72 V_C=545.47 调往⑦区47.91 运距100m	⑦ V_F=1672.19 本区调来1261.30m ⑥区调来4791.100m ⑪区调来1011.67m V_C=12.61	⑧ V_F=2742.5 ⑳区调来2742.5
⑨ V_C=4255 调往①区109.375 运距150m 调往②区1850 运距2004m	⑩ V_C=2539.375 调往②区1850 运距150m	⑪ V_F=23.97 V_C=1035.64 调往⑦区1011.67 运距100m	⑫ V_F=872.81 ⑯区调来792.92 V_C=79.89
⑬ V_C=6388.125	⑭ V_C=2539.375 调往④区4345 运距300m	⑮ V_C=3631.25 调往③区3046 运距300m	⑯ V_F=26.88 V_C=1451.05 调往⑫区792.92 运距100m
⑰ V_C=8289.375	⑱ V_C=7144.375	⑲ V_C=5595 调往③区3045 运距250	⑳ V_C=3655 调往⑧区2742.5 运距200m

图 1-145　××地平整土方调配施工图

说明：1. 图中阴影部分为填方区、空白区为挖方区；

2. 方格网中数字单为"m³"，运距为图心重心运距；

3. 土方挖填平衡后，余土 37173.755m³，外运弃置运距 3000m；

4. V_F 为填方，V_C 为挖方。

⑤场地平整工程量，根据公式 $S=(S_d+2L_{外}+16)m^2$ 计算

$$S=[200\times250+2\times(200+250)\times2+16]m^2$$
$$=(50000+1800+16)m^2$$
$$=51816m^2$$

⑥余土外运工程量

$$V = V_{挖} - V_{填} = (51986.67 - 14812.915)\text{m}^3 = 37173.755\text{m}^3$$

项目编码：040101001　　　项目名称：挖一般土方
项目编码：040103001　　　项目名称：填方
项目编码：040103003　　　项目名称：缺方弃置

【例25】　某施工现场进行场地平整，三类土，已知挖土方5367m³，可利用土方占总挖土方的60%，填土方7396m³，密实度95%，该场地的平整施工图如1-146所示，场地两个方形翼角具有25%的横坡度，如图1-147所示，场内采用推土机堆土整平，缺方运土采用自卸汽车运输，运距5000m，试计算该工程场地平整工程量，该场地为一大型足球场，在虚线区域要满铺草皮，试计算人工满铺草皮工程量。

【解】　(1) 清单工程量：

1) 本工程挖土方为5367m³，则可利用土方体积

$$V_1 = 5367 \times 60\% \text{m}^3 = 3220.2\text{m}^3$$

2) 填方体积为7396m³，则缺土外运土方体积

$$V_2 = (7396 - 3220.2)\text{m}^3 = 4175.8\text{m}^3$$

3) 场地平整工程量

$$S_1 = [\pi \times 35^2 + 70 \times 100 + 2 \times 60 \times \sqrt{10^2 + (10 \times 25\%)^2}]\text{m}^2 = 12085.38\text{m}^2$$

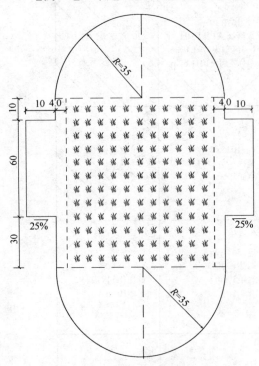

图1-146　某球场场地平整图

4) 推土机推土上坡运距 $L = 2 \times \sqrt{10^2 + (10 \times 25\%)^2}\text{m} = 20.62\text{m}$

5) 人工满铺草皮工程量

$$S_2 = (35 - 4) \times 2 \times 100\text{m}^2 = 6200\text{m}^2$$

清单工程量计算见下表：

清单工程量计算表

序号	项目编码	项目名称	项目特征描述	计量单位	工程量
1	040101001001	挖一般土方	三类土	m³	5367
2	040103001001	填方	密实度95%	m³	7396
3	040103003001	缺方弃置	运距5km	m³	4175.8

(2) 定额工程量：

1) 挖土方工程量为5367m³(自然方)可利用土方体积为5367m³×60%=3220.2m³(自然方)。

2) 填土方工程量为7396m³(实方)根据土方体积换算表(表1-6)可将填土方(实方)体

积换算为自然方体积，即

$$V_1 = 7396 \times 1.15 \text{m}^3 = 8505.40 \text{m}^3 (自然方)$$

3) 缺土外运土方工程量

$$V_2 = (V_1 - 3220.2) \text{m}^3 = (8505.40 - 3220.2) \text{m}^3$$
$$= 5285.20 \text{m}^3 (自然方)$$

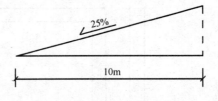

图 1-147 推土机推土示意图

4) 场地平整工程量

根据定额中的规定，平整场地工程量按建筑物外边线每边各增加 2m 范围的面积，以平方米计算，则根据公式

$$S_1 = (S_d + 2L_{外} + 16) \text{m}^2 \ 求解$$

故 $S_1 = [\pi \times 35^2 + 70 \times 100 + 2 \times 60 \times 10.31 + (2\pi \times 35 + 2 \times 100 + 20 \times 2) \times 2 + 16] \text{m}^2$

$$= (12085.38 + 919.82 + 16) \text{m}^2$$
$$= 13021.20 \text{m}^2$$

5) 推土机推土上坡运距

斜坡长 $L' = \sqrt{10^2 + (10 \times 25\%)^2}$ m $= 10.31$ m

则根据市政工程预算定额第一册《通用项目》第一章土石方工程所规定的工程量计算规则 8.1，并参见表 1-8 可得所求的上坡运距为

$$L = L' \times 2.5 = 10.31 \times 2.5 \text{m} = 25.77 \text{m}$$

6) 人工铺草皮工程量

根据市政工程预算定额第一册《通用项目》第一章所规定的工程量计算规则与可知人工铺草皮工程量以实际铺设的面积计算，则

$$S_2 = (35 - 4) \times 2 \times 100 \text{m}^2 = 6200 \text{m}^2$$

项目编码：040101002　　项目名称：挖沟槽土方
项目编码：040103001　　项目名称：填方
项目编码：040103002　　项目名称：余方弃置

【例26】　某建筑工程欲修建一座大厦，大厦外埋设一条出户排污管线与主线排污管线相连，其平面示意图如图 1-148 所示，大厦外墙地槽采用人工开挖，三类土，放坡系数根据放坡系数表确定为 0.33，如图 1-149 所示，管沟为人工支护开挖，管道采用 $DN500$ 钢筋混凝土管，下埋 0.25m 的灰石基础，如图 1-150 所示，试编制该工程的工程量清单。

【解】　(1) 清单工程量：

1) 场地平整工程量

$$S = 101.6 \times 51.6 \text{m}^2 = 5242.56 \text{m}^2$$

2) 挖沟槽土方工程量

$$V_1 = 1.5 \times 3.0 \times 60 \text{m}^3 = 270 \text{m}^3$$

3) 挖地槽土方工程量

$$V_2 = (2.6 + 3.0 \times 0.33 \times 2) \times 3.0 \times (100 + 0.4 \times 2 + 50 + 0.4 \times 2) \times 2 \text{m}^3 = 4165.97 \text{m}^3$$

4) 总挖土方工程量

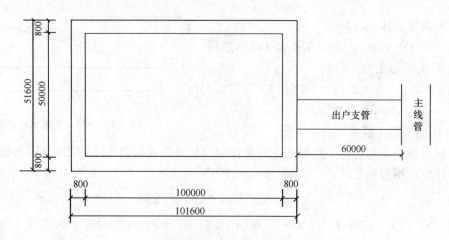

图 1-148 某施工场地示意图

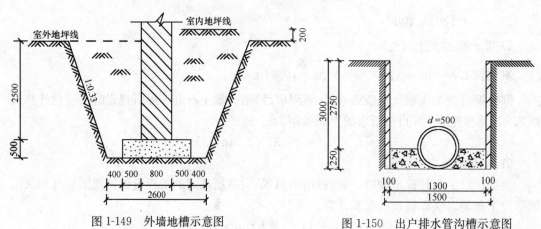

图 1-149 外墙地槽示意图

图 1-150 出户排水管沟槽示意图

说明：1. 图中尺寸均以"mm"为单位；
2. 缺土采用自卸汽车运土，运距 3000m。

$$V_3 = V_1 + V_2 = (270 + 4165.97)\text{m}^3$$
$$= 4435.97\text{m}^3$$

5）沟槽回填土方工程量

$$V_4 = \left[V_1 - \left(1.3 \times 0.25 + \pi \times 0.25^2 \times \frac{1}{2}\right) \times 60\right]\text{m}^3 = (270 - 25.39)\text{m}^3$$
$$= 244.61\text{m}^3$$

6）地槽回填土方工程量

$$V_5 = [V_2 - (1.8 \times 0.5 + 0.8 \times 2.5) \times (100.8 + 50.8) \times 2]\text{m}^3$$
$$= (4165.97 - 879.28)\text{m}^3$$
$$= 3286.69\text{m}^3$$

7）房心回填土方工程量

$$V_6 = 100 \times 50 \times 0.2\text{m}^3 = 1000\text{m}^3$$

8）回填土方总量

$$V_7 = V_4 + V_5 + V_6 = (244.61 + 3286.69 + 1000)\text{m}^3 = 4531.30\text{m}^3$$

9) 缺土外运工程量
$$V_8=V_7-V_3=(4531.30-4435.97)m^3=95.33m^3$$

清单工程量计算见下表：

清单工程量计算表

序号	项目编码	项目名称	项目特征描述	计量单位	工程量
1	040101002001	挖沟槽土方	三类土，深3m	m^3	4435.97
2	040103001001	填方	原土回填	m^3	4531.30
3	040103002001	余方弃置	三类土，运距3km	m^3	95.33

(2) 定额工程量：

1) 场地平整工程量
$$S=[101.6×51.6+2×2×(101.6+51.6)+16]m^2=5871.36m^2$$

2) 挖沟槽土方工程量
$$V_1=1.5×3.0×60m^3=270m^3$$

3) 挖地槽土方工程量
$$V_2=[(2.6+3.0×0.33)×3.0×2×(100.8+50.8)]m^3=3265.46m^3$$

4) 总挖土方工程量
$$V_3=V_1+V_2=(270+3265.46)m^3=3535.46m^3$$

5) 沟槽回填土方工程量
$$V_4=\left[V_1-\left(1.3×0.25+\frac{\pi}{2}×0.25^2\right)×60\right]m^3=(270-25.39)m^3=244.61m^3$$

6) 地槽回填土方工程量
$$V_5=[V_2-(1.8×0.5+0.8×2.5)×(100.8+50.8)×2]m^3$$
$$=(3535.46-879.28)m^3$$
$$=2656.18m^3$$

7) 房心回填土方工程量
$$V_6=100×50×0.2m^3=1000m^3$$

8) 回填土方工程总量
$$V_7=V_4+V_5+V_6=(244.61+2656.18+1000)m^3=3900.79m^3$$

9) 缺土外运工程量
$$V_8=V_7-V_3=(3900.79-3535.46)m^3=365.33m^3$$

项目编码：040101002　　项目名称：挖沟槽土方
项目编码：040103001　　项目名称：填方
项目编码：040103002　　项目名称：余方弃置

【例27】 某给水排水管道工程如图 1-151 所示，需埋设 D600 铸铁管道，车行道施工，矩形沟槽长为1000m，管道基础宽度为1.40m，管道深度为1.6m，道路结构层厚度为0.50m，管道基础垫层厚度为0.25m。此管道采用人工开挖土方，不放坡不支挡土板，不留工作面，土质为三类土，施工现场沟槽旁边不可堆土，人工运土 20m 内，填方要求

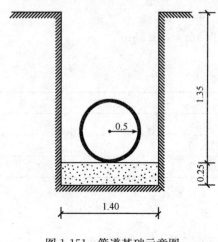

图 1-151 管道基础示意图

密实度达到 95%，施工方案如下：

(1) 挖一般土方，三类土，人工开挖；
(2) 回填土方，填方要求密实度达到 95%；
(3) 人工运土方 20m 内土方量。

【解】(1) 清单工程量：

1) 挖土方计算

管道土方量 $1000 \times 1.4 \times 1.6 m^3 = 2240 m^3$

2) 回填土方量计算

D600 铸铁管所占体积

$$\pi \times 0.5^2 \times 1000 m^3 = 785 m^3$$

基础垫层所占体积

$$1.4 \times 0.25 \times 1000 m^3 = 350 m^3$$

则填土方量 = 挖土方量 - 结构所占体积

$$[2240 - (785 + 350)] m^3 = 1105 m^3$$

3) 人工运土 (20m 内) 2240 m^3

清单工程量计算见下表：

清单工程量计算表

序号	项目编码	项目名称	项目特征描述	计量单位	工程量
1	040101002001	挖沟槽土方	三类土，深 1.6m	m^3	2240
2	040103001001	填方	密实度 95%	m^3	1105
3	040103002001	余方弃置	运距 20m 以内	m^3	2240

(2) 定额工程量：

1) 挖土方量计算

$$V = 1000 \times 1.4 \times 1.6 \times 1.075 m^3 = 2408 m^3$$

2) 回填土方量计算，填土方量：

$$(2408 - 785 - 350) m^3 = 1273 m^3$$

说明：排管沟槽中的矩形沟槽按沟槽总土方量 7.5% 计算。

项目编码：040101002　　项目名称：挖沟槽土方
项目编码：040101003　　项目名称：挖基坑土方
项目编码：040103001　　项目名称：填方

【例 28】某道路新建排水工程，如图 1-152 所示。采用人工挖沟槽土方，管道长为 500m，管槽深度为 1.50m，槽基础宽度为 1.80m，此路设有 8 座平箅式单箅雨水口排水管 D500，土质为三类土，槽内垫层为 0.10m 厚砂砾石，试编制该工程的工程量清单（填方密实度 96%）。

【解】清单工程量：

(1) 挖管槽土方

$$V_1 = 1.50 \times 1.80 \times 500 m^3 = 1350 m^3$$

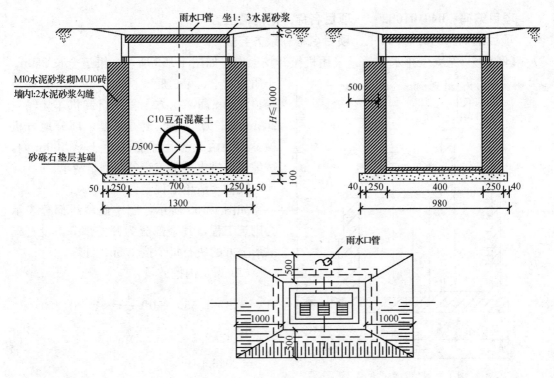

图 1-152 沟槽示意图

(2) 挖井位土方

如图 1-152 所示平箅式单箅雨水口，雨水井长度为 1.3m，宽度为 0.98m，原地面至流水面高 1.0m，基础加深 0.13，计算平均深度为 1.13m，总共有 8 座雨水井，则挖土方量为

$$1.3 \times 0.98 \times 1.13 \times 8 m^3 = 11.52 m^3$$

(3) 回填土方量

砂砾石垫层所占体积

$$1.3 \times 0.1 \times 500 m^3 = 65 m^3$$

排水管所占体积

$$\pi \times 0.25^2 \times 500 m^3 = 98.125 m^3$$

管道沟回填土方量体积

$$[1350 - 11.52 - (65 + 98.125)] m^3 = 1175.36 m^3$$

清单工程量计算见下表：

清单工程量计算表

序号	项目编码	项目名称	项目特征描述	计量单位	工程量
1	040101002001	挖沟槽土方	三类土，深 1.5m	m³	1350
2	040101003001	挖基坑土方	三类土，深 1.13m	m³	11.52
3	040103001001	填方	密实度 95%	m³	1175.36

项目编码：040101002　　项目名称：**挖沟槽土方**
项目编码：040103002　　项目名称：**余方弃置**

【例29】 某大型排水渠道，采用机械开挖渠道，如图 1-153 所示，渠道全长 250m，土质为黄土，渠道底宽设为 3.590m，渠底至渠顶深 6m 高，挖方土采用自卸汽车运输至 200m 内，为了考虑土方平衡，部分地方机械不到处由人工用手推车运土至 100m 内，试编制该排水渠道工程的工程量清单。

【解】 清单工程量：

如图 1-153 所示，图中画斜线部分表示为砌筑工程，其余部分为开挖部分，设石砌拱形上方的块石每个按 1.5m³ 计算。

(1) 渠道内挖方量

$$V_1 = (3 \times 1.55 \times 250 + \frac{1}{2}\pi \times 1.5^2 \times 250)m^3$$
$$= (1162.5 + 883.57)m^3$$
$$= 2046.07m^3$$

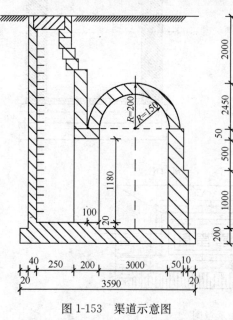

图 1-153　渠道示意图

(2) 石砌拱形渠道上方挖土量

$$V_2 = (3.18 \times 4.45 \times 250 - \pi \times 2.0^2/2 \times 250 + 0.01 \times 0.55 \times 250)m^3$$
$$= (3537.75 - 1570.796 + 1.375)m^3$$
$$= 1968.329m^3$$

(3) 石砌拱形挡土墙土方量

$$(0.02 \times 0.2 + 0.04 \times 6 + 0.25 \times 6 + 0.2 \times 1.5 + 3.08 \times 0.2 + 0.1 \times 2.45) \times 250 m^3$$
$$= 726.25 m^3$$

(4) 自卸汽车运输至 200m 内

$$(2046.07 + 1968.329 + 726.25)m^3 = 4740.65m^3$$

(5) 本工程没用到人工手推车，无需回填

清单工程量计算见下表：

清单工程量计算表

序号	项目编码	项目名称	项目特征描述	计量单位	工程量
1	040101002001	挖沟槽土方	黄土	m³	4740.65
2	040103002001	余方弃置	黄土，运距 200m 内	m³	4740.65

说明：图中单位均以 mm 计算。

项目编码：040101002　　项目名称：**挖沟槽土方**
项目编码：040103001　　项目名称：**填方**

【例30】 某排水管道基础为砂垫层基础，如图 1-154 所示，管道土质处于无地下水且土质坚硬的地区，采用人工开挖，放坡，管道直径 700mm，砂垫层厚度为 550mm，管道

基础宽度为2000mm，深度为2500mm，管道长度250m。此管道采用单管，施工现场沟槽旁边不可堆车，人工运土20m内，试编制该工程的工程量清单。

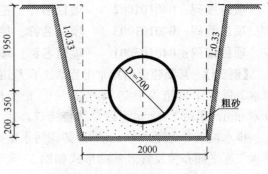

图1-154 砂垫层基础示意图

【解】（1）清单工程量：

管道挖土方量

$$V_1 = (2+2.5\times0.33\times2)\times2.5\times250 \text{m}^3 = 2281.25\text{m}^3$$

砂垫层所占体积

$$\left[0.55\times(2+0.55\times0.33)-\frac{\pi\times0.35^2}{2}\right]\times250\text{m}^3 = 252.5\text{m}^3$$

管$D=700$所占体积

$$\pi\times0.35^2\times250\text{m}^3 = 96.16\text{m}^3$$

结构物所占体积

$$V_2 = (252.5+96.16)\text{m}^3 = 348.66\text{m}^3$$

则回填土方量

$$V_{填} = V_1 - V_2 = (2281.25-348.66)\text{m}^3 = 1932.59\text{m}^3$$

清单工程量计算见下表：

清单工程量计算表

序号	项目编码	项目名称	项目特征描述	计量单位	工程量
1	040101002001	挖沟槽土方	三类土，深2.5m	m³	2281.25
2	040103001001	填方	原土回填	m³	1932.59

（2）定额工程量：

管道挖土方量

$$V_1 = [(2+2.5\times0.33)\times2.5\times250]\text{m}^3 = 1765.63\text{m}^3$$

管$D=700$所占体积

$$0.35^2\times\pi\times250\text{m}^3 = 96.16\text{m}^3$$

砂垫层所占体积

$$\left[(2+0.55\times0.33)\times0.55-\frac{\pi\times0.35^2}{2}\right]\times250\text{m}^3 = 252.5\text{m}^3$$

结构物所占体积

$$V_2 = (96.16+252.5)\text{m}^3 = 348.66\text{m}^3$$

则回填土方量

$$V_{填} = V_1 - V_2 = (1765.63-348.66)\text{m}^3 = 1416.97\text{m}^3$$

项目编码：040101002　　项目名称：挖沟槽土方
项目编码：040101003　　项目名称：挖基坑土方
项目编码：040103001　　项目名称：填方

【例31】 某新建道路排水工程，工程范围为 K1+150～K1+350 标段，工程内容为排水工程主干管道及管道沿线①～⑤五座检查井施工。主干管道为钢筋混凝土管，$D800mm$，采用 1∶2 水泥砂浆抹带接口，180°混凝土管座、管基下铺设 20cm 砂砾石垫层。排水检查井为 $\Phi 1000mm$ 圆形砖砌污水检查井，井内外墙均采用 1∶2 水泥砂浆抹灰。排水工程平面布置及管道基础形式如图 1-155～图 1-157 所示，计算数据按照图示尺寸，请编制该工程 K1+150～K1+350 标段内主干管道和检查井工程量清单。

【解】 (1) 清单工程量：
根据图 1-155 新建道路排水工程，有关计算如下：
1) 钢筋混凝土主干管道铺设　50×4m=200m
2) 污水检查井共有 5 座

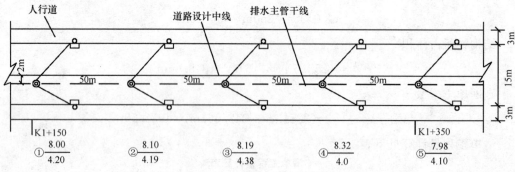

图 1-155　排水工程平面图

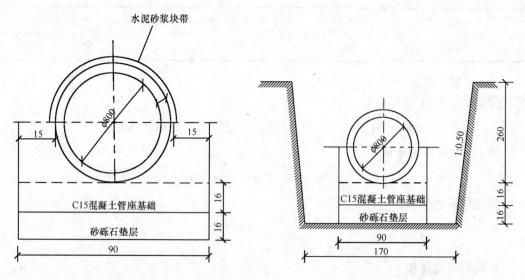

图 1-156　管道基础形式(单位：cm)　　图 1-157　$d800$ 沟槽示意图(单位：cm)

3) 挖沟槽土方(3m 内)
①挖管沟土方计算。

②井位增加的土方量计算。

4) Φ1000检查井，基础直径为1.58m，管沟深度1.8m。

①挖管沟土方计算

管沟1~2段土方量

$50 \times 0.9 \times 2.92 m^3 = 131.4 m^3$

管沟2~3段土方量

$50 \times 0.9 \times 2.92 m^3 = 131.4 m^3$

管沟3~4段土方量

$50 \times 0.9 \times 2.92 m^3 = 131.4 m^3$

管沟4~5段土方量

$50 \times 0.9 \times 2.92 m^3 = 131.4 m^3$

②计算井位增加的土方量

根据公式，井位增加土方量为：$V = KH(D-B) \times \sqrt{D^2 - B^2}$

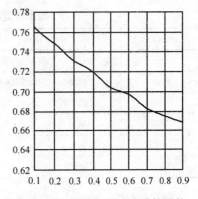

图1-158 井位弓形面积计算系数

式中 K——井室弓形面积计算调整系数，根据B/D值，查图1-158取值；

H——基坑深度；

B——沟槽土方量的计算宽度(m)，常为结构最大宽度；

D——井室土方量的计算直径(m)，常按井基础的直径计算(m)。

即 5座检查井增加的土方量为

$B/D = 0.90/1.58 = 0.57$ 查图1-158，得$K = 0.70$

$$V = 0.70 \times 2.92 \times (1.58 - 0.90) \times$$
$$\sqrt{1.58^2 - 0.90^2} \times 5 m^3$$
$$= 1.38992 \times 1.2986 \times 5 m^3$$
$$= 1.80 \times 5 m^3$$
$$= 9 m^3$$

挖沟槽总土方量 $= (131.4 \times 4 + 9) m^3 = 534.6 m^3$

挖沟槽土方量汇总表见表1-31。

挖沟槽清单土方量汇总表 表1-31

管沟段	管径(mm)	管沟长度(m)	管基宽度(m)	原地面标高(平均)(m)	井底标高(平均)(m)	基础加深(m)	管沟挖深(m)	土方量计算	土方量(m³)
1~2	800	50	0.90	8.05	4.195	0.32	2.92	50×0.9×2.92	131.4
2~3	800	50	0.90	8.145	4.285	0.32	2.92	50×0.9×2.92	131.4
3~4	800	50	0.90	8.255	4.19	0.32	2.92	50×0.9×2.92	131.4
4~5	800	50	0.90	8.15	4.05	0.32	2.92	50×0.9×2.92	131.4
合 计									525.6

管沟回填土方量计算：

从按回填至原地面考虑计算管道及管座基础所占体积，查表1-32得：1.091m³/m

排水管道所占回填土方量(管体与基础之和)(单位：m³/m)　　表 1-32

管径	抹带接口、混凝土基础			套环(承插)接口，混凝土基础		
(mm)	90°	135°	180°	90°	135°	90°
600	0.481	0.564	0.616	0.514	0.580	0.633
700	0.657	0.767	0.837	0.694	0.785	0.846
800	0.849	1.000	1.091	0.884	1.012	1.100
900	1.082	1.273	1.383	1.126	1.292	1.388
1000	1.324	1.561	1.705	1.376	1.543	1.678

即　　$1.091 \times 200 \text{m}^3 = 218.2 \text{m}^3$

砂砾垫层所占基础体积　　$200 \times 0.9 \times 0.16 \text{m}^3 = 28.80 \text{m}^3$

则管沟回填土方量　　$(534.6 - 218.2 - 28.80) \text{m}^3 = 287.6 \text{m}^3$

清单工程量计算见下表：

清单工程量计算表

序号	项目编码	项目名称	项目特征描述	计量单位	工程量
1	040101002001	挖沟槽土方	二类土，深2.92m	m³	525.6
2	040101003001	挖基坑土方	二类土，深2.92m	m³	9
3	040103001001	填方	原土回填	m³	287.6

(2) 施工工程量计算：

沟槽采用人工开挖，按 1:0.5 两侧放坡，沟槽底工作面每侧加宽 0.4m，则沟槽底开挖宽度为 1.70m，如图 1-157 所示为沟槽开挖示意图，管道铺设采用人机配合下管，人工回填夯实。

放坡开挖土方量

$$[(1.7 + 2.92 \times 0.5) \times 2.92 \times 200 \times 1.025] \text{m}^3 = 1891.58 \text{m}^3$$

井位土方量　　9m^3

回填土方量

$$[1891.58 + 9 - (218.2 + 28.8)] \text{m}^3 = 1653.58 \text{m}^3$$

项目编码：040101003　　项目名称：挖基坑土方

项目编码：040103001　　项目名称：填方

项目编码：040103002　　项目名称：余方弃置

【例32】某市想建涵洞工程一座，此座涵洞所在位置，土壤性质为潮湿而松散的黄土，因为通过此涵洞的流水量，一般是随着季节降雨量，属于季节性河流，不需要考虑地下水，施工期间无任何干扰河流水，基坑开挖，多余的土方可就地弃置，计算数据参考图 1-159～图 1-161 所示，请编制该涵洞工程土方工程量清单(余土运至 1km 处弃置)。

【解】清单工程量：

(1) 挖基坑土方(一、二类土，挖深 1.3m)

如图所示，该涵洞设有五个支撑梁，采用 1:2 水泥砂浆砌块石，标准跨径为 2.8m，

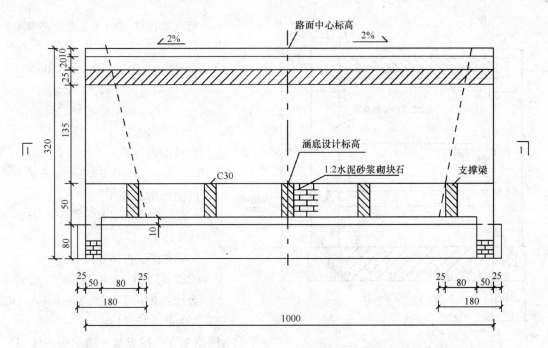

图1-159 涵洞洞身纵断面

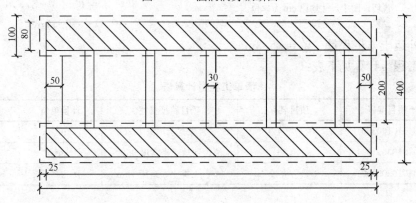

图1-160 1—1剖面

净跨径为2.20m，C30混凝土台帽，C30混凝土现浇支撑梁。

涵台基坑挖土量

$$V_1=(10+0.25\times2)\times1.00\times1.30\times2\text{m}^3=27.3\text{m}^3$$

铺砌基坑挖土量

$$V_2=[10\times(2.2-0.1\times2)\times1.30-(10-0.5\times2)\times(2.2-0.1\times2)\times0.8]\text{m}^3$$
$$=(26-18)\text{m}^3$$
$$=8\text{m}^3$$

合计：$V=(27.3+8)\text{m}^3=35.3\text{m}^3$

(2) 基坑回填(原土回填密实度达到95%)

基础所占体积(现浇C30混凝土基础)

$$V_1=1\times0.8\times(10+2\times0.25)\times2\text{m}^3=16.8\text{m}^3$$

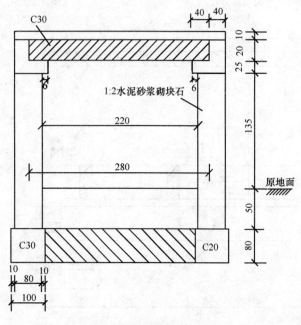

图 1-161 涵洞中部断面
说明：图中尺寸均以 cm 为单位。

铺砌所占体积（1∶2 水泥砂浆砌块石）

$$V_2 = [10 \times 2.2 \times (0.5 - 0.06) \\ - 0.3 \times 0.40 \times 2.2 \times 5 \\ + 0.5 \times 0.8 \times 2 \times 2] m^3 \\ = 10.4 m^3$$

台身所占体积

$$V_3 = 10 \times 0.8 \times 0.5 \times 2 m^3 = 8 m^3$$

砂垫层所占体积

$$V_4 = 2.2 \times 0.06 \times (10 - 0.5 \times 2) m^3 \\ = 1.19 m^3$$

5 座支撑所占体积

$$V_5 = 2.2 \times 5 \times 0.3 \times 0.4 m^3 = 1.32 m^3$$

合计：$(10.4 + 16.8 + 8 + 1.19 + 1.32) m^3 = 37.71 m^3$

回填土方＝挖方量－结构所占体积
$$= (35.3 - 37.71) m^3 \\ = -2.41 m^3$$

余土外运土方工程量　$V_6 = 35.3 m^3$

清单工程量计算见下表：

清单工程量计算表

序号	项目编码	项目名称	项目特征描述	计量单位	工程量
1	040101003001	挖基坑土方	一、二类土，深 1.3m	m³	35.3
2	040103001001	填方	原土回填，密实度 95%	m³	－2.41
3	040103002001	余方弃置	一、二类土，运距 1km	m³	35.3

第二章 道路工程(D.2)

第一节 分部分项实例

项目编码：040202004   项目名称：石灰、粉煤灰、土

【例1】 某路 K0+000～K0+100 为沥青混凝土结构，道路的结构图如图 2-1 所示，道路平面图如图 2-2 所示，根据上述情况，进行道路工程工程量的编制。路面宽度为 12m，路面两边铺侧缘石，路肩各宽 1m。

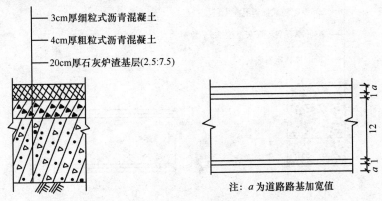

图 2-1 道路结构示意图   图 2-2 道路平面图(单位：m)

【解】(1) 清单工程量：

石灰炉渣基层面积　$12 \times 100 m^2 = 1200 m^2$

沥青混凝土面层面积　$12 \times 100 m^2 = 1200 m^2$

侧缘石长度　$100 \times 2 m = 200 m$

清单工程量计算见下表：

清单工程量计算表

序号	项目编码	项目名称	项目特征描述	计量单位	工程量
1	040202004001	石灰、粉煤灰、土	石灰炉渣(2.5∶7.5)基层 20cm 厚	m^2	1200
2	040203004001	沥青混凝土	4cm 厚粗粒式，石料最大粒径 30mm	m^2	1200
3	040203004002	沥青混凝土	3cm 厚细粒式，石料最大粒径 20mm	m^2	1200
4	040204003001	安砌侧(平、缘)石	C30 混凝土缘石安砌，砂垫层	m	200

(2) 定额工程量：

石灰炉渣基层面积

$(12 + 1 \times 2 + 2a) \times 100 m^2 = (1400 + 200a) m^2$

沥青混凝土面层面积

$$12\times100m^2=1200m^2$$

侧缘石长度　$100\times2m=200m$

说明：定额工程量计算时，路基应按设计车行道宽度另计两侧加宽值，加宽值的宽度由各省、自治区、直辖市自行确定。路面以设计长乘以设计宽计算（包括转弯面积），侧缘石项目以延米计算。

项目编码：040202008　　项目名称：砂砾石

【例2】　某市道路K0+000～K0+500为混凝土结构，道路结构如图2-3所示，路面修筑宽度为8m，路肩各宽1m，为保证压实，每边各加宽20cm，路面两边铺设缘石，试计算道路工程量。

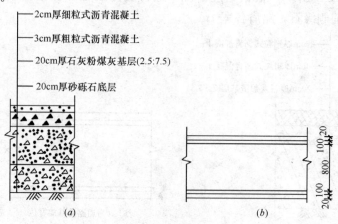

图2-3　道路结构示意图
(a)道路结构图；(b)道路平面图（单位：cm）

【解】　(1) 清单工程量：

砂砾石底层面积　$8\times500m^2=4000m^2$

石灰粉煤灰基层面积　$8\times500m^2=4000m^2$

沥青混凝土面层面积　$8\times500m^2=4000m^2$

侧缘石长度　$500\times2m=1000m$

清单工程量计算见下表：

清单工程量计算表

序号	项目编码	项目名称	项目特征描述	计量单位	工程量
1	040202008001	砂砾石	20cm厚砂砾石底层	m²	4000
2	040202004001	石灰、粉煤灰、土	20cm厚，2.5：7.5	m²	4000
3	040203004001	沥青混凝土	3cm厚粗粒式石油沥青混凝土，石料最大粒径30mm	m²	4000
4	040203004002	沥青混凝土	2cm厚细粒式石油沥青混凝土，石料最大粒径20mm	m²	4000
5	040204003001	安砌侧(平缘)石	C30混凝土缘石安砌，砂垫层	m	1000

(2) 定额工程量：

砂砾石底层面积

$(2+8+0.2\times 2)\times 500m^2=5200m^2$

石灰粉煤灰基层面积

$(2+8+0.2\times 2)\times 500m^2=5200m^2$

沥青混凝土面积 $8\times 500m^2=4000m^2$

侧缘石长度 $500\times 2m=1000m$

项目编码：040202009　　项目名称：卵石

【例3】 某道路K0+150～K4+000为水泥混凝土结构，道路结构如图2-4所示，道路横断面示意图如图2-5所示，路面修筑宽度为10m，路肩各宽1m，由于该路段雨水量较大，需设置两侧边沟以利于排水，试计算道路工程量。

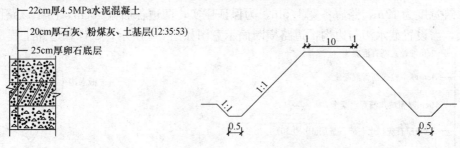

图2-4 道路结构图　　　图2-5 道路横断面示意图(单位：m)

【解】 (1) 清单工程量：

卵石底层面积

$$3850\times 10m^2=38500m^2$$

石灰、粉煤灰、土基层面积

$$3850\times 10m^2=38500m^2$$

水泥混凝土面层面积

$$3850\times 10m^2=38500m^2$$

边沟长度

$$2\times(4000-150)m=3850\times 2m=7700m$$

清单工程量计算见下表：

清单工程量计算表

序号	项目编码	项目名称	项目特征描述	计量单位	工程量
1	040202009001	卵石	厚25cm卵石底层	m^2	38500
2	040202004001	石灰、粉煤灰、土	20cm厚石灰、粉煤灰、土基层(12∶35∶53)	m^2	38500
3	040203005001	水泥混凝土	22cm厚4.5MPa水泥	m^2	38500
4	040201013001	排水沟、截水沟	两侧均设土质排水边沟	m	7700

(2) 定额工程量：

卵石底层面积

$$(2+10+2a)\times 3850\text{m}^2=(46200+7700a)\text{m}^2$$

石灰、粉煤灰、土基层面积

$$(2+10+2a)\times 3850\text{m}^2=(46200+7700a)\text{m}^2$$

水泥混凝土面层面积

$$3850\times 10\text{m}^2=38500\text{m}^2$$

边沟长度

$$2\times(4000-150)\text{m}=3850\times 2\text{m}=7700\text{m}$$

注：a 为路基一侧加宽值。

项目编码：040202005　　项目名称：碎石、土

【例4】 某二号道路 K0+000～K0+450 为沥青混凝土结构，道路结构如图 2-6 所示，路面修筑宽度为 12m，路肩各宽 1.5m，为保证压实，两边各加宽 40cm，由于该路段雨水量较大，需设置截水沟与边沟，道路横断面示意图如图 2-7 所示，试计算道路工程量。

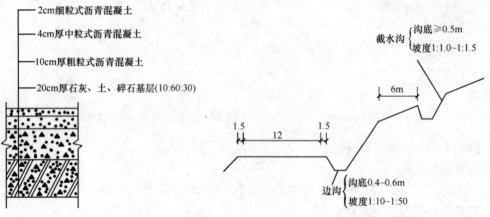

图 2-6　道路结构图　　　　图 2-7　道路横断面示意图

【解】 (1) 清单工程量：
石灰、土、碎石基层面积

$$450\times 12\text{m}^2=5400\text{m}^2$$

沥青混凝土面积

$$450\times 12\text{m}^2=5400\text{m}^2$$

边沟长度　$450\times 2\text{m}=900\text{m}$
截水沟长度　$450\times 2\text{m}=900\text{m}$
清单工程量计算见下表：

清单工程量计算表

序号	项目编码	项目名称	项目特征描述	计量单位	工程量
1	040202005001	石灰、碎石、土	20cm 厚石灰、土、碎石基层 10∶60∶30	m²	5400
2	040203004001	沥青混凝土	10cm 厚粗粒式沥青混凝土，石粒最大粒径 40mm	m²	5400

续表

序号	项目编码	项目名称	项目特征描述	计量单位	工程量
3	040203004002	沥青混凝土	4cm厚中粒式沥青混凝土,石料最大粒径40mm	m²	5400
4	040203004003	沥青混凝土	2cm厚细粒式沥青混凝土,石料最大粒径20mm	m²	5400
5	040201013001	排水沟、截水沟	排水边沟	m	900
6	040201013002	排水沟、截水沟	截水沟	m	900

(2) 定额工程量:

石灰、土、碎石基层面积
$$(12+2\times1.5+2\times0.4)\times450m^2=7110m^2$$
沥青混凝土面层面积 $450\times12m^2=5400m^2$
边沟长度 $450\times2m=900m$
截水沟长度 $450\times2m=900m$

项目编码:040202004　　项目名称:石灰、粉煤灰、土

【例5】 某道路 K0+000～K0+300 为沥青混凝土结构,K0+300～K0+725 为水泥混凝土结构,道路结构如图2-8所示,路面宽度为16m,路肩宽度为1.5m,为保证压实,两侧各加宽30cm,路面两边铺路缘石,试计算道路工程量。

【解】(1)清单工程量:
石灰粉煤灰基层面积
　　$300\times16m^2=4800m^2$
砂砾石基层面积
　　$425\times16m^2=6800m^2$
沥青混凝土面层面积
　　$300\times16m^2=4800m^2$
水泥混凝土面层面积
　　$425\times16m^2=6800m^2$
路缘石长度 $725\times2m=1450m$
清单工程量计算见下表:

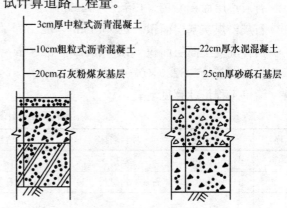

图2-8 道路结构图

清单工程量计算表

序号	项目编码	项目名称	项目特征描述	计量单位	工程量
1	040202004001	石灰、粉煤灰、土	20cm厚石灰、粉煤灰基层	m²	4800
2	040202008001	砂砾石	25cm厚砂砾石基层	m²	6800
3	040203004001	沥青混凝土	10cm厚粗粒式沥青混凝土,石料最大粒径40mm	m²	4800
4	040203004002	沥青混凝土	3cm厚中粒式沥青混凝土,石料最大粒径20mm	m²	4800

续表

序号	项目编码	项目名称	项目特征描述	计量单位	工程量
5	040203005001	水泥混凝土	22cm厚水泥混凝土	m²	6800
6	040204003001	安砌侧(平、缘)石	C30混凝土缘石安砌	m	1450

(2) 定额工程量：

石灰粉煤灰基层面积

$$(16+1.5\times2+0.3\times2)\times300m^2=5880m^2$$

砂砾石基层面积

$$(16+1.5\times2+0.3\times2)\times425m^2=8330m^2$$

沥青混凝土面层面积　$300\times16m^2=4800m^2$

水泥混凝土面层面积　$425\times16m^2=6800m^2$

路缘石长度　$725\times2m=1450m$

项目编码：040202001　　项目名称：垫层

【例6】 某条道路K0+000～K0+435为沥青混凝土结构，道路结构图如图2-9所示，路面修筑宽度为12m，路肩各宽1m，由于该路段土基处于潮湿状态，为保证路基的稳定性，需要路基土掺入石灰(含灰量5%)或干土处理，其工程量计算如下：

【解】 (1) 清单工程量：

石灰垫层面积　$12\times435m^2=5220m^2$

石灰粉煤灰基层面积　$12\times435m^2=5220m^2$

沥青混凝土面层面积　$12\times435m^2=5220m^2$

掺入石灰量　$5220\times0.05m^3=261m^3$

清单工程量计算见下表：

清单工程量计算表

序号	项目编码	项目名称	项目特征描述	计量单位	工程量
1	040202001001	垫层	5cm厚石灰垫层	m²	5220
2	040202004001	石灰、粉煤灰、土	20cm厚石灰、粉煤灰基层	m²	5220
3	040203004001	沥青混凝土	6cm厚粗粒式石油沥青混凝土，石料最大粒径40mm	m²	5220
4	040203004002	沥青混凝土	4cm厚中粒式石油沥青混凝土，石料最大粒径40mm	m²	5220
5	040203004003	沥青混凝土	3cm厚细粒式石油沥青混凝土，石料最大粒径20mm	m²	5220
6	040201002001	掺石灰	石灰含灰量5%	m³	261

(2) 定额工程量：

石灰垫层面积

$$(12+1\times2+2a)\times435m^2=(6090+870a)m^2$$

石灰粉煤灰基层面积
$$(12+1\times2+2a)\times435\mathrm{m}^2=(6090+870a)\mathrm{m}^2$$
沥青混凝土面层面积　$12\times435\mathrm{m}^2=5220\mathrm{m}^2$
掺入石灰剂量
$$(6090+870a)\times0.05\mathrm{m}^3=(304.5+43.5a)\mathrm{m}^3$$
注：a 为路基一侧加宽值。

项目编码：040202011　　项目名称：块石

【例7】　某道路 K0+000～K0+525 为水泥混凝土结构，道路结构如图 2-10 所示，路面宽度为 8m，路肩宽度为 1m，由于该路段土质较湿，为了保证路基的稳定，以及满足道路的使用年限，需要对路基进行抛石挤淤处理，试计算道路工程量。

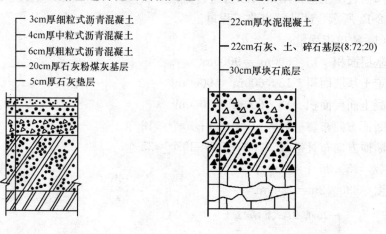

图 2-9　道路结构图　　　　图 2-10　道路结构图

【解】（1）清单工程量：
块石底层面积
$8\times525\mathrm{m}^2=4200\mathrm{m}^2$
石灰、土、碎石基层面积
$8\times525\mathrm{m}^2=4200\mathrm{m}^2$
水泥混凝土面层面积
$8\times525\mathrm{m}^2=4200\mathrm{m}^2$
清单工程量计算见下表：

清单工程量计算表

序号	项目编码	项目名称	项目特征描述	计量单位	工程量
1	040202011001	块石	30cm厚块石底层	m²	4200
2	040202005001	石灰、碎石、土	22cm厚石灰、土、碎石基层（8：72：20）	m²	4200
3	040203005001	水泥混凝土	22cm厚水泥混凝土	m²	4200

（2）定额工程量：

块石底层面积

$(8+2\times1+2a)\times525m^2=(5250+1050a)m^2$

石灰、土、碎石基层面积

$(8+2\times1+2a)\times525m^2=(5250+1050a)m^2$

水泥混凝土面层面积　$8\times525m^2=4200m^2$

注：a 为路基一侧加宽值。

项目编码：040202003　　项目名称：水泥稳定土

【例8】　某一级道路 K0+000～K0+600 为沥青混凝土结构，结构如图 2-11 所示，路面宽度为 15m，路肩宽度为 1.5m，为保证压实，路基两侧各加宽 50cm，其中 K0+330～K0+360 之间为过湿土基，用石灰砂桩进行处理，桩间距为 90cm，按矩形布置。石灰桩示意图如图 2-12 所示，试计算道路工程量。

【解】　（1）清单工程量：

砂砾底基层面积　$15\times600m^2=9000m^2$

水泥稳定土基层面积　$15\times600m^2=9000m^2$

沥青混凝土面层面积　$15\times600m^2=9000m^2$

道路横断面方向布置桩数　$(15\div0.9+1)$ 个 ≈18 个

道路纵断面方向布置桩数　$(30\div0.9+1)$ 个 ≈35 个

所需桩数　18×35 个 $=630$ 个

总桩长度　$630\times2m=1260m$

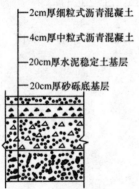
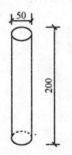

图 2-11　道路结构图　　图 2-12　石灰桩示意图（单位：cm）

清单工程量计算见下表：

清单工程量计算表

序号	项目编码	项目名称	项目特征描述	计量单位	工程量
1	040202008001	砂砾石	20cm 厚砂砾底基层	m²	9000
2	040202003001	水泥稳定土	20cm 厚水泥稳定土基层	m²	9000
3	040203004001	沥青混凝土	4cm 厚中粒式石油沥青混凝土，石料最大粒径 40mm	m²	9000

续表

序号	项目编码	项目名称	项目特征描述	计量单位	工程量
4	040203004002	沥青混凝土	2cm厚细粒式石油沥青混凝土，石料最大粒径20mm	m²	9000
5	040201008001	石灰砂桩	桩径为50cm，水泥砂石比为1:2.4:4，水灰比0.6	m	1260

(2) 定额工程量：

砂砾底基层面积

$$(15+1.5\times 2+0.5\times 2)\times 600\text{m}^2 = 11400\text{m}^2$$

水泥稳定土基层面积

$$(15+1.5\times 2+0.5\times 2)\times 600\text{m}^2 = 11400\text{m}^2$$

沥青混凝土面层面积

$$15\times 600\text{m}^2 = 9000\text{m}^2$$

总桩长度 $578\times 2\text{m} = 1156\text{m}$

项目编码：040202001   项目名称：碎石

【例9】 某道路 K0+000～K0+315 为水泥混凝土结构，道路结构如图 2-13 所示，路面宽度为 12m，路肩宽度为 1m。该路段土质较湿，进行强夯土方处理，以保证路基的稳定性和满足道路的使用年限，试计算道路工程量。

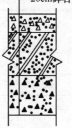

图 2-13 道路结构图

【解】 (1) 清单工程量：

碎石底基层面积 $315\times 12\text{m}^2 = 3780\text{m}^2$

石灰、粉煤灰、土基层面积 $315\times 12\text{m}^2 = 3780\text{m}^2$

水泥混凝土面层面积 $315\times 12\text{m}^2 = 3780\text{m}^2$

清单工程量计算见下表：

清单工程量计算表

序号	项目编码	项目名称	项目特征描述	计量单位	工程量
1	040202001001	碎石	20cm厚碎石底基层	m²	3780
2	040202004001	石灰、粉煤灰、土	20cm石灰、粉煤灰、土基层（12:35:53）	m²	3780
3	040203005001	水泥混凝土	22cm厚水泥混凝土面层	m²	3780

(2) 定额工程量：

碎石底基层面积

$$(12+1\times 2+2a)\times 315\text{m}^2 = (4410+630a)\text{m}^2$$

石灰、粉煤灰、土基层面积

$$(12+1\times 2+2a)\times 315\text{m}^2 = (4410+630a)\text{m}^2$$

水泥混凝土面层面积　$315 \times 12 m^2 = 3780 m^2$

注：a 为路基一侧加宽值。

项目编码：040202013　　项目名称：粉煤灰三渣

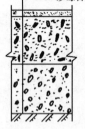

图 2-14　道路结构图

【例 10】　某道路 K0+000～K0+510 为沥青贯入式路面，道路结构图如图 2-14 所示，路面修筑宽度为 10m，路肩各宽 1m，为保证路面边缘的稳定性，在路基两边各加宽 30cm，路面两边铺设缘石，其工程量计算如下：

【解】（1）清单工程量：

砂砾石底基层面积　$510 \times 10 m^2 = 5100 m^2$

粉煤灰三渣基层面积　$510 \times 10 m^2 = 5100 m^2$

沥青贯入式面层面积　$510 \times 10 m^2 = 5100 m^2$

路缘石长度　$510 \times 2 m = 1020 m$

清单工程量计算见下表：

清单工程量计算表

序号	项目编码	项目名称	项目特征描述	计量单位	工程量
1	040202008001	砂砾石	15cm 厚砂砾石底基层	m²	5100
2	040202013001	粉煤灰三渣	20cm 厚粉煤灰三渣	m²	5100
3	040203002001	沥青贯入式	6cm 厚石油沥青贯入式	m²	5100
4	040204003001	安砌侧（平、缘）石	C30 混凝土缘石安砌	m	1020

（2）定额工程量：

砂砾石底基层面积

$$(10 + 1 \times 2 + 0.3 \times 2) \times 510 m^2 = 6426 m^2$$

粉煤灰三渣基层面积

$$(10 + 1 \times 2 + 0.3 \times 2) \times 510 m^2 = 6426 m^2$$

沥青贯入式面层面积　$510 \times 10 m^2 = 5100 m^2$

路缘石长度　$510 \times 2 m = 1020 m$

【例 11】　某市 3 号路 K0+000～K0+625 为水泥混凝土结构，道路宽 12m，道路两边铺侧缘石，道路结构如图 2-15 所示，沿线有检查井 20 座，雨水井 30 座，其中雨水井与检查井均与设计图示标高产生正负高差，试计算工程量。

【解】（1）清单工程量：

卵石底基层面积　$625 \times 12 m^2 = 7500 m^2$

石灰、粉煤灰、砂砾基层面积

$$625 \times 12 m^2 = 7500 m^2$$

水泥混凝土面层面积　$625 \times 12 m^2 = 7500 m^2$

路缘石长度　$625 \times 2 m = 1250 m$

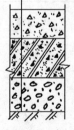

图 2-15　道路结构图

雨水井与检查井的数量 50座
清单工程量计算见下表：

清单工程量计算表

序号	项目编码	项目名称	项目特征描述	计量单位	工程量
1	040202009001	卵石	25cm厚卵石底基层	m^2	7500
2	040202006001	石灰、粉煤灰、砂砾	20cm厚石灰、粉煤灰、砂砾基层（10∶20∶70）	m^2	7500
3	040203005001	水泥混凝土	20cm厚水泥混凝土面层	m^2	7500
4	040204003001	安砌侧(平、缘)石	C30混凝土缘石安砌	m	1250
5	040504002001	混凝土检查井	C30混凝土检查井	座	20
6	040504003001	雨水进水井	C30混凝土雨水进水井	座	30

（2）定额工程量：

卵石底基层面积
$$(12+2a) \times 625 m^2 = (7500+1250a) m^2$$

石灰、粉煤灰、砂砾基层面积
$$(12+2a) \times 625 m^2 = (7500+1250a) m^2$$

水泥混凝土面积 $625 \times 12 m^2 = 7500 m^2$

路缘石长度 $625 \times 2 m = 1250 m$

雨水井与检查井的数量 50座

注：a为路基一侧加宽值。

项目编码：040204001   项目名称：人行道块料铺设

【例12】 某道路桩号为K0+000～K0+620，路幅宽度为30m，人行道路宽度各为5m，路肩各宽1.5m，道路车行道横坡为2%，人行道横坡为1.5%，如图2-16所示，人行道用块料铺设，试计算人行道工程量。

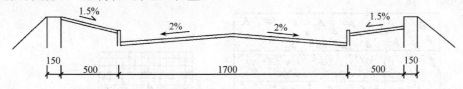

图2-16 道路横断面图

【解】 （1）清单工程量：

$2 \times 5 \times 620 m^2 = 3100 \times 2 m^2 = 6200 m^2$

清单工程量计算见下表：

清单工程量计算表

项目编码	项目名称	项目特征描述	计量单位	工程量
040204001001	人行道块料铺设	人行道板宽5m，砂垫层，铺设	m^2	6200

（2）定额工程量同清单工程量。

项目编码：040203005   项目名称：水泥混凝土

【例 13】 某道路工程长 1000m，混合车行道宽 20m，两侧人行道宽各为 5m，路面结构如图 2-17 所示，计算面层工程量、基层工程量。

(1) 清单工程量：

水泥混凝土面层面积 $1000 \times 20 m^2 = 20000 m^2$

二灰、粉煤灰基层面积 $1000 \times 20 m^2 = 20000 m^2$

砂砾石底层面积 $1000 \times 20 m^2 = 20000 m^2$

清单工程量计算见下表：

清单工程量计算表

序号	项目编码	项目名称	项目特征描述	计量单位	工程量
1	040203005001	水泥混凝土	C40 水泥混凝土面层 20cm 厚	m²	20000
2	040202007001	粉煤灰	二灰粉煤灰 18cm 厚；路拌	m²	20000
3	040202008001	砂砾石	砂砾石底层 20cm 厚	m²	20000

(2) 定额工程量：

水泥混凝土面层面积 $1000 \times 20 m^2 = 20000 m^2$

二灰、粉煤灰基层面积

$(20 + 5 \times 2 + 2a) \times 1000 m^2 = (30000 + 2000a) m^2$

砂砾石底层面积

$(20 + 5 \times 2 + 2a) \times 1000 m^2 = (30000 + 2000a) m^2$

注：a 为路基一侧加宽值。

项目编码：040204001   项目名称：人行道块料铺设

【例 14】 题目同上，人行道结构示意图如图 2-18 所示，计算人行道垫层、基层及人行道板的工程量。

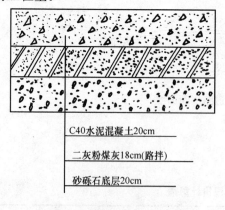

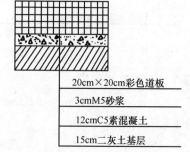

图 2-17 道路结构图(车行道)   图 2-18 人行道结构示意图

【解】 (1) 清单工程量：

二灰土基层面积 $1000 \times 10 m^2 = 10000 m^2$

素混凝土面积　$1000\times10\text{m}^2=10000\text{m}^2$

素混凝土体积　$10000\times0.12\text{m}^3=1200\text{m}^3$

砂浆面层面积　$1000\times10\text{m}^2=10000\text{m}^2$

砂浆体积　$10000\times0.03\text{m}^3=300\text{m}^3$

彩色道板路面面积　$2\times1000\times5\text{m}^2=10000\text{m}^2$

清单工程量计算见下表：

清单工程量计算表

序号	项目编码	项目名称	项目特征描述	计量单位	工程量
1	040202004001	石灰、粉煤灰、土	15cm 二灰土基层	m²	10000
2	040202001001	垫层	12cm 厚 C5 素混凝土	m²	10000
3	040203006001	块料面层	3cm 厚 M5 砂浆	m²	10000
4	040204001001	人行道块料铺设	20cm×20cm 彩色道板	m²	10000

（2）定额工程量：

二灰土基层面积

$1000\times(5\times2+2a)\text{m}^2=(10000+2000a)\text{m}^2$

素混凝土面积

$1000\times(5\times2+2a)\text{m}^2=(10000+2000a)\text{m}^2$

素混凝土体积

$(10000+2000a)\times0.12\text{m}^3=(1200+240a)\text{m}^3$

砂浆面积　$1000\times10\text{m}^2=10000\text{m}^2$

砂浆体积　$10000\times0.03\text{m}^3=300\text{m}^3$

彩色道板路面面积　$2\times5\times1000\text{m}^2=10000\text{m}^2$

注：a 为路基一侧加宽值。

项目编码：040202005　项目名称：石灰、碎石、土

【例15】　某道路为改建工程，原路面面层为黑色碎石，由于年限已久，表面出现裂缝，现对其采取翻挖后用水泥混凝土作为面层，然后在全线范围内铺玻璃纤维格栅，上铺20cm厚石灰土碎石，最后用15cm厚水泥混凝土加封，该道路长100m，宽12m，改建后路幅宽度不变，如图2-19所示，试求路基、路面、路缘石、玻璃纤维格栅的工程量。

【解】（1）清单工程量：

石灰、土、碎石底基层面积

$100\times12\text{m}^2=1200\text{m}^2$

水泥混凝土面层面积　$100\times12\text{m}^2=1200\text{m}^2$

路缘石长度　$100\times2\text{m}=200\text{m}$

玻璃纤维格栅面积　$100\times12\text{m}^2=1200\text{m}^2$

清单工程量计算见下表：

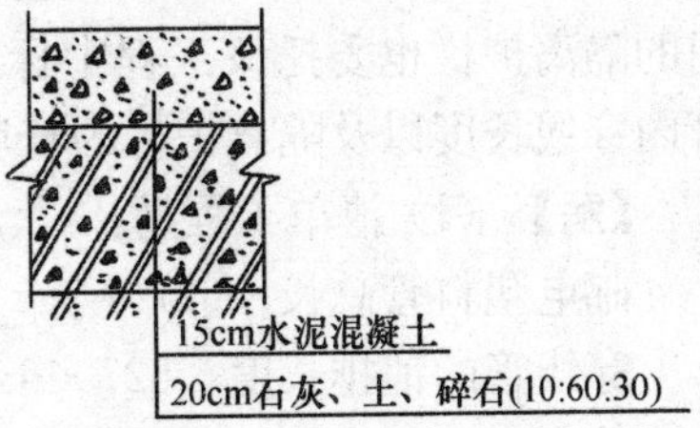

图2-19　路面结构图

清单工程量计算表

序号	项目编码	项目名称	项目特征描述	计量单位	工程量
1	040202005001	石灰、碎石、土	20cm厚石灰、土、碎石 10：60：30	m²	1200
2	040203005001	水泥混凝土	15cm厚水泥混凝土面层	m²	1200
3	040204003001	安砌侧(平、缘)石	混凝土缘石安砌	m	200

（2）定额工程量：

石灰、土、碎石底基层面积　$100×(12+2a)m^2=(1200+200a)m^2$

水泥混凝土面层面积　$100×12m^2=1200m^2$

路缘石长度　$100×2m=200m$

玻璃纤维格栅面积　$100×12m^2=1200m^2$

注：a为路基一侧加宽值。

项目编码：040203005　　**项目名称：水泥混凝土**

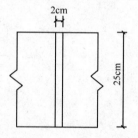

图 2-20　伸缩缝的纵断面图

【例16】　某道路长为300m，其行车道宽度为16m，设为双向四车道，每个车道宽度为4m，在四个车道中有3条伸缩缝，伸缩缝宽度为2cm，伸缩缝的纵断面图如图2-20所示，试求伸缩缝的工程量。

【解】（1）清单工程量：

纵向伸缩缝面积

$0.02×300×3m^2=18m^2$

清单工程量计算见下表：

清单工程量计算表

项目编码	项目名称	项目特征描述	计量单位	工程量
040203005001	水泥混凝土	纵向伸缩缝，缝宽0.02m	m²	18

（2）定额工程量同清单工程量。

项目编码：040205002　　**项目名称：电缆保护管铺设**

【例17】　某条新建道路全长设为627m，行车道的宽度为8m，人行道宽度为3m，在人行道下设有18座接线工作井，其邮电设施随路建设。已知邮电管道为6孔PVC管，小号直通井9座，小号四通井1座，管内穿线的余留长度共为30m，工程竣工后，车行道中间的隔离护栏也委托该工程中标单位安装，试求PVC邮电塑料管，穿线管的铺排长度，管内穿线长度以及隔离护栏的长度。

【解】（1）清单工程量：

邮电塑料管总长　627m

穿线管的铺排长度　$627×6m=3762m$

管内穿线长度

$(627×6+30)m=3792m=3.792km$

隔离护栏的长度　627×2m＝1254m

清单工程量计算见下表：

清单工程量计算表

序号	项目编码	项目名称	项目特征描述	计量单位	工程量
1	040205002001	电缆保护管铺设	PVC邮电塑料管6孔	m	627
2	040205002002	电缆保护管铺设	穿线管	m	3762
3	040205018001	管内穿线	管内穿线	km	3.792
4	040205013001	隔离护栏安装	隔离护栏安装	m	1254

(2)定额工程量计算同清单工程量。

项目编码：040204003　　项目名称：安砌侧(平、缘)石

【例18】　某条道路全长为800m，路面宽度为12m，为保证路基压实，路基两侧各加宽30cm，并设路缘石，且路面每隔6m用切缝机切缝，锯缝断面示意图如图2-21所示，试求路缘石及锯缝长度。

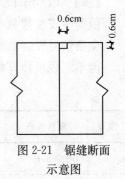

图2-21　锯缝断面示意图

【解】　(1)清单工程量：

路缘石长度　800×2m＝1600m

锯缝个数　(800÷6－1)条≈132条

锯缝总长度　132×12m＝1584m

锯缝面积　1584×0.006m² ＝9.504m²

清单工程量计算见下表：

清单工程量计算表

序号	项目编码	项目名称	项目特征描述	计量单位	工程量
1	040204003001	安砌侧(平、缘)石	C30混凝土缘石安砌	m	1600
2	040203005001	水泥混凝土	切缝机锯缝宽0.6cm	m²	9.504

(2)定额工程量同清单工程量。

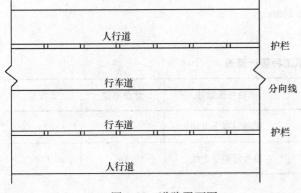

图2-22　道路平面图

【例19】　某城市道路全长600m，路面宽度为14m，为双向车道，两侧为人行道，均宽3.5m。其中行车道分向标线为一条，两侧车辆与人行道之间用护栏隔离，道路平面图如图2-22所示，试求分向标线及护栏长度。

【解】　(1)清单工程量：

分向标线长度　600m＝0.6km

护栏长度　600×2m＝1200m

清单工程量计算见下表：

清单工程量计算表

序号	项目编码	项目名称	项目特征描述	计量单位	工程量
1	040205006001	标线	行车道分向标线	km	0.6
2	040205013001	隔离护栏安装	车行道与人行道间隔离护栏安装	m	1200

(2) 定额工程量同清单工程量。

项目编码：040205010　　项目名称：交通信号灯安装

【例20】　某城市二号道路全长为900m，其中有6个道路交叉口，每个交叉口设有一座值警亭，每个交叉口安装4套交通信号灯，试求值警亭与交通信号灯的安装工程量。

【解】　(1) 清单工程量：

值警亭安装数量　6座

交通信号安装套数　6×4套＝24套

清单工程量计算见下表：

清单工程量计算表

序号	项目编码	项目名称	项目特征描述	计量单位	工程量
1	040205010001	交通信号灯安装	指挥灯信号安装	套	24
2	040205012001	值警亭安装	道路交叉口值警亭安装	座	6

(2) 定额工程量同清单工程量。

项目编码：040205014　　项目名称：立电杆

【例21】　某城市三号道路全长1100m，其中每50m设一立电杆，上面架有电线、电话线和信号灯架空走线，试求立电杆和信号灯架空走线的工程量。

【解】　(1) 清单工程量：

立电杆的数量　(1100÷50＋1)根＝23根

信号灯架空走线的长度　1100m＝1.1km

清单工程量计算见下表：

清单工程量计算表

序号	项目编码	项目名称	项目特征描述	计量单位	工程量
1	040205014001	立电杆	钢筋混凝土电杆	根	23
2	040205015001	信号灯架空走线	信号灯架空走线	km	1.1

(2) 定额工程量同清单工程量。

项目编码：040205016　　项目名称：信号机箱

【例22】 城市次干道全长1500m，与城市其他道路交叉口为11个，每个交叉口均设有两组信号灯架，每个信号灯架装有2个机箱，分别控制两个信号灯，试求信号机箱和信号灯架的工程量。

【解】（1）清单工程量：

信号灯架的个数　11×2组＝22组

信号机箱的只数　11×2×2只＝44只

清单工程量计算见下表：

清单工程量计算表

序号	项目编码	项目名称	项目特征描述	计量单位	工程量
1	040205016001	信号机箱	信号机箱	只	44
2	040205017001	信号灯架	灯具为固定支架	组	22

（2）定额工程量同清单工程量。

项目编码：040202006　　项目名称：石灰、粉煤灰、砂(砾)石

【例23】 某新建道路，全长870m，路幅宽度为30m，车行道宽度为16m，人行道宽度两侧均为7m，道路设计标高与现有路面相同。人行道树池每5m设一处，道路横断面图如图2-23所示，车行道道路结构图如图2-24所示，试求人行道树池的工程量及车行道道路工程量。

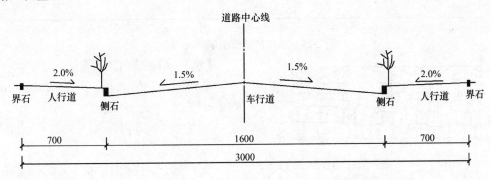

图2-23　道路横断面图(单位：cm)

【解】（1）清单工程量：

树池个数　（870÷5+1)×2个＝350个

车行道路面面积　870×16m²＝13920m²

砂砾石底基层面积　870×16m²＝13920m²

石灰、粉煤灰、砂砾基层面积　870×16m²＝13920m²

水泥混凝土面层面积　870×16m²＝13920m²

清单工程量计算见下表：

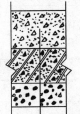

图2-24　车行道路面结构示意图

清单工程量计算表

序号	项目编码	项目名称	项目特征描述	计量单位	工程量
1	040202006001	石灰、粉煤灰、砂（砾）石	18cm厚石灰、粉煤灰、砂砾（10∶20∶70）	m²	13920
2	040202008001	砂砾石	15cm厚砂砾石底层	m²	13920
3	040203005001	水泥混凝土	20cm厚水泥混凝土面层	m²	13920
4	040204006001	树池砌筑	人行道树池砌筑	个	350

（2）定额工程量同清单工程量。

项目编码：040204001　　项目名称：人行道块料铺设

【例24】 某市道路全长450m，路幅宽度为28m，人行道两侧各宽为6.8m，路缘石宽度为20cm，求人行道工程量和侧石工程量，其中横断面图2-25，道路结构图2-26及侧石大样图如图2-27所示。

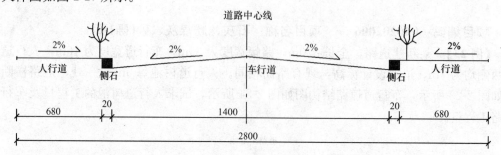

图2-25 道路横断面图(单位：cm)

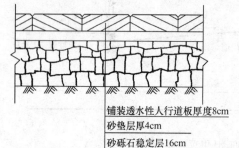

图2-26 人行道结构示意图

【解】（1）清单工程量：

砂砾石稳定层面积　$6.8 \times 2 \times 450 m^2 = 6120 m^2$

砂垫层的面积　$6.8 \times 2 \times 450 m^2 = 6120 m^2$

人行道板的面积　$6.8 \times 2 \times 450 m^2 = 6120 m^2$

侧石长度　$450 \times 2 m = 900 m$

清单工程量计算见下表：

清单工程量计算表

序号	项目编码	项目名称	项目特征描述	计量单位	工程量
1	040202001001	垫层	砂垫层厚4cm	m²	6120
2	040202008001	砂砾石	砂砾石稳定层厚16cm	m²	6120
3	040204001001	人行道块料铺设	透水性人行道板厚8cm	m²	6120
4	040204003001	安砌侧(平、缘)石	C30混凝土缘石安砌 450cm×30cm×20cm	m	900

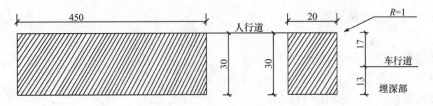

图 2-27 侧石大样图(单位：cm)

(2) 定额工程量：

砂砾石稳定层面积

$$(6.8+a)\times 2\times 450\mathrm{m}^2=(6120+900a)\mathrm{m}^2$$

砂垫层的面积

$$6.8\times 2\times 450\mathrm{m}^2=6120\mathrm{m}^2$$

人行道板的面积

$$6.8\times 2\times 450\mathrm{m}^2=6120\mathrm{m}^2$$

侧石长度　$450\times 2\mathrm{m}=900\mathrm{m}$

注：a 为路基一侧加宽值。

项目编码：040203001　　项目名称：沥青表面处治

【例25】　某条道路全长为580m，路面宽度为8m，路肩宽度为1m，路面结构示意图如图2-28所示。路面两侧铺设缘石，路面喷洒沥青油料，试计算道路工程量。

【解】（1）清单工程量：

沥青油料面积　$580\times 8\mathrm{m}^2=5640\mathrm{m}^2$

砂砾石底层面积　$580\times 8\mathrm{m}^2=5640\mathrm{m}^2$

路拌粉煤灰三渣基层面积　$580\times 8\mathrm{m}^2=5640\mathrm{m}^2$

黑色碎石路面面积　$580\times 8\mathrm{m}^2=5640\mathrm{m}^2$

侧缘石长度　$2\times 580\mathrm{m}=1160\mathrm{m}$

清单工程量计算见下表：

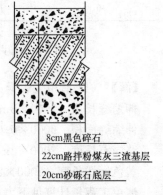

图 2-28 路面结构示意图

清单工程量计算表

序号	项目编码	项目名称	项目特征描述	计量单位	工程量
1	040202008001	砂砾石	20cm厚砂砾石底层	m²	5640
2	040202013001	粉煤灰三渣	22cm厚路拌粉煤灰三渣基层	m²	5640
3	040203001001	沥青表面处治	路面喷洒沥青油料	m²	5640
4	040203003001	黑色碎石	8cm厚黑色碎石路面，石料最大粒径40mm	m²	5640
5	040204003001	安砌侧(平、缘)石	C30混凝土缘石安砌	m	1160

(2) 定额工程量：

砂砾石底层面积

$$580\times (8+2+2a)\mathrm{m}^2=(5800+1160a)\mathrm{m}^2$$

路拌粉煤灰三渣基层面积

$$580 \times (8+2+2a) \text{m}^2 = (5800+1160a) \text{m}^2$$

沥青油料面积　$580 \times 8 \text{m}^2 = 5640 \text{m}^2$

黑色碎石路面面积　$580 \times 8 \text{m}^2 = 5640 \text{m}^2$

侧缘石长度　$2 \times 580 \text{m} = 1160 \text{m}$

注：a 为路基一侧加宽值。

项目编码：040203005　　项目名称：水泥混凝土

【例26】　某条道路全长 2000m，路幅宽度为 35m，其中有双向 4 车道快车道，有双向 2 车道慢车道，双向人行道 2 条，横断面如图 2-29 所示，快车道每条为 4m，有 3 条纵向伸缩缝，伸缩缝断面图如图 2-30 所示，快慢车道间用黄色标线隔开，车道与人行道之间有缘石，其路缘石宽度为 30cm，试求道路工程量。

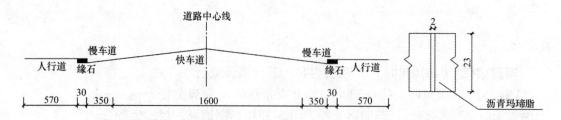

图 2-29　道路横断面图（单位：cm）

图 2-30　伸缩缝横断面示意图（单位：cm）

【解】　(1) 清单工程量：

伸缩缝长度　$2000 \times 3 \text{m} = 6000 \text{m}$

伸缩缝面积　$6000 \times 0.02 \text{m}^2 = 120 \text{m}^2$

路缘石长度　$2000 \times 2 \text{m} = 4000 \text{m}$

黄色标线长度　$2000 \times 2 \text{m} = 4000 \text{m} = 4 \text{km}$

清单工程量计算见下表：

清单工程量计算表

序号	项目编码	项目名称	项目特征描述	计量单位	工程量
1	040203005001	水泥混凝土	伸缩缝宽2cm沥青玛琋脂填隙	m²	120
2	040204003001	安砌侧(平、缘)石	C30 混凝土缘石安砌	m	4000
3	040205006001	标线	黄色标线	km	4

(2) 定额工程量同清单工程量。

项目编码：040205018　　项目名称：管内穿线

图 2-31　管线横断面图

【例27】　某改建道路长 330m，在人行道下设有 11 座接线工作井，电缆保护设施随路建设。已知电缆管道为 7 孔 PVC 管，管内穿线的余留长度共为 24m，求 PVC 电缆管的长度及电缆线的穿线长度，管线横断面图如图 2-31 所示。试求道路工程量。

【解】 (1) 清单工程量：

PVC 管长度　330m

管内穿线长度

$$(330\times7+24)\mathrm{m}=2334\mathrm{m}=2.334\mathrm{km}$$

清单工程量计算见下表：

清单工程量计算表

序号	项目编码	项目名称	项目特征描述	计量单位	工程量
1	040205002001	电缆保护管铺设	7孔PVC管	m	330
2	040205018001	管内穿线	管内穿线	km	2.334

(2) 定额工程量同清单工程量。

项目编码：040202006　　项目名称：石灰、粉煤灰、碎(砾)石

【例28】 某道路为混凝土路面，全长770m，路面宽度为12m，路肩宽度为1m，为保证压实，路基两侧各加宽40cm，由于该路段降水量较大，需设置边沟以利于排水。路面结构图2-32与道路横断面图如图2-33所示。试求道路工程量。

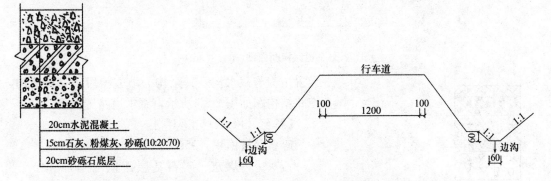

图 2-32　道路结构示意图　　　图 2-33　道路横断面图(单位：cm)

【解】 (1) 清单工程量：

砂砾石底层面积　$770\times12\mathrm{m}^2=9240\mathrm{m}^2$

石灰、粉煤灰、砂砾基层(10:20:70)面积　$770\times12\mathrm{m}^2=9240\mathrm{m}^2$

水泥混凝土面层面积　$770\times12\mathrm{m}^2=9240\mathrm{m}^2$

边沟长度：$770\times2\mathrm{m}=1540\mathrm{m}$

清单工程量计算见下表：

清单工程量计算表

序号	项目编码	项目名称	项目特征描述	计量单位	工程量
1	040202008001	砂砾石	20cm厚砂砾石底层	m²	9240
2	040202006001	石灰、粉煤灰、碎(砾)石	15cm厚石灰、粉煤灰、砂砾 10:20:70	m²	9240
3	040203005001	水泥混凝土	20cm厚水泥混凝土面层	m²	9240
4	040201013001	排水沟、截水沟	边沟排水	m	1540

(2) 定额工程量：

砂砾石底层面积

$$770\times(12+2\times1+2\times0.4)m^2=1139.6m^2$$

石灰、粉煤灰、砂砾基层(10：20：70)面积

$$770\times(12+2\times1+2\times0.4)m^2=1139.6m^2$$

水泥混凝土面层面积　$770\times12m^2=9240m^2$

边沟长度　$770\times2m=1540m$

项目编码：040203004　　项目名称：沥青混凝土

【例29】 E市城市道路全长950m，路面宽度为21m，其中K0+090～K0+150为挖方路段，其道路横断面图如图2-34所示，路肩宽度为1m，该路段属于雨量较大地段，需

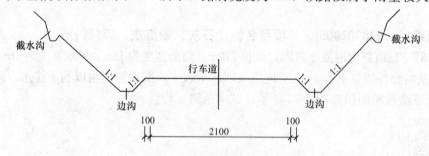

图2-34　道路横断面图(单位：cm)

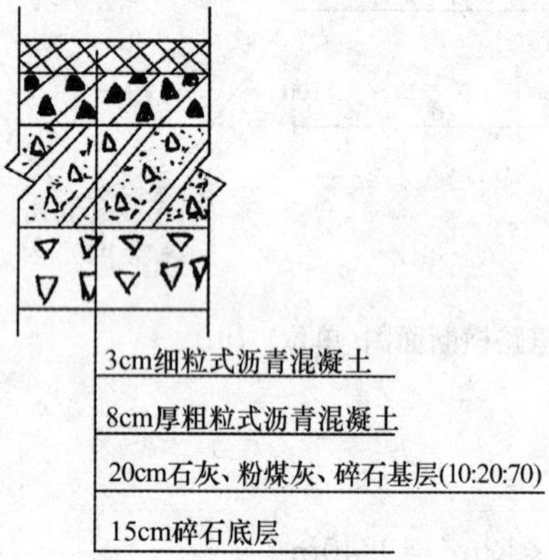

设置边沟与截水沟，其余均为填方路段，只设边沟，道路结构图如图2-35所示，试求道路工程量。

【解】 (1) 清单工程量：

碎石底层面积　$950\times21m^2=19950m^2$

石灰、粉煤灰、碎石基层面积　$950\times21m^2=19950m^2$

沥青混凝土面层面积　$950\times21m^2=19950m^2$

边沟长度　$950\times2m=1900m$

截水沟长度　$(150-90)\times2m=120m$

清单工程量计算见下表：

图2-35　道路结构示意图

清单工程量计算表

序号	项目编码	项目名称	项目特征描述	计量单位	工程量
1	040202010001	碎石	15cm厚碎石底层	m²	19950
2	040202006001	石灰、粉煤灰、碎石	20cm厚石灰、粉煤灰、碎石基层10：20：70	m²	19950
3	040203004001	沥青混凝土	8cm厚粗粒式石油沥青，石料最大粒径40mm	m²	19950
4	040203004002	沥青混凝土	3cm厚细粒式石油沥青，石料最大粒径20mm	m²	19950
5	040201013001	排水沟、截水沟	排水边沟	m	1900
6	040201013002	排水沟、截水沟	截水沟	m	120

(2) 定额工程量：

碎石底层面积
$$950 \times (21+1 \times 2+2a) m^2 = (21850+1900a) m^2$$

石灰、粉煤灰、碎石基层面积
$$950 \times (21+1 \times 2+2a) m^2 = (21850+1900a) m^2$$

沥青混凝土面层面积　$950 \times 21 m^2 = 19950 m^2$

边沟长度　$950 \times 2m = 1900m$

截水沟长度　$(150-90) \times 2m = 120m$

注：a 为路基一侧加宽值。

项目编码：040203003　　项目名称：黑色碎石

【例30】 某山区道路为黑色碎石路面，全长为1300m，路面宽度为12m，路肩宽度为1m，道路结构图如图2-36所示，由于该路段路基处于湿软工作状态，为了保证路基的稳定性以及道路的使用年限，对路基进行掺石处理，计算道路工程量。

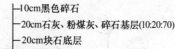

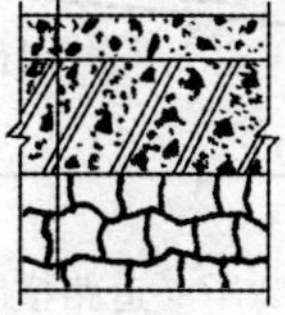

图2-36 道路结构图

【解】（1）清单工程量：

块石底层掺石体积　$1300 \times 12 \times 0.2 m^3 = 3120 m^3$

石灰、粉煤灰、碎石基层面积　$1300 \times 12 m^2 = 15600 m^2$

黑色碎石面层面积　$1300 \times 12 m^2 = 15600 m^2$

块石底层面积　$1300 \times 12 m^2 = 15600 m^2$

清单工程量计算见下表：

清单工程量计算表

序号	项目编码	项目名称	项目特征描述	计量单位	工程量
1	040201004001	掺石	路基掺石	m³	3120
2	040202006001	石灰、粉煤灰、碎石	20cm厚石灰、粉煤灰、碎石基层10：20：70	m²	15600
3	040202011001	块石	20cm厚块石底层	m²	15600
4	040203003001	黑色碎石	10cm厚黑色碎石面层，石料最大粒径40mm	m²	15600

（2）定额工程量：

块石底层面积
$$1300 \times (12+1 \times 2+2a) m^2 = (18200+2600a) m^2$$

块石底层掺石体积
$$1300 \times (12+1 \times 2+2a) \times 0.2 m^3 = (3640+520a) m^3$$

石灰、粉煤灰、碎石基层面积
$$1300 \times (12+1 \times 2+2a) m^2 = (18200+2600a) m^2$$

黑色碎石面层面积　$1300×12m^2=15600m^2$

注：a为路基一侧加宽值。

项目编码：040204005　项目名称：检查井升降

【例31】 某城市新建道路全长为1900m，路面为混凝土路面，路面宽度为21m，其中快车道为8m，慢车道为7m，人行道为6m，两快车道之间设有一条伸缩缝，道路横断面图2-37及伸缩缝横断面图如图2-38所示。在人行道边缘每6m设一个树池，每60m设一检查井，且每一座检查井均与设计路面标高发生正负高差，试计算检查井、伸缩缝及树池的工程量。

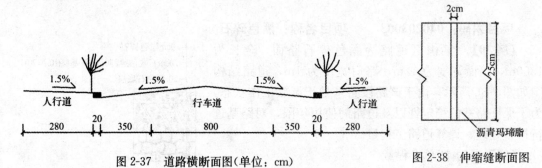

图 2-37　道路横断面图（单位：cm）　　　图 2-38　伸缩缝断面图

【解】（1）清单工程量：

检查井座数　$(1900÷60+1)×2$ 座$=66$ 座

伸缩缝面积　$1900×0.02m^2=38m^2$

树池个数　$(1900÷6+1)×2$ 个$=636$ 个

清单工程量计算见下表：

清单工程量计算表

序号	项目编码	项目名称	项目特征描述	计量单位	工程量
1	040203005001	水泥混凝土	伸缩缝宽2cm，沥青玛琦脂填料	m^2	38
2	040204006001	树池砌筑	人行道边缘砌筑树池	个	636
3	040204005001	检查井升降	检查井均与设计路面标高发生正负高差	座	66

（2）定额工程量同清单工程量。

项目编码：040205006　项目名称：标线

【例32】 某城市道路全长2000m，其路面为混凝土路面，路面宽度为22m，车行道为16m，设为双向四车道，人行道为6m，道路平面图如图2-39所示，在人行道与车行道之间设有缘石，缘石宽度为20cm，试求缘石、标线、隔离栏的工程量。

【解】（1）清单工程量：

缘石长度　$2000×2m=4000m$

标线长度　$2000×2m=4000m=4km$

隔离栏长度　2000m

清单工程量计算见下表:

清单工程量计算表

序号	项目编码	项目名称	项目特征描述	计量单位	工程量
1	040204003001	安砌侧(平、缘)石	C30混凝土缘石安砌	m	4000
2	040205006001	标线	标线	km	4
3	040205013001	隔离护栏安装	行车道之间隔离护栏安装	m	2000

(2) 定额工程量同清单工程量。

项目编码:040205008　　项目名称:横道线

【例33】 某城市干道交叉口如图2-40所示,人行道线宽20cm,长度均为1.4m,试计算人行道线的工程量。

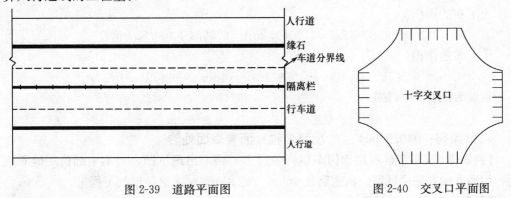

图2-39　道路平面图　　　　　图2-40　交叉口平面图

【解】 (1) 清单工程量:

人行道线的面积

$0.2 \times 1.4 \times (2 \times 7 + 2 \times 6) m^2 = 7.28 m^2$

清单工程量计算见下表:

清单工程量计算表

项目编码	项目名称	项目特征描述	计量单位	工程量
040205008001	横道线	人行横道线	m^2	7.28

(2) 定额工程量同清单工程量。

项目编码:040201012　　项目名称:土工布

【例34】 某条道路路面为混凝土路面,全长为1700m,其路面宽度为12m,路肩宽度为1.5m,K0+500~K0+550为软土地基,为了保证路基的压实度以及满足道路的设计使用年限,需对软土地基用土工布进行处理,土工布紧密布置,土工布的厚度为20cm,土工布的平面图如图2-41所示,试求土工布的工程量。

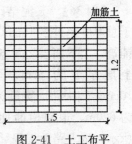

图2-41　土工布平面图(单位:m)

【解】 (1) 清单工程量:

土工布的个数

$$[(550-500)\times(12+1.5\times2)\div(1.5\times1.2)+1]个=418个$$

土工布的面积

$$418\times1.5\times1.2m^2=752.4m^2$$

清单工程量计算见下表:

清单工程量计算表

项目编码	项目名称	项目特征描述	计量单位	工程量
040201012001	土工布	加筋土土工布 1.5m×1.2m	m²	752.4

(2) 定额工程量:

土工布的个数

$$[(550-50)\times(12+1.5\times2+2a)\div(1.5\times1.2)+1]个=(418+56a)个$$

土工布的面积

$$(418+56a)\times1.5\times1.2m^2=(752.4+100.8a)m^2$$

土工布的体积

$$(752.4+100.8a)\times0.2m^3=(150.48+20.16a)m^3$$

注:a 为路基一侧加宽值。

项目编码:040203001   项目名称:沥青表面处治

【例35】 某黑色碎石路面因车辆行驶过多,路面出现坑凹,对不平部位用碎石填满后,用沥青油料做磨耗层。该道路长 460m,宽 10m,试求磨耗层的工程量。

【解】 (1) 清单工程量:

$$460\times10m^2=4600m^2$$

清单工程量计算见下表:

清单工程量计算表

项目编码	项目名称	项目特征描述	计量单位	工程量
040203001001	沥青表面处治	路面沥青油料磨耗层	m²	4600

(2) 定额工程量同清单工程量。

项目编码:040203006   项目名称:块料面层

【例36】 某泥结碎石路面,由于总厚度超过了 15cm,面层分两层铺筑,上下面层之间浇透层油连接。上层厚度为 6cm,下层厚度为 10cm,其中路面宽度为 21m,长度为 620m,道路横断面图如图 2-42 所示,试求路面工程量。

【解】 (1) 清单工程量:

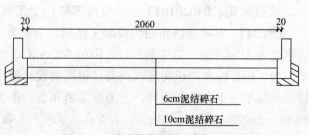

图 2-42 道路横断面图(单位:cm)

泥结碎石面层面积　$20.6 \times 620 m^2 = 12772 m^2$
透层油面层面积　$20.6 \times 620 m^2 = 12772 m^2$
清单工程量计算见下表：

清单工程量计算表

序号	项目编码	项目名称	项目特征描述	计量单位	工程量
1	040203006001	块料面层	10cm厚泥结碎石面层	m^2	12772
2	040203006002	块料面层	6cm泥结碎石面层	m^2	12772

(2)定额工程量同清单工程量。

项目编码：040203002　　项目名称：沥青表面自治

【例37】　某沥青路面由于交通量过大，出现了波浪和拥抱病害，需要整修，用石油沥青修整之后用封层沥青处理，路面宽度为8m，长为3000m，试求封层工程量。

【解】　(1)清单工程量：
封层沥青面面积　$8 \times 3000 m^2 = 24000 m^2$
清单工程量计算见下表：

清单工程量计算表

项目编码	项目名称	项目特征描述	计量单位	工程量
040203001001	沥青表面处治	封层沥青面层	m^2	24000

(2)定额工程量同清单工程量。

项目编码：040201006　　项目名称：袋装砂井

【例38】　某条道路K0+090～K0+160路段泥沼厚度超过5m，且填土高度超过天然地基承载力，并且工期比较紧迫，对路基进行排水砂井处理，前后间距为5m。该路段路面宽度为8m，路肩宽度为1m，填土高度为3m，道路横断面图如图2-43所示，试求排水砂井的工程量。

【解】　(1)清单工程量：
砂井的长度　$(70 \div 5 + 1) \times 7 \times 4 m = 420 m$
清单工程量计算见下表：

清单工程量计算表

项目编码	项目名称	项目特征描述	计量单位	工程量
040201006001	袋装砂井	路基排水砂井，前后间距为5m	m	420

(2)定额工程量同清单工程量。

项目编码：040201007　　项目名称：塑料排水板

【例39】　某条道路长为45m，宽为10m，填土高度为2m，由于该路段属于泥炭饱和淤泥地带，为了使路堤加快固结，加快沉降，提高路基强度。对路基进行塑料排水板处理，板前后间距为3m，道路横断面图如图2-44所示，试求塑料排水板的工程量。

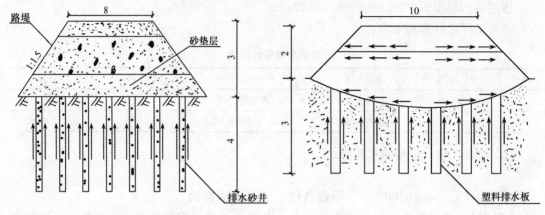

图2-43 道路横断面示意图(单位：m)　　　图2-44 道路横断面图(单位：m)

【解】（1）清单工程量：

塑料排水板的长度 $(45 \div 3 + 1) \times 3 \times 6 \mathrm{m} = 288 \mathrm{m}$

清单工程量计算见下表：

清单工程量计算表

项目编码	项目名称	项目特征描述	计量单位	工程量
040201007001	塑料排水板	路基塑料排水板，前后间距为3m	m	288

（2）定额工程量同清单工程量。

项目编码：040202002　　项目名称：石灰稳定土

【例40】某道路全长970m，路面宽度为14.4m，人行道宽度每边均为3m，车行道宽度为8m，缘石宽度20cm，人行道面层为混凝土步道砖，基层为石灰土，人行道结构图如图2-45所示，试求人行道的工程量。

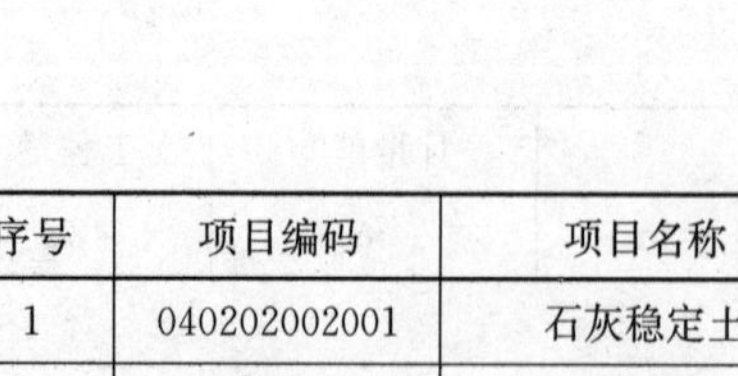

图2-45 人行道结构示意图

【解】（1）清单工程量：

混凝土步道砖的面积　$3 \times 2 \times 970 \mathrm{m}^2 = 5820 \mathrm{m}^2$

石灰土基层的面积　$3 \times 2 \times 970 \mathrm{m}^2 = 5820 \mathrm{m}^2$

清单工程量计算见下表：

清单工程量计算表

序号	项目编码	项目名称	项目特征描述	计量单位	工程量
1	040202002001	石灰稳定土	15cm厚石灰土基层，含灰量10%	m²	5820
2	040204001001	人行道块料铺设	4cm厚混凝土步道砖铺设	m²	5820

（2）定额工程量：

混凝土步道砖的面积

$$3 \times 2 \times 970 \mathrm{m}^2 = 5820 \mathrm{m}^2$$

石灰土基层的面积
$$(3+2a)\times 2\times 970\text{m}^2=(5820+3880a)\text{m}^2$$
注：a 为路基一侧加宽值。

项目编码：040203001　　项目名称：沥青表面处治

【例41】 某城市道路已超过使用年限，且路面出现了鼓包现象，把原路面作为基层，上面铺筑沥青粘层，改建路面宽度不变，均为15m，长度为380m，试求粘层路面工程量。

【解】（1）清单工程量：

粘层路面面积　$15\times 380\text{m}^2=5700\text{m}^2$

清单工程量计算见下表：

清单工程量计算表

项目编码	项目名称	项目特征描述	计量单位	工程量
040203001001	沥青表面处治	沥青粘层路面	m²	5700

（2）定额工程量同清单工程量。

项目编码：040201009　　项目名称：碎石桩

【例42】 某道路全长为640m，路面为沥青混凝土结构，路面宽度为12m，路肩宽度为1m，由于该路段地基湿软，对其进行碎石桩处理，保证路基强度，前后桩间隔为8m，桩径为0.5m，桩长为2m，填土高度为1.5m，道路横断面图如图2-46所示，试求碎石桩的工程量。

【解】（1）清单工程量：

碎石柱的长度　$(640\div 8.5+1)\times 3\times 2\text{m}=456\text{m}$

清单工程量计算见下表：

清单工程量计算表

项目编码	项目名称	项目特征描述	计量单位	工程量
040201009001	碎石桩	前后桩间隔为8m，桩径0.5m，桩长2m	m	456

（2）定额工程量同清单工程量。

项目编码：040201011　　项目名称：深层搅拌桩

【例43】 某道路 K0+140～K0+260 间为水泥混凝土结构路面，路面宽度为14m，路肩宽度为1.5m，填土高度为2.5m。由于该路段比较潮湿，土质较差，为了保证路基的稳定性，对其进行深层搅拌桩处理，前后桩间距为6m，桩径为80cm，道路横断面图如图2-47所示，试求深层搅拌桩的工程量。

【解】（1）清单工程量：

搅拌桩长度

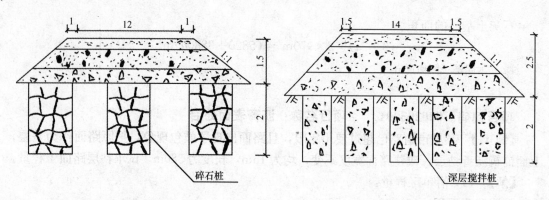

图 2-46 道路横断面图(单位：m)　　图 2-47 道路横断面图(单位：m)

$$[(260-140)\div(6+0.8)+1]\times 2\times 5m=187m$$

清单工程量计算见下表：

清单工程量计算表

项目编码	项目名称	项目特征描述	计量单位	工程量
040201011001	深层搅拌桩	深层搅桩前后桩间距为6m，桩径为80cm	m	187

(2) 定额工程量：

搅拌桩长度

$$[(260-140)\div(6+0.8)+1]\times 2\times 5m=187m$$

搅拌桩体积　$\pi\times 0.4^2\times 187m^3=94m^3$

项目编码：040201014　　项目名称：盲沟

【例44】 某道路全长770m，路宽为12m，由于该路段为淤泥，土质渗水性不好，需要设置边沟用以排水，边沟下设盲沟，以便排除路基范围内的水，保证路基稳定，降低地下水位，道路横断面图如图2-48所示，试求盲沟的工程量。

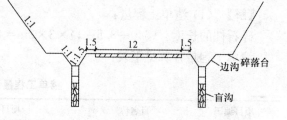

【解】 (1) 清单工程量：

图 2-48 道路横断面示意图(单位：m)

盲沟长度　$770\times 2m=1540m$

清单工程量计算见下表：

清单工程量计算表

项目编码	项目名称	项目特征描述	计量单位	工程量
040201014001	盲沟	碎石盲沟	m	1540

(2) 定额工程量同清单工程量。

项目编码：040204004　　项目名称：现浇侧(平、缘)石

【例45】 某城市C道路全长880m，宽为24.4m，其中现浇路缘石宽均为20cm，行车道宽为 14m，人行道各宽 5m，道路横断面图如图 2-49 所示，试求现浇侧缘石的工程量。

图 2-49 道路横断面示意图（单位：cm）

【解】（1）清单工程量：

现浇侧缘石的总长度为 $880 \times 2m = 1760m$

清单工程量计算见下表：

清单工程量计算表

项目编码	项目名称	项目特征描述	计量单位	工程量
040204004001	现浇侧（平、缘）石	C30 混凝土现浇缘石	m	1760

（2）定额工程量同清单工程量。

项目编码：040205003　项目名称：标杆

【例 46】某高速公路全长为 1300m，宽为 30m，路面为混凝土结构，每 50m 设一条标杆，标杆示意图如图 2-50 所示，试求标杆的工程量。

【解】（1）清单工程量计算：

标杆套数　$(1300 \div 50 + 1)$套 $= 27$ 套

清单工程量计算见下表：

清单工程量计算表

项目编码	项目名称	项目特征描述	计量单位	工程量
040205003001	标杆	标杆	套	27

（2）定额工程量同清单工程量。

【例 47】某高速公路全长 2200m，宽为 24m，路面为沥青混凝土路面，每 60m 设一个标志板，标志板示意图如图 2-51 所示，试求标志板的工程量。

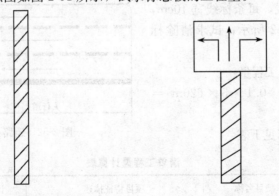

图 2-50　标杆示意图　　图 2-51　标志板示意图

【解】（1）清单工程量：

标志板的块数：$(2200 \div 60 + 1)$块 $= 38$ 块

清单工程量计算见下表：

清单工程量计算表

项目编码	项目名称	项目特征描述	计量单位	工程量
040205004001	标志板	沥青混凝土路面标志板	块	38

(2) 定额工程量同清单工程量。

项目编码：040205005　　项目名称：视线诱导器

【例48】 某新建道路全长为1900m，宽为15m，路面结构为水泥混凝土路面，在工程完成之后，视线诱导器亦由该施工方进行安装，每100m安装一只视线诱导器，试求视线诱导器的工程量。

【解】 (1) 清单工程量：

视线诱导器只数 (1900÷100+1)只＝20 只

清单工程量计算见下表：

清单工程量计算表

项目编码	项目名称	项目特征描述	计量单位	工程量
040205005001	视线诱导器	视线诱导器安装	只	20

(2) 定额工程量同清单工程量。

项目编码：040205009　　项目名称：清除标线

【例49】 城市 E 道路原每车道宽3.5m，长620m，由于交通量变大，为了满足行车需要，对原有道路进行加宽，每车道增至4m宽，所以对路面标线予以清除。已知原路面有双向6车道，改建后保持不变，共5条标线，每条标线宽10cm，道路平面图如图 2-52 所示，试求清除标线工程量。

【解】 (1) 清单工程量：

清除标线面积 $0.1 \times 5 \times 620 m^2 =$ 310m^2

清单工程量计算见下表：

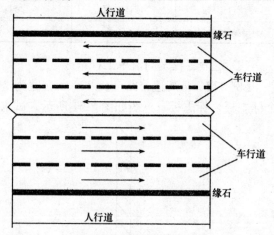

图 2-52　道路平面示意图

清单工程量计算表

项目编码	项目名称	项目特征描述	计量单位	工程量
040205009001	清除标线	清除标线	m^2	310

(2) 定额工程量同清单工程量。

项目编码：040205011   项目名称：环形检测线安装

【例50】 某道路交叉口做交通量调查，每个车道下面安装一个环形电流线圈，每当车辆通过，线圈便产生电流，以此计量车辆通过量，此道路交叉口共有8个出口道，每个线圈长度为10m，试计算检测线的长度工程量。

【解】（1）清单工程量：

环形检测线长度　10×8m＝80m

清单工程量计算见下表：

清单工程量计算表

项目编码	项目名称	项目特征描述	计量单位	工程量
040205011001	环形检测线安装	环形检测线安装，线圈长度为10m	m	80

（2）定额工程量同清单工程量。

项目编码：040202012   项目名称：炉渣

【例51】 某条城市道路 K0+000～K0+670 路面为水泥混凝土路面，路面宽度为21.4m，其中人行道各宽3m，行车道宽为15m，在两个快车道中央设有一条伸缩缝，在慢车道与人行道之间设有缘石，如图2-53～图2-56所示，试求道路工程量。

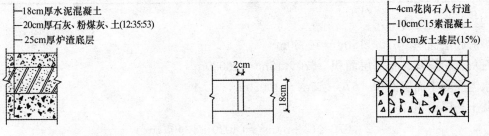

图 2-53　行车道路面结构图　　图 2-54　伸缩缝断面图　　图 2-55　人行道路面结构图

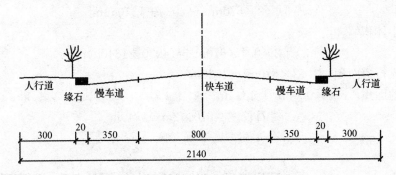

图 2-56　道路横断面图（单位：cm）

【解】（1）清单工程量：

炉渣底层面积　670×15m² ＝10050m²

石灰、粉煤灰、土基层面积　670×15m² ＝10050m²

水泥混凝土面层面积　670×15m² ＝10050m²

灰土基层面积　$3\times2\times670m^2=4020m^2$
素混凝土的面积　$3\times2\times670m^2=4020m^2$
素混凝土体积　$3\times2\times670\times0.1m^3=402m^3$
花岗石人行道面积　$3\times2\times670m^2=4020m^2$
伸缩缝的面积　$670\times0.02m^2=13.4m^2$
缘石长度　$670\times2m=1340m$

清单工程量计算见下表：

清单工程量计算表

序号	项目编码	项目名称	项目特征描述	计量单位	工程量
1	040202001001	垫层	10cm厚C15素混凝土	m^2	4020
2	040202012001	炉渣	25cm厚炉渣底层	m^2	10050
3	040202004001	石灰、粉煤灰、土	20cm厚石灰、粉煤灰、土基层(12:35:53)	m^2	10050
4	040202002001	石灰稳定土	10cm厚灰土基层，含灰量15%	m^2	4020
5	040204001001	人行道块料铺设	4cm厚花岗石人行道铺设板	m^2	4020
6	040203005001	水泥混凝土	18cm厚水泥混凝土面层	m^2	10050
7	040203005002	水泥混凝土	伸缩缝缝宽2cm	m^2	13.4
8	040204003001	安砌侧(平、缘)石	C20混凝土缘石安砌	m	1340

（2）定额工程量：

炉渣底层面积　$670\times15m^2=10050m^2$

石灰、粉煤灰、土基层面积　$670\times15m^2=10050m^2$

水泥混凝土面层面积　$670\times15m^2=10050m^2$

灰土基层面积

$$2\times670\times(3+a)m^2=(4020+1340a)m^2$$

素混凝土的面积

$$(a+3)\times2\times670m^2=(4020+1340a)m^2$$

素混凝土体积

$$(a+3)\times2\times0.1\times670m^3=(4020+1340a)m^3$$

花岗石人行道面积　$3\times2\times670m^2=4020m^2$

伸缩缝的面积　$670\times0.02m^2=13.4m^2$

缘石长度　$670\times2m=1340m$

注：a 为路基一侧加宽值。

图 2-57　道路结构图

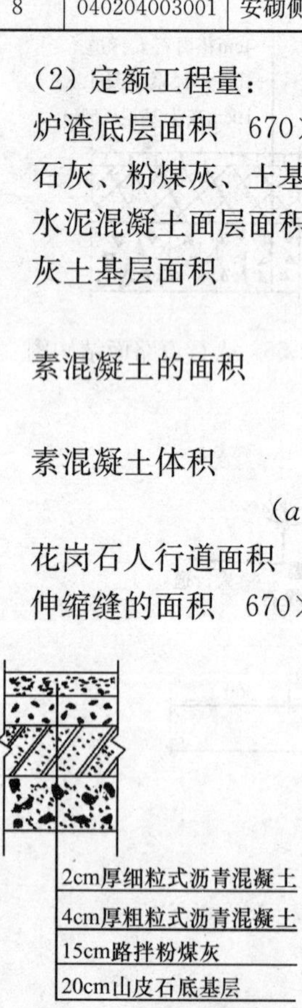

2cm厚细粒式沥青混凝土
4cm厚粗粒式沥青混凝土
15cm路拌粉煤灰
20cm山皮石底基层

项目编码：040202004　**项目名称：沥青混凝土**

【例52】某城市四号道路全长740m，路面宽度为14.0m，路面结构为沥青混凝土路面，路肩宽度为1m，道路结构图如图2-57所示，试求面层的工程量。

【解】（1）清单工程量：

沥青混凝土面层面积　$740\times14.0m^2=10360m^2$

清单工程量计算见下表：

清单工程量计算表

序号	项目编码	项目名称	项目特征描述	计量单位	工程量
1	040202004001	沥青混凝土	4cm厚粗粒式石油沥青，石料最大粒径40mm	m^2	10360
2	040202004002	沥青混凝土	2cm厚细粒式石油沥青，石料最大粒径20mm	m^2	10360

（2）定额工程量同清单工程量。

项目编码：040202007　　项目名称：粉煤灰

【例53】 题目同［例52］，试求基层工程量。

【解】（1）清单工程量：

路拌粉煤灰基层面积　$740 \times 14.0 m^2 = 10360 m^2$

山皮石底层面积　$740 \times 14.0 m^2 = 10360 m^2$

清单工程量计算见下表：

清单工程量计算表

序号	项目编码	项目名称	项目特征描述	计量单位	工程量
1	040202007001	粉煤灰	15cm厚路拌粉煤灰基层	m^2	10360
2	040202001001	垫层	20cm厚山皮石底基层	m^2	10360

（2）定额工程量：

路拌粉煤灰基层面积

$$740 \times (14+2a) m^2 = (10360+1480a) m^2$$

山皮石底层面积

$$740 \times (14+2a) m^2 = (10360+1480a) m^2$$

注：a 为路基一侧加宽值。

项目编码：040202001　　项目名称：垫层

【例54】 某道路全长960m，宽为12m，路肩宽度为1m，为保证基础稳定性，设砂垫层，道路结构图如图2-58所示，试求砂垫层的工程量。

【解】（1）清单工程量：

砂垫层的面积　$960 \times 12 m^2 = 11520 m^2$

清单工程量计算见下表：

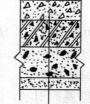

图 2-58　道路结构图

清单工程量计算表

项目编码	项目名称	项目特征描述	计量单位	工程量
040202001001	垫层	5cm厚砂垫层	m^2	11520

（2）定额工程量：

砂垫层的面积

$$960\times(12+1\times2+2a)\mathrm{m}^2=(13440+1920a)\mathrm{m}^2$$

砂垫层的体积

$$960\times(12+1\times2+2a)\times0.05\mathrm{m}^3=(672+96a)\mathrm{m}^3$$

注：a 为路基一侧加宽值。

项目编码：040201014　　项目名称：盲沟

【例55】 某山区道路 K0+130~K0+290 之间由于排水困难，为保证路基的稳定性，设置盲沟排水，试求盲沟的工程量，道路横断面图如图 2-59 所示。

图 2-59　道路横断面示意图(单位：m)

【解】（1）清单工程量：

盲沟长度　$(290-130)\times2\mathrm{m}=320\mathrm{m}$

清单工程量计算见下表：

清单工程量计算表

项目编码	项目名称	项目特征描述	计量单位	工程量
040201014001	盲沟	碎石盲沟	m	320

（2）定额工程量同清单工程量。

项目编码：040201013　　项目名称：排水沟、截水沟

【例56】 山区某道路全长 410m，由于山坡上水流量较大，影响路基稳定，一边设置边沟，以便及时排除流向路基的雨水，道路横断面图如图 2-60 所示，试求边沟的工程量。

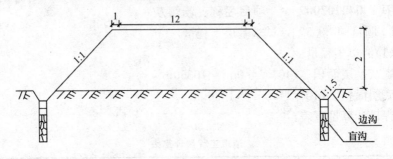

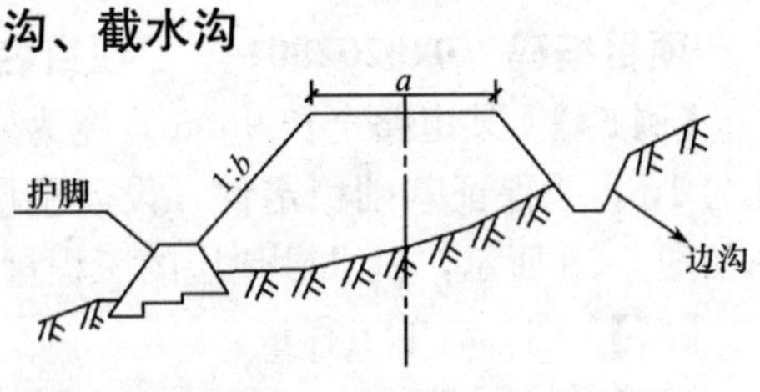

图 2-60　道路横断面示意图

【解】（1）清单工程量：

边沟长度　410m

清单工程量计算见下表：

清单工程量计算表

项目编码	项目名称	项目特征描述	计量单位	工程量
040201013001	排水沟、截水沟	排水边沟	m	410

（2）定额工程量同清单工程量。

项目编码：040204001　　项目名称：人行道块料铺设

【例57】 城市某三号道路一段路的长为300m，其中人行道路面宽4m，人行道结构图如图2-61所示，试计算人行道面层的工程量。

【解】 (1) 清单工程量：

人行道面层面积
$$2\times300\times4m^2=1200\times2m^2=2400m^2$$

清单工程量计算见下表：

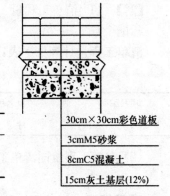

图2-61　人行道结构图

清单工程量计算表

项目编码	项目名称	项目特征描述	计量单位	工程量
040204001001	人行道块料铺设	30cm×30cm，彩色人行道道板	m²	2400

(2) 定额工程量同清单工程量。

项目编码：040204001　　项目名称：人行道块料铺设

【例58】 城市某路长610m，其中人行道路面面宽6m，缘石宽为20cm，人行道路结构图如图2-61所示，试计算人行道基层的工程量。

【解】 (1) 清单工程量：

人行道基层面积　$610\times2\times6m^2=7320m^2$

清单工程量计算见下表：

清单工程量计算表

项目编码	项目名称	项目特征描述	计量单位	工程量
040204001001	人行道块料铺设	30cm×30cm 人行道板	m²	7320

(2) 定额工程量：

人行道基层面积

$$610\times2\times(6+a)m^2=(7320+1220a)m^2$$

注：a 为路基一侧加宽值。

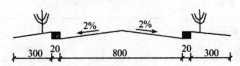

图2-62　道路横断面示意图(单位：cm)

【例59】 某城市道路全长为2700m，路面宽度为14.4m，道路边缘每隔6m设一处树池，道路横断面图如图2-62所示，试求树池工程量。

【解】 (1) 清单工程量：

树池个数　(2700÷6+1)×2个=902个

(2) 定额工程量同清单工程量。

【例60】 题目同上，试求路缘石的工程量。

【解】 (1) 清单工程量：

路缘石的长度　2700×2m=5400m

(2) 定额工程量同清单工程量。

项目编码：040205007　　　项目名称：标记

【例61】 城市中某次干道与路边建筑物相通时，设置行车标记，如图2-63所示，共有70个此类建筑物，试求标记的工程量。

【解】 (1) 清单工程量：

标记个数　70个

清单工程量计算见下表：

清单工程量计算表

项目编码	项目名称	项目特征描述	计量单位	工程量
040205007001	标记	行车标记	个	70

(2) 定额工程量同清单工程量。

项目编码：040205013　　　项目名称：隔离护栏安装

【例62】 某高速公路K4+100～K4+900段与村庄相邻，为避免行人、家畜影响行车速度，在道路两侧设置隔离栏，栏高2.2m，断面图如图2-64所示，试求隔离栏的工程量。

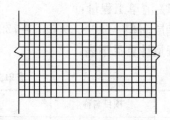

图 2-63　标记示意图　　　　图 2-64　隔离护栏断面示意图

【解】 (1) 清单工程量：

隔离栏长度　$2\times(4900-4100)\text{m}=800\times2\text{m}=1600\text{m}$

清单工程量计算见下表：

清单工程量计算表

项目编码	项目名称	项目特征描述	计量单位	工程量
040205013001	隔离护栏安装	道路两侧隔离栏，栏高2.2m	m	1600

(2) 定额工程量同清单工程量。

项目编码：040205014　　　项目名称：立电杆

【例63】 某城市道路全长为1820m，路面宽度为21.4m，在人行道两侧20m设一立电杆，试求电杆的工程量。

【解】 (1) 清单工程量：

立电杆的根数　$2\times(1820\div20+1)$根$=184$根

清单工程量计算见下表：

清单工程量计算表

项目编码	项目名称	项目特征描述	计量单位	工程量
040205014001	立电杆	钢筋混凝土直电杆	根	184

(2) 定额工程量同清单工程量。

项目编码：040203005　　**项目名称：水泥混凝土**

项目编码：040202002　　**项目名称：石灰稳定土**

【例64】 某道路工程起点桩号 K0+000，终点桩号 K0+640，路面结构为混凝土路面，路面宽度为14m，道路基层为18cm厚12%的灰土路基，18cm厚C15水泥混凝土路面，路面两侧土路肩各宽1m，道路结构图如图2-65所示，求该道路工程的工程量。

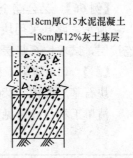

图2-65　道路结构图

【解】 (1) 清单工程量：

灰土路基的面积　　$640×14m^2=8960m^2$

水泥混凝土面层面积　　$640×14m^2=8960m^2$

清单工程量计算见下表：

清单工程量计算表

序号	项目编码	项目名称	项目特征描述	计量单位	工程量
1	040203005001	水泥混凝土	18cm厚C15水泥混凝土	m^2	8960
2	040202002001	石灰稳定土	18cm厚12%灰土基层	m^2	8960

(2) 定额工程量：

灰土路基的面积

$$640×(14+1×2+2a)m^2=(10240+1280a)m^2$$

水泥混凝土面层的面积　　$640×14m^2=8960m^2$

注：a 为路基一侧加宽值。

项目编码：040203004　　**项目名称：沥青混凝土**

【例65】 某沥青混凝土路面面层采用2cm厚细粒式沥青混凝土，4cm厚中粒式沥青混凝土，路面宽度为15m，道路长为410m，道路横断面图如图2-66所示，求沥青面层工程量。

【解】 (1) 清单工程量：

浇透层油面积

$$410×(15-0.2×2)m^2=5986m^2$$

沥青混凝土面层的面积

$$410×(15-2×0.2)m^2=5986m^2$$

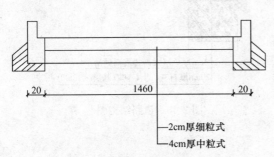

图2-66　道路横断面图（单位：cm）

清单工程量计算见下表：

清单工程量计算表

序号	项目编码	项目名称	项目特征描述	计量单位	工程量
1	040203004001	沥青混凝土	4cm厚中粒式沥青混凝土面层	m²	5986
2	040203004002	沥青混凝土	2cm厚细粒式沥青混凝土面层	m²	5986

(2) 定额工程量同清单工程量。

项目编码：040202011　　项目名称：块石

【例66】 某公路全长880m，路面宽度为11m，路肩两边各宽1m，道路结构图如图2-67所示，路基采用块石基层，厚30cm，路面采用粗粒式沥青混凝土，中间为黑色碎石连接层，试求块石基层的工程量。

【解】(1) 清单工程量：

块石基层面积　$880 \times 11 \text{m}^2 = 9680 \text{m}^2$

清单工程量计算见下表：

清单工程量计算表

项目编码	项目名称	项目特征描述	计量单位	工程量
040202011001	块石	30cm厚块石基层	m²	9680

(2) 定额工程量：

块石基层面积

$$880 \times (11 + 1 \times 2 + 2a) \text{m}^2 = (11440 + 1760a) \text{m}^2$$

注：a 为路基一侧加宽值。

项目编码：040203001　　项目名称：沥青表面处治

【例67】 某四级城市道路为沥青表面处治路面，该道路全长720m，路面宽度为7m，基层为石灰土碎石，道路结构图如图2-68所示，试求沥青表面处治面层的工程量。

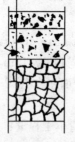

图 2-67　道路结构图

图 2-68　道路结构图

【解】(1) 清单工程量：

沥青表面处治面层面积　$720 \times 7 \text{m}^2 = 5040 \text{m}^2$

清单工程量计算见下表：

清单工程量计算表

项目编码	项目名称	项目特征描述	计量单位	工程量
040203001001	沥青表面处治	30cm厚单层式沥青表面处治面层	m²	5040

（2）定额工程量同清单工程量。

项目编码：040203002　　项目名称：沥青贯入式

【例68】　某市区道路全长为980m，路面采用12m宽的沥青贯入式路面，基层采用泥灰结碎石，底基层采用天然砂砾，道路结构图如图2-69所示，试求沥青贯入路面的工程量。

【解】　（1）清单工程量：
沥青贯入路面面积
$$980 \times 12 m^2 = 11760 m^2$$

清单工程量计算见下表：

清单工程量计算表

项目编码	项目名称	项目特征描述	计量单位	工程量
040203002001	沥青贯入式	4cm厚沥青贯入式面层	m²	11760

（2）定额工程量同清单工程量。

项目编码：040203003　　项目名称：黑色碎石

【例69】　某道路K0+090～K0+420之间为黑色碎石路面，路面宽度为14m，基层为石灰、土、碎石基层，底基层为砂砾石基层，道路结构图如图2-70所示，试求黑色碎石路面的工程量。

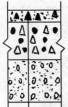

4cm厚沥青贯入式面层
18cm厚泥灰结碎石基层
20cm厚天然砂砾底层

图2-69　道路结构图

5cm厚黑色碎石面层
18cm厚石灰、土、碎石基层(10:60:30)
20cm厚砂砾石底层(人工摊铺)

图2-70　道路结构图

【解】　（1）清单工程量：
黑色碎石路面面积　$(420-90) \times 14 m^2 = 4620 m^2$

清单工程量计算见下表：

清单工程量计算表

项目编码	项目名称	项目特征描述	计量单位	工程量
040203003001	黑色碎石	5cm厚黑色碎石面层，石料最大粒径40mm	m²	4620

(2) 定额工程量同清单工程量。

项目编码：040203006　　项目名称：块料路面

【例70】 某山区道路为块石路面，全长为1320m，路面宽度为12m，道路结构图如图2-71所示，试求块石面层的工程量。

【解】（1）清单工程量：

块石面层面积

$$1320 \times 12 m^2 = 15840 m^2$$

清单工程量计算见下表：

图2-71　道路结构图

清单工程量计算表

项目编码	项目名称	项目特征描述	计量单位	工程量
040203006001	块料路面	30cm厚块料面层，石屑垫层	m²	15840

(2) 定额工程量同清单工程量。

项目编码：040203007　　项目名称：橡胶、塑料弹性面层

【例71】 某运动场为橡胶、塑料面层，路宽8m，长1000m，试求橡胶、塑料面层的工程量。

【解】（1）清单工程量：

橡胶、塑料面层面积　$1000 \times 8 m^2 = 8000 m^2$

清单工程量计算见下表：

清单工程量计算表

项目编码	项目名称	项目特征描述	计量单位	工程量
040203007001	橡胶、塑料弹性面层	橡胶、塑料面层	m²	8000

(2) 定额工程量同清单工程量。

项目编码：040202001　　项目名称：垫层

【例72】 某道路起点为K0+000，终点为K0+920，路面为混凝土路面，路面长度为920m，宽度为14m，路肩各宽1m，为防止地下水渗入路基影响路基稳定性，设置8cm厚的砂垫层，道路结构图如图2-72所示，试求垫层的工程量。

【解】（1）清单工程量：

垫层面积　$920 \times 14 m^2 = 12880 m^2$

清单工程量计算见下表：

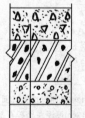

图2-72　道路结构图

清单工程量计算表

项目编码	项目名称	项目特征描述	计量单位	工程量
040202001001	垫层	8cm厚，砂垫层	m²	12880

(2)定额工程量：

垫层面积

$$920 \times (14 + 2 \times 1 + 2a) m^2 = (14720 + 1840a) m^2$$

垫层体积

$$(14720 + 1840a) \times 0.08 m^3 = (1177.6 + 147.2a) m^3$$

注：a 为路基一侧加宽值。

项目编码：040202002　　项目名称：石灰稳定土

【例73】 某道路 K0+420～K0+830 之间为混凝土路面，路面宽度为 11m，路肩宽度为 1m，为保证压实，路基两边各加宽 20cm，道路结构如图 2-73 所示，试求石灰稳定土基层的工程量。

【解】（1）清单工程量：

石灰稳定土基层面积

$$(830 - 420) \times 11 m^2 = 4510 m^2$$

(2)定额工程量：

石灰稳定土基层面积

$$(830 - 420) \times (11 + 1 \times 2 + 2 \times 0.2) m^2 = 5494 m^2$$

项目编码：040202003　　项目名称：水泥稳定土

【例74】 某道路全长为 1130m，路面宽度为 21.4m，路面基层为水泥稳定土基层，道路结构图如图 2-74 所示，路肩两边各宽 1m，缘石宽度为 20cm，试求道路水泥稳定土基层的工程量。

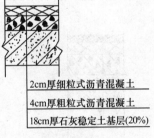

图 2-73　道路结构图

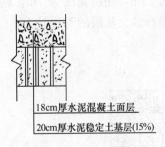

图 2-74　道路结构图

【解】（1）清单工程量：

水泥稳定土基层面积

$$1130 \times 21.4 m^2 = 24182 m^2$$

清单工程量计算见下表：

清单工程量计算表

项目编码	项目名称	项目特征描述	计量单位	工程量
040202003001	水泥稳定土	20cm厚水泥稳定土基层，含水泥量15%	m^2	24182

(2) 定额工程量：

水泥稳定土基层面积

$$1130\times(21.4+1\times2+2a)\text{m}^2=(26442+2260a)\text{m}^2$$

注：a 为路基一侧加宽值。

项目编码：040202004　　项目名称：石灰、粉煤灰、土

【例 75】　某二级公路道路全长 960m，路面宽度为 31m，路面为混凝土路面，路基采用石灰、粉煤灰、土基层，路肩宽度为 1m，为保证路基稳定性，路基加宽 30cm，道路结构图如图 2-75 所示，试求石灰、粉煤灰、土基层的工程量。

【解】　(1) 清单工程量计算：

石灰、粉煤灰、土基层面积　$960\times31\text{m}^2=29760\text{m}^2$

清单工程量计算见下表：

清单工程量计算表

项目编码	项目名称	项目特征描述	计量单位	工程量
040202004001	石灰、粉煤灰、土	22cm 厚石灰、粉煤灰、土基层(12∶35∶53)	m²	29760

(2) 定额工程量：

石灰、粉煤灰、土基层面积

$$960\times(31+1\times2+2\times0.3)\text{m}^2=32256\text{m}^2$$

项目编码：040202005　　项目名称：石灰、碎石、土

【例 76】　路面为沥青混凝土的道路 K0+000～K0+810 之间为石灰、碎石、土基层，路面宽度为 21m，路肩宽度为 1m，路基加宽值为 25cm，道路结构图如图 2-76 所示，试求石灰、碎石、土基层的工程量。

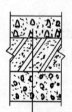

图 2-75　道路结构图

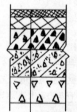

图 2-76　道路结构图

【解】　(1) 清单工程量：

石灰、碎石、土基层的面积　$810\times21\text{m}^2=17010\text{m}^2$

清单工程量计算见下表：

清单工程量计算表

项目编码	项目名称	项目特征描述	计量单位	工程量
040202005001	石灰、碎石、土	20cm厚石灰、土、碎石基层(10∶60∶30)	m²	17010

(2) 定额工程量：
石灰、碎石、土基层的面积
$$810\times(21+1\times2+2\times0.25)m^2=19035m^2$$

项目编码：040202006　　项目名称：石灰、粉煤灰、碎石

【例77】 某道路全长570m，路面宽度为15m，路面面层为水泥混凝土路面，路面基层为石灰、粉煤灰、碎石基层，路肩宽度为1m，路基加宽值为20cm，道路的结构图如图2-77所示，试求石灰、粉煤灰、碎石基层的工程量。

【解】 (1) 清单工程量：
石灰、粉煤灰、碎石基层的面积
$$570\times15m^2=8550m^2$$

清单工程量计算见下表：

清单工程量计算表

项目编码	项目名称	项目特征描述	计量单位	工程量
040202006001	石灰、粉煤灰、碎石	24cm厚石灰、粉煤灰、碎石基层(10∶20∶70)	m²	17010

(2) 定额工程量：
石灰、粉煤灰、碎石基层的面积
$$570\times(15+2\times1+2\times0.2)m^2=9918m^2$$

项目编码：040202007　　项目名称：粉煤灰

【例78】 某城市三号道路路长1720m，路面宽度为21m，路肩宽为1m，路基加宽值为30cm，路面采用沥青混凝土路面，路基采用石灰粉煤灰碎石基层、粉煤灰底层，道路结构图如图2-78所示，试求粉煤灰基层的工程量。

图2-77 道路结构图

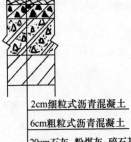

图2-78 道路结构图

【解】 (1) 清单工程量：
粉煤灰基层的面积

$$1720 \times 21 m^2 = 36120 m^2$$

清单工程量计算见下表：

清单工程量计算表

项目编码	项目名称	项目特征描述	计量单位	工程量
040202007001	粉煤灰	15cm厚粉煤灰底层	m^2	36120

（2）定额工程量：

粉煤灰基层的面积

$$1720 \times (21 + 2 \times 1 + 2 \times 0.3) m^2 = 40592 m^2$$

项目编码：040202008　　项目名称：砂砾石

【例79】 某城市道路K0＋170～K0＋630之间用砂砾石做底基层，面层采用沥青贯入式，路面宽度为15m，路基加宽值为22cm，道路结构图如图2-79所示，试求砂砾石基层的工程量。

【解】（1）清单工程量：

砂砾石基层的面积

$$(630 - 170) \times 15 m^2 = 6900 m^2$$

清单工程量计算见下表：

清单工程量计算表

项目编码	项目名称	项目特征描述	计量单位	工程量
040202008001	砂砾石	15cm厚砂砾石底层	m^2	6900

（2）定额工程量：

砂砾石基层的面积

$$(630 - 170) \times (15 + 2 \times 0.22) m^2 = 7102.4 m^2$$

项目编码：040202009　　项目名称：卵石

【例80】 某道路K0＋190～K0＋510之间由于卵石材料比较丰富，采用卵石作为底基层，路面为水泥混凝土路面，道路结构图如图2-80所示，路面宽度为23m，路肩宽度为1m，路基加宽30cm，试求卵石底基层的工程量。

8cm厚沥青贯入式面层
20cm石灰、粉煤灰基层(人工拌合2.5:7.5)
15cm砂砾石底层

图2-79 道路结构图

15cm水泥混凝土
22cm石灰、土、碎石基层(18:72:20厂拌)
20cm卵石底层

图2-80 道路结构图

【解】（1）清单工程量：

卵石基层的面积

$$(510-190)\times 23\text{m}^2=7360\text{m}^2$$

清单工程量计算见下表：

清单工程量计算表

项目编码	项目名称	项目特征描述	计量单位	工程量
040202009001	卵石	20cm厚卵石底层	m²	7360

（2）定额工程量：

卵石基层的面积

$$(510-190)\times(23+1\times 2+2\times 0.3)\text{m}^2=8192\text{m}^2$$

项目编码：040202010　　项目名称：碎石

【例81】 某山区道路为了充分利用本地山石材料，在此路段长为830m的底基层采用碎石，路面宽度为15m，路基加宽值为20cm，道路结构图如图2-81所示，试求碎石基层的工程量。

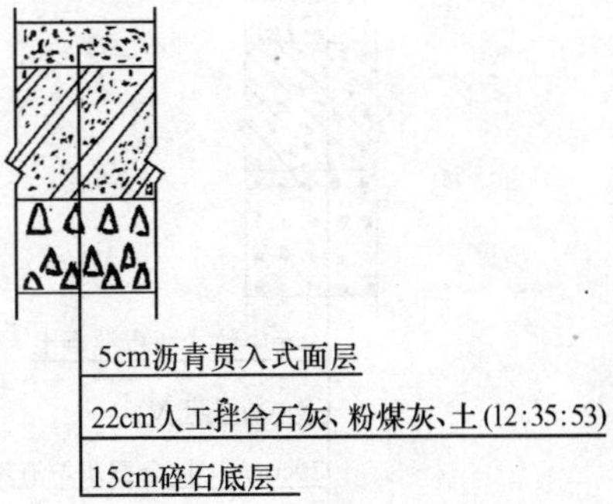

图2-81 道路结构图

【解】（1）清单工程量：

碎石底基层的面积

$$830\times 15\text{m}^2=12450\text{m}^2$$

清单工程量计算见下表：

清单工程量计算表

项目编码	项目名称	项目特征描述	计量单位	工程量
040202010001	碎石	15cm厚碎石底层	m²	12450

（2）定额工程量：

碎石底基层的面积

$$830\times(15+2\times 0.2)\text{m}^2=12782\text{m}^2$$

项目编码：040202012　　项目名称：炉渣

【例82】 某道路邻近炼钢厂，为减少修筑费用和充分利用材料，采用炼钢炉渣作底基层，该路段长为380m，路面宽度为11m，为保证路基稳定，路基加宽30cm，路肩宽度为1m，道路结构图如图2-82所示，试计算该路段炉渣底基层的工程量。

【解】（1）清单工程量：

炉渣底基层面积

$$380\times(11+1\times 2)\text{m}^2=4940\text{m}^2$$

清单工程量计算见下表：

清单工程量计算表

项目编码	项目名称	项目特征描述	计量单位	工程量
040202012001	炉渣	20cm厚人工铺装炉渣底层	m²	4940

(2) 定额工程量：

炉渣底基层面积

$$380 \times (11+1 \times 2+2 \times 0.3) m^2 = 5168 m^2$$

项目编码：040202013   项目名称：粉煤灰三渣

【例83】 某道路起点 K0+000，终点为 K0+990，该路段为粉煤灰三渣基层，路面为水泥混凝土路面，路面宽度为23m，路肩宽度为1m，道路结构图如图 2-83 所示，试求粉煤灰三渣基层的工程量。

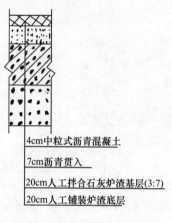
图 2-82 道路结构图

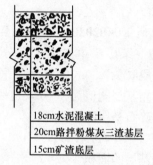
图 2-83 道路结构图

【解】 (1) 清单工程量：

粉煤灰三渣基层面积

$$990 \times 23 m^2 = 22770 m^2$$

清单工程量计算见下表：

清单工程量计算表

项目编码	项目名称	项目特征描述	计量单位	工程量
040202013001	粉煤灰三渣	20cm厚路拌粉煤灰三渣基层	m²	22770

(2) 定额工程量：

粉煤灰三渣基层面积

$$990 \times (23+1 \times 2+2a) m^2 = (24750+1980a) m^2$$

注：a 为路基一侧加宽值。

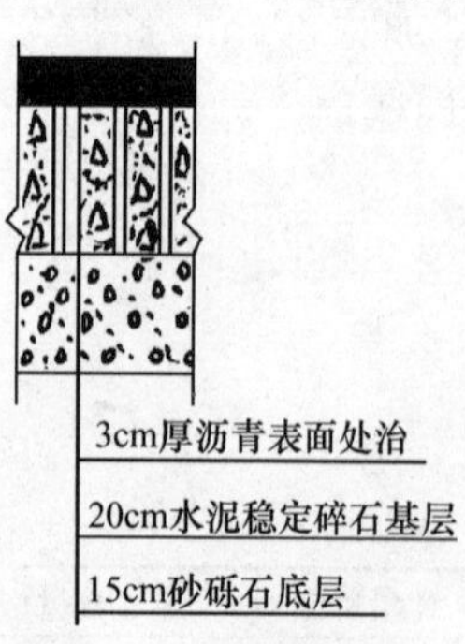

项目编码：040202014   项目名称：水泥稳定碎(砾)石

【例84】 某路面宽度为15m，采用沥青表面处治，道路长为1130m，采用水泥稳定碎石作基层，路肩宽度为1m，道路结构图如图 2-84 所示，试计算水泥稳定碎石基层的工程量。

图 2-84 道路结构图

【解】 (1) 清单工程量：

水泥稳定碎石基层的面积

$$1130 \times 15 \text{m}^2 = 16950 \text{m}^2$$

清单工程量计算见下表：

清单工程量计算表

项目编码	项目名称	项目特征描述	计量单位	工程量
040202014001	水泥稳定碎(砾)石	20cm厚水泥稳定碎石基层，石料最大粒径20mm	m²	16950

(2) 定额工程量：

水泥稳定碎石基层的面积

$$1130 \times (15 + 1 \times 2 + 2 \times a) \text{m}^2 = (19210 + 2260a) \text{m}^2$$

注：a 为路基一侧加宽值。

项目编码：040202015　　项目名称：沥青稳定碎石

【例85】　某城市郊区道路路长为1030m，路面宽度为16m，路肩宽度为1m，路基加宽值为30cm，路面采用沥青混凝土，路基采用沥青稳定碎石，道路结构图如图2-85所示，试计算沥青稳定碎石基层的工程量。

【解】　(1) 清单工程量：

沥青稳定碎石面积　$1030 \times 16 \text{m}^2 = 16480 \text{m}^2$

清单工程量计算见下表：

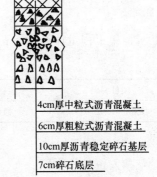

图2-85　道路结构图

清单工程量计算表

项目编码	项目名称	项目特征描述	计量单位	工程量
040202015001	沥青稳定碎石	10cm厚沥青稳定碎石基层，石粒最大粒径40mm	m²	16480

(2) 定额工程量：

沥青稳定碎石面积

$$1030 \times (16 + 1 \times 2 + 2 \times 0.3) \text{m}^2 = 19158 \text{m}^2$$

项目编码：040201001　　项目名称：强夯土方

【例86】　某道路全长690m，路面宽度为21m，由于该段土质比较疏松，为保证路基的稳定性，对路基进行处理，强夯土方以达到规定的压实度，路肩宽度为1m，路基加宽值为30cm，试计算强夯土方的工程量。

【解】　(1) 清单工程量：

强夯土方面积　$690 \times 21 \text{m}^2 = 14490 \text{m}^2$

清单工程量计算见下表：

清单工程量计算表

项目编码	项目名称	项目特征描述	计量单位	工程量
040201001001	强夯土方	土方压实度达到规定的压实值	m²	14490

(2) 定额工程量：

强夯土方面积
$$690\times(21+1\times2+2\times0.3)m^2=16284m^2$$

项目编码：040201002   项目名称：掺石灰

【例87】 某道路 K0+230～K0+810 之间为混凝土路面，路面宽度为 12m，路肩为 1m，道路横断面图如图 2-86 所示，由于土质较湿软，对其掺入石灰以保证路基稳定性，增加道路的使用年限，试计算掺石灰工程量。

【解】（1）清单工程量：
掺入石灰的体积
$$(810-230)\times12\times0.8m^3=5568m^3$$

清单工程量计算见下表：

清单工程量计算表

项目编码	项目名称	项目特征描述	计量单位	工程量
040201002001	掺石灰	路基掺石灰，含灰量10%	m³	5568

（2）定额工程量：
掺入石灰的体积
$$(810-230)\times(12+1\times2+2a)\times0.8m^3=(6496+928a)m^3$$

注：a 为路基一侧加宽值。

项目编码：040201003   项目名称：掺干土

【例88】 某道路全长 1620m，路面宽度为 21m，由于该路段土质比较湿软，地基容易沉陷，掺入干土对其进行处理，以保证路基的稳定性和路面的使用性能，路堤断面图如图 2-87 所示，试求掺干土的工程量。

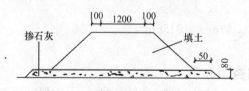
图 2-86 路堤断面图(单位：cm)

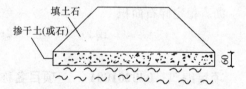
图 2-87 路堤断面图(单位：cm)

【解】（1）清单工程量：
掺入干土的工程量
$$1620\times21\times0.6m^3=20412m^3$$

清单工程量计算见下表：

清单工程量计算表

项目编码	项目名称	项目特征描述	计量单位	工程量
040201003001	掺干土	路基掺干土	m³	20412

（2）定额工程量：

掺入干土的工程量
$$1620\times(21+2a)\times0.6\text{m}^3=(20412+1944a)\text{m}^3$$
注：a 为路基一侧加宽值。

项目编码：040201004　　项目名称：掺石

【例89】 某道路全长 940m，路面宽度为 15m，由于该路段比较湿软，地基不太稳定，对其进行掺石处理确保路基压实，路堤断面图如图 2-87 所示，试求掺石工程量。

【解】（1）清单工程量：
掺石工程量　$940\times15\times0.6\text{m}^3=8460\text{m}^3$
清单工程量计算见下表：

清单工程量计算表

项目编码	项目名称	项目特征描述	计量单位	工程量
040201004001	掺石	路基掺石，掺石率90%	m³	8460

（2）定额工程量：
掺石工程量
$$940\times(15+2a)\times0.6\text{m}^3=(8460+1128a)\text{m}^3$$
注：a 为路基一侧加宽值。

项目编码：040201005　　项目名称：抛石挤淤

【例90】 某道路 K0+130～K0+410 之间由于是常年积水的洼地，排水困难，采用在路基底部抛投一定数量片石的方法对其进行处理，道路横断面图如图 2-88 所示，路面宽度为 11m，试求抛石挤淤的工程量。

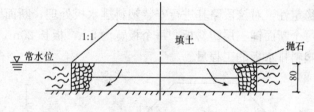

图 2-88　抛石挤淤断面图（单位：cm）

【解】（1）清单工程量：
抛石工程量
$$(410-130)\times11\times0.8\text{m}^3=2464\text{m}^3$$
清单工程量计算见下表：

清单工程量计算表

项目编码	项目名称	项目特征描述	计量单位	工程量
040201005001	抛石挤淤	采用片石抛投处理	m³	2464

（2）定额工程量：
抛石工程量
$$(410-130)\times(11+2a)\times0.8\text{m}^3=(2464+448a)\text{m}^3$$
注：a 为路基一侧加宽值。

项目编码：040201006　　　项目名称：袋装砂井

【例91】　某道路全长为150m，路面宽度为16m，该路段地基处于超软的工作状态，为了保证路基的稳定性以及满足道路的使用年限，需要对该路段采用袋装砂井的方法进行地基处理，其中袋装砂井长度为1m，两相邻袋装砂井的间距均为0.12m，前后亦相距0.12m，试求袋装砂井的工程量（袋装砂井如图2-89所示）。

【解】　(1) 清单工程量：

袋装砂井工程量

$$[(150 \div 0.12)+1] \times [(16 \div 0.12)+1] \times 1m = 167634m$$

清单工程量计算见下表：

清单工程量计算表

项目编码	项目名称	项目特征描述	计量单位	工程量
040201006001	袋装砂井	袋装砂井长1m，两相邻间距0.12m，前后亦相距0.12m	m	167634

(2) 定额工程量：

袋装砂井工程量

$$[(150 \div 0.12)+1] \times [(16+2a) \div 0.12+1] \times 1m = (167634+21267a)m$$

注：a 为路基一侧加宽值。

项目编码：040201007　　　项目名称：塑料排水板

【例92】　某道路 K0+530～K0+980 之间由于土基湿软，容易沉陷，为保证路基的稳定性，对该段路基进行安装塑料排水板处理，断面图如图2-90所示，路面宽度为21m，每个断面铺三层塑料板，每个板宽为5m，板长20m，塑料板结构图如图2-91所示，试求塑料排水板的工程量。

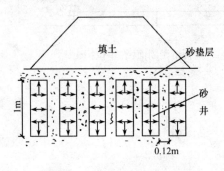

图2-89　袋装砂井排水示意图

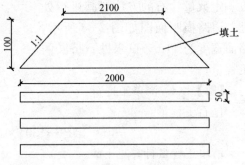

图2-90　路堤断面图（单位：cm）

图2-91　塑料排水板结构图（单位：cm）

【解】　(1) 清单工程量：

板长度　$(980-530) \div 5 \times 20 \times 3m = 5400m$

清单工程量计算见下表：

清单工程量计算表

项目编码	项目名称	项目特征描述	计量单位	工程量
040201007001	塑料排水板	板宽为5m，板长20m	m	5400

(2) 定额工程量计算同清单工程量。

项目编码：040201008   项目名称：石灰砂桩

【例93】 道路某段由于土基较湿、较软，容易沉陷，需要对其进行处理，现对其打入石灰砂桩，每个砂桩直径为20cm，桩长2m，桩间距为20cm，该路段长为330m，路面宽度为11m，路肩宽度为1m，砂桩示意图如图2-92所示，试求石灰砂桩的工程量。

【解】（1）清单工程量：

石灰砂桩个数

$[(11+1\times2)\div0.2+1]\times[(330\div0.2)+1]$个
≈108966个

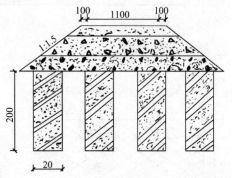

图2-92 路堤断面图（单位：cm）

石灰砂桩的长度 $108966\times2m=217932m$

清单工程量计算见下表：

清单工程量计算表

项目编码	项目名称	项目特征描述	计量单位	工程量
040201008001	石灰砂桩	桩径为20cm；桩长2m；桩间距20cm	m	217932

(2) 定额工程量：

石灰砂桩个数

  $[(11+1\times2+2a)\div0.2+1]\times[(330\div0.2)+1]$个$=(108966+18161a)$个

每个砂桩的体积 $2\pi(0.2\div2)^2 m^3\approx0.06m^3$

石灰砂桩的体积

  $(108966+18161a)\times0.06m^3\approx(6537.96+1089.66a)m^3$

注：a为路基一侧加宽值。

项目编码：040201009   项目名称：碎石桩

【例94】 某道路全长为1130m，路面为水泥混凝土路面。路面宽度为21m，路肩宽度为1m，路基加宽值为30cm，由于该路段地基处于湿软的工作状态，对其进行碎石桩处理以保证路基强度，各个桩间距为4m，桩长与宽各为30cm，高为2.5m，断面图如图2-93所示，试求碎石桩的工程量（桩径可忽略）。

【解】（1）清单工程量：

碎石桩的个数

$[(1130\div4)+1]\times[(21+1\times2)\div4+1]$个$\approx1698$个

碎石桩长 $1698\times2.5m=4245m$

清单工程量计算见下表：

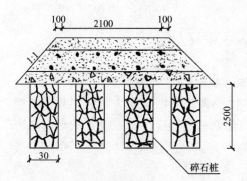

图2-93 路堤断面图（单位：cm）

清单工程量计算表

项目编码	项目名称	项目特征描述	计量单位	工程量
040201009001	碎石桩	桩径30cm,桩长、宽各为30cm,高2.5m	m	4245

(2) 定额工程量:

碎石桩的个数

$$[(1130 \div 4) + 1] \times [(21 + 1 \times 2 + 2 \times 0.3 + 1) \div 4] 个 \approx 1698 个$$

碎石桩长 $1698 \times 2.5\text{m} = 4245\text{m}$

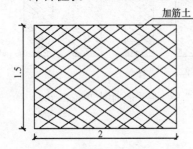

图 2-94 土工布平面示意图(单位:m)

碎石桩体积 $(4245 \times 0.3 \times 0.3)\text{m}^3 = 382.05\text{m}^3$

项目编码:040201012 项目名称:土工布

【例95】某条道路路面为水泥混凝土路面,全长为1040m,其路面宽度为16m,路肩宽度为1m,路基加宽30cm,由于该道路为软土地基,为了保证路基稳定性及满足道路的使用性能,对地基进行土工布处理,土工布厚度为30cm,紧密布置,土工布的平面图如图2-94所示,试求土工布的工程量。

【解】(1)清单工程量:

土工布的个数

$$[1040 \times (16 + 1 \times 2) \div (1.5 \times 2) + 1] 个 = 6241 个$$

土工布的面积

$$6241 \times 1.5 \times 2\text{m}^2 = 1872.3\text{m}^2$$

清单工程量计算见下表:

清单工程量计算表

项目编码	项目名称	项目特征描述	计量单位	工程量
040201012001	土工布	加筋土土工布 1.5m×2m	m²	1872.3

(2) 定额工程量:

土工布的个数

$$[1040 \times (16 + 1 \times 2 + 2 \times 0.3) \div (1.5 \times 2) + 1] 个 = 6449 个$$

土工布的体积

$$6449 \times 1.5 \times 2 \times 0.3\text{m}^3 = 5804.1\text{m}^3$$

项目编码:040201013 项目名称:排水沟、截水沟

【例96】某城市道路K0+180~K0+540为挖方路段,路面宽度为12m,其道路横断面图如图2-95所示,该路段由于雨量较大,为保证路基的稳定性,需设置截水沟与边沟,试求截水沟的工程量。

【解】(1)清单工程量:

截水沟长度 $(540 - 180) \times 2\text{m} = 720\text{m}$

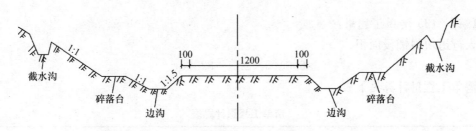

图 2-95　路堑断面示意图(单位：cm)

清单工程量计算见下表：

清单工程量计算表

项目编码	项目名称	项目特征描述	计量单位	工程量
040201013001	排水沟、截水沟	梯形断面截水沟，沿道路两侧设置	m	720

(2) 定额工程量同清单工程量。

项目编码：040201014　　**项目名称：盲沟**

【例 97】　某道路全长 430m，由于该道路排水困难，在中央分隔带下设置盲沟，以保证路基的稳定性和满足车辆的使用性能，盲沟示意图与中央分隔带示意图如图 2-96 所示，试求盲沟的工程量。

【解】　(1) 清单工程量：

盲沟长度　430m

清单工程量计算见下表：

清单工程量计算表

项目编码	项目名称	项目特征描述	计量单位	工程量
040201014001	盲沟	中央分隔带下设碎石盲沟	m	430

(2) 定额工程量同清单工程量。

项目编码：040204001　　**项目名称：人行道块料铺设**

【例 98】　某城市道路人行道两边均宽为 6m，采用块料铺设，道路长为 690m，人行道路结构图如图 2-97 所示，试求人行道块料铺设的工程量。

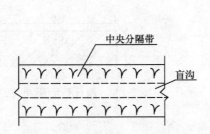

图 2-96　中央分隔带示意图

图 2-97　人行道结构图

【解】（1）清单工程量：

人行道块料铺设面积

$$690 \times 6 \times 2 m^2 = 8280 m^2$$

清单工程量计算见下表：

清单工程量计算表

项目编码	项目名称	项目特征描述	计量单位	工程量
040204001001	人行道块料铺设	30cm×30cm 人行道板铺设	m²	8280

（2）定额工程量同清单工程量。

项目编码：040204002
项目名称：现浇混凝土人行道及进口坡

【例99】 某城市道路人行道道宽为4m，采用现浇混凝土道板，该道路长为780m，人行道结构图如图2-98所示，试求人行道现浇混凝土的工程量。

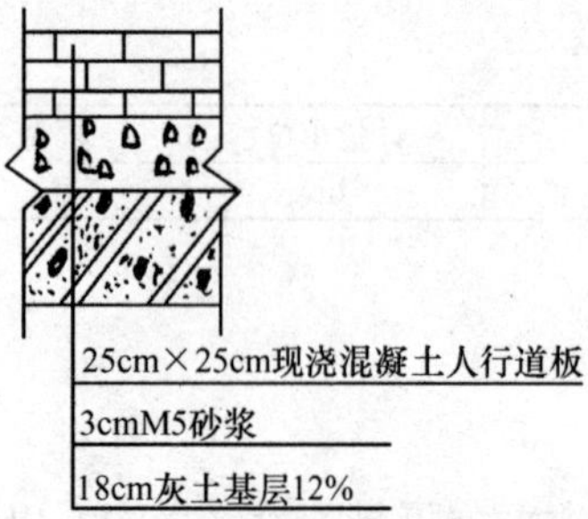

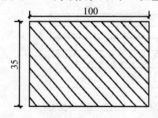

图2-98 人行道结构示意图

【解】（1）清单工程量：

现浇混凝土面积

$$780 \times 4 \times 2 m^2 = 6240 m^2$$

清单工程量计算见下表：

清单工程量计算表

项目编码	项目名称	项目特征描述	计量单位	工程量
040204002001	现浇混凝土人行道及进口坡	25cm×25cm 现浇混凝土人行道板	m²	6240

（2）定额工程量同清单工程量。

项目编码：040204003　　**项目名称：安砌侧石**

【例100】 某道路全长为1220m，路两边安砌缘石，缘石断面、正面图如图2-99、图2-100所示，试求路缘石的工程量。

图2-99 侧石正面图（单位：cm） 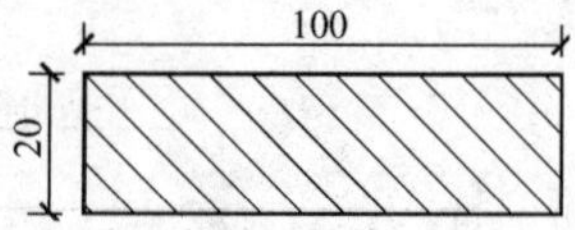　　图2-100 侧石平面图（单位：cm）

【解】（1）清单工程量：

路缘石的长度　$1220 \times 2 m = 2440 m$

清单工程量计算见下表：

清单工程量计算表

项目编码	项目名称	项目特征描述	计量单位	工程量
040204003001	安砌侧石	混凝土缘石 100cm×20cm×35cm 安砌	m	2440

(2) 定额工程量同清单工程量。

项目编码:040204004　　项目名称:现浇侧(平、缘)石

【例101】 某城市道路全长为830m,路两边浇筑侧缘石,缘石断面尺寸如图2-99、图2-100所示,试计算现浇路缘石的工程量。

【解】 (1) 清单工程量:

现浇路缘石的长度　830×2m=1660m

清单工程量计算见下表:

清单工程量计算表

项目编码	项目名称	项目特征描述	计量单位	工程量
040204004001	现浇侧(平、缘)石	现浇混凝土缘石 100cm×20cm×35cm	m	1660

(2) 定额工程量同清单工程量。

项目编码:040204005　　项目名称:检查井升降

【例102】 某市区道路全长为1930m,路两侧安设升降检查井,间距为50m,检查井布置图如图2-101所示,且检查井与路面标高均发生正负高差,试计算检查井的工程量。

【解】 (1)清单工程量:

检查井的座数　(1930÷50+1)×2座=80座

清单工程量计算见下表:

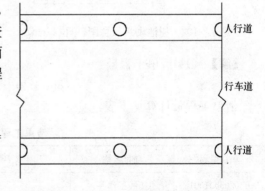

图 2-101　检查井布置图

清单工程量计算表

项目编码	项目名称	项目特征描述	计量单位	工程量
040204005001	检查井升降	升降检查井与路面标高均发生正负高差	座	80

(2) 定额工程量同清单工程量。

项目编码:040204006　　项目名称:树池砌筑

【例103】 某城市道路全长为670m,人行道与车道之间种植树木,每个树池间距为5m,树池示意图如图2-102所示,试计算树池砌筑的工程量。

【解】 (1) 清单工程量:

树池个数　(670÷5+1)×2个=270个

清单工程量计算见下表：

清单工程量计算表

项目编码	项目名称	项目特征描述	计量单位	工程量
040204006001	树池砌筑	树池砌筑	个	270

(2) 定额工程量同清单工程量。

项目编码：040205001　　项目名称：接线工作井

【例104】 城市四号道路一边设有接线工作井，便于地下管线的装拆，道路总长890m，每40m设一座，接线工作井的示意图如图2-103所示，试计算接线工作井的工程量。

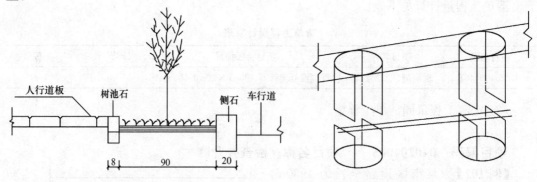

图2-102　树池砌筑示意图(单位：cm)　　　图2-103　接线工作井示意图

【解】 (1) 清单工程量：

$$(890 \div 40 + 1) 座 = 23 座$$

清单工程量计算见下表：

清单工程量计算表

项目编码	项目名称	项目特征描述	计量单位	工程量
040205001001	接线工作井	接线工作井	座	23

(2) 定额工程量同清单工程量。

项目编码：040205002　　项目名称：电缆保护管铺设

【例105】 道路下面铺设的电缆线应由电缆保护管保护，以便维持正常的工作，该路长410m，电缆保护管示意图如图2-104所示，试求电缆保护管的工程量。

【解】 (1) 清单工程量：
电缆保护管的长度为410m
清单工程量计算见下表：

图2-104　电缆保护管示意图(单位：m)

清单工程量计算表

项目编码	项目名称	项目特征描述	计量单位	工程量
040205002001	电缆保护管埋设	电缆保护管埋设	m	410

(2) 定额工程量同清单工程量。

项目编码：040205003   项目名称：标杆

【例106】 某高速公路上每隔100m设置一标杆以引导驾驶员视线，该高速路全长2420m，标杆示意图如图2-105所示，试计算标杆的工程量。

【解】 (1) 清单工程量：
标杆套数 $(2420 \div 100 + 1)$套 = 25套
清单工程量计算见下表：

清单工程量计算表

项目编码	项目名称	项目特征描述	计量单位	工程量
040205003001	标杆	标杆	套	25

(2) 定额工程量同清单工程量。

项目编码：040205004   项目名称：标志板

【例107】 某高速公路在K0+460～K1+100之间每隔50m设置一标志板，以引导驾驶员正常驾驶，标志板的示意图如图2-106所示，试计算标志板的工程量。

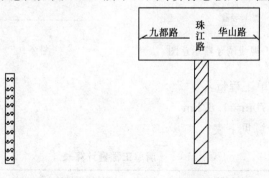

图2-105 标杆示意图   图2-106 标志板示意图

【解】 (1) 清单工程量：
标志板的块数
$$[(1100 - 460) \div 50 + 1]块 = 13块$$
清单工程量计算见下表：

清单工程量计算表

项目编码	项目名称	项目特征描述	计量单位	工程量
040205004001	标志板	标志板	块	13

(2) 定额工程量同清单工程量。

项目编码：040205005   项目名称：视线诱导器

【例108】 某市区道路全长为1780m，路面为混凝土路面，为了夜间行驶安全，在道路两边每隔10m安装一只视线诱导器，诱导器示意图如图2-107所示，试求视线诱导器的工程量。

【解】（1）清单工程量：

视线诱导器的工程量 (1780÷10+1)×2只＝358只

清单工程量计算见下表：

清单工程量计算表

项目编码	项目名称	项目特征描述	计量单位	工程量
040205005001	视线诱导器	视线诱导器	只	358

（2）定额工程量同清单工程量。

项目编码：040205006   项目名称：标线

【例109】 某条道路全长为1670m，路面宽度为14m，为了行车安全，在行车道之间用标线标出，道路平面示意图如图2-108所示，试求标线的工程量。

图 2-107 视线诱导器示意图

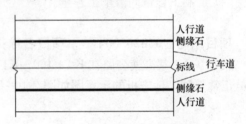

图 2-108 道路平面示意图

【解】（1）清单工程量：

标线长度 1670m＝1.67km

清单工程量计算见下表：

清单工程量计算表

项目编码	项目名称	项目特征描述	计量单位	工程量
040205006001	标线	标线	km	1.67

（2）定额工程量同清单工程量。

项目编码：040205007   项目名称：标记

【例110】 在F城市中，有一主干道与路边的建筑物相通时，需设置温馨提示，如图2-109所示，其中共有95个此类建筑物，试求标记的工程量。

【解】（1）清单工程量：

标记个数 95个

清单工程量计算见下表：

清单工程量计算表

项目编码	项目名称	项目特征描述	计量单位	工程量
040205007001	标记	标记	个	95

(2) 定额工程量同清单工程量。

项目编码：040205008　　项目名称：横道线

【例 111】 城市某两干道交叉口如图 2-110 所示，设置人行横道线，人行道线宽 20cm，长度均为 2m，试计算横道线的工程量。

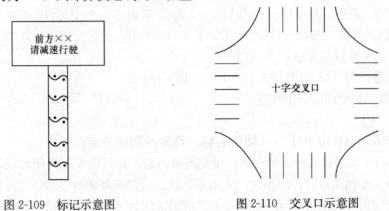

图 2-109　标记示意图　　　　图 2-110　交叉口示意图

【解】（1）清单工程量：

人行横道线的面积　$0.2 \times 2 \times (2 \times 5 + 2 \times 5) m^2 = 8 m^2$

清单工程量计算见下表：

清单工程量计算表

项目编码	项目名称	项目特征描述	计量单位	工程量
040205008001	横道线	人行横道线	m^2	8

(2) 定额工程量同清单工程量。

项目编码：040205009　　项目名称：清除标线

【例 112】 城市三号道路由于交通量变大，出现交通拥挤，因此对其进行改建，由原来的双向 4 车道变为双向 6 车道，所以对原有路面标线予以清除，原有 3 条标线，每条线宽 15cm，该路共长 810m，道路平面示意图如图 2-111 所示，试求清除标线的工程量。

【解】（1）清单工程量：

清除标线的面积　$3 \times 0.15 \times 810 m^2 = 364.5 m^2$

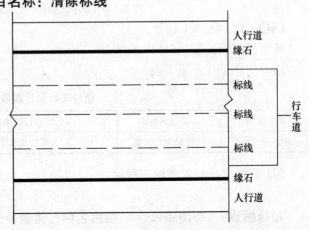

图 2-111　道路平面示意图

清单工程量计算见下表:

清单工程量计算表

项目编码	项目名称	项目特征描述	计量单位	工程量
040205009001	清除标线	清除标线	m²	364.5

(2)定额工程量同清单工程量。

项目编码：040205010　　　项目名称：交通信号灯安装

【例113】 某市区某道路全长为1960m,每隔50m有一个交叉口,在每一个交叉口安装4套交通信号灯,交通信号灯示意图如图2-112所示,试求交通信号灯的工程量。

【解】 (1)清单工程量：
交通信号灯的套数 $(1960 \div 50 + 1) \times 4$ 套$=160$ 套
(2)定额工程量同清单工程量。

项目编码：040205011　　　项目名称：环形检测线安装

【例114】 某新建道路需对交叉口做交通量调查,在每个车道下面均安装一个环形电流线圈,每当车辆通过时,线圈便产生电流,以此计量车辆的通过量,此道路共有6个交叉口,每个线圈的长度为12m,如图2-113所示,试计算检测线的长度。

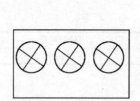

图2-112 交通信号灯示意图

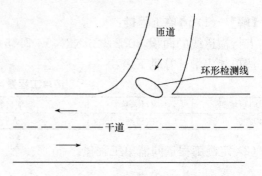

图2-113 环形检测线示意图

【解】 (1)清单工程量：
环形检测线长度　$6 \times 12m = 72m$
清单工程量计算见下表:

清单工程量计算表

项目编码	项目名称	项目特征描述	计量单位	工程量
040205011001	环形检测线安装	环形检测线安装	m	72

(2)定额工程量同清单工程量。

项目编码：040205012　　　项目名称：值警亭安装

【例115】 某市区道路全长为1860m,每隔50m有一个交叉口,在每个交叉口均设有一座值警亭，试求值警亭的工程量。

【解】（1）清单工程量：

值警亭的数量 （1860÷50+1）座=38座

清单工程量计算见下表：

清单工程量计算表

项目编码	项目名称	项目特征描述	计量单位	工程量
040205012001	值警亭安装	值警亭安装	座	38

（2）定额工程量同清单工程量。

项目编码：040205013   项目名称：隔离护栏安装

【例116】 某高速公路K0+450~K0+600段与村庄相邻，为避免行人、家畜影响行车速度，出现安全隐患问题，在道路两侧设置隔离栏，栏高为2.5m，其断面图如图2-114所示，试求隔离栏的工程量。

【解】（1）清单工程量：

隔离护栏的长度 （600-450）×2m=300m

清单工程量计算见下表：

清单工程量计算表

项目编码	项目名称	项目特征描述	计量单位	工程量
040205013001	隔离护栏安装	道路两侧设置隔离栏，栏高2.5m	m	300

（2）定额工程量同清单工程量。

项目编码：040205014   项目名称：立电杆

【例117】 某市区道路K0+000~K1+960为沥青混凝土路面，其路面宽度为27m，在人行道两侧每25m设一立电杆，立电杆示意图如图2-115所示，试求立电杆的工程量。

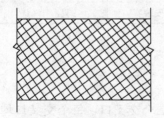

图2-114 隔离护栏示意图

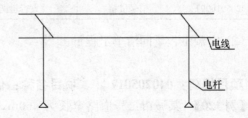

图2-115 立电杆示意图

【解】（1）清单工程量计算：

立电杆的数量 （1960÷25+1）×2根=158根

清单工程量计算见下表：

清单工程量计算表

项目编码	项目名称	项目特征描述	计量单位	工程量
040205014001	立电杆	钢筋混凝土电杆	根	158

(2) 定额工程量同清单工程量。

项目编码：040205015　　项目名称：信号灯架空走线

【例118】 某市区道路全长为2340m，路面为混凝土路面，在人行道两侧均安装信号灯架空走线，试求信号灯架空线的工程量。

【解】（1）清单工程量：

信号灯架空走线的长度

$$2340 \times 2m = 4680m = 4.68km$$

清单工程量计算见下表：

清单工程量计算表

项目编码	项目名称	项目特征描述	计量单位	工程量
040205015001	信号灯架空走线	信号灯架空走线	km	4.68

(2) 定额工程量同清单工程量。

项目编码：040205016　　项目名称：信号机箱

【例119】 某新建道路K0+000～K1+450，路面为混凝土结构，在工程竣工后，在人行道两侧需安置信号机箱，这些工程仍交给原施工队进行安装，信号机箱每隔30m安装一只，试求信号机箱的工程量。

【解】（1）清单工程量：

信号机箱的数量

$$2 \times (1450 \div 30 + 1) 只 = 98 只$$

清单工程量计算见下表：

清单工程量计算表

项目编码	项目名称	项目特征描述	计量单位	工程量
040205016001	信号机箱	人行道两侧信号机箱安装	只	98

(2) 定额工程量同清单工程量。

项目编码：040205017　　项目名称：信号灯架

【例120】 某城市二号道路全长为660m，共有十二个交叉口，每个交叉口均设置两个信号灯，均有两个信号灯架，试计算信号灯架的工程量。

【解】（1）清单工程量：

信号灯架组数　12×2组=24组

清单工程量计算见下表：

清单工程量计算表

项目编码	项目名称	项目特征描述	计量单位	工程量
040205017001	信号灯架	信号灯架	组	24

(2) 定额工程量同清单工程量。

项目编码：040205018   项目名称：管内穿线

【例121】 某道路下面铺设道路管线，管道内共有7股管线圈，每个管线圈内均有管线，道路总长1180m，试求管内穿线的工程量。

【解】 (1) 清单工程量：

管内穿线的长度　$1180 \times 7\,m = 8260\,m = 8.26\,km$

清单工程量计算见下表：

清单工程量计算表

项目编码	项目名称	项目特征描述	计量单位	工程量
040205018001	管内穿线	7股管线圈	km	8.26

(2) 定额工程量同清单工程量。

项目编码：040203005   项目名称：水泥混凝土

【例122】 某水泥混凝土路面全长为1410m，路面宽度为21m，快车道中央有一条纵向伸缩缝，其断面图如图2-116所示，试计算伸缝的工程量。

【解】 (1) 清单工程量：

伸缩缝的面积　$1410 \times 0.02\,m^2 = 28.2\,m^2$

清单工程量计算见下表：

清单工程量计算表

项目编码	项目名称	项目特征描述	计量单位	工程量
040203005001	水泥混凝土	伸缩缝，缝宽2cm	m²	28.2

(2) 定额工程量同清单工程量。

项目编码：040203005   项目名称：水泥混凝土

【例123】 某水泥混凝土路面全长为820m，路面宽度为15m，每隔6m设置一条横向伸缩缝，横缝断面图如图2-117所示，试计算横缝的工程量。

图2-116　伸缩缝断面图

图2-117　横缝断面图

【解】 (1) 清单工程量：

横缝的面积　$15 \times 0.006 \times (820 \div 6 - 1)\,m^2 = 12.21\,m^2$

清单工程量计算见下表：

清单工程量计算表

项目编码	项目名称	项目特征描述	计量单位	工程量
040203005001	水泥混凝土	横向伸缩缝，缝宽0.6cm	m²	12.21

(2) 定额工程量同清单工程量。

项目编码：040201010　　项目名称：喷粉桩

【例124】某道路全长为1460m，路面宽度为12m，路肩各为1m，路基加宽值为30cm，由于路基湿软进行喷粉桩对路基进行处理，其中路堤断面图、喷粉桩示意图，分别如图2-118、图2-119所示，试计算喷粉桩的工程量。

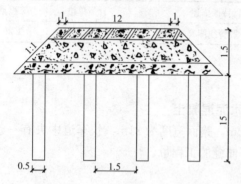 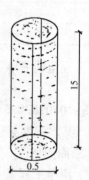

图2-118　路堤断面图(单位：m)　　图2-119　喷粉桩示意图(单位：m)

【解】(1) 清单工程量：

喷粉桩的长度为

$$[1460 \div (1.5+0.5)+1] \times [(12+1 \times 2) \div 2+1] \times 15\text{m} = 87720\text{m}$$

清单工程量计算见下表：

清单工程量计算表

项目编码	项目名称	项目特征描述	计量单位	工程量
040201010001	喷粉桩	桩径0.5m，桩长15m	m	87720

(2) 定额工程量：

喷粉桩的长度为

$$[1460 \div (1.5+0.5)+1] \times [(12+1 \times 2+2 \times 0.3) \div 2+1] \times 15\text{m} = 91010\text{m}$$

喷粉桩的截面积　$\pi(0.5 \div 2)^2 \text{m}^2 = 0.196\text{m}^2$

喷粉桩的体积　$91010 \times 0.196\text{m}^3 = 17837.96\text{m}^3$

项目编码：040202013　　项目名称：粉煤灰三渣

【例125】某城市主干道全长为1660m，路面宽度为25.44m，缘石宽度为20cm，快车道宽为4m，慢车道宽为3.5m，人行道宽为4.8m，路面为沥青混凝土路面，人行道、慢车道如图2-120所示，快车道大样图如图2-121所示，道路平面图如图2-122所示，试计算道路工程量。

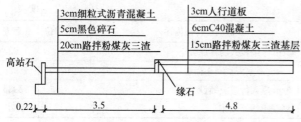
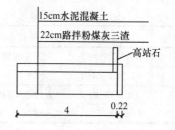

图 2-120　慢车道、人行道示意图(单位：m)　　图 2-121　快车道大样图(单位：m)

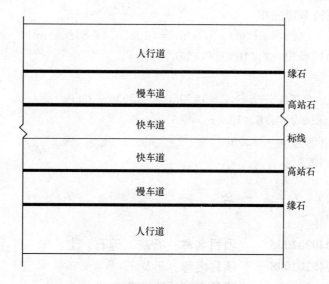

图 2-122　道路平面示意图(单位：m)

【解】 (1) 清单工程量：

路拌粉煤灰三渣基层面积

$$25.44 \times 1660 m^2 = 42230.4 m^2$$

黑色碎石基层面积　$7 \times 1660 m^2 = 11620 m^2$

沥青混凝土面层面积　$7 \times 1660 m^2 = 11620 m^2$

混凝土面积　$4.8 \times 1660 m^2 \times 2 = 15936 m^2$

人行道板的面积

$$2 \times 4.8 \times 1660 m^2 = 7968 \times 2 m^2 = 15936 m^2$$

缘石长度　$1660 \times 2 m = 3320 m$

清单工程量计算见下表：

清单工程量计算表

序号	项目编码	项目名称	项目特征描述	计量单位	工程量
1	040202001001	垫层	人行道 6cm 厚 C40 混凝土	m²	15936
2	040202013001	粉煤灰三渣	快车道 22cm 厚路拌粉煤灰三渣	m²	42230.4
3	040202013002	粉煤灰三渣	慢车道 20cm 厚路拌粉煤灰三渣	m²	42230.4
4	040202013003	粉煤灰三渣	人行道 15cm 厚路拌粉煤灰三渣基层	m²	42230.4
5	040203003001	黑色碎石	5cm 厚黑色碎石基层，石料最大粒径 40mm	m²	11620

续表

序号	项目编码	项目名称	项目特征描述	计量单位	工程量
6	040203004001	沥青混凝土	3cm厚细粒式沥青混凝土	m^2	11620
7	040203005001	水泥混凝土	15cm厚水泥混凝土面层	m^2	15936
8	040204001001	人行道块料铺设	3cm厚人行道板铺设	m^2	15936
9	040204003001	安砌侧(平、缘)石	混凝土缘石安砌	m	3320

(2) 定额工程量：

路拌粉煤灰三渣基层面积

$$(25.44+2a)\times 1660 m^2 = (42230.4+3320a) m^2$$

沥青混凝土面层面积　$7\times 1660 m^2 = 11620 m^2$

混凝土面积

$$(4.8+a)\times 2\times 1660 m^2 = (15936+3320a) m^2$$

人行道板的面积　$2\times 4.8\times 1660 m^2 = 15936 m^2$

缘石长度　$1660\times 2m = 3320m$

注：a 为路基一侧加宽值。

第二节　综合实例

项目编码：**040202005**　　　项目名称：**石灰、碎石、土**

项目编码：**040202008**　　　项目名称：**砂砾石**

项目编码：**040202002**　　　项目名称：**石灰稳定土**

【例1】　某城市次干路全长 1320m，路面宽度为 15m，车行道宽为 7m，两侧人行道各宽 3.8m，缘石宽度为 20cm，道路横断面图如图 2-123 所示，道路结构图如图 2-124、图 2-125 所示，试计算道路工程量。

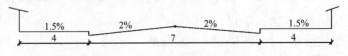

图 2-123　道路横断面图(单位：m)

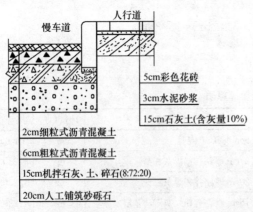

图 2-124　路面结构图

图 2-125　缘石立面图(单位：cm)

【解】（1）清单工程量：
人工铺筑砂砾石的面积
$$1320\times(7+2\times0.2)\text{m}^2=9768\text{m}^2$$
机拌石灰、土、碎石（8∶72∶20）面积
$$1320\times(7+2\times0.2)\text{m}^2=9768\text{m}^2$$
沥青混凝土面层面积　$1320\times7\text{m}^2=9240\text{m}^2$
人行道石灰土面积　$3.8\times2\times1320\text{m}^2=10032\text{m}^2$
人行道水泥砂浆面积　$3.8\times2\times1320\text{m}^2=10032\text{m}^2$
人行道彩色花砖面积　$3.8\times2\times1320\text{m}^2=10032\text{m}^2$
缘石的长度　$1320\times2\text{m}=2640\text{m}$
清单工程量计算见下表：

清单工程量计算表

序号	项目编码	项目名称	项目特征描述	计量单位	工程量
1	040202001001	垫层	人行道3cm厚水泥砂浆	m²	10032
2	040202005001	石灰、碎石、土	15cm厚机拌石灰、土、碎石（8∶72∶20）	m²	9768
3	040202008001	砂砾石	20cm厚人工铺筑，砂砾石底层	m²	9768
4	040202002001	石灰稳定土	15cm厚人行道石灰土含灰量10%	m²	10032
5	040203004001	沥青混凝土	6cm粗粒式沥青混凝土	m²	9240
6	040203004002	沥青混凝土	2cm细粒式沥青混凝土	m²	9240
7	040204001001	人行道块料铺设	5cm厚彩色花砖铺设	m²	10032
8	040204003001	安砌侧（平、缘）石	混凝土缘石安砌20cm×30cm	m	2640

（2）定额工程量：
人工铺筑砂砾石的面积
$$1320\times(7+2\times0.2)\text{m}^2=9768\text{m}^2$$
机拌石灰、土、碎石（8∶72∶20）的面积
$$1320\times(7+2\times0.2)\text{m}^2=9768\text{m}^2$$
沥青混凝土面积　$7\times1320\text{m}^2=9240\text{m}^2$
人行道石灰土面积
$$(3.8+a)\times2\times1320\text{m}^2=(10032+2640a)\text{m}^2$$
人行道水泥砂浆面积
$$(3.8+a)\times2\times1320\text{m}^2=(10032+2640a)\text{m}^2$$
人行道彩色花砖面积　$3.8\times2\times1320\text{m}^2=10032\text{m}^2$
缘石的长度　$1320\times2\text{m}=2640\text{m}$
注：a为路基一侧加宽值。

项目编码：040202010　　项目名称：碎石
项目编码：040202002　　项目名称：石灰稳定土
项目编码：040203004　　项目名称：沥青混凝土

【例2】　某城市主干道全长2460m，路面宽度为27m，该道路快车道均为4m宽，慢

车道均为3.5m宽，分隔带均为1m宽，人行道宽均为4m，缘石宽为20cm，每隔5m种植一树，道路横断面图、路面结构图、侧石大样图、树池示意图如图2-126～图2-129所示，试计算道路工程量。

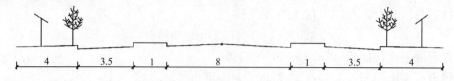

图2-126 道路横断面图（单位：m）

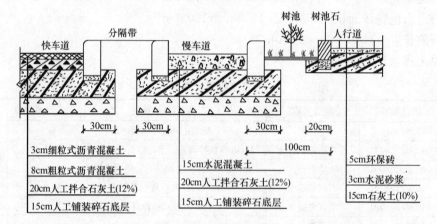

图2-127 路面结构图

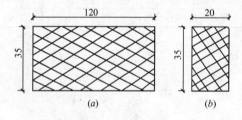

图2-128 侧石大样图（单位：cm）
(a)平面图；(b)立面图

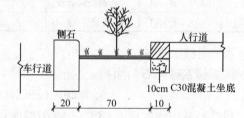

图2-129 树池示意图（单位：cm）

【解】 （1）清单工程量：

人工铺装碎石底层

$$(8+4\times0.3+3.5\times2+2\times0.3)\times2460m^2=41328m^2$$

人工拌合石灰土(12%)面积

$$(8+4\times0.3+3.5\times2+2\times0.3)\times2460m^2=41328m^2$$

沥青混凝土面积　$8\times2460m^2=19680m^2$

水泥混凝土面积　$3.5\times2\times2460m^2=17220m^2$

石灰土(10%)面积　$(4+0.2)\times2\times2460m^2=20664m^2$

水泥砂浆的面积　$4\times2\times2460m^2=19680m^2$

环保砖面积　$4\times2\times2460m^2=19680m^2$

缘石长度　$6\times2460m=14760m$

树池个数　(2460÷5+1)×2 个=986 个

清单工程量计算见下表：

清单工程量计算表

序号	项目编码	项目名称	项目特征描述	计量单位	工程量
1	040202010001	碎石	15cm 厚人工铺装碎石底层	m^2	41328
2	040202002001	石灰稳定土	20cm 厚人工拌合石灰土(12%)	m^2	41328
3	040202002002	石灰稳定土	15cm 厚石灰土(10%)	m^2	20664
4	040203004001	沥青混凝土	8cm 粗粒式沥青混凝土	m^2	19680
5	040203004002	沥青混凝土	3cm 细粒式沥青混凝土	m^2	19680
6	040203005001	水泥混凝土	15cm 厚水泥混凝土面层	m^2	17220
7	040202001001	垫层	3cm 厚水泥砂浆垫层	m^2	19680
8	040204001001	人行道块料铺设	人行道 5cm 厚环保砖铺设	m^2	19680
9	040204003001	安砌侧(平、缘)石	混凝土缘石安砌	m	14760
10	040204006001	树池砌筑	砌筑树池	个	986

(2) 定额工程量：

人工铺装碎石底层
　　　　(8+2×0.3+3.5×2+2×0.3)×2460m^2=39852m^2

人工拌合石灰土(12%)面积
　　　　(8+2×0.3+3.5×2+2×0.3)×2460m^2=39852m^2

沥青混凝土面积　8×2460m^2=19680m^2

水泥混凝土面积　3.5×2×2460m^2=17220m^2

石灰土(10%)面积
　　　　(4+0.2+a)×2×2460m^2=(20664+4920a)m^2

水泥砂浆的面积　4×2×2460m^2=19680m^2

环保砖面积　4×2×2460m^2=19680m^2

缘石长度　6×2460m=14760m

树池个数　(2460÷5+1)×2 个=986 个

注：a 为路基一侧加宽值。

项目编码：040201008　　项目名称：石灰砂桩
项目编码：040202005　　项目名称：石灰、碎石、土
项目编码：040202008　　项目名称：砂砾石

【例3】 某高速公路全长为 3630m，路面宽度为 27m，每个车道宽 4m，中央分隔带为 3m，为双向六车道，其中 K1+570~K2+420 之间由于土质比较湿软，为了保证路基的稳定性和满足道路的使用性质，对该段土基进行砂桩处理，道路平面图与土基处理图、路面结构示意图、伸缩缝断面图如图 2-130~图 2-134 所示，试计算道路工程量。

【解】 (1) 清单工程量：

人工铺装砂砾石底基层面积　3630×27m^2=98010m^2

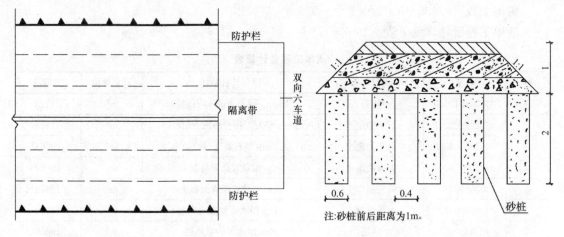

图 2-130 道路平面图　　　　图 2-131 砂桩布置示意图（单位：m）

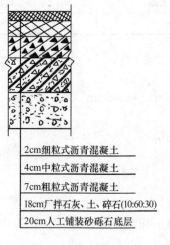

图 2-132 路面结构示意图

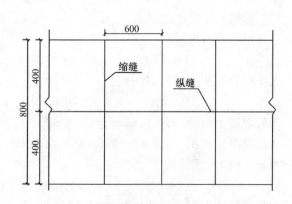

图 2-133 伸缩缝布置示意图（单位：cm）

厂拌石灰、土、碎石基层面积　$3630 \times 27 \mathrm{m}^2 = 98010 \mathrm{m}^2$

沥青混凝土面层面积　$3630 \times 27 \mathrm{m}^2 = 98010 \mathrm{m}^2$

砂桩长度

$2 \times [(27+2) \div (0.6+0.4) + 1] \times [(2420-1570) \div (0.6+0.4) + 1] \mathrm{m}$

$= 2 \times 30 \times 851 \mathrm{m}$

$= 51060 \mathrm{m}$

防护栏的长度　$3630 \times 2 \mathrm{m} = 7260 \mathrm{m}$

伸缩缝的面积

$[3630 \times 0.02 + (3630 \div 6 - 1) \times 27 \times 0.006] \mathrm{m}^2 = 170.45 \mathrm{m}^2$

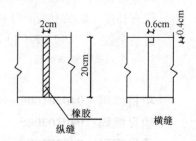

图 2-134 伸缩缝断面图

清单工程量计算见下表：

清单工程量计算表

序号	项目编码	项目名称	项目特征描述	计量单位	工程量
1	040201008001	石灰砂桩	桩径0.6m,砂桩前后间距1m	m	51060
2	040202005001	石灰、碎石、土	18cm厚厂拌石灰、土、碎石(10:60:30)	m²	98010
3	040202008001	砂砾石	20cm厚人工铺装砂砾石底层	m²	98010
4	040203004001	沥青混凝土	7cm厚粗粒式沥青混凝土	m²	98010
5	040203004002	沥青混凝土	4cm厚中粒式沥青混凝土	m²	98010
6	040203004003	沥青混凝土	2cm厚细粒式沥青混凝土	m²	98010
7	040203005001	水泥混凝土	伸缩缝:纵缝缝宽2cm,横缝缝宽0.6m	m²	170.45
8	040205013001	隔离护栏安装	隔离护栏安装	m	7260

(2) 定额工程量:

人工铺装砂砾石底基层面积

$$3630\times(27+2a)m^2=(98010+7260a)m^2$$

厂拌石灰、土、碎石基层面积

$$3630\times(27+2a)m^2=(98010+7260a)m^2$$

沥青混凝土面层面积 $3630\times27m^2=98010m^2$

砂桩长度

$$2\times[(27+2+2a)\div(0.6+0.4)+1]\times[(2420-1570)\div(0.6+0.4)+1]m$$
$$=(51060+3404a)m$$

防护栏的长度 $3630\times2m=7260m$

伸缩缝的面积

$$[3630\times0.02+(3630\div6-1)\times27\times0.006]m^2=170.45m^2$$

注:a为路基一侧加宽值。

项目编码:040202009　　**项目名称:卵石**

项目编码:040202006　　**项目名称:石灰、粉煤灰、碎(砾)石**

项目编码:040203003　　**项目名称:黑色碎石**

项目编码:040201013　　**项目名称:排水沟、截水沟**

【例4】 某山区道路在K0+910~K1+760之间为挖方路段,路面宽度为15m,路肩各宽1m,路基加宽值为30cm,由于考虑到路基排水和路基的稳定性,需要设置边沟与截水沟,路堑断面图、道路结构图、边沟、截水沟断面示意图如图2-135~图2-138所示,试计算道路工程量。

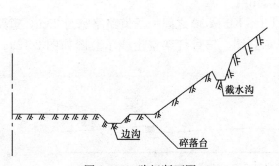

图2-135　路堑断面图

图2-136　路面结构图

注：a.梯形边沟内侧边坡为1:1~1:1.5。
b.外侧边坡坡度与挖方边坡坡度相同。
c.底宽与深度约0.4~0.6m。

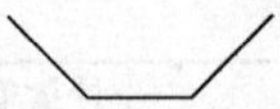

图 2-137 边沟断面图

注：a.坡度1:1~1:1.5。
b.底宽与深度亦不应小于0.5m。

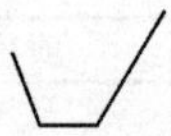

图 2-138 截水沟断面图

【解】（1）清单工程量：
卵石底层面积 $(1760-910)\times 15 \text{m}^2 = 12750 \text{m}^2$
拌合二灰碎石基层面积 $(1760-910)\times 15 \text{m}^2 = 12750 \text{m}^2$
黑色碎石面层面积 $(1760-910)\times 15 \text{m}^2 = 12750 \text{m}^2$
边沟长度 $(1760-910)\times 2 \text{m} = 850\times 2 \text{m} = 1700 \text{m}$
截水沟长度 $(1760-910)\times 2 \text{m} = 850\times 2 \text{m} = 1700 \text{m}$
清单工程量计算见下表：

清单工程量计算表

序号	项目编码	项目名称	项目特征描述	计量单位	工程量
1	040202009001	卵石	20cm厚卵石底层	m²	12750
2	040202006001	石灰、粉煤灰、碎(砾)石	20cm厚拌合机拌合二灰碎石(10：20：70)	m²	12750
3	040203003001	黑色碎石	8cm厚黑色碎石路面面层	m²	12750
4	040201013001	排水沟、截水沟	排水边沟，梯形断面	m	1700
5	040201013002	排水沟、截水沟	截水沟，梯形断面	m	1700

（2）定额工程量：
卵石底层面积
$$(1760-910)\times(15+1\times 2+2\times 0.3)\text{m}^2 = 14960 \text{m}^2$$
拌合二灰碎石基层面积
$$(1760-910)\times(15+1\times 2+2\times 0.3)\text{m}^2 = 14960 \text{m}^2$$
黑色碎石面层面积 $(1760-910)\times 15 \text{m}^2 = 12750 \text{m}^2$
边沟长度 $(1760-910)\times 2 \text{m} = 1700 \text{m}$
截水沟长度 $(1760-910)\times 2 \text{m} = 1700 \text{m}$

【例5】 城市二号道路，其中K0+160～K0+530之间一段道路路宽为25m，道路横断面图如图所示，道路结构图、立电杆示意图、信号灯架空走线示意图如图 2-139～图 2-142所示，试计算道路工程量。

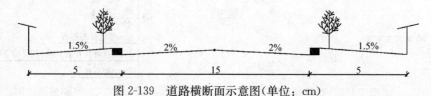

图 2-139 道路横断面示意图（单位：cm）

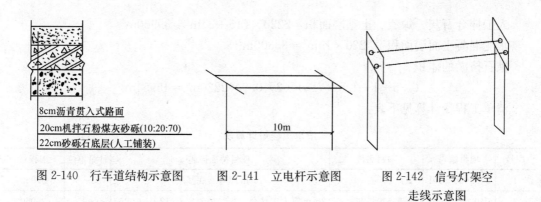

图 2-140 行车道结构示意图　　图 2-141 立电杆示意图　　图 2-142 信号灯架空走线示意图

【解】 (1) 清单工程量：

砂砾石底基层面积　$15×(530-160)m^2=5550m^2$

石灰、粉煤灰、砂砾基层面积　$15×(530-160)m^2=5550m^2$

沥青贯入式路面面层的面积　$15×(530-160)m^2=5550m^2$

立电杆的个数　$[(530-160)÷10+1]$个$=38$个

信号灯架空走线的长度　$(530-160)×2m=740m=0.74km$

(2) 定额工程量同清单工程量。

项目编码：040201005　　项目名称：抛石挤淤

【例6】 某条道路全长2220m，路面宽度为15m，两侧路肩宽为1.5m，路基加宽值为30cm，快车道均为4m，慢车道均为3.5m，道路横断面图、道路结构图、抛石挤淤断面示意图如图2-143~图2-145所示，试计算道路的工程量。

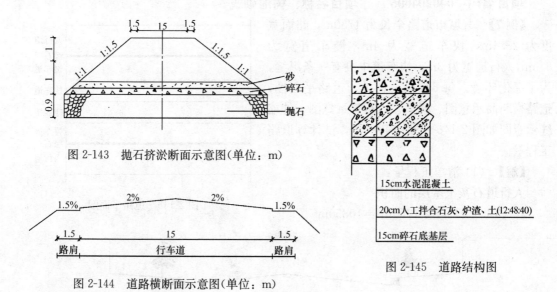

图 2-143 抛石挤淤断面示意图(单位：m)

图 2-145 道路结构图

图 2-144 道路横断面示意图(单位：m)

【解】 (1) 清单工程量：

碎石底基层的面积　$2220×(15+3)m^2=39960m^2$

人工拌合石灰、炉渣、土基层面积　$2220×(15+3)m^2 = 39960m^2$

水泥混凝土面层面积　$2220×15m^2 = 33300m^2$

抛石挤淤的体积

$$(1.5+1+1.5+7.5)×2×0.9×2220m^3 = 45954m^3$$

清单工程量计算见下表：

清单工程量计算表

序号	项目编码	项目名称	项目特征描述	计量单位	工程量
1	040202009001	碎石	15cm厚碎石底基层	m^2	39960
2	040202004001	石灰、粉煤灰、土	20cm厚人工拌合石灰、炉渣、土(12：48：40)	m^2	39960
3	040203005001	水泥混凝土	15cm厚水泥混凝土面层	m^2	33300
4	040201005001	抛石挤淤	抛石挤淤	m^3	45954

（2）定额工程量：

碎石底基层的面积

$$2220×(15+2×1.5+2×0.3)m^2 = 41292m^2$$

人工拌合石灰、炉渣、土基层面积

$$2220×(15+2×1.5+2×0.3)m^2 = 41292m^2$$

水泥混凝土面层面积　$2220×15m^2 = 33300m^2$

抛石挤淤的体积

$$(1.5+1+1.5+7.5+0.3)×2×0.9×2220m^3 = 47152.8m^3$$

项目编码：040204001　　**项目名称：人行道块料铺设**

项目编码：040204006　　**项目名称：树池砌筑**

【例7】　某城市道路全长为1750m，路面宽度为23.4m，快车道宽为4m，慢车道宽为3.5m，人行道宽为3m，快车道中央有一条纵缝，为了绿化环境，每6m设一树池，道路平面图、道路横断面示意图、树池、人行道示意图、伸缩缝示意图如图2-146~图2-149所示，试计算道路工程量。

【解】　（1）清单工程量：

人行道石灰土基层的面积

$$(3+0.1)×2×1750m^2 = 10850m^2$$

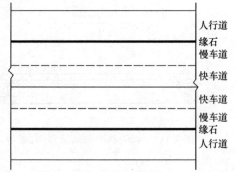

图2-146　道路平面图

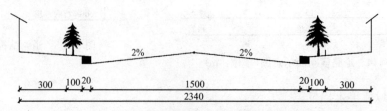

图2-147　道路横断面示意图（单位：cm）

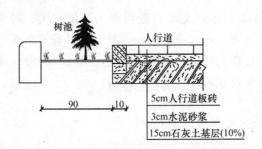

图 2-148 树池、人行道示意图(单位：cm)　　图 2-149 伸缩缝示意图(单位：cm)

水泥砂浆的面积　$3 \times 2 \times 1750 m^2 = 10500 m^2$

人行道板砖的面积　$3 \times 2 \times 1750 m^2 = 10500 m^2$

纵缝面积　$1750 \times 0.02 m^2 = 35 m^2$

树池个数　$(1750 \div 6 + 1) \times 2$ 个 $= 585$ 个

缘石长度　$1750 \times 2 m = 3500 m$

清单工程量计算见下表：

清单工程量计算表

序号	项目编码	项目名称	项目特征描述	计量单位	工程量
1	040202002001	石灰稳定土	15cm厚石灰稳定土基层，含灰量10%	m^2	10850
2	040202001001	垫层	3cm厚水泥砂浆垫层	m^2	10500
3	040204001001	人行道块料铺设	5cm厚人行道板砖铺设	m^2	10500
4	040203005001	水泥混凝土	纵缝缝宽2cm	m^2	35
5	040204006001	树池砌筑	砌筑树池	个	585
6	040204003001	安砌侧(平、缘)石	混凝土缘石安砌	m	3500

(2) 定额工程量：

人行道石灰土基层的面积

$(3 + 0.1 + a) \times 2 \times 1750 m^2 = (10850 + 3500 a) m^2$

水泥砂浆的面积

$(3 + a) \times 2 \times 1750 m^2 = (10500 + 3500 a) m^2$

人行道板砖的面积　$3 \times 2 \times 1750 m^2 = 10500 m^2$

纵缝面积　$1750 \times 0.02 m^2 = 35 m^2$

树池个数　$(1750 \div 6 + 1) \times 2$ 个 $= 585$ 个

缘石长度　$1750 \times 2 m = 3500 m$

注：a 为路基一侧加宽值。

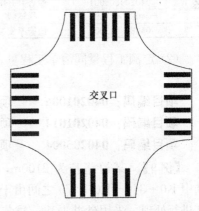

图 2-150 十字交叉口平面图

项目编码：040204005　　项目名称：检查井升降

项目编码：040205008　　项目名称：横道线

项目编码：040205012　　项目名称：值警亭安装

【例8】　本道路全长1640m，路面宽度为15m，其与另一城市干道有一交叉口，交叉

图 2-151　值警亭示意图

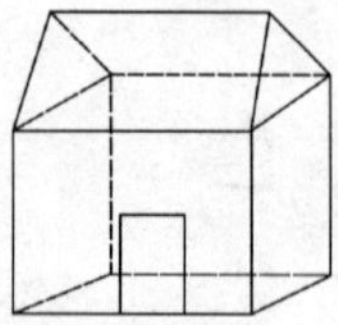

口示意图如图 2-151、图 2-152 所示，交叉口处由于人流量较大，各个路口均设置人行横道，每道线宽 25cm，线长 3m，每个路口有 6 条横道线，交叉口处设一值警亭，且在人行道两侧的道路上每隔 100m 设一座与路面标高发生正负高差的检查井，试求道路工程量。

【解】（1）清单工程量：

横道线的面积　$0.25\times6\times3\times4m^2=18m^2$

检查井的座数　（1640÷100＋1）×2 座＝35 座

值警亭的座数　1 座

清单工程量计算见下表：

150
1500
150
1:1
1:1
填土
150
150
10
200
注:前后砂井距离亦为2m

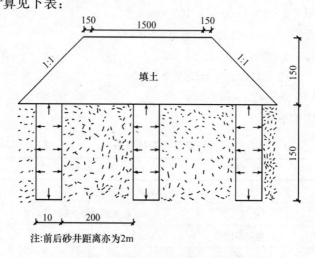

图 2-152　袋装砂井示意图(单位：cm)

清单工程量计算表

序号	项目编码	项目名称	项目特征描述	计量单位	工程量
1	040204005001	检查井升降	检查井	座	35
2	040205008001	横道线	人行横道线	m^2	18
3	040205012001	值警亭安装	值警亭安装	座	1

（2）定额工程量同清单工程量。

项目编码：040201006　　项目名称：袋装砂井

项目编码：040201014　　项目名称：盲沟

项目编码：040205004　　项目名称：标志板

【例 9】　某道路长为 2100m，路面宽度为 15m，其中 K0＋340～K0＋970 之间由于土基比较湿软，对其进行处理，采用砂井办法，袋装砂井示意图如图所示，在 K1＋320～K1＋930 之间由于排水困难，会影响路基的稳定性，采用盲沟排水，布置图如图所示，另外，每隔 100m 设置一标杆以引导驾驶员的视线，该道路与大型建筑物相邻时，竖立标志板以保证行人安全，共有 23 个此类建筑物，标杆、标志板示意图如

18cm水泥混凝土
20cm机拌石灰、粉煤灰、砂砾石(10:20:70)
15cm砂砾石底基层

图 2-153　道路结构图

图 2-153~图 2-156 所示,试计算该道路的工程量。

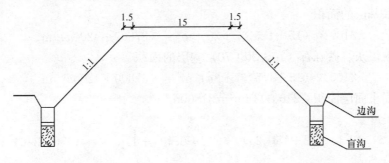

图 2-154 直沟布置图(单位:cm)

图 2-155 标杆示意图　　图 2-156 标志板示意图

【解】 (1) 清单工程量:
砂砾石底基层的面积　$2100 \times 15 m^2 = 31500 m^2$
石灰、粉煤灰、砂砾石(10:20:70)基层的面积
$$2100 \times 15 m^2 = 31500 m^2$$
水泥混凝土面层面积　$2100 \times 15 m^2 = 31500 m^2$
砂井的长度
　$[(1.5 \times 2 + 1.5 \times 2 + 15) \div (2+0.1) + 1] \times [(970-340) \div (2+0.1)+1] \times 1.5 m$
$= 11 \times 301 \times 1.5 m$
$= 4967 m$
盲沟长度　$(1930-1320) \times 2m = 1220m$
标杆套数　$2100 \div 100 + 1$ 套 $= 22$ 套
标志板块数　23 块
清单工程量计算见下表:

清单工程量计算表

序号	项目编码	项目名称	项目特征描述	计量单位	工程量
1	040202008001	砂砾石	15cm 厚砂砾石底基层	m²	31500
2	040202006001	石灰、粉煤灰、砂(砾)石	20cm 机拌石灰、粉煤灰、砂砾石(10:20:70)	m²	31500
3	040203005001	水泥混凝土	18cm 厚水泥混凝土面层	m²	31500
4	040201006001	袋装砂井	直径 0.1m 前后砂井间距 2m	m	4967
5	040201014001	盲沟	碎石盲沟	m	1220
6	040205003001	标杆	标杆	套	22
7	040205004001	标志板	标志板	块	23

(2) 定额工程量：

砂砾石底基层的面积

$$2100 \times (15+1.5 \times 2+2a) \text{ m}^2 = (37800+4200a) \text{ m}^2$$

石灰、粉煤灰、砂砾石（10∶20∶70）基层的面积

$$2100 \times (15+1.5 \times 2+2a) \text{ m}^2 = (37800+4200a) \text{ m}^2$$

水泥混凝土面层面积 $2100 \times 15 \text{ m}^2 = 31500 \text{ m}^2$

砂井的长度

$$[(1.5 \times 2+1.5 \times 2+15+2a) \div (2+0.1) +1] \times [(970-340) \div (2+0.1)$$
$$+1] \times 1.5 \text{ m}$$
$$= (4967+430a) \text{ m}$$

盲沟长度　$(1930-1320) \times 2\text{m} = 1220\text{m}$

标杆套数　$2100 \div 100+1$ 套 $=22$ 套

标志板块数　23 块

注：a 为路基一侧加宽值。

项目编码：040202008　项目名称：砂砾石
项目编码：040203002　项目名称：沥青贯入式
项目编码：040204001　项目名称：人行道块料铺设

【例10】 某城市主干路全长为1980m，路面宽度为21.4m，其中车道共宽15m，人行道各宽3m，人行道与车道分界处设有宽度为20cm的缘石，在每两个行车道中央设有一条纵向伸缩缝，道路横断面示意图、人行道、车行道结构图、伸缩缝断面图、缘石立、侧面图如图2-157～图2-161所示，试计算道路工程量。

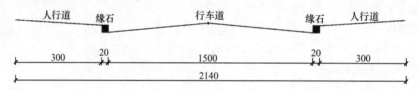

图2-157　道路横断面示意图（单位：cm）

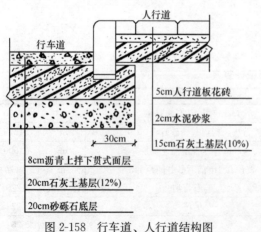

图2-158　行车道、人行道结构图

【解】　(1) 清单工程量：

砂砾石底层面积　$1980 \times (15+2 \times 0.3) \text{ m}^2 = 30888 \text{ m}^2$

12%的石灰土基层面积　$1980 \times (15+2 \times 0.3) \text{ m}^2 = 30888 \text{ m}^2$

10%的石灰土基层面积　$1980 \times 3 \times 2 \text{ m}^2 = 11880 \text{ m}^2$

水泥砂浆的面积　$3 \times 2 \times 1980 \text{ m}^2 = 11880 \text{ m}^2$

沥青上拌下贯式面层面积　$1980 \times 15 \text{ m}^2 = 29700 \text{ m}^2$

人行道板花砖面积　$1980×3×2m^2=11880m^2$

缘石长度　$1980×2m=3960m$

伸缩缝的面积　$1980×3×0.015m^2=89.1m^2$

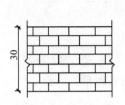 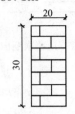 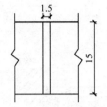

图 2-159　缘石立面图　　　图 2-160　缘石侧面图　　　图 2-161　伸缩缝断面图
（单位：cm）　　　　　　　（单位：cm）　　　　　　　（单位：cm）

清单工程量计算见下表：

清单工程量计算表

序号	项目编码	项目名称	项目特征描述	计量单位	工程量
1	040202008001	砂砾石	20cm厚砂砾石底层	m²	30888
2	040202002001	石灰稳定土	20cm厚石灰土基层（12%）	m²	30888
3	040202002002	石灰稳定土	15cm厚石灰土基层（10%）	m²	11880
4	040202001001	垫层	水泥砂浆2cm厚	m²	11880
5	040203002001	沥青贯入式	8cm厚沥青上拌下贯式面层	m²	29700
6	040204001001	人行道块料铺设	5cm厚人行道板花砖	m²	11880
7	040204003001	安砌侧（平、缘）石	砖缘石安砌30cm×20cm	m	3960
8	040203005001	水泥混凝土	伸缩缝缝宽1.5cm	m²	89.1

（2）定额工程量：

砂砾石底层面积　$1980×(15+2×0.3)m^2=30888m^2$

12%的石灰土基层面积　$1980×(15+2×0.3)m^2=30888m^2$

沥青上拌下贯式面层面积　$1980×15m^2=29700m^2$

10%的石灰土基层面积　$1980×(3+a)×2m^2=(11880+3960a)m^2$

水泥砂浆的面积　$1980×(3+a)×2m^2=(11880+3960a)m^2$

人行道板花砖面积　$1980×3×2m^2=11880m^2$

缘石长度　$1980×2m=3960m$

伸缩缝的面积　$1980×3×0.015m^2=89.1m^2$

注：a为路基一侧加宽值。

项目编码：040202009　　**项目名称：卵石**

项目编码：040202013　　**项目名称：粉煤灰三渣**

项目编码：040203005　　**项目名称：水泥混凝土**

【例11】　某城市次干道长830m，路面宽度为17m，车道宽度为7m，人行道各宽5m，每隔5m设一树池，设有缘石，行车道结构图如图所示，由于输电线路的搭建，每

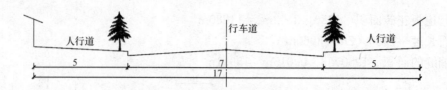

图 2-162 道路横断面图（单位：m）

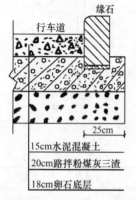

图 2-163 行车道结构图

隔 50m 设一立电杆，道路横断面图、行车道结构图如图 2-162、图 2-163 所示，试计算该道路行车道的工程量。

【解】 (1) 清单工程量：

卵石底层面积　$830×(7+2×0.25)m^2=6225m^2$

粉煤灰三渣基层面积　$830×(7+2×0.25)m^2=6225m^2$

水泥混凝土面层面积　$830×7m^2=5810m^2$

树池个数　$(830÷5+1)×2 个=334 个$

立电杆的根数　$(830÷50+1)×2 根=35 根$

缘石的长度　$830×2m=1660m$

清单工程量计算见下表：

清单工程量计算表

序号	项目编码	项目名称	项目特征描述	计量单位	工程量
1	040202009001	卵石	18cm 厚卵石底层	m^2	6225
2	040202013001	粉煤灰三渣	20cm 厚路拌粉煤灰三渣	m^2	6225
3	040203005001	水泥混凝土	15cm 厚水泥混凝土面层	m^2	5810
4	040204006001	树池砌筑	砌筑树池	个	334
5	040205014001	立电杆	立钢筋混凝土电杆	根	35
6	040204003001	安砌侧（平、缘）石	混凝土缘石安砌	m	1660

(2) 定额工程量同清单工程量。

项目编码：040202004　　项目名称：水泥稳定碎（砾）石

项目编码：040203004　　项目名称：沥青混凝土

项目编码：040201013　　项目名称：排水沟、截水沟

【例 12】　某道路全长 3830m，路面宽度为 14m，路面结构图如图所示，由于该路段排水困难，需要在全线范围内设置边沟，在 K1+320～K2+180 之间为半路堑，在挖方一侧要设置截水沟，半路堑示意图如图 2-164、图 2-165 所示，试计算该道路的工程量。

【解】 (1) 清单工程量：

碎石底层的面积　$3830×14m^2=53620m^2$

水泥稳定碎石基层面积　$3830×14m^2=53620m^2$

沥青混凝土面层的面积　$3830×14m^2=53620m^2$

边沟的长度　$3830×2m=7660m$

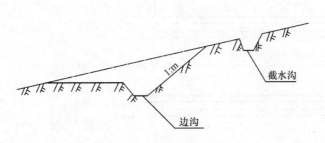

图 2-164　半路堑示意图　　　　图 2-165　道路结构图

截水沟的长度　（2180－1320）m＝860m

清单工程量计算见下表：

清单工程量计算表

序号	项目编码	项目名称	项目特征描述	计量单位	工程量
1	040202010001	碎石	20cm厚碎石底层	m²	53620
2	040202004001	水泥稳定碎（砾）石	18cm厚水泥稳定碎石基层	m²	53620
3	040203004001	沥青混凝土	6cm厚粗粒式沥青混凝土	m²	53620
4	040203004001	沥青混凝土	2cm厚细粒式沥青混凝土	m²	53620
5	040201013001	排水沟、截水沟	排水边沟，梯形断面	m²	7660
6	040201013002	排水沟、截水沟	截水沟，梯形断面	m²	860

（2）定额工程量：

碎石底层的面积

$$3830×（14+2a）m^2=（53620+7660a）m^2$$

水泥稳定碎石基层面积

$$3830×（14+2a）m^2=（53620+7660a）m^2$$

沥青混凝土面层的面积　$3830×14m^2=53620m^2$

边沟的长度　$3830×2m=7660m$

截水沟的长度　$(2180-1320)m=860m$

注：a 为路基一侧加宽值。

项目编码：040204001　　　项目名称：人行道块料铺设
项目编码：040202002　　　项目名称：石灰稳定土
项目编码：040205013　　　项目名称：隔离护栏安装

【例13】　某条道路宽为24m，长为1650m，道路平面示意图如图所示，在快车道中央设置一纵向伸缩缝，伸缩缝断面图、人行道结构示意图如图 2-166～图 2-168 所示，试计算道路工程量。

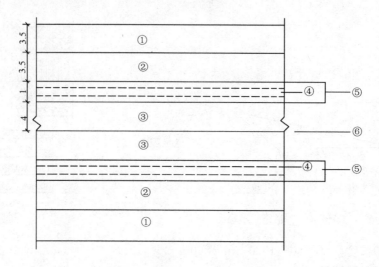

图 2-166　道路平面示意图(单位：m)

①—人行道；②—慢车道；③—快车道；④—盲沟；⑤—隔离带；⑥—伸缩缝

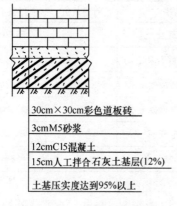

图 2-167　人行道结构示意图

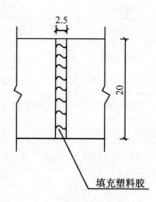

图 2-168　伸缩缝断面图(单位：cm)

【解】（1）清单工程量：

人行道人工拌合石灰土(12%)基层面积

$1650 \times 2 \times 3.5 m^2 = 11550 m^2$

C15 混凝土面积　$1650 \times 2 \times 3.5 m^2 = 11550 m^2$

砂浆面积　$1650 \times 2 \times 3.5 m^2 = 11550 m^2$

彩色道板砖的面积　$1650 \times 2 \times 3.5 m^2 = 11550 m^2$

隔离带长度　$1650 \times 2 m = 3300 m$

伸缩缝的面积　$1650 \times 0.025 m^2 = 41.25 m^2$

清单工程量计算见下表：

清单工程量计算表

序号	项目编码	项目名称	项目特征描述	计量单位	工程量
1	040202002001	石灰稳定土	15cm 厚人工拌合石灰土基层(12%)	m²	11550
2	040202001001	垫层	12cm 厚 C15 混凝土垫层	m²	11550

续表

序号	项目编码	项目名称	项目特征描述	计量单位	工程量
3	040202001002	垫层	3cm厚m5砂浆垫层	m²	11550
4	040204001001	人行道块料铺设	30cm×30cm彩色道板砖	m²	11550
5	040205013001	隔离护栏安装	隔离带	m²	3300
6	040203005001	水泥混凝土	伸缩缝缝宽2.5cm	m²	41.25

(2)定额工程量：

人行道人工拌合石灰土(12%)基层面积

$1650 \times 2 \times (3.5+a)\mathrm{m}^2 = (11550+3300a)\mathrm{m}^2$

C15混凝土面积

$1650 \times 2 \times (3.5+a)\mathrm{m}^2 = (11550+3300a)\mathrm{m}^2$

砂浆面积　$1650 \times 2 \times 3.5\mathrm{m}^2 = 11550\mathrm{m}^2$

彩色道板砖的面积　$1650 \times 2 \times 3.5\mathrm{m}^2 = 11550\mathrm{m}^2$

隔离带长度　$1650 \times 2\mathrm{m} = 3300\mathrm{m}$

伸缩缝的面积　$1650 \times 0.025\mathrm{m}^2 = 41.25\mathrm{m}^2$

注：a 为路基一侧加宽值。

项目编码：040202006　　项目名称：石灰、粉煤灰、碎(砾)石
项目编码：040201014　　项目名称：盲沟

【例14】　某道路全长1720m，道路宽度为27m，其中每条车道均为4m，中央分隔带宽为3m，中央分隔带下面设有盲沟，以便排除路基水，保证路基的稳定性和路面的使用性能，另外，为了引导驾驶员的视线，每80m设置一个标杆，道路平面图、道路结构图、标杆示意图如图2-169～图2-171所示，试计算道路工程量。

【解】　(1)清单工程量：

砂砾石底层面积　$27 \times 1720\mathrm{m}^2 = 46440\mathrm{m}^2$

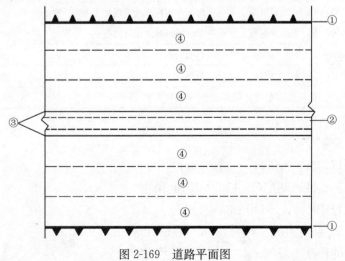

图2-169　道路平面图
①—防护栏；②—盲沟；③—隔离带；④—快车道

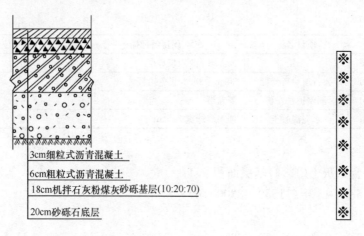

图 2-170　道路结构图　　　　图 2-171　标杆示意图

石灰、粉煤灰、砂砾基层的面积(10∶20∶70)
$$27\times1720m^2=46440m^2$$
沥青混凝土面层的面积　$27\times1720m^2=46440m^2$

中央分隔带的长度　1720m

盲沟的长度　1720m

标杆的套数　1720÷80 套＝22 套

防护栏的长度　1720×2m＝3440m

清单工程量计算见下表：

清单工程量计算表

序号	项目编码	项目名称	项目特征描述	计量单位	工程量
1	040202008001	砂砾石	20cm 厚砂砾石底层	m^2	46440
2	040202006001	石灰、粉煤灰、碎(砾)石	18cm 厚机拌石灰、粉煤灰、砂砾基层(10∶20∶70)	m^2	46440
3	040203004001	沥青混凝土	6cm 厚粗粒式沥青混凝土	m^2	46440
4	040203004002	沥青混凝土	3cm 厚细粒式沥青混凝土	m^2	46440
5	040201014001	盲沟	碎石盲沟	m	1720
6	040205003001	标杆	标杆	套	22
7	040205013001	隔离护栏安装	隔离护栏安装	m	3440

(2)定额工程量计算：

砂砾石底层面积

$(27+2a)\times1720m^2=(46440+3440a)m^2$

石灰、粉煤灰、砂砾基层(10∶20∶70)的面积

$(27+2a)\times1720m^2=(46440+3440a)m^2$

沥青混凝土面层的面积　$27\times1720m^2=46440m^2$

中央分隔带的长度　1720m

盲沟的长度　1720m

标杆的个数 1720÷80个＝21个
防护栏的长度 1720×2m＝3440m

注：a为路基一侧加宽值。

项目编码：040202006　项目名称：石灰、粉煤灰、碎石
项目编码：040202008　项目名称：砂砾石
项目编码：040203004　项目名称：沥青混凝土

【例15】　某城市主干道K1+330～K2+730之间道路横断面图如图所示，道路宽度为29.4m，人行道与慢车道分隔处每隔5m种植一棵树，分隔带宽2m，行车道结构图如图2-172、图2-173所示，试计算道路工程量。

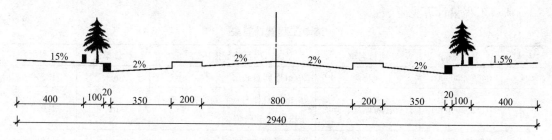

图2-172　道路横断面示意图(单位：cm)

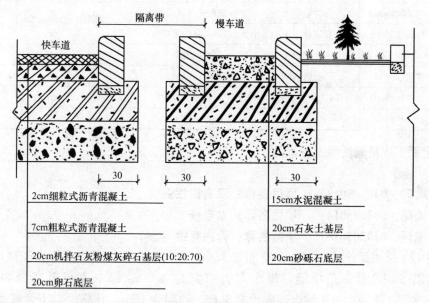

图2-173　行车道结构图(单位：cm)

【解】　(1) 清单工程量：
卵石底层的面积
$(2730-1330)×(8+2×0.3)m^2=12040m^2$
石灰、粉煤灰、碎石(10：20：70)基层的面积
$(2×0.3+8)×(2730-1330)m^2=12040m^2$
沥青混凝土面层面积

$8\times(2730-1330)m^2=11200m^2$

砂砾石底层面积

$(3.5+2\times0.3)\times2\times(2730-1330)m^2=11480m^2$

石灰土基层的面积

$(3.5+2\times0.3)\times2\times(2730-1330)m^2=11480m^2$

水泥混凝土面层面积

$3.5\times2\times(2730-1330)m^2=9800m^2$

树池的个数　$[(2730-1330)\div5+1]\times2$ 个 $=562$ 个

分隔带长度　$(2730-1330)\times2m=2800m$

缘石长度　$(2730-1330)\times6m=8400m$

清单工程量计算见下表：

清单工程量计算表

序号	项目编码	项目名称	项目特征描述	计量单位	工程量
1	040202009001	卵石	20cm厚卵石底层	m^2	12040
2	040202006001	石灰、粉煤灰、碎石	20cm厚机拌石灰、粉煤灰、碎石基层(10∶20∶70)	m^2	12040
3	040202008001	砂砾石	20cm厚砂砾石底层	m^2	11480
4	040203004001	沥青混凝土	7cm粗粒式沥青混凝土	m^2	11200
5	040203004002	沥青混凝土	2cm细粒式沥青混凝土	m^2	11200
6	040202002001	石灰稳定土	20cm厚石灰土基层	m^2	11480
7	040203005001	水泥混凝土	15cm厚水泥混凝土面层	m^2	9800
8	040204006001	树池砌筑	砌筑树池	m^2	562
9	040205013001	隔离护栏安装	分隔带	m	2800
10	040204003001	安砌侧(平、缘)石	混凝土缘石安砌	m	8400

(2)定额工程量同清单工程量。

项目编码：**040205013**　　项目名称：**隔离护栏安装**
项目编码：**040205014**　　项目名称：**立电杆**
项目编码：**040205018**　　项目名称：**管内穿线**

【**例16**】　某道路全长1630m，路面宽13m，车行道与人行道之间设置隔离护栏，且车道中每隔6m设置一条横缝，每个车行道宽为3.5m，每个人行道宽为3m，如图2-174～图2-178所示，由于输电需要设立电杆，间隔为10m，且路面以下设置5孔PVC管，孔内穿电缆线，缆线总余长为30m，试计算道路工程量。

【**解**】　(1)清单工程量：

隔离护栏的长度　$1630\times2m=3260m$

立电杆的个数　$(1630\div10+1)\times2$ 根 $=328$ 根

PVC邮电塑料管的长度　1630m

管内穿线总长度　$(1630\times5+30)m=8180m=8.18km$

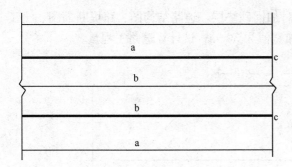

图 2-174 道路平面示意图（单位：m）
a—人行道；b—行车道；c—隔离护栏

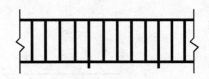

图 2-175 隔离护栏示意图

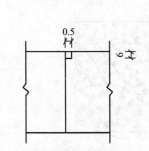

图 2-176 横缝示意图（单位：cm）
注：每6m设一条横缝

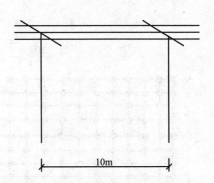

图 2-177 立电杆示意图

图 2-178 5孔PVC邮电塑料管示意图

横缝的面积　$(1630 \div 6 - 1) \times 7 \times 0.005 \text{m}^2 = 9.5 \text{m}^2$

清单工程量计算见下表：

清单工程量计算表

序号	项目编码	项目名称	项目特征描述	计量单位	工程量
1	040205013001	隔离护栏安装	隔离护栏安装	m	3260
2	040205014001	立电杆	立钢筋混凝土电杆	根	328
3	040205002001	电缆保护管铺设	5孔PVC邮电塑料管	m	1630
4	040205018001	管内穿线	管内穿线	km	8.18
5	040203005001	水泥混凝土	横缝缝宽0.5cm	m²	9.5

(2)定额工程量同清单工程量。

项目编码：040202005　　项目名称：石灰、碎石、土
项目编码：040203003　　项目名称：黑色碎石

【例17】 某道路全长为2740m，路面宽度为12m，路肩宽度为1.5m，由于该道路土

基较湿软,对该路基进行土工布处理,同时加铺砂垫层,道路结构图、路堤断面图、土工布示意图如图2-179~图2-181所示,路基加宽值为30cm,试计算道路工程量。

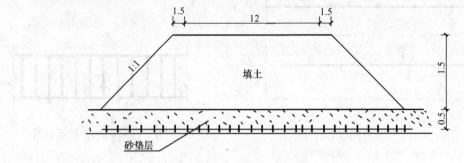

图2-179 路堤断面图(单位:m)

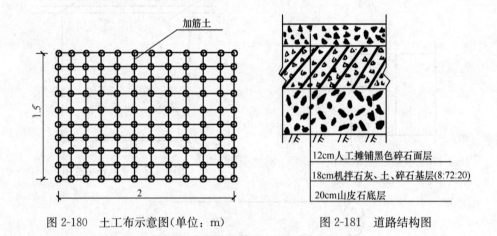

图2-180 土工布示意图(单位:m)　　图2-181 道路结构图

【解】(1)清单工程量:

山皮石底层面积　$2740×(12+2×1.5)m^2=41100m^2$

石灰、土、碎石(8:72:20)基层面积

$2740×(12+2×1.5)m^2=41100m^2$

人工摊铺黑色碎石面层面积　$2740×12m^2=32880m^2$

砂垫层的面积　$(1.5×2+12+1.5×2)×2740m^2=49320m^2$

土工布的面积　$(1.5×2+12+1.5×2)×2740m^2=49320m^2$

清单工程量计算见下表:

清单工程量计算表

序号	项目编码	项目名称	项目特征描述	计量单位	工程量
1	040202001001	垫层	山皮石底层20cm厚	m^2	41100
2	040202005001	石灰、碎石、土	18cm厚机拌石灰、土、碎石基层(8:72:20)	m^2	41100
3	040203003001	黑色碎石	12cm厚人工摊铺黑色碎石面层	m^2	32880
4	040202001001	垫层	0.5m厚砂垫层	m^2	49320
5	040201012001	土工布	2m×1.5m加筋土工布	m^2	49320

(2) 定额工程量：

山皮石底层面积

$2740 \times (12+2 \times 1.5+2 \times 0.3) m^2 = 42744 m^2$

石灰、土、碎石(8：72：20)基层的面积

$2740 \times (12+2 \times 1.5+2 \times 0.3) m^2 = 42744 m^2$

人工摊铺黑色碎石面层面积　$2740 \times 12 m^2 = 32880 m^2$

砂垫层的体积

$2740 \times 0.5 \times (12+2 \times 1.5+2 \times 1.5+2 \times 0.3) m^3 = 25482 m^3$

土工布的面积

$2740 \times (12+2 \times 1.5+2 \times 1.5+2 \times 0.3) m^2 = 50964 m^2$

项目编码：040202008　　项目名称：砂砾石
项目编码：040202003　　项目名称：水泥稳定土

【例18】 某双向两车道路全长为3720m，路面宽度为8m，两侧路肩宽度均为1m，路肩两侧设置边沟，其中K0+980~K1+720之间由于土基湿软，设置一层砂垫层，以保证路基的稳定性，道路结构图、砂垫层处治、边沟布置图如图2-182~图2-184所示，试计算道路的工程量。

【解】 (1) 清单工程量：

砂砾石底层面积　$3720 \times (8+1 \times 2) m^2 = 37200 m^2$

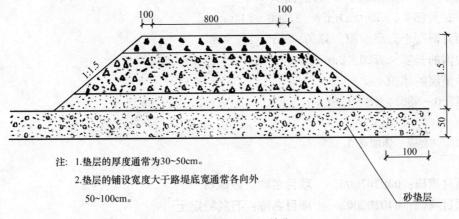

图2-182　砂垫层处治法(单位：cm)

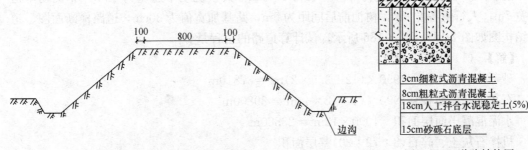

图2-183　边沟布置图(单位：cm)　　　　图2-184　道路结构图

人工拌合水泥稳定土(5%)的面积
$3720 \times (8+1 \times 2) m^2 = 37200 m^2$
沥青混凝土面层面积　$3720 \times 8 m^2 = 29760 m^2$
边沟的长度　$3720 \times 2 m = 7440 m$
砂垫层的积
$(1720-980) \times (8+1 \times 2+1.5 \times 1.5 \times 2+1 \times 2) m^2 = 12210 m^2$
清单工程量计算见下表：

清单工程量计算表

序号	项目编码	项目名称	项目特征描述	计量单位	工程量
1	040202008001	砂砾石	15cm厚砂砾石底层	m^2	37200
2	040202003001	水泥稳定土	18cm厚人工拌合水泥稳定土(5%)	m^2	37200
3	040203004001	沥青混凝土	8cm粗粒式沥青混凝土	m^2	29760
4	040203004002	沥青混凝土	3cm细粒式沥青混凝土	m^2	29760
5	040201013001	排水沟、截水沟	排水边沟	m	7440
6	040202001001	垫层	砂垫层	m^2	12210

(2)定额工程量：
砂砾石底层面积
$3720 \times (8+1 \times 2+2a) m^2 = (37200+7440a) m^2$
人工拌合水泥稳定土(5%)的面积
$3720 \times (8+1 \times 2+2a) m^2 = (37200+7440a) m^2$
沥青混凝土面层面积　$3720 \times 8 m^2 = 29760 m^2$
边沟的长度　$3720 \times 2 m = 7440 m$
砂垫层的体积
$(1720-980) \times (8+1 \times 2+1.5 \times 1.5 \times 2+1 \times 2+2a) \times 0.5 m^3$
$= (6105+740a) m^3$
注：a为路基一侧加宽值。

项目编码：**040202008**　　项目名称：**砂砾石**
项目编码：**040202002**　　项目名称：**石灰稳定土**
项目编码：**040202005**　　项目名称：**石灰、碎石、土**

【例19】　某城市干道宽为32m，长为1990m，其中机动车道宽为12m，非机动车道共宽7m，人行道各宽4m，树池前后间距为5m，路基加宽值为30cm，道路横断面图、道路结构图如图2-185、图2-186所示，试计算道路的工程量。

【解】　(1)清单工程量：
砂砾石底层面积　$1990 \times (12+3.5 \times 2) m^2 = 37810 m^2$
石灰土基层面积　$1990 \times (12+2 \times 4) m^2 = 39800 m^2$
水泥混凝土面层面积　$1990 \times 12 m^2 = 23880 m^2$
机拌石灰土、碎石(8：72：20)基层面积

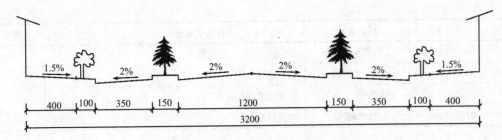

图 2-185 道路横断面图（单位：cm）

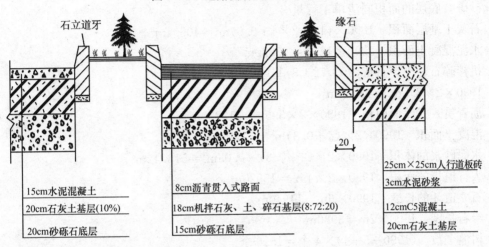

图 2-186 机动车道、非机动车道、人行道结构图（单位：cm）

$1990 \times 2 \times 3.5 m^2 = 13930 m^2$

沥青贯入式路面面积　$1990 \times 2 \times 3.5 m^2 = 13930 m^2$

混凝土面层面积　$1990 \times 2 \times 4 m^2 = 15920 m^2$

水泥砂浆的体积　$1990 \times 2 \times 4 \times 0.03 m^3 = 477.6 m^3$

人行道板的面积　$1990 \times 2 \times 4 m^2 = 15920 m^2$

石立道牙的长度　$1990 \times 6 m = 11940 m$

缘石长度　$1990 \times 2 m = 3980 m$

树池个数　$(1990 \div 5 + 1) \times 4 个 = 1596 个$

清单工程量计算见下表：

清单工程量计算表

序号	项目编码	项目名称	项目特征描述	计量单位	工程量
1	040202008001	砂砾石	机动车道、非机动车道、砂砾石底层	m²	37810
2	040202002001	石灰稳定土	20cm 石灰土基层(10%)	m²	39800
3	040203005001	水泥混凝土	15cm 厚水泥混凝土面层	m²	23880
4	040202005001	石灰、碎石、土	18cm 厚机拌石灰、土、碎石基层(8：72：20)	m²	13930
5	040203002001	沥青贯入式	8cm 厚沥青贯入式路面	m²	13930
6	040203005001	水泥混凝土	人行道 12cm 厚 C15 混凝土	m²	15920

续表

序号	项目编码	项目名称	项目特征描述	计量单位	工程量
7	040204001001	人行道块料铺设	25cm×25cm人行道板砖	m²	15920
8	040204003001	安砌侧(平、缘)石	石立道牙	m	11940
9	040204003002	安砌侧(平、缘)石	混凝土缘石安砌	m	3980
10	040204006001	树池砌筑	砌筑树池	个	1596

(2)定额工程量:

砂砾石底层的面积同清单工程量

石灰土基层面积　　$1990×(12+2×4+0.6)m^2=40994m^2$

水泥混凝土面积　　$1990×12m^2=23880m^2$

机拌碎石、土、石灰(20:72:8)基层面积

$1990×2×3.5m^2=13930m^2$

沥青贯入式路面面积　　$1990×2×3.5m^2=13930m^2$

混凝土面积　　$1990×2×(4+0.3)m^2=17114m^2$

水泥砂浆的体积　　$1990×2×(4+0.3)×0.03m^3=513.42m^3$

人行道板的面积　　$1990×2×4m^2=15920m^2$

石立道牙的长度　　$1990×6m=11940m$

缘石长度　　$1990×2m=3980m$

树池个数　　$(1990÷5+1)×4$ 个 $=1596$ 个

项目编码:040203005　　项目名称:水泥混凝土

项目编码:040205004　　项目名称:标志板

项目编码:040205014　　项目名称:立电杆

【例20】 某道路全长为976m,路面宽度为26.4m,双向4车道,每个车道均宽4m,每两车道间有一纵向伸缩缝,且每隔6m设置一横缝,在与大型建筑物相邻时设标志板,共有7个此类建筑物。由于架线需要,每16m设一立电杆,如图2-187~图2-192所示,试计算道路工程量。

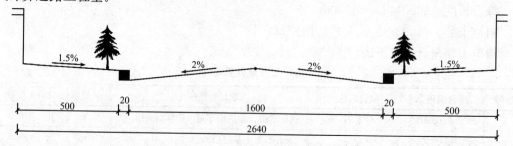

图2-187　道路横断面图(单位:cm)

【解】 (1)清单工程量:

横缝面积　　$(976÷6-1)×16×0.006m^2=15.552m^2$

纵向伸缩缝面积　　$976×3×0.015m^2=43.92m^2$

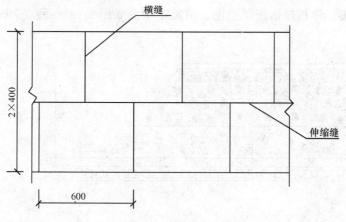
图 2-188 横缝、缩缝布置图(单位:cm)

图 2-189 标志板示意图

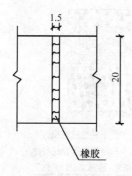
图 2-190 伸缩缝示意图(单位:cm)

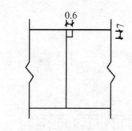
图 2-191 横缝示意图(单位:cm)

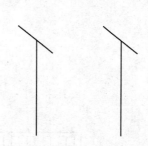
图 2-192 立电杆示意图

标志板的块数　7 块

立电杆的个数　(976÷16+1)×2 个=124 个

缘石长度　976×2m=1952m

清单工程量计算见下表：

清单工程量计算表

序号	项目编码	项目名称	项目特征描述	计量单位	工程量
1	040203005001	水泥混凝土	横缝缝宽 0.6cm	m²	15.552
2	040203005001	水泥混凝土	纵向伸缩缝宽 1.5cm	m²	43.92
3	040205004001	标志板	标志板	块	7
4	040205014001	立电杆	立钢筋混凝土电杆	根	124
5	040204003001	安砌侧(平、缘)石	混凝土缘石安砌	m	1952

(2)定额工程量同清单工程量。

项目编码：040202006　　项目名称：石灰、粉煤灰、碎(砾)石

项目编码：040203003　　项目名称：黑色碎石

项目编码：040201007　　项目名称：塑料排水板

【例 21】　某山区公路宽为 8m，路肩宽度均为 0.5m，路基加宽值为 30cm，路长为 2230m，由于土基土质较差，易沉陷，影响道路的使用年限和使用性质，需设置塑料排水

板和砂垫层，塑料排水板布置图、塑料排水板示意图、道路结构图如图 2-193～图 2-195 所示，试计算道路的工程量。

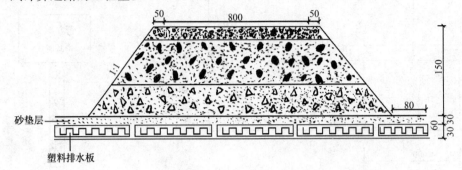

图 2-193　塑料排水板布置图（单位：cm）

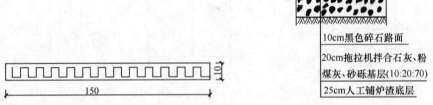

图 2-194　塑料排水板示意图（单位：cm）　　图 2-195　道路结构图

【解】　（1）清单工程量：

人工铺装炉渣基层的面积

$2230 \times (8+2 \times 0.5) m^2 = 20070 m^2$

石灰、粉煤灰、砂砾（10∶20∶70）基层面积

$2230 \times (8+2 \times 0.5) m^2 = 20070 m^2$

黑色碎石面层面积　$2230 \times 8 m^2 = 17840 m^2$

砂垫层的面积

$2230 \times (8+2 \times 0.5+2 \times 0.8+2 \times 1.5) m^2 = 31666 m^2$

塑料排水板的长度　$2230 \times 5 m = 11150 m$

清单工程量计算见下表：

清单工程量计算表

序号	项目编码	项目名称	项目特征描述	计量单位	工程量
1	040202012001	炉渣	25cm 厚人工铺装炉渣底层	m²	20070
2	040202006001	石灰、粉煤灰、碎（砾）石	20cm 厚拖拉机拌合石灰、粉煤灰、砂砾基层（10∶20∶70）	m²	20070
3	040203003001	黑色碎石	10cm 厚黑色碎石路面面层	m²	17840
4	040202001001	垫层	30cm 厚砂垫层	m²	31666
5	040201007001	塑料排水板	塑料排水板	m	11150

(2)定额工程量：

人工铺装炉渣基层的面积

$2230×(8+2×0.5+2×0.3)m^2=21408m^2$

石灰、粉煤灰、砂砾(10∶20∶70)基层面积

$2230×(8+2×0.5+2×0.3)m^2=21408m^2$

黑色碎石面层面积　$2230×8m^2=17840m^2$

砂垫层的面积

$2230×(8+2×0.5+2×0.8+2×1.5+2×0.3)m^2=30328m^3$

塑料排水板的长度　$2230×5m=11150m$

项目编码：040202002　　　项目名称：石灰稳定土

项目编码：040202011　　　项目名称：块石

项目编码：040202004　　　项目名称：石灰、粉煤灰、土

【例 22】　城市某干道全长为 1440m，路面宽度为 26m，为双向 4 车道，每车道宽为 4m，人行道宽 4m，树池两侧设有缘石，每隔 5m 设一树池，道路横断面图、缘石侧面图、道路结构图如图 2-196～图 2-199 所示，试计算道路的工程量。

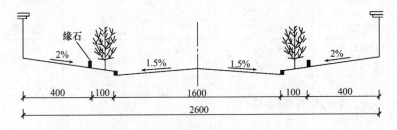

图 2-196　道路横断面图（单位：cm）

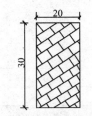

图 2-197　缘石侧面图
（单位：cm）

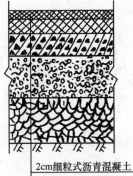

图 2-198　行车道结构图

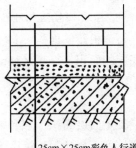

图 2-199　人行道结构图

【解】 (1) 清单工程量：

石灰土基层的面积　$1440 \times 8 \text{m}^2 = 11520 \text{m}^2$

水泥砂浆的体积　$1440 \times 8 \times 0.04 \text{m}^3 = 460.8 \text{m}^3$

彩色人行道板砖的面积　$1440 \times 8 \text{m}^2 = 11520 \text{m}^2$

块石底层的面积　$1440 \times 16 \text{m}^2 = 23040 \text{m}^2$

石灰、炉渣、土(12∶48∶40)基层的面积
$$1440 \times 16 \text{m}^2 = 23040 \text{m}^2$$

沥青混凝土面层面积　$1440 \times 16 \text{m}^2 = 23040 \text{m}^2$

缘石的长度　$1440 \times 4 \text{m} = 5760 \text{m}$

树池的个数　$(1440 \div 5 + 1) \times 2 \text{个} = 578 \text{个}$

清单工程量计算见下表：

清单工程量计算表

序号	项目编码	项目名称	项目特征描述	计量单位	工程量
1	040202002001	石灰稳定土	20cm 厚石灰土基层	m²	11520
2	040202011001	块石	25cm 厚块石底层	m²	23040
3	040202004001	石灰、粉煤灰、土	22cm 厚人工拌合石灰、炉渣、土基层(12∶48∶40)	m²	23040
4	040203004001	沥青混凝土	8cm 粗粒式	m²	23040
5	040203004002	沥青混凝土	4cm 中粒式	m²	23040
6	040203004003	沥青混凝土	2cm 细粒式	m²	23040
7	040204001001	人行道块料铺设	25cm×25cm 彩色人行道板砖	m²	11520
8	040204003001	安砌侧(平、缘)石	混凝土缘石安砌	m	5760
9	040204006001	树池砌筑	砌筑树池	个	578

(2) 定额工程量：

石灰土基层的面积
$$1440 \times (4+a) \times 2 \text{m}^2 = (11520 + 2880a) \text{m}^2$$

水泥砂浆的体积
$$1440 \times (4+a) \times 2 \times 0.04 \text{m}^3 = (460.8 + 115.2a) \text{m}^3$$

彩色人行道板砖的面积　$1440 \times 8 \text{m}^2 = 11520 \text{m}^2$

块石底层的面积　$1440 \times 16 \text{m}^2 = 23040 \text{m}^2$

石灰、炉渣、土(12∶48∶40)基层的面积
$$1440 \times 16 \text{m}^2 = 23040 \text{m}^2$$

沥青混凝土面层面积　$1440 \times 16 \text{m}^2 = 23040 \text{m}^2$

缘石的长度　$1440 \times 4 \text{m} = 5760 \text{m}$

树池的个数　$(1440 \div 5 + 1) \times 2 \text{个} = 578 \text{个}$

注：a 为路基一侧加宽值。

【例23】 城市某干道宽39m，路长为2780m，机动车道为4车道，每车道为4m，非机动车道为3.5m，人行道为5m宽，机动车道与非机动车道之间每隔20m设一路灯，每隔5m种植一树，人行道与非机动车道之间亦每5m种植一树，在人行道边缘埋设地下管

道，树侧埋设道牙，道路横断面图、道路结构图如图 2-200～图 2-204 所示，试计算道路工程量。

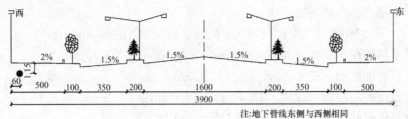

图 2-200　道路横断面图(单位：cm)

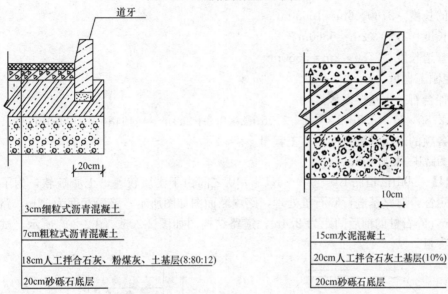

图 2-201　机动车道结构图　　　　　图 2-202　非机动车道结构图

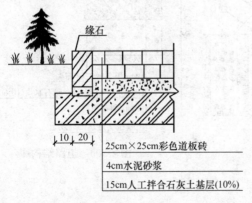　　　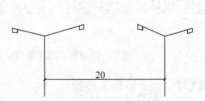

图 2-203　人行道结构图(单位：cm)　　图 2-204　照明示意图(单位：m)

【解】　(1) 清单工程量：

砂砾石底层面积

$$2780 \times (16 + 2 \times 0.2 + 3.5 \times 2 + 0.1 \times 2) \text{m}^2 = 65608 \text{m}^2$$

石灰、粉煤灰、土(8∶80∶12)基层的面积

$$2780×(16+2×0.2)m^2=45592m^2$$

沥青混凝土面层面积　$2780×16m^2=44480m^2$

石灰土基层(10%)的面积

$$2780×(2×3.5+2×0.1+2×5+2×0.3)m^2=49484m^2$$

水泥砂浆的体积　$2780×2×5×0.04m^3=1112m^3$

彩色道板砖的面积　$2780×2×5m^2=27800m^2$

水泥混凝土面层面积　$2780×2×3.5m^2=19460m^2$

路灯电杆的套数　$(2780÷20+1)×2$ 套 $=280$ 套

树池个数　$(2780÷5+1)×4$ 个 $=2228$ 个

道牙的长度　$2780×6m=16680m$

缘石长度　$2780×2m=5560m$

地下管道长度　$2780×2m=5560m$

(2)定额工程量:

人工拌合石灰土基层面积

$$2780×(2×3.5+2×0.1+2×5+2×0.3+2a)m^2=(49484+5560a)m^2$$

其余各项的定额工程量同清单工程量。

注: a 为路基一侧加宽值。

【例24】　某山区道路 K0+990~K1+740 之间由于土质较差,土质疏软,为了保证路基的稳定性,对路基进行碎石桩处理,路堤断面图如图所示,路面宽度为12m,路肩宽度为1.5m,碎石桩的前后间距为2.4m,道路结构图如图2-205、图2-206 所示,试计算道路的工程量。

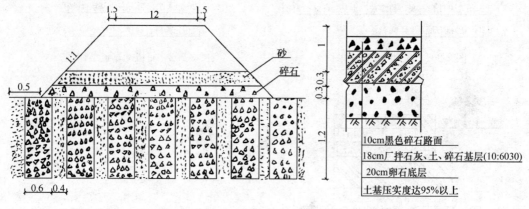

图2-205　路堤断面图(单位:cm)　　图2-206　道路结构图

【解】　(1)清单工程量:

卵石底层面积　$(1740-990)×(12+1.5×2)m^2=11250m^2$

石灰、土、碎石基层面积　$(1740-990)×(12+1.5×2)m^2=11250m^2$

黑色碎石面层面积　$(1740-990)×12m^2=9000m^2$

碎石桩的长度

$$[(1740-990)÷(0.6+2.4)+1]×[(12+1.5×2+1×2+(0.6×2)+0.5×2)÷(0.6+0.4)+1]×1.2m$$

=6084.24m

砂垫层的面积 $(1740-990)\times(12+1.5\times2+1.3\times2)m^2=13200m^2$

(2)定额工程量：

卵石底基层面积
$$(1740-990)\times(12+1.5\times2+2a)m^2=(11250+1500a)m^2$$

石灰、土、碎石基层面积
$$(1740-990)\times(12+1.5\times2+2a)m^2=(11250+1500a)m^2$$

黑色碎石面层面积 $(1740-990)\times12m^2=9000m^2$

碎石砂桩的长度
$[(1740-990)\div(0.6+2.4)+1]\times[(12+1.5\times2+1\times2+0.6\times2+0.5\times2+2a)\div(0.6+0.4)+1]\times1.2m$
$=(6084.24+1054.2a)m$

砂垫层的体积
$(1740-990)\times(12+1.5\times2+2a+1.3\times2)\times0.3m^3=(3960+450a)m^3$

注：a 为路基一侧加宽值。

项目编码：040203005　　项目名称：水泥混凝土
项目编码：040205014　　项目名称：立电杆
项目编码：040205004　　项目名称：标志板

【例25】 某城市道路全长为1460m，路面宽度20m，人行道宽为3m，快车道宽为4m，慢车道宽为3.5m，两快车道中央有一企口纵缝，且每隔6m设一横缝，车行道与人行道之间有隔离栏，以保证行人安全和行车速度，快慢车道用黄色标线分界，人行道两侧每隔50m设一立电杆架立电线，每隔100m设一标志板，道路平面图伸缩缝、防护栏、立电杆、标志板示意图如图2-207～图2-212所示，试计算道路工程量。

【解】 (1)清单工程量：

横缝面积 $(1460\div6-1)\times8\times0.005m^2=9.69m^2$

纵缝面积 $1460\times0.005m^2=7.3m^2$

立电杆的个数 $2\times(1460\div50+1)$根$=60$根

标志板的块数 $1460\div100+1$块$=15$块

防护栏的长度 $1460\times2m=2920m=2.92km$

标线长度 $1460\times2m=2920m$

清单工程量计算见下表：

清单工程量计算表

序号	项目编码	项目名称	项目特征描述	计量单位	工程量
1	040203005001	水泥混凝土	横缝缝宽0.5cm	m^2	9.69
2	040203005002	水泥混凝土	企口纵缝缝宽0.5cm	m^2	7.3
3	040205014001	立电杆	立钢筋混凝土电杆	根	60
4	040205004001	标志板	标志板	块	15
5	040205013001	隔离护栏安装	隔离护栏安装	m	2920
6	040205006001	标线	标线	km	2.92

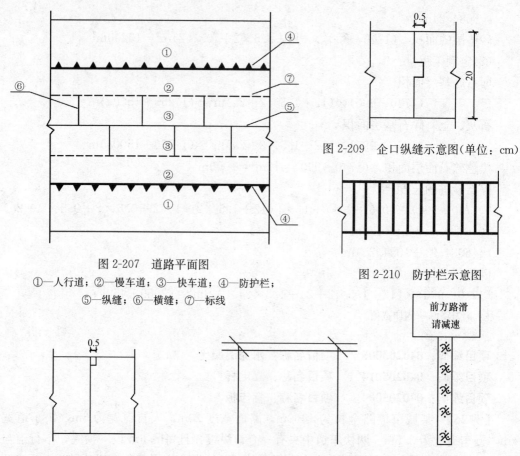

图 2-207 道路平面图
①—人行道；②—慢车道；③—快车道；④—防护栏；
⑤—纵缝；⑥—横缝；⑦—标线

图 2-209 企口纵缝示意图（单位：cm）

图 2-210 防护栏示意图

图 2-208 横缝示意图（单位：cm）

图 2-211 立电杆示意图　图 2-212 标志板示意图

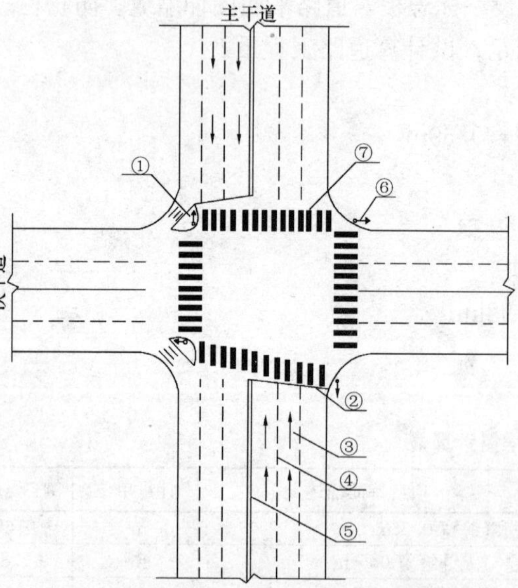

图 2-213 十字交叉口平面示意图
①—安全岛；②—停止线；③—导向箭头；
④—车道分界线；⑤—中央分隔带；⑥—信号灯；
⑦—人行横道线

(2)定额工程量同清单工程量。

项目编码：040205017　项目名称：信号灯架

项目编码：040205013　项目名称：隔离护栏安装

项目编码：040205008　项目名称：横道线

【例26】 城市某主干道与次干道交叉口处，为保证车辆行驶性能和保证行人的安全，设置信号灯、人行横道线、安全岛、中央分隔带。另外有车道分界线，交叉口主干线长为25m，此主干线共长2390m，人行横道线每条宽10cm，长为2.5m，如图2-213所示，试计算主干道的工程量。

【解】 (1)清单工程量：

安全岛个数　2个

信号灯组数　4组

车道分界线长度　(2390−25)×4m＝9460m

中央分隔带长　(2390−25)m＝2365m

横道线的面积　0.1×2.5×(14+9+11+12)m²＝11.5m²

清单工程量计算见下表：

清单工程量计算表

序号	项目编码	项目名称	项目特征描述	计量单位	工程量
1	040205017001	信号灯架	信号灯架	组	4
2	040205013001	隔离护栏安装	车道分界	m	9460
3	040205008001	横道线	人行横道线	m²	11.5

(2)定额工程量同清单工程量。

项目编码：040201006　　项目名称：袋装砂井

【例27】　某道路全长为1450m，路面宽度为12m，路肩宽度为1.5m，路基加宽值为30cm，其中在K0+330～K1+160之间土质较差，为保证路基的稳定性，需对土基进行排水砂井处理，砂井前后间距为1.8m，砂井布置图、道路结构图如图2-214、图2-215所示，试计算道路的工程量。

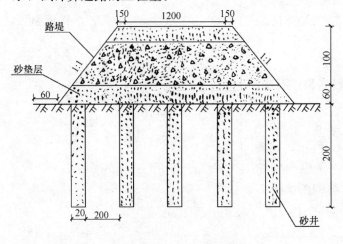 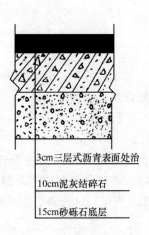

图2-214　路堤断面示意图(单位：cm)　　　　图2-215　道路结构图

【解】　(1)清单工程量：

砂砾石底层的面积　1450×(12+1.5×2)m²＝21750m²

泥灰结碎石基层的面积　1450×(12+1.5×2)m²＝21750m²

沥青表面处治的面积　1450×12m²＝17400m²

砂垫层的面积　(1160−330)×(1×2+12+1.5×2)m²＝14110m²

排水砂井的长度

[(1160−330)÷(0.2+1.8)+1]×[(12+1.5×2+1×2+2×0.6)÷(2+0.2)+1]×2m

＝7710m

清单工程量计算见下表：

清单工程量计算表

序号	项目编码	项目名称	项目特征描述	计量单位	工程量
1	040202008001	砂砾石	15cm厚砂砾石底层	m^2	21750
2	040202014001	水泥稳定碎(砾)石	10cm厚泥灰结碎石基层	m^2	21750
3	040203001001	沥青表面处治	3cm三层式沥青表面处治	m^2	17400
4	040202001001	垫层	砂垫层	m^2	14110
5	040201006001	袋装砂井	桩径2m；砂井前后间距1.8m	m	7710

(2)定额工程量：

砂砾石底层的面积

$1450×(12+1.5×2+2×0.3)m^2 = 22620m^2$

泥灰结碎石基层的面积

$1450×(12+1.5×2+2×0.3)m^2 = 22620m^2$

沥青表面处治的面积

$1450×12m^2 = 17400m^2$

砂垫层的体积

$(1160-330)×(1×2+12+1.5×2+2×0.3)×0.6m^3 = 8764.8m^3$

排水砂井的长度

$[(1160-330)÷(0.2+1.8)+1]×[(1×2+12+1.5×2+2×0.6+2×0.3)÷(2+0.2)+1]×2m = 7940m$

项目编码：040202006　　项目名称：石灰、粉煤灰、碎(砾)石

【例28】 山区道路在挖方路段K1+440～K2+820之间的横断面图如图2-216所示，路面宽度为16m，其中快车道中央有一条纵向伸缩缝，道路平面图如图2-217所示，结构图如图2-218所示，试计算道路的工程量。

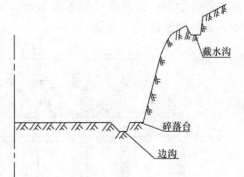

图2-216 路堑断面示意图

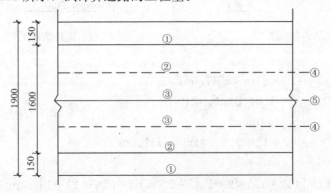

图2-217 道路平面图(单位：cm)

①—硬路肩；②—慢车道；③—快车道；④—标线；⑤—纵缝

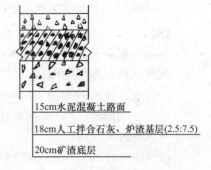

图2-218 道路结构图

【解】（1）清单工程量：

矿渣底层的面积 （2820－1440）×19m² = 26220m²

人工拌合石灰、炉渣基层的面积 （2820－1440）×19m² = 26220m²

水泥混凝土路面面积 （2820－1440）×16m² = 22080m²

边沟的长度 （2820－1440）×2m = 2760m

截水沟长度 （2820－1440）×2m = 2760m

清单工程量计算见下表：

清单工程量计算表

序号	项目编码	项目名称	项目特征描述	计量单位	工程量
1	040202007001	粉煤灰	20cm厚矿渣底层	m²	26220
2	040202006001	石灰、粉煤灰、碎(砾)石	18cm厚人工拌合石灰、炉渣基层(2.5：7.5)	m²	26220
3	040203005001	水泥混凝土	15cm厚水泥混凝土路面面层	m²	22080
4	040201013001	排水沟、截水沟	边沟排水、梯形断面	m	2760
5	040201013002	排水沟、截水沟	截水沟排水、梯形	m	2760

(2) 定额工程量：

矿渣底层的面积

（2820－1440）×(19＋2a)m² = (26220＋2760a)m²

人工拌合石灰、炉渣基层的面积

（2820－1440）×(19＋2a)m² = (26220＋2760a)m²

水泥混凝土路面面积 （2820－1440）×16m² = 22080m²

边沟的长度 （2820－1440）×2m = 2760m

截水沟长度 （2820－1440）×2m = 2760m

注：a 为路基一侧加宽值。

项目编码：040201014　　项目名称：盲沟

项目编码：040205006　　项目名称：标线

项目编码：040204001　　项目名称：人行道块料铺设

【例29】 某道路全长2210m，路面宽度为33m，中央有中央分隔带，两边有防护栏分行人和车辆，中央分隔带下面设有盲沟，埋有地下管线，人行道结构图如图2-219～图2-222所示，试计算道路工程量。

【解】（1）清单工程量：

中央分隔带长度　2210m

盲沟长度　2210m

标线长度　2210×4m = 8840m

防护栏长度　2210×2m = 4420m

塑料管长度　2210m

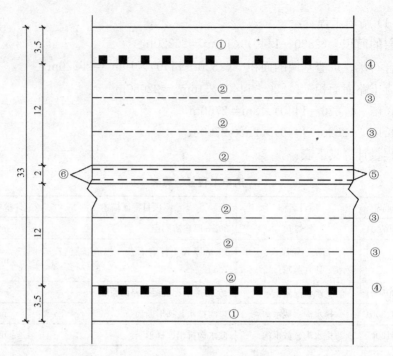

图 2-219 双向六车道道路平面示意图（单位：m）
①—人行道；②—行车道；③—标线；④—防护栏；⑤—盲沟；⑥—隔离带

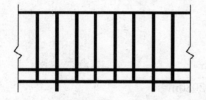

图 2-220 防护栏示意图

图 2-221 4 孔塑料管示意图

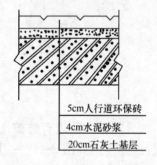

图 2-222 人行道结构示意图

管内穿线长度

$2210 \times 4m = 8840m = 8.84km$

人行道石灰土基层的面积

$2210 \times 3.5 \times 2m^2 = 15470m^2$

人行道水泥砂浆的面积

$2210 \times 3.5 \times 2m^2 = 15470m^2$

人行道环保砖面积

$2210 \times 3.5 \times 2m^2 = 15470m^2$

清单工程量计算见下表：

清单工程量计算表

序号	项目编码	项目名称	项目特征描述	计量单位	工程量
1	040201014001	盲沟	碎石盲沟	m	2210
2	040205006001	标线	标线	m	8840
3	040205013001	隔离护栏安装	隔离护栏安装	m	4420

续表

序号	项目编码	项目名称	项目特征描述	计量单位	工程量
4	040205002001	电缆保护管铺设	塑料管	m	2210
5	040205018001	管内穿线	管内穿线	km	8.84
6	040202002001	石灰稳定土	20cm 石灰土基层	m²	15470
7	040204001001	人行道块料铺设	5cm 人行道环保砖	m²	15470

(2)定额工程量：

人行道石灰土基层的面积

$2210 \times (3.5 + a) \times 2 \text{m}^2 = (15470 + 4420a) \text{m}^2$

人行道水泥砂浆的面积

$2210 \times (3.5 + a) \times 2 \text{m}^2 = (15470 + 4420a) \text{m}^2$

其余各项工程量等同于清单工程量。

注：a 为路基一侧加宽值。

项目编码：040201013　　项目名称：排水沟、截水沟
项目编码：040202012　　项目名称：炉渣
项目编码：040202002　　项目名称：石灰稳定土
项目编码：040203005　　项目名称：水泥混凝土

【例30】 某道路全长为760m，路面宽度为12m，路肩宽度为1.5m，道路两侧地下设有渗沟(图 2-223)，道路结构图如图 2-224 所示，试计算道路工程量。

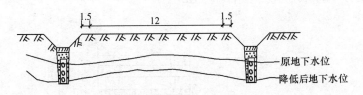

图 2-223 渗沟布置示意图(单位：m)

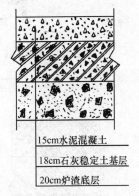

图 2-224 道路结构示意图

【解】 (1)清单工程量：

渗沟长度　$760 \times 2 \text{m} = 1520 \text{m}$

炉渣底层的面积　$760 \times (12 + 1.5 \times 2) \text{m}^2 = 11400 \text{m}^2$

石灰稳定土基层面积　$760 \times (12 + 1.5 \times 2) \text{m}^2 = 11400 \text{m}^2$

水泥混凝土面层面积　$760 \times 12 \text{m}^2 = 9120 \text{m}^2$

清单工程量计算见下表：

清单工程量计算表

序号	项目编码	项目名称	项目特征描述	计量单位	工程量
1	040201013001	排水沟、截水沟	渗沟	m	1520
2	040202012001	炉渣	20cm厚炉渣	m²	11400
3	040202002001	石灰稳定土	18cm厚石灰稳定土	m²	11400
4	040203005001	水泥混凝土	15cm厚水泥混凝土	m²	9120

(2)定额工程量：

渗沟长度　760×2m＝1520m

矿渣底层的面积

$760×(12+1.5×2+2a)m^2=(11400+1520a)m^2$

石灰稳定土基层面积

$760×(12+1.5×2+2a)m^2=(11400+1520a)m^2$

水泥混凝土面层面积　$760×12m^2=9120m^2$

注：a 为路基一侧加宽值。

项目编码：040202008　　项目名称：砂砾石

项目编码：040202004　　项目名称：石灰、粉煤灰、土

项目编码：040203004　　项目名称：沥青混凝土

【例31】　某道路全长1770m，路面宽度为36.4m，人行道与行车道分界处每隔6m种植一树，每隔20m设一路灯，人行道外侧每100m设一立电杆，道路横断面图、结构图、树池示意图如图2-225～图2-228所示，试计算道路的工程量。

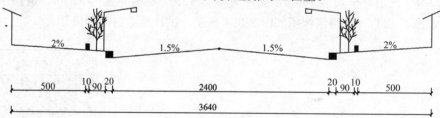

图2-225　道路横断面示意图(单位：cm)

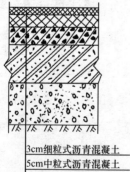

图2-226　行车道结构示意图

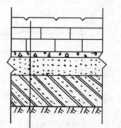

图2-227　人行道结构图

【解】(1) 清单工程量：

砂砾石底层面积　$1770×24m^2=42480m^2$

石灰、粉煤灰、土基层的面积　$1770×24m^2=42480m^2$

沥青混凝土面层面积　$1770×24m^2=42480m^2$

石灰土基层的面积　$5×1770×2m^2=17700m^2$

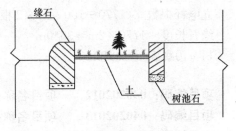

图 2-228　树池示意图

素混凝土面积　$5×1770×2m^2=17700m^2$

水泥砂浆的体积　$5×1770×2×0.04m^3=708m^3$

人行道板砖的面积　$5×1770×2m^2=17700m^2$

树池个数　$(1770÷6+1)×2$ 个 $=592$ 个

路灯个数　$(1770÷20+1)×2$ 个 $=179$ 个

立电杆根数　$(1770÷100+1)×2$ 根 $=36$ 根

缘石长度　$1770×2m=3540m$

清单工程量计算见下表：

清单工程量计算表

序号	项目编码	项目名称	项目特征描述	计量单位	工程量
1	040202008001	砂砾石	20cm 厚砂砾石	m^2	42480
2	040202004001	石灰、粉煤灰、土	18cm 人工拌合 12：35：53	m^2	42480
3	040203004001	沥青混凝土	9cm 厚粗粒式沥青	m^2	42480
4	040203004002	沥青混凝土	5cm 厚中粒式沥青	m^2	42480
5	040203004003	沥青混凝土	3cm 厚细粒式沥青	m^2	42480
6	040202002001	石灰稳定土	20cm 厚石灰土基层	m^2	17700
7	040204001001	人行道块料铺设	30cm×30cm 人行道板砖	m^2	17700
8	040204006001	树池砌筑	砌筑树池	个	592
9	040205014001	立电杆	立电杆	根	36
10	040204003001	安砌侧（平、缘）石	混凝土缘石安砌	m	3540

(2) 定额工程量：

砂砾石底层面积　$1770×24m^2=42480m^2$

石灰、粉煤灰、土基层的面积　$1770×24m^2=42480m^2$

沥青混凝土面层面积　$1770×24m^2=42480m^2$

石灰土基层的面积　$(a+5)×1770×2m^2=(17700+3540a)m^2$

素混凝土面积　$(a+5)×1770×2m^2=(17700+3540a)m^2$

水泥砂浆的体积　$(a+5)×1770×2×0.04m^3=(708+141.6a)m^3$

人行道板砖的面积　$1770×5×2m^2=17700m^2$

树池个数　$(1770÷6+1)×2$ 个 $=592$ 个

路灯个数　$(1770÷20+1)×2$ 个 $=179$ 个

立电杆根数 （1770÷100+1)×2 根＝36 根

缘石长度 1770×2m＝3540m

注：a 为路基一侧加宽值。

项目编码：040202012　　项目名称：炉渣

项目编码：040202013　　项目名称：粉煤灰三渣

项目编码：040202002　　项目名称：石灰稳定土

【例32】 某城市道路全长为 2740m，路面宽度为 31.4m，其中快车道共宽 9m，慢车道每个车道宽 4m，快慢车道之间设置有树木隔离带，慢车道与人行道之间设有路缘石，也种植有树木绿化带，树木间距为 5m，路灯间距为 20m，道路横断面图、道路结构图、标志板示意图如图2-229～图 2-233 所示，另外，在关键影响行车速度和行人安全的 7 个地方均设有标志板引导驾驶员的视线，试计算该道路的工程量。

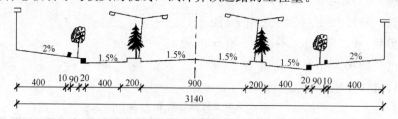

图 2-229　道路横断面图（单位：cm)

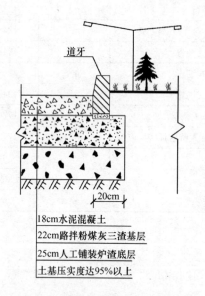

图 2-230　快车道路结构示意图

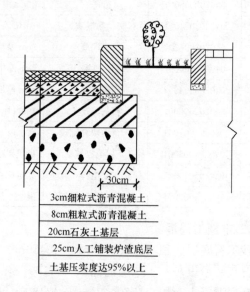

图 2-231　慢车道结构示意图

【解】（1）清单工程量：

人工铺装炉渣底层的面积

2740×(9+2×0.2+2×0.3+2×4)m²＝49320m²

路拌粉煤灰三渣基层面积

2740×(9+2×0.2)m²＝25756m²

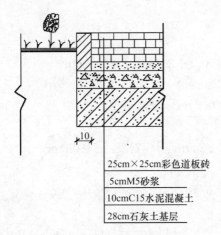

图2-232 人行道结构示意图(单位：cm)　　图2-233 标志板示意图

水泥混凝土面层面积

$2740×(9+4×2+0.1×2)m^2=47128m^2$

人行道水泥混凝土的体积

$2740×(4+0.1)×2×0.1m^3=2246.8m^3$

石灰土基层面积

$2740×(4×2+0.1×2+0.3×2+4×2)m^2=46032m^2$

沥青混凝土面积　　$2740×4×2m^2=21920m^2$

砂浆的面积　　$2740×4×2m^2=21920m^2$

砂浆的体积　　$2740×4×2×0.05m^3=1096m^3$

彩色道板砖的面积　　$2740×4×2m^2=21920m^2$

标志板的块数　　7块

树池个数　　$(2740÷5+1)×4$个$=2196$个

路灯个数　　$(2740÷20+1)×2$个$=276$个

路缘石长度　　$2740×2m=5480m$

清单工程量计算见下表：

清单工程量计算表

序号	项目编码	项目名称	项目特征描述	计量单位	工程量
1	040202012001	炉渣	25cm厚人工铺装炉渣	m²	49320
2	040202013001	粉煤灰三渣	22cm厚路拌粉煤灰三渣	m²	25756
3	040203005001	水泥混凝土	18cm厚水泥混凝土	m²	47128
4	040202002001	石灰稳定土	28cm厚石灰稳定土	m²	46032
5	040203004001	沥青混凝土	8cm厚沥青混凝土	m²	21920
6	040203004002	沥青混凝土	3cm厚沥青混凝土	m²	21920
7	040204001001	人行道块料铺设	25cm×25cm 彩色道板砖	m²	21920
8	040205004001	标志板	标志板	块	7
9	040204006001	树池砌筑	砌筑树池	个	2196

(2)定额工程量：

人工铺装炉渣底层的面积
$$2740\times(9+2\times0.2+2\times0.3+2\times4)m^2=49320m^2$$

路拌粉煤灰三渣基层面积
$$2740\times(9+2\times0.2)m^2=25756m^2$$

水泥混凝土面层面积
$$2740\times(9+4\times2+0.1\times2+2a)m^2=(47128+5480a)m^2$$

人行道水泥混凝土的体积
$$2740\times2\times(4+0.1+a)\times0.1m^3=(2246.8+548a)m^3$$

石灰土基层的面积
$$2740\times(4\times2+0.1\times2+0.3\times2+4\times2+2a)m^2=(46032+5480a)m^2$$

沥青混凝土面层面积
$$2740\times4\times2m^2=21920m^2$$

砂浆的面积
$$2740\times(4+a)\times2m^2=(21920+5480a)m^2$$

砂浆的体积
$$2740\times(4+a)\times2\times0.05m^3=(1096+274a)m^3$$

彩色道板砖的面积　$2740\times4\times2m^2=21920m^2$

标志板的块数　7块

树池个数　$(2740\div5+1)\times4$个＝2196个

路灯个数　$(2740\div20+1)\times2$个＝276个

路缘石长度　$2740\times2m=5480m$

注：a为路基一侧加宽值。

项目编码：040202009　　项目名称：卵石
项目编码：040202013　　项目名称：粉煤灰三渣
项目编码：040205013　　项目名称：隔离护栏安装

【例33】　某国道在K4＋620～K7＋320之间路面宽度为31m，路基加宽值为30cm，人行道与非机动车道之间埋设有缘石，非机动车与机动车道，机动车道之间均设有分隔带，分隔带下面设置盲沟，以便迅速及时排除路面水，且机动车道一侧设有防撞栏，机动车道结构示意图、道路平面示意图、防撞栏示意图分别如图2-234～图2-236所示，试计算机动车道与交通设施的工程量。

【解】　(1)清单工程量：

机动车道卵石底层的面积

$(7320-4620)\times4\times2m^2=21600m^2$

厂拌粉煤灰三渣基层面积

$(7320-4620)\times4\times2m^2=21600m^2$

水泥混凝土面层面积

$(7320-4620)\times4\times2m^2=21600m^2$

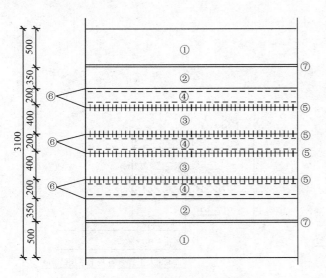

图 2-234 道路平面图
①—人行道；②—非机动车道；③—机动车道；④—盲沟；
⑤—防撞栏；⑥—分隔带；⑦—缘石

图 2-235 防撞栏示意图

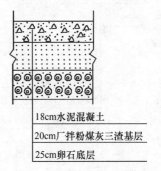

图 2-236 道路结构图

防撞栏的长度 (7320−4620)×4m=10800m
盲沟的长度 (7320−4620)×3m=8100m
路缘石的长度 (7320−4620)×2m=5400m
分隔带的长度 (7320−4620)×3m=8100m
清单工程量计算见下表：

清单工程量计算表

序号	项目编码	项目名称	项目特征描述	计量单位	工程量
1	040202009001	卵石	25cm 厚卵石底层	m²	21600
2	040202013001	粉煤灰三渣	20cm 厂拌粉煤灰三渣	m²	21600
3	040203005001	水泥混凝土	18cm 厚水泥混凝土	m²	21600
4	040205013001	隔离护栏安装	防撞栏	m	10800
5	040201014001	盲沟	碎石盲沟	m	8100
6	040204003001	安砌侧(平、缘)石	混凝土缘石安砌	m	5400

(2)定额工程量同清单工程量。

【例34】 某城市干道长为1580m，路面宽度为34.4m，中间两幅为快车道，其结构图如图2-237所示，两边两车道为慢车道，其结构示意图如图2-238所示，再两边为人行道，其结构示意图如图2-239所示，道路横断面图如图2-240所示，人行道与慢车道之间埋设有路缘石，且每车道分界处种植有间距为5m的树木，并配有间距为10m的路灯，试计算道路工程量。

【解】 (1)清单工程量：

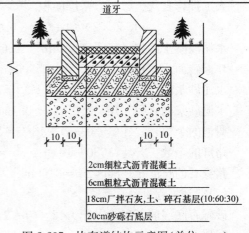

图 2-237 快车道结构示意图(单位：cm)

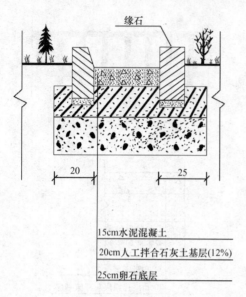
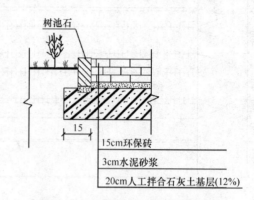

图 2-238 慢车道结构示意图(单位：cm)　　图 2-239 人行道结构示意图(单位：cm)

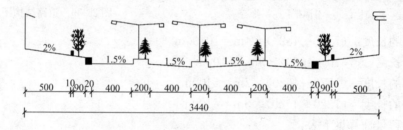

图 2-240 道路横断面图(单位：cm)

砂砾石底层的面积　$1580×2×(4+2×0.2)m^2=13904m^2$

厂拌石灰、土、碎石基层(10∶60∶30)面积
　　　　　　　　$1580×2×(4+2×0.2)m^2=13904m^2$

沥青混凝土面层面积　$1580×2×4m^2=12640m^2$

卵石底层的面积　$1580×2×(4+0.2+0.25)m^2=14062m^2$

人工拌合石灰土(12%)基层面积
　　　　　　　　$1580×2×(4+0.2+0.25+5+0.15)m^2=30336m^2$

水泥混凝土面积　$1580×2×4m^2=12640m^2$

环保砖面积　$1580×2×5m^2=15800m^2$

水泥砂浆的面积　$1580×2×(5+0.15)m^2=16274m^2$

水泥砂浆的体积　$1580×2×(5+0.15)×0.03m^3=488.22m^3$

树池的个数　$5×[(1580÷5)+1]$ 个 $=1585$ 个

路灯的个数　$3×[(1580÷10)+1]$ 个 $=477$ 个

路缘石的长度　$1580×2m=3160m$

(2)定额工程量：

砂砾石底层的面积　$1580×2×(4+2×0.2)m^2=13904m^2$

厂拌石灰、土、碎石基层(10∶60∶30)面积

$$1580 \times 2 \times (4+2 \times 0.2) \text{m}^2 = 13904 \text{m}^2$$

沥青混凝土面层面积　$1580 \times 2 \times 4 \text{m}^2 = 12640 \text{m}^2$

卵石底层的面积　$1580 \times 2 \times (4+0.2+0.25) \text{m}^2 = 14062 \text{m}^2$

人工拌合石灰土(12%)基层面积

$$1580 \times 2 \times (4+0.2+0.25+5+0.15+a) \text{m}^2 = (30336+3160a) \text{m}^2$$

水泥混凝土面积　$1580 \times 2 \times 4 \text{m}^2 = 12640 \text{m}^2$

环保砖的面积　$1580 \times 2 \times 5 \text{m}^2 = 15800 \text{m}^2$

水泥砂浆的面积　$1580 \times 2 \times (5+0.15+a) \text{m}^2 = (16274+3160a) \text{m}^2$

水泥砂浆的体积　$1580 \times 2 \times (5+0.15+a) \times 0.03 \text{m}^3 = (488.22+94.8a) \text{m}^3$

树池的个数　$5 \times [(1580 \div 5)+1]$个 $= 1585$ 个

路灯的个数　$3 \times [(1580 \div 10)+1]$个 $= 477$ 个

路缘石的长度　$1580 \times 2 \text{m} = 3160 \text{m}$

注：a 为路基一侧加宽值。

项目编码：040202012　　　项目名称：炉渣

项目编码：040202002　　　项目名称：石灰稳定土

项目编码：040204002　　　项目名称：现浇混凝土人行道及进口坡

【例35】　城市三号道路全长为2440m，路面宽度为21.4m，道路横断面图如图2-241所示，道路两侧每隔50m设一立电杆，立电杆示意图如2-242所示，行车道两侧每10m安装一路灯，且人行道与行车道分界边缘安设路缘石，缘石侧面图如图2-243所示，行车道中央每隔5m种植一树，机动车道结构图如图2-244所示，人行道结构图如图2-245所示，试计算道路工程量。

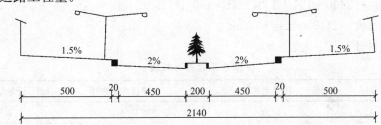

图2-241　道路横断面示意图(单位：cm)

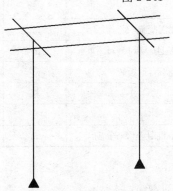

图2-242　立电杆示意图

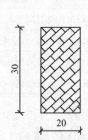

图2-243　缘石侧面图(单位：cm)

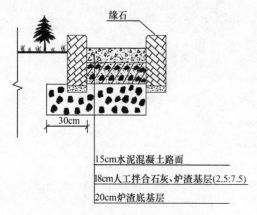
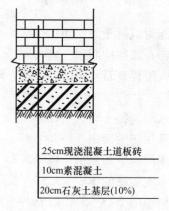

图 2-244　机动车道结构图　　　图 2-245　人行道结构示意图

【解】（1）清单工程量：

炉渣底基层的面积　$2440 \times 2 \times (4.5+0.3) \text{m}^2 = 23424 \text{m}^2$

人工拌合石灰、炉渣基层的面积　$2440 \times 2 \times 4.5 \text{m}^2 = 21960 \text{m}^2$

水泥混凝土路面面积　$2440 \times 2 \times 4.5 \text{m}^2 = 21960 \text{m}^2$

石灰土基层(10%)面积　$2440 \times 2 \times 5 \text{m}^2 = 24400 \text{m}^2$

素混凝土面积　$2440 \times 2 \times 5 \text{m}^2 = 24400 \text{m}^2$

素混凝土体积　$2440 \times 2 \times 5 \times 0.1 \text{m}^3 = 2440 \text{m}^3$

现浇混凝土道板面积　$2440 \times 2 \times 5 \text{m}^2 = 24400 \text{m}^2$

立电杆的个数　$(2440 \div 50 + 1) \times 2$ 根 $= 98$ 根

树池的个数　$(2440 \div 5 + 1)$ 个 $= 489$ 个

路灯个数　$[(2440 \div 10) + 1] \times 2$ 个 $= 490$ 个

路缘石的长度　$2440 \times 4 \text{m} = 9760 \text{m}$

清单工程量计算见下表：

清单工程量计算表

序号	项目编码	项目名称	项目特征描述	计量单位	工程量
1	040202012001	炉渣	20cm 炉渣底基层	m²	23424
2	040202012002	炉渣	18cm 人工拌合石灰、炉渣基层(2.5：7.5)	m²	21960
3	040203005001	水泥混凝土	15cm 厚水泥混凝土	m²	21960
4	040202002001	石灰稳定土	20cm 厚石灰土基层(10%)	m²	24400
5	040204002001	现浇混凝土人行道及进口坡	25cm 厚现浇石台道板砖	m²	24400
6	040205014001	立电杆	立电杆	根	98
7	040204006001	树池砌筑	砌筑树池	个	489
8	040204003001	安砌侧(平、缘)石	20cm×30cm 混凝土缘石安砌	m	9760

(2)定额工程量：

炉渣底基层的面积　$2440 \times 2 \times (4.5+0.3) \text{m}^2 = 23424 \text{m}^2$

人工拌合石灰、炉渣基层的面积　$2440 \times 2 \times 4.5 \text{m}^2 = 21960 \text{m}^2$

水泥混凝土路面面积　$2440×2×4.5m^2=21960m^2$

石灰土基层(10%)面积　$2440×2×(5+a)m^2=(24400+4880a)m^2$

素混凝土面积　$2440×2×(5+a)m^2=(24400+4880a)m^2$

素混凝土体积　$2440×2×(5+a)×0.1m^3=(2440+488a)m^3$

现浇混凝土道板面积　$2440×2×5m^2=24400m^2$

立电杆的个数　$(2440÷50+1)×2$ 个 $=98$ 个

树池的个数　$(2440÷5+1)$ 个 $=489$ 个

路灯个数　$[(2440÷10)+1]×2$ 个 $=490$ 个

路缘石的长度　$2440×4m=9760m$

注：a 为路基一侧加宽值。

项目编码：040202004　　**项目名称：石灰、粉煤灰、土**

项目编码：040201014　　**项目名称：盲沟**

项目编码：040205013　　**项目名称：隔离护栏安装**

【例36】某道路 K0+000～K1+130 之间路面宽度为 19.5m，道路平面图如图 2-246 所示，车道中央设有中央分隔带，分隔带下面设有盲沟，以便及时排除路面水，分隔带边缘增设防撞栏，防撞栏示意图如图 2-247 所示，人行道与行车道之间设有防护栏以保护行人安全，其示意图如图 2-248 所示，且每隔 100m 设一标志板，示意图如图 2-249 所示，人行道结构图如图 2-250 所示，试计算该道路工程量。

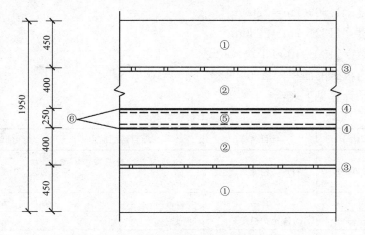

图 2-246　道路平面图(单位：cm)

①—人行道；②—车行道；③—防护栏；④—防撞栏 P；⑤—盲沟；⑥—隔离带

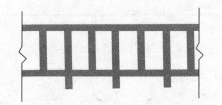

图 2-247　防撞栏示意图

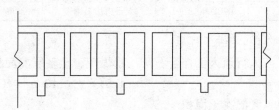

图 2-248　防护栏示意图

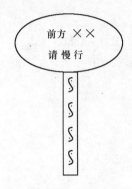
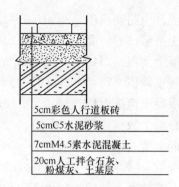

图 2-249 标志板示意图　　　图 2-250 人行道结构示意图

【解】（1）清单工程量：

人行道人工拌合石灰、粉煤灰、土基层的面积
$$4.5 \times 2 \times 1130 m^2 = 10170 m^2$$

素混凝土面积　$4.5 \times 2 \times 1130 m^2 = 10170 m^2$

素混凝土体积　$4.5 \times 2 \times 1130 \times 0.07 m^3 = 711.9 m^3$

水泥砂浆的面积　$4.5 \times 2 \times 1130 m^2 = 10170 m^2$

水泥砂浆的体积　$4.5 \times 2 \times 1130 \times 0.05 m^3 = 508.5 m^3$

中央分隔带长度　1130m

盲沟长度　1130m

防撞栏长度　$1130 \times 2 m = 2260 m$

防护栏长度　$1130 \times 2 m = 2260 m$

标志板块数　$1130 \div 100 + 1$ 块 ≈ 12 块

彩色人行道板砖的面积　$1130 \times 2 \times 4.5 m^2 = 10170 m^2$

清单工程量计算见下表：

清单工程量计算表

序号	项目编码	项目名称	项目特征描述	计量单位	工程量
1	040202004001	石灰、粉煤灰、土	20cm厚人工拌合石灰、粉煤灰、土基层	m²	10170
2	040201014001	盲沟	碎石盲沟	m	1130
3	040205013001	隔离护栏安装	防撞栏	m	2260
4	040205013002	隔离护栏安装	防护栏	m	2260
5	040205004001	标志板	标志板	块	12
6	040204001001	人行道块料铺设	5cm厚彩色人行道板砖	m²	10170

（2）定额工程量：

人行道人工拌合石灰、粉煤灰、土基层的面积
$$(a+4.5) \times 2 \times 1130 m^2 = (10170 + 2260a) m^2$$

素混凝土面积
$$(4.5+a) \times 2 \times 1130 m^2 = (10170 + 2260a) m^2$$

素混凝土的体积

$$(4.5+a)\times 2\times 1130\times 0.07\text{m}^3=(711.9+158.2a)\text{m}^3$$

水泥砂浆的面积
$$(4.5+a)\times 2\times 1130\text{m}^2=(10170+2260a)\text{m}^2$$

水泥砂浆的体积
$$(4.5+a)\times 2\times 1130\times 0.05\text{m}^3=(508.5+113a)\text{m}^3$$

彩色人行道板砖的面积　$4.5\times 2\times 1130\text{m}^2=10170\text{m}^2$

中央分隔带长度　1130m

盲沟长度　1130m

防撞栏长度　$1130\times 2\text{m}=2260\text{m}$

防护栏长度　$1130\times 2\text{m}=2260\text{m}$

标志板块数　$(1130\div 100+1)$块＝12块

注：a为路基一侧加宽值。

项目编码：040202010　　项目名称：碎石
项目编码：040202005　　项目名称：石灰、碎石、土
项目编码：040203003　　项目名称：黑色碎石

【例37】　某山区道路K2＋450～K4＋170之间为挖方路段，路面宽度为7m，土路肩为1.5m，路基加宽值为20cm，路两边设置边沟，边沟下设有盲沟，且上面挖设截水沟以拦截流向路面的雨水，道路横断面图如图2-251所示，道路结构图如图2-252所示，试计算道路工程量。

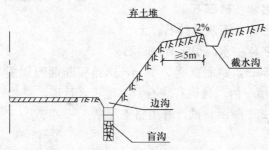
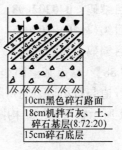

图2-251　道路横断面图　　　　图2-252　道路结构图

【解】　（1）清单工程量：

碎石底层的面积
$$(4170-2450)\times(7+1.5\times 2)\text{m}^2=17200\text{m}^2$$

石灰、土、碎石基层（8∶72∶20）面积
$$(4170-2450)\times(7+1.5\times 2)\text{m}^2=17200\text{m}^2$$

黑色碎石路面面积　$(4170-2450)\times 7\text{m}^2=12040\text{m}^2$

边沟长度　$(4170-2450)\times 2\text{m}=3440\text{m}$

盲沟长度　$(4170-2450)\times 2\text{m}=3440\text{m}$

截水沟长度　$(4170-2450)\times 2\text{m}=3440\text{m}$

清单工程量计算见下表：

清单工程量计算表

序号	项目编码	项目名称	项目特征描述	计量单位	工程量
1	040202010001	碎石	15cm厚碎石基层	m^2	17200
2	040202005001	石灰、碎石、土	18cm厚机拌石灰、土、碎石基层(8:72:20)	m^2	17200
3	040203003001	黑色碎石	10cm厚黑色碎石面层	m^2	12040
4	040201013001	排水沟、截水沟	排水边沟	m	3440
5	040201013002	排水沟、截水沟	截水沟	m	3440
6	040201014001	盲沟	碎石盲沟	m	3440

(2)定额工程量：

碎石底层的面积
$$(4170-2450)\times(7+1.5\times2+2\times0.2)m^2=17888m^2$$

石灰、土、碎石基层(8:72:20)面积
$$(4170-2450)\times(7+1.5\times2+2\times0.2)m^2=17888m^2$$

黑色碎石路面面积　$(4170-2450)\times7m^2=12040m^2$

边沟长度　$(4170-2450)\times2m=3440m$

盲沟长度　$(4170-2450)\times2m=3440m$

截水沟的长度　$(4170-2450)\times2m=3440m$

项目编码：040202008　　**项目名称：砂砾石**
项目编码：040202005　　**项目名称：石灰、碎石、土**
项目编码：040202014　　**项目名称：水泥稳定碎(砾)石**

【例38】 城市某道路全长为1330m，路面宽度为24m，道路横断面图如图2-253所示，人行道与行车道之间每隔6m种植一树，且设有缘石、树池、人行道，结构示意图如图2-254所示，行车道结构图如图2-255所示，试计算道路工程量。

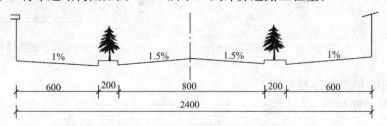

图2-253　道路横断面(单位：cm)

【解】 (1)清单工程量：

人工铺装砂砾石底层面积　$1330\times8m^2=10640m^2$

机拌石灰、土、碎石基层(8:72:20)面积
$$1330\times8m^2=10640m^2$$

泥结碎石面层面积　$1330\times8m^2=10640m^2$

路拌粉煤灰三渣基层面积

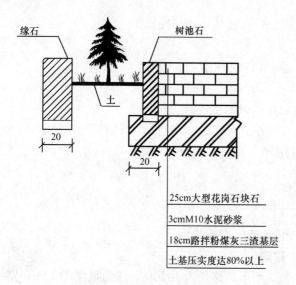
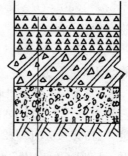

图 2-254　人行道结构图(单位：cm)　　　　图 2-255　行车道结构图

$$1330\times(6+0.2)\times 2 m^2=16492 m^2$$

水泥砂浆的面积　$2\times 1330\times 6 m^2=15960 m^2$

水泥砂浆的体积　$2\times 1330\times 6\times 0.03 m^3=478.8 m^3$

花岗石块石的面积　$2\times 1330\times 6 m^2=15960 m^2$

树池的个数　$(1330\div 6+1)\times 2$ 个 $=446$ 个

缘石的长度　$1330\times 2 m=2660 m$

清单工程量计算见下表：

清单工程量计算表

序号	项目编码	项目名称	项目特征描述	计量单位	工程量
1	040202008001	砂砾石	20cm厚人工铺装砂砾石	m²	10640
2	040202005001	石灰、碎石、土	15cm厚机拌石灰、土、碎石(8:72:20)	m²	10640
3	040202014001	水泥稳定碎(砾)石	10cm厚泥结碎石	m²	10640
4	040202014002	水泥稳定碎(砾)石	7cm厚泥结碎石	m²	10640
5	040202013001	粉煤灰三渣	18cm厚路拌粉煤灰三渣	m²	16492
6	040202011001	块石	25cm厚大型花岗石块石	m²	15960
7	040204006001	树池砌筑	砌筑树池	个	446
8	040204003001	安砌侧(平、缘)石	混凝土缘石安砌	m	2660

(2)定额工程量：

人工铺装砂砾石底层面积　$1330\times 8 m^2=10640 m^2$

机拌石灰、土、碎石(8:72:20)面积

$$1330\times 8 m^2=10640 m^2$$

泥结碎石面积：$1330\times 8 m^2=10640 m^2$

路拌粉煤灰三渣基层面积

$$1330×(6+0.2+a)×2\text{m}^2=(16492+2660a)\text{m}^2$$

水泥砂浆的面积
$$2×1330×(6+a)\text{m}^2=(15960+2660a)\text{m}^2$$

水泥砂浆的体积
$$2×1330×(6+a)×0.03\text{m}^3=(478.8+79.8a)\text{m}^3$$

花岗石块石的面积　$2×1330×6\text{m}^2=15960\text{m}^2$

树池的个数　$(1330÷6+1)×2$ 个 $=446$ 个

缘石的长度　$1330×2\text{m}=2660\text{m}$

注：a 为路基一侧加宽值。

项目编码：040201013　　项目名称：排水沟、截水沟
项目编码：040201014　　项目名称：盲沟

【例39】　某地区道路横断面图如图 2-256 所示，路长为1940m，路面宽度为12m，路肩宽度为 1.5m，路基加宽值为 30cm，由于此道路排水困难，需在边沟下设置盲沟，以保证路基的稳定性，边沟、盲沟布置示意图如图 2-257 所示，道路结构图如图 2-258 所示，试计算该道路的工程量。

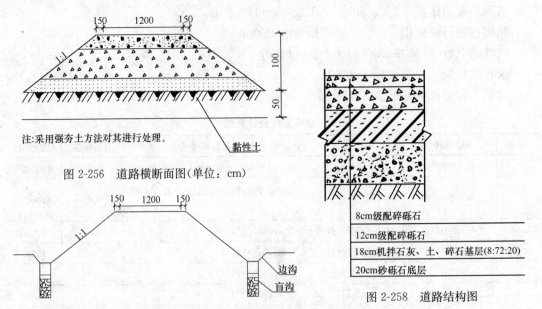

图 2-256　道路横断面图（单位：cm）

图 2-257　边沟、盲沟布置示意图（单位：cm）

图 2-258　道路结构图

【解】　(1) 清单工程量：

砂砾石底层面积　$1940×(12+1.5×2)\text{m}^2=29100\text{m}^2$

机拌石灰、土、碎石（8∶72∶20）基层面积
$$1940×(12+1.5×2)\text{m}^2=29100\text{m}^2$$

级配碎砾石面层面积　$1940×12\text{m}^2=23280\text{m}^2$

边沟长度　$1940×2\text{m}=3880\text{m}$

盲沟长度　$1940×2\text{m}=3880\text{m}$

清单工程量计算见下表：

清单工程量计算表

序号	项目编码	项目名称	项目特征描述	计量单位	工程量
1	040202008001	砂砾石	20cm厚砂砾石底层	m²	29100
2	040202005001	石灰、碎石、土	18cm厚机拌石灰、碎石、土基层(8∶72∶20)	m²	29100
3	040202010001	碎石	12cm厚级配碎砾石	m²	23280
4	040202010002	碎石	8cm厚级配碎砾石	m²	23280
5	040201013001	排水沟、截水沟	排水边沟	m	3880
6	040201014001	盲沟	碎石盲沟	m	3880

(2)定额工程量：

砂砾石底层面积

$$1940×(12+1.5×2+0.3×2)m^2=30264m^2$$

机拌石灰、土、碎石基层(8∶72∶20)面积

$$1940×(12+1.5×2+0.3×2)m^2=30264m^2$$

级配碎砾石面层面积　$1940×12m^2=23280m^2$

边沟长度　$1940×2m=3880m$

盲沟长度　$1940×2m=3880m$

项目编码：040202001　　**项目名称：垫层**

【例40】　某山区在K0+940～K2+100之间为填方路段，路面宽度为8m，路肩宽度为1m，由于该路段土质较差，影响路基的稳定性，特铺设砂垫层，道路横断面示意图如图2-259所示，道路结构图如图2-260所示，试计算道路工程量。

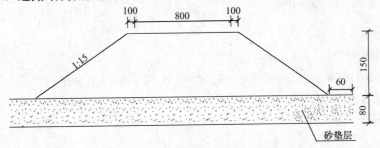

图2-259　道路横断面图(单位：cm)

【解】　(1)清单工程量：

炉渣底层的面积

$$(2100-940)×(8+1×2)m^2=11600m^2$$

机拌粉煤灰、石灰、砂砾(20∶10∶70)基层面积

$$(2100-940)×(8+1×2)m^2=11600m^2$$

水泥混凝土面层面积　$(2100-940)×8m^2=9280m^2$

砂垫层的面积

$$(2100-940)×(8+1×2+1.5×1.5×2+0.6×2)m^2=18212m^2$$

砂垫层的体积

$(2100-940)\times(8+1\times2+1.5\times1.5\times2+0.6\times2)\times0.8m^3=14569.6m^3$

清单工程量计算见下表：

清单工程量计算表

序号	项目编码	项目名称	项目特征描述	计量单位	工程量
1	040202012001	炉渣	25cm厚炉渣底层	m^2	11600
2	040202006001	石灰、粉煤灰、砂砾	20cm厚机拌石灰、粉煤灰、砂砾基层（10：20：70）	m^2	11600
3	040203005001	水泥混凝土	15cm厚水泥混凝土面层	m^2	9280
4	040202001001	垫层	砂垫层	m^2	18212

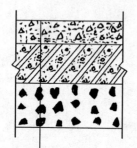

图 2-260 道路结构图

(2) 定额工程量：

炉渣底层的面积

$(2100-940)\times(8+1\times2+2a)m^2$
$=(11600+2320a)m^2$

机拌石灰、粉煤灰、砂砾（10：20：70）基层面积

$(2100-940)\times(8+1\times2+2a)m^2$
$=(11600+2320a)m^2$

水泥混凝土面层面积 $(2100-940)\times8m^2=9280m^2$

砂垫层的面积

$(2100-940)\times(8+1\times2+1.5\times1.5\times2+0.6\times2+2a)m^2$
$=(18212+2320a)m^2$

砂垫层的体积

$(2100-940)\times(8+1\times2+1.5\times1.5\times2+0.6\times2+2a)\times0.8m^3$
$=(14569.6+1856a)m^3$

注：a 为路基一侧加宽值。

项目编码：040202010   项目名称：碎石

项目编码：040202003   项目名称：水泥稳定土

【例41】 某城市道路长为1880m，路面宽度为26.2m，道路横断面示意图如图2-261所示，车行道共宽15m，人行道两侧各宽5m，人行道与车行道分界处有防护栏相隔，且每10m设一路灯，行车道结构示意图如图2-262所示，人行道结构示意图如图2-263所示，且在道路两侧地下埋设管道，管道示意图如图2-264所示，试计算道路工程量。

【解】 (1) 清单工程量：

碎石底层的面积 $1880\times(15+0.1\times2)m^2=28576m^2$

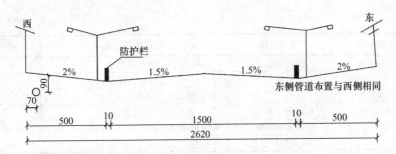

图 2-261 道路横断面图(单位：cm)

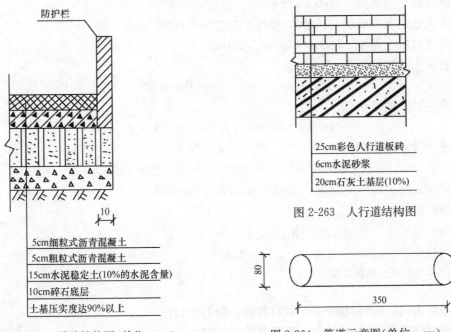

图 2-262 道路结构图(单位：cm)　　图 2-264 管道示意图(单位：cm)

水泥稳定土基层的面积　$1880×(15+0.1×2)m^2=28576m^2$

沥青混凝土面层面积　$1880×15m^2=28200m^2$

石灰土基层的面积　$1880×5×2m^2=18800m^2$

水泥砂浆的面积　$1880×5×2m^2=18800m^2$

水泥砂浆的体积　$1880×5×2×0.06m^3=1128m^3$

彩色人行道板砖的面积　$1880×5×2m^2=18800m^2$

管道长度　$1880×2m=3760m$

防护栏长度　$1880×2m=3760m$

路灯个数　$(1880÷10+1)×2$ 个 $=378$ 个

清单工程量计算见下表：

清单工程量计算表

序号	项目编码	项目名称	项目特征描述	计量单位	工程量
1	040202010001	碎石	10cm厚碎石底层	m²	28576
2	040202003001	水泥稳定土	15cm厚水泥稳定土基层(10%水泥含量)	m²	28576

续表

序号	项目编码	项目名称	项目特征描述	计量单位	工程量
3	040203004001	沥青混凝土	5cm厚粗粒式沥青混凝土	m²	28200
4	040203004002	沥青混凝土	5cm厚细粒式沥青混凝土	m²	28200
5	040202002001	石灰稳定土	20cm厚石灰土基层(10%)	m²	18800
6	040204001001	人行道块料铺设	25cm厚彩色人行道板砖	m²	18800
7	040205002001	电缆保护管铺设	电缆保护管	m	3760
8	040205013001	隔离护栏安装	防护栏	m	3760

(2)定额工程量：

碎石底层的面积　$1880 \times (15+0.1 \times 2) m^2 = 28576 m^2$

水泥稳定土的面积　$1880 \times (15+0.1 \times 2) m^2 = 28576 m^2$

沥青混凝土面积　$1880 \times 15 m^2 = 28200 m^2$

石灰土基层的面积
$$1880 \times 2 \times (5+a) m^2 = (18800+3760a) m^2$$

水泥砂浆的面积
$$1880 \times 2 \times (5+a) m^2 = (18800+3760a) m^2$$

水泥砂浆的体积
$$1880 \times 2 \times (5+a) \times 0.06 m^3 = (1128+225.6a) m^3$$

彩色人行道板砖的面积　$1880 \times 5 \times 2 m^2 = 18800 m^2$

管道长度　$1880 \times 2 m = 3760 m$

防护栏长度　$1880 \times 2 m = 3760 m$

路灯个数　$(1880 \div 10 + 1) \times 2$ 个 $= 378$ 个

注：a 为路基一侧加宽值。

项目编码：040201005　　项目名称：抛石挤淤

项目编码：040202001　　项目名称：垫层

项目编码：040202009　　项目名称：卵石

【例42】　某山区潮湿路段共长为870m，路面宽度为15m，路肩为1.5m，路基加宽值为30cm，抛石挤淤层上面用碎砾石和砂垫层来保证路基稳定性，抛石挤淤断面示意图如图2-265所示，道路结构示意图如图2-266所示，试计算道路工程量。

【解】(1)清单工程量：

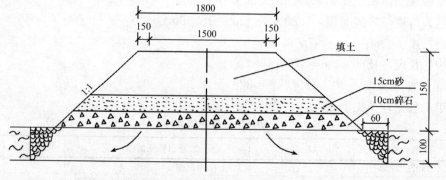

图2-265　抛石挤淤示意图(单位：cm)

抛石挤淤体积

$$870×(15+1.5×2+1.5×2+0.6×2)×1m^3$$
$$=19314m^3$$

碎石垫层的面积

$$870×[15+1.5×2+(1.5-0.1)×2]m^2$$
$$=18096m^2$$

砂垫层的面积

$$870×[15+1.5×2+(1.5-0.25)×2]m^2$$
$$=17835m^2$$

人机配合卵石底层面积 $870×(15+1.5×2)m^2=15660m^2$

人工拌合石灰土基层面积 $870×(15+1.5×2)m^2=15660m^2$

人工拌合石灰、粉煤灰、土(8:80:12)基层面积

$$870×(15+1.5×2)m^2=15660m^2$$

沥青混凝土面层面积 $870×15m^2=13050m^2$

清单工程量计算见下表：

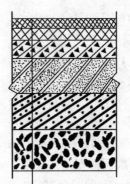

图 2-266 道路结构示意图

清单工程量计算表

序号	项目编码	项目名称	项目特征描述	计量单位	工程量
1	040201005001	抛石挤淤	抛石挤淤	m³	19314
2	040202001001	垫层	10cm碎石垫层	m²	18096
3	040202001002	垫层	15cm砂垫层	m²	17835
4	040202009001	卵石	20cm厚人机配合卵石底层	m²	15660
5	040202002001	石灰稳定土	18cm厚人工拌合石灰土基层(12%)	m²	15660
6	040202004001	石灰、粉煤灰、土	16cm厚人工拌合石灰、粉煤灰、土基层(8:80:12)	m²	15660
7	040203004001	沥青混凝土	6cm厚粗粒式沥青混凝土	m²	13050
8	040203004002	沥青混凝土	4cm厚中粒式沥青混凝土	m²	13050
9	040203004003	沥青混凝土	2cm厚细粒式沥青混凝土	m²	13050

(2)定额工程量：

抛石挤淤体积

$$870×(15+1.5×2+1.5×2+0.6×2+2×0.3)×1m^3=19836m^3$$

碎石垫层的面积

$$870×[15+1.5×2+(1.5-0.1)×2+2×0.3]m^2=18618m^2$$

碎石垫层的体积

$$870×[15+1.5×2+(1.5-0.1)×2+2×0.3]×0.1m^3=1861.8m^3$$

砂垫层的面积

$$870×[15+1.5×2+(1.5-0.25)×2+2×0.3]m^2=18357m^2$$

砂垫层的体积

$$870×[15+1.5×2+(1.5-0.25)×2+2×0.3]×0.15m^3=2753.55m^3$$

人机配合卵石底层面积

$$870×(15+1.5×2+2×0.3)m^2=16182m^2$$

人工拌合石灰土基层面积

$$870×(15+1.5×2+2×0.3)m^2=16182m^2$$

人工拌合石灰、粉煤灰、土(8∶80∶12)基层面积

$$870×(15+1.5×2+2×0.3)m^2=16182m^2$$

沥青混凝土面层面积　　$870×15m^2=13050m^2$

项目编码：040205006　　项目名称：标线
项目编码：040204003　　项目名称：安砌侧(平、缘)石
项目编码：040201014　　项目名称：盲沟

【例43】 某城镇主干道全长为1480m，路面宽度为28m，快车道中央设置一中央分隔带，由于排水需要，在分隔带下铺设盲沟，以便及时排除地面水，车道分界线，路缘石布置如道路平面示意图 2-267 所示，缘石示意图如图 2-268 所示，为了保证路面的使用性能，每车道每 6m 设置一横缝，横缝示意图如图 2-269 所示。道路两侧每 100m 设一检查井，检查井示意图如图 2-270 所示，试计算道路工程量。

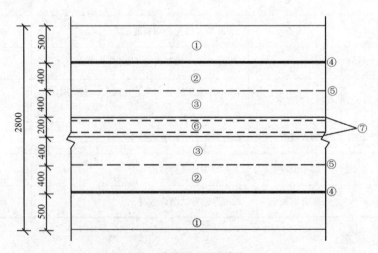

图 2-267　道路平面图(单位：cm)
①—人行道；②—行车道；③—行车道；④—路缘石；
⑤—车道分界线；⑥—中央分隔带；⑦—盲沟

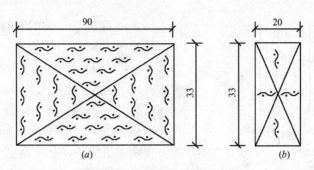

图 2-268 缘石示意图（单位：cm）

(a) 平面图；(b) 立面图

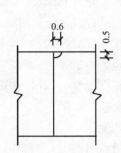

图 2-269 横缝示意图（单位：cm）

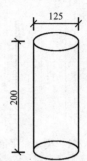

图 2-270 检查井示意图（单位：cm）

【解】（1）清单工程量：

车道标线长度　1480×2m＝2960m

路缘石长度　1480×2m＝2960m

中央分隔带长度　1480m

盲沟的长度　1480m

检查井个数　2×[(1480÷100)+1]座＝30座

横缝的面积　(1480÷6-1)×16×0.006m²＝23.52m²

清单工程量计算见下表：

清单工程量计算表

序号	项目编码	项目名称	项目特征描述	计量单位	工程量
1	040205006001	标线	车道标线	m	2960
2	040204003001	安砌侧（平、缘）石	混凝土侧（平、缘）石安砌	m	2960
3	040201014001	盲沟	碎石盲沟	m	1480
4	040203005001	水泥混凝土	横缝宽0.6cm	m²	23.52
5	040204005001	检查井升降	检查井升降	座	30

（2）定额工程量同清单工程量。

项目编码：040205006　　项目名称：标线

项目编码：040205012　　项目名称：值警亭安装

【例44】 某道路交叉口平面示意图如图2-271所示，道路长为660m，主干道路面宽度为22m，为双向4车道，交叉口处设有人行横道线，每条线长为2m，宽为20cm，安置两座值警亭，有4组信号灯，中间设置一条纵向伸缩缝，缝宽为2cm，试求主干道道路工程量。

【解】（1）清单工程量：

标线长度　　660×2m=1320m

纵缝面积　　660×0.02m^2=13.2m^2

值警亭座数　　2座

路缘石长度　　660×2m=1320m

信号灯套数　　4套

横道线的面积

2×0.2×(11+13+11+11)m^2=18.4m^2

清单工程量计算见下表：

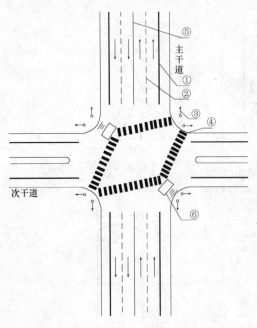

图2-271　交叉口平面图
①—缘石；②—标线；③—信号灯；
④—横道线；⑤—伸缩缝；⑥—值警亭

清单工程量计算表

序号	项目编码	项目名称	项目特征描述	计量单位	工程量
1	040205006001	标线	标线	m	1320
2	040203005001	水泥混凝土	纵向伸缩缝缝宽2cm	m^2	13.2
3	040205012001	值警亭安装	值警亭安装	座	2
4	040204003001	安砌侧（平、缘）石	混凝土缘石安砌	m	1320
5	040205008001	横道线	人行横道线	m^2	18.4
6	040205010001	交通信号灯安装	交通信号灯安装	套	4

（2）定额工程量同清单工程量。

项目编码：040201006　　项目名称：袋装砂井

【例45】 某山区二级公路在K1+430~K2+240之间，路面宽度为16m，路肩宽度为1.5m，由于该路段土质较湿软，需对土基进行沙井布置处理，沙井布置示意图如图2-272所示，且在土基上铺设砂垫层，道路结构示意图如图2-273所示，试计算道路工程量。

【解】（1）清单工程量：

人工铺装砂砾石底层面积

(2240−1430)×(16+1.5×2)m^2=15390m^2

厂拌石灰、土、碎石基层(10:60:30)的面积

(2240−1430)×(16+1.5×2)m^2=15390m^2

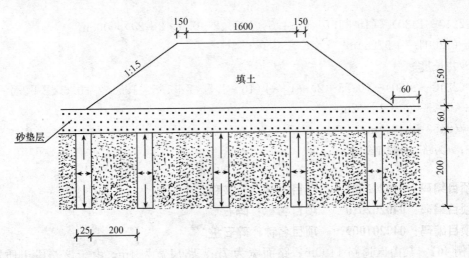

图 2-272 道路横断面图(单位：cm)

泥灰结碎砾石路面面积

$(2240-1430)\times 16m^2=12960m^2$

砂垫层的面积

$(2240-1430)\times(16+1.5\times 2+1.5\times 1.5\times 2+0.6\times 2)m^2=20007m^2$

砂井长度

$[(2240-1430)\div(0.25+2)+1]\times[(16+1.5\times 2+1.5\times 2\times 1.5+0.6\times 2)\div(0.25+2)+1]\times 2m$
$=8468m$

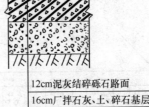

图 2-273 道路结构图

清单工程量计算见下表：

清单工程量计算表

序号	项目编码	项目名称	项目特征描述	计量单位	工程量
1	040202008001	砂砾石	20cm厚人工铺装砂砾石底层	m^2	15390
2	040202005001	石灰、碎石、土	16cm厚厂拌石灰、土、碎石（10：60：30）	m^2	15390
3	040202014001	水泥稳定碎(砾)石	12cm厚泥灰结碎砾石路面	m^2	12960
4	040202001001	垫层	砂垫层	m^2	20007
5	040201006001	袋装砂井	桩径0.25m，桩长2m	m	8468

(2)定额工程量：

人工铺装砂砾石底层面积

$(2240-1430)\times(16+1.5\times 2+2a)m^2=(15390+1620a)m^2$

厂拌石灰、土、碎石基层(10：60：30)的面积

$(2240-1430)\times(16+1.5\times 2+2a)m^2=(15390+1620a)m^2$

泥灰结碎石路面面积

$(2240-1430)\times 16m^2=12960m^2$

砂垫层的体积

$(2240-1430)\times(16+1.5\times2+1.5\times1.5\times2+0.6\times2+2a)\times0.6\mathrm{m}^3$
$=(12004.2+972a)\mathrm{m}^3$

砂井长度
$[(2240-1430)\div(0.25+2)+1]\times[(16+1.5\times2+1.5\times1.5\times2+0.6\times2+2a)$
$\div(0.25+2)+1]\times2\mathrm{m}$
$=(8468+642a)\mathrm{m}$

注：a 为路基一侧加宽值。

项目编码：040202002　　项目名称：石灰稳定土
项目编码：040202010　　项目名称：碎石
项目编码：040201009　　项目名称：碎石桩

【例46】 某山区道路1100m，路面宽为7m，路肩宽为1m，由于该路段土质较差，用打碎石桩的方法对土基进行处理，碎石桩布置示意图如图2-274所示，道路结构图如图2-275所示，试计算该道路的工程量。

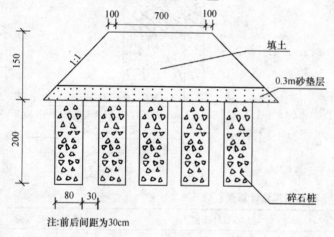

图 2-274　道路横断面图(单位：cm)

图 2-275　道路结构图

【解】 (1) 清单工程量：
石灰土(12%)基层的面积　$1100\times(7+1\times2)\mathrm{m}^2=9900\mathrm{m}^2$
填隙干压碎石基层的面积　$1100\times(7+1\times2)\mathrm{m}^2=9900\mathrm{m}^2$
水结碎石路面面积　$1100\times7\mathrm{m}^2=7700\mathrm{m}^2$
碎石桩的长度
$[1100\div(0.8+0.3)+1]\times[(7+1\times2+1.5\times2)\div(0.8+0.3)+1]\times2\mathrm{m}=23842\mathrm{m}$
砂垫层的面积　$1100\times(7+1\times2+1.5\times2)\mathrm{m}^2=13200\mathrm{m}^2$
清单工程量计算见下表：

清单工程量计算表

序号	项目编码	项目名称	项目特征描述	计量单位	工程量
1	040202002001	石灰稳定土	20cm厚石灰土基层(12%)	m²	9900
2	040202010001	碎石	18cm填隙干压碎石	m²	9900

续表

序号	项目编码	项目名称	项目特征描述	计量单位	工程量
3	040202014001	水泥稳定碎(砾)石	10cm厚水结碎石路面	m²	7700
4	040201009001	碎石桩	桩径0.8m,前后间距0.3m	m	23842
5	040202001001	垫层	砂垫层	m²	13200

(2)定额工程量:

石灰土(12%)基层的面积
$$1100\times(7+1\times2+2a)m^2=(9900+2200a)m^2$$

填隙干压碎石基层的面积
$$1100\times(7+1\times2+2a)m^2=(9900+2200a)m^2$$

水结碎石路面面积　$1100\times7m^2=7700m^2$

碎石桩的长度
$$\{[1100\div(0.8+0.3)+1]\times[(7+1\times2+1.5\times2+2a)\div(0.8+0.3)+1]\times2\}m$$
$$=(23842+3640a)m$$

砂垫层的体积
$$1100\times(7+1\times2+1.5\times2+2a)\times0.3m^3=(3960+660a)m^3$$

注:a为路基一侧加宽值。

项目编码:040205013　　**项目名称:隔离护栏安装**

【例47】 某城市道路全长为1550m,路面宽度为28m,道路横断面示意图如图2-276所示,快慢车道之间设有防撞栏,每5m种植一树以起到绿化环保作用,每10m设置一路灯,且人行道与车行道分界处设有缘石,道路两侧有立电杆,间距为50m,且在快车道上锯有纵、横缝,横缝间距为6m一处,防撞栏示意图如图2-277所示,快车道结构示意图如图2-278所示,慢车道结构图如图2-279所示,纵、横缝示意图如图2-280~图2-282所示,试计算该道路的工程量。

图2-276　道路横断面图(单位:cm)

【解】 (1)清单工程量:

砂砾石底层的面积
$1550\times(8+2\times0.2+2\times3.5+2\times0.25+2\times0.2)m^2=25265m^2$

石灰土基层(12%)的面积
$1550\times(2\times3.5+2\times0.2+2\times0.25)m^2=12245m^2$

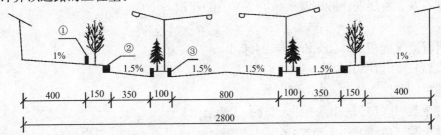

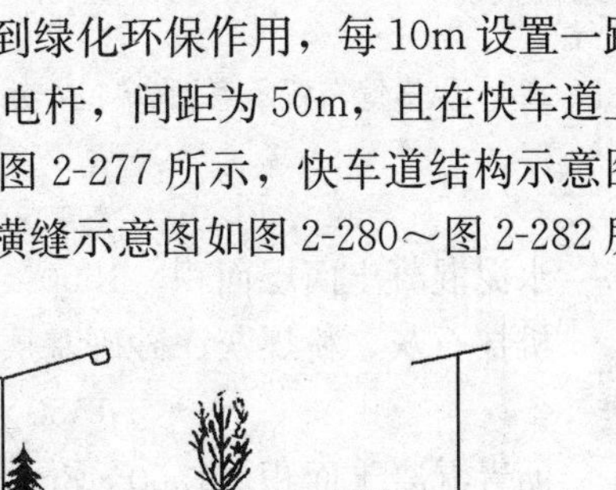

图2-277　防撞栏示意图

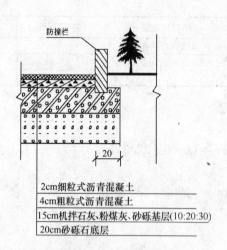
图 2-278　快车道结构示意图(单位：cm)

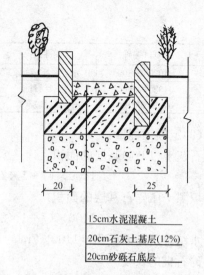
图 2-279　慢车道结构示意图(单位：cm)

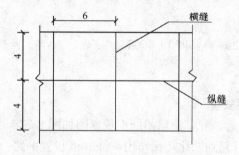
图 2-280　纵横缝布置示意图(单位：cm)

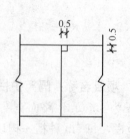
图 2-281　横缝示意图(单位：cm)

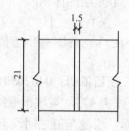
图 2-282　纵缝示意图(单位：cm)

水泥混凝土面层面积　$1550 \times 2 \times 3.5 m^2 = 10850 m^2$

机拌石灰、粉煤灰、砂砾基层(10：20：70)面积
　　　　　　　　$1550 \times (8+2 \times 0.2) m^2 = 13020 m^2$

沥青混凝土面积　$1550 \times 8 m^2 = 12400 m^2$

路缘石长度　$1550 \times 2 m = 3100 m$

防撞栏的长度　$1550 \times 4 m = 6200 m$

路灯个数　$[(1550 \div 10)+1] \times 2$ 个 $= 312$ 个

树池个数　$(1550 \div 5+1) \times 4$ 个 $= 1244$ 个

立电杆个数　$(1550 \div 50+1) \times 2$ 根 $= 64$ 根

纵缝面积　$1550 \times 0.015 m^2 = 23.25 m^2$

横缝面积　$(1550 \div 6-1) \times 8 \times 0.005 m^2 = 10.28 m^2$

清单工程量计算见下表：

清单工程量计算表

序号	项目编码	项目名称	项目特征描述	计量单位	工程量
1	040202008001	砂砾石	20cm 厚砂砾石底层	m^2	25265
2	040202002001	石灰稳定土	20cm 厚石灰土基层(12%)	m^2	12245

续表

序号	项目编码	项目名称	项目特征描述	计量单位	工程量
3	040203005001	水泥混凝土	15cm 水泥混凝土基层	m²	10850
4	040202006001	石灰、粉煤灰、碎(砾)石	15cm厚机拌石灰、粉煤灰、砂砾基层(10:20:70)	m²	13020
5	040203004001	沥青混凝土	4cm厚粗粒式沥青混凝土	m²	12400
6	040203004002	沥青混凝土	2cm厚细粒式沥青混凝土	m²	12400
7	040204003001	安砌侧(平、缘)石	混凝土缘石安砌	m	3100
8	040205013001	隔离护栏安装	防撞栏	m	6200
9	040204006001	树池砌筑	砌筑树池	个	1244
10	040205014001	立电杆	立电杆	根	64
11	040203005001	水泥混凝土	纵缝缝宽1.5cm	m²	23.25
12	040203005002	水泥混凝土	横缝缝宽0.5cm	m²	10.28

(2)定额工程量同清单工程量。

项目编码:040204001　　项目名称:人行道块料铺设
项目编码:040205014　　项目名称:立电杆

【例48】 某道路K1+120~K2+780之间,路面宽度为20m,行车道中央设有分隔带,分隔带下面挖设盲沟,以便及时排除路面水,保证车辆的行驶性能,且分隔带边缘设有防撞栏,道路平面示意图如图2-283所示,人行道与行车道分界处设置有缘石,缘石边沿每隔5m种植一树,人行道结构示意图如图2-284所示,在人行道外侧每50m埋一立电杆,立电杆示意图如图2-285所示,试计算道路工程量。

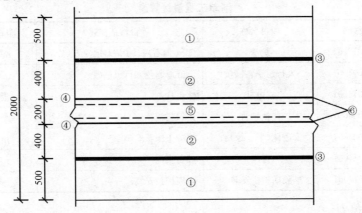

图2-283 道路平面图(单位:cm)
①—人行道;②—行车道;③—缘石;④—盲沟;⑤—中央分隔带;⑥—防撞栏

【解】 (1)清单工程量:
石灰、炉渣基层(2.5:7.5)面积
$(2780-1120)\times(2\times5+2\times0.25)m^2=17430m^2$
素混凝土面积 $(2780-1120)\times2\times5m^2=16600m^2$

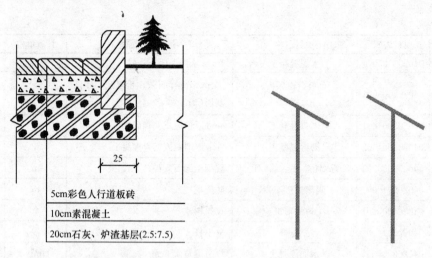

图 2-284 人行道结构示意图(单位：cm)　　图 2-285 立电杆示意图

素混凝土体积　$(2780-1120)\times 2\times 5\times 0.1m^3=1660m^3$

彩色人行道板砖面积　$(2780-1120)\times 2\times 5m^2=16600m^2$

立电杆个数　$2\times[(2780-1120)\div 50+1]$根$=68$根

树池个数　$2\times[(2780-1120)\div 5+1]$个$=666$个

缘石长度　$(2780-1120)\times 2m=3320m$

中央分隔带长度　$(2780-1120)m=1660m$

盲沟长度　$(2780-1120)m=1660m$

防撞栏长度　$(2780-1120)\times 2m=3320m$

清单工程量计算见下表：

清单工程量计算表

序号	项目编码	项目名称	项目特征描述	计量单位	工程量
1	040202012001	炉渣	20cm厚石灰、炉渣基层(2.5∶7.5)	m^2	17430
2	040204001001	人行道块料铺设	5cm厚彩色人行道板砖	m^2	16600
3	040205014001	立电杆	立电杆	根	68
4	040204006001	树池砌筑	砌筑树池	个	666
5	040204003001	安砌侧(平、缘)石	混凝土缘石安砌	m	3320
6	040201014001	盲沟	碎石盲沟	m	1660
7	040205013001	隔离护栏安装	隔离护栏安装	m	3320

(2)定额工程量：

石灰、炉渣(2.5∶7.5)基层面积
　　$(2780-1120)\times(2\times 5+2\times 0.25+2a)m^2=(17430+3320a)m^2$

素混凝土面积　$(2780-1120)\times 2\times(5+a)m^2=(16600+3320a)m^2$

素混凝土体积　$(2780-1120)\times 2\times(5+a)\times 0.1m^3=(1660+332a)m^3$

彩色人行道板砖面积　$(2780-1120)\times 2\times 5m^2=16600m^2$

立电杆个数　$2\times[(2780-1120)\div 50+1]$个$=68$个

树池个数　$2×[(2780-1120)÷5+1]$ 个 $=666$ 个
缘石长度　$(2780-1120)×2m=3320m$
中央分隔带长度　$(2780-1120)m=1660m$
盲沟长度　$(2780-1120)m=1660m$
防撞栏长度　$(2780-1120)×2m=3320m$

注：a 为路基一侧加宽值。

项目编码：040201007　　项目名称：塑料排水板

【例49】　某条道路起点为 K0+000，终点为 K0+980，路面宽度为 16m，路肩为 1.5m，由于该路土基较差，需进行塑料排水板处理以保证路基稳定，并在塑料排水板处理层上铺设砂垫层，塑料排水板布置示意图如图 2-286 所示，塑料排水板示意图如图 2-287 所示，道路结构示意图如图 2-288 所示，试计算道路工程量。

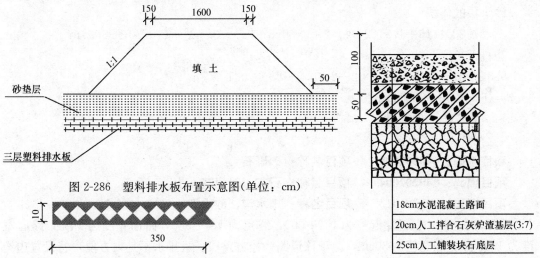

图 2-286　塑料排水板布置示意图（单位：cm）

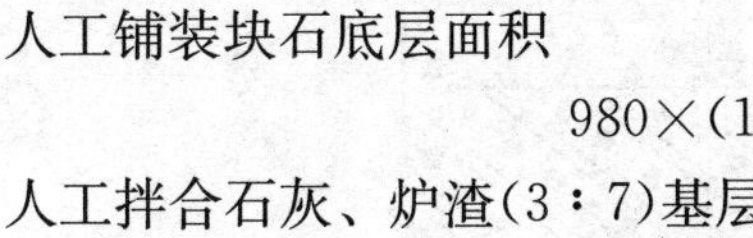

图 2-287　塑料排水板示意图（单位：cm）

图 2-288　道路结构图

【解】　(1) 清单工程量：
人工铺装块石底层面积
$$980×(16+1.5×2)m^2=18620m^2$$
人工拌合石灰、炉渣(3:7)基层面积
$$980×(16+1.5×2)m^2=18620m^2$$
水泥混凝土路面面积　$980×16m^2=15680m^2$
砂垫层的面积
$$980×(16+1.5×2+1×2+2×0.5)m^2=21560m^2$$
塑料板长度
$$3×980×[(16+1.5×2+1×2+2×0.5)÷0.1]m=646800m$$
清单工程量计算见下表：
(2) 定额工程量：
人工铺装山皮石底层面积

清单工程量计算表

序号	项目编码	项目名称	项目特征描述	计量单位	工程量
1	040202011001	块石	25cm人工铺装块石底层	m²	18620
2	040202014001	炉渣	20cm人工拌合石灰、炉渣基层(3:7)	m²	18620
3	040203005001	水泥混凝土	18cm厚水泥混凝土路面	m²	15680
4	040202001001	垫层	砂垫层	m²	21560
5	040201007001	塑料排水板	塑料排水板	m	646800

$$980 \times (16 + 1.5 \times 2 + 2a) \text{m}^2 = (18620 + 1960a) \text{m}^2$$

人工拌合石灰、炉渣(3:7)基层面积

$$980 \times (16 + 1.5 \times 2 + 2a) \text{m}^2 = (18620 + 1960a) \text{m}^2$$

水泥混凝土路面面积　　$980 \times 16 \text{m}^2 = 15680 \text{m}^2$

砂垫层的体积

$$980 \times (16 + 1.5 \times 2 + 1 \times 2 + 2 \times 0.5 + 2a) \times 0.5 \text{m}^3 = (10780 + 980a) \text{m}^3$$

塑料板长度

$$980 \times [(16 + 1.5 \times 2 + 1 \times 2 + 2 \times 0.5 + 2a) \div 0.1] \times 3 \text{m}$$
$$= (646800 + 58800a) \text{m}$$

注：a 为路基一侧加宽值。

项目编码：040202008　　项目名称：砂砾石
项目编码：040202004　　项目名称：石灰、粉煤灰、土
项目编码：040201013　　项目名称：排水沟、截水沟

【例50】　某山区道路起点为K0+000，终点为K1+880，路面宽度为14m，路肩宽度为1m，路基加宽值为30cm，由于该道路为挖方路段，且排水不是太方便，特设置边沟和截水沟，且在边沟下面设置渗沟，路堑横断面示意图如图2-289所示，道路结构示意图如图2-290所示，试计算该道路的工程量。

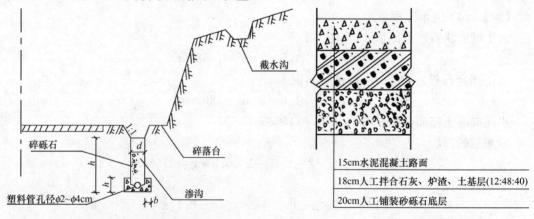

图2-289　道路横断面示意图　　　　　图2-290　道路结构图

【解】　(1) 清单工程量：

人工铺装砂砾石底层
$1880×(14+1×2)m^2=30080m^2$

人工拌合石灰、炉渣、土(12∶48∶40)基层的面积
$1880×(14+1×2)m^2=30080m^2$

水泥混凝土路面面积　$1880×14m^2=26320m^2$

边沟长度　$1880×2m=3760m$

截水沟长度　$1880×2m=3760m$

渗沟长度　$1880×2m=3760m$

清单工程量计算见下表：

清单工程量计算表

序号	项目编码	项目名称	项目特征描述	计量单位	工程量
1	040202008001	砂砾石	20cm 人工铺装砂砾石底层	m^2	30080
2	040202004001	石灰、粉煤灰、土	18cm 人工拌合石灰、炉渣、土基层(12∶48∶40)	m^2	30080
3	040203005001	水泥混凝土	15cm 厚水泥混凝土路面	m^2	26320
4	040201013001	排水沟、截水沟	排水边沟	m	3760
5	040201013002	排水沟、截水沟	截水沟排水	m	3760
6	040201013003	排水沟、截水沟	渗沟	m	3760

(2)定额工程量：

人工铺装砂砾石底层
$1880×(14+1×2+2×0.3)m^2=31208m^2$

人工拌合石灰、炉渣、土(12∶48∶40)基层的面积
$1880×(14+1×2+2×0.3)m^2=31208m^2$

水泥混凝土路面面积　$1880×14m^2=26320m^2$

边沟长度　$1880×2m=3760m$

截水沟长度　$1880×2m=3760m$

渗沟长度　$1880×2m=3760m$

附录　道路工程工程量清单设置与计价举例

【例】　某市二号道路 K0+000～K0+100 为沥青混凝土结构，K0+100～K0+135 为混凝土结构，道路结构如附图1、附图2所示，路面修筑宽度为10m，路肩各宽1m，为保证压实，每边各加30cm。路面两边铺侧缘石，其施工方案如下：

(1)卵石底层用人工铺装、压路机碾压；

(2)石灰炉渣基层用拖拉机拌合、机械铺装、压路机碾压，顶层用洒水车养生；

(3)机械摊铺沥青混凝土，粗粒式沥青混凝土用厂拌运到现场，运距5km，运到现场价为360元/m^3，细粒式沥青混凝土运到现场价为420元/m^3；

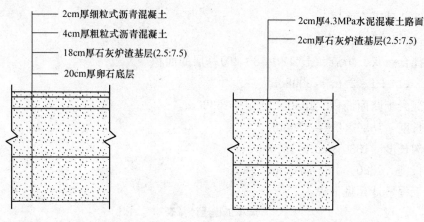

附图1 车行道道路结构图　　附图2 人行道道路结构图

(4)水泥混凝土采取现场机械拌合、人工筑铺,用草袋覆盖洒水养生,4.5MPa水泥混凝土组成现场材料价为170元/m^3;

(5)侧缘石长50cm,每块5.00元;

(6)切缝机钢锯片,每片23元。

一、《建设工程工程量清单计价规范》(GB50500—2003)计算方法

分部分项工程量清单

工程名称:某市二号道路工程　　　　　　　　　　　　　　　　　　第　页　共　页

序号	项目编码	项目名称	计量单位	工程数量
1	040202009001	卵石(厚20cm)	m^2	1000
2	040202006001	石灰炉渣(2.5:7.5厚20cm)	m^2	350
3	040202006002	石灰炉渣(2.5:7.5厚18cm)	m^2	1000
4	040203004001	沥青混凝土(厚4cm,最大粒径5cm,石油沥青)	m^2	1000
5	040203004002	沥青混凝土(厚2cm,最大粒径3cm,石油沥青)	m^2	1000
6	040203005001	水泥混凝土(4.5MPa厚22cm)	m^2	350
7	040204003001	安砌侧(平、缘)石	m	270

1. 卵石(厚20cm),其施工工程量为:100m×10.6m^2=1060m^2

(1)人工铺装卵石底层,厚20cm

1)人工费:272.79元/100m^2×1060m^2=2891.57元

2)材料费:1172.37元/100m^2×1060m^2=12427.12元

3)机械费:63.29元/100m^2×1060m^2=670.88元

(2)综合

1)直接费合计:15989.57元

2)管理费:15989.57×14%=2238.54元

3)利润:15989.57×7%=1119.27元

4)总计：15989.57+2238.54+1119.27=19347.38元
5)综合单价：19347.38÷1000=19.35元/m²

2. 石灰炉渣基层(2.5∶7.5厚20cm)，其施工工程量为35×10.6m²=371m²

(1)拖拉机拌合石灰炉渣基层(2.5∶7.5厚20cm)
1)人工费：91.68元/100m²×371m²=340.13元
2)材料费：1748.98元/100m²×371m²=6488.72元
3)机械费：157.89元/100m²×371m²=585.77元

(2)顶层多合土洒水车洒水养生
1)人工费：1.57元/100m²×371m²=5.82元
2)材料费：0.66元/100m²×371m²=2.45元
3)机械费：10.52元/100m²×371m²=39.03元

(3)综合
1)直接费合计：7461.92元
2)管理费：7461.92×14%=1044.67元
3)利润：7461.92×7%=522.33元
4)总计：7461.92+1044.67+522.33=9028.92元
5)综合单价：9028.92÷350=25.80元/m²

3. 石灰炉渣基层(2.5∶7.5厚18cm)，其施工工程量为100×10.6m²=1060m²

(1)拖拉机拌合石灰炉渣基层(2.5∶7.5厚20cm)
1)人工费：91.68元/100m²×1060m²=971.81元
2)材料费：1748.98元/100m²×1060m²=18539.19元
3)机械费：157.89元/100m²×1060m²=1673.63元

(2)拖拉机拌合石灰炉渣基层(2.5∶7.5)，减2cm
1)人工费：2.92元/100m²×1060m²=30.95元
2)材料费：87.28元/100m²×1060m²=925.17元
3)机械费：0.83元/100m²×1060m²=8.80元

(3)顶层多合土洒水车洒水养生
1)人工费：1.57元/100m²×1060m²=16.64元
2)材料费：0.66元/100m²×1060m²=7.00元
3)机械费：10.52元/100m²×1060m²=111.51元

(4)综合
1)直接费合计：22284.70元
2)管理费：22284.70×14%=3119.86元
3)利润：22284.70×7%=1559.93元
4)总计：22284.70+3119.86+1559.93=26964.49元
5)综合单价：26964.49÷1000=26.96元/m²

4. 沥青混凝土路面(厚4cm，石油沥青粗粒式)，其施工工程量为1000m²

(1)粗粒式沥青混凝土地面(厚4cm机械摊铺)
1)人工费：49.43元/100m²×1000m²=494.3元

2)材料费：12.30元/100m²×1000m²=123元
沥青混凝土：4.04m³/100m²×1000m²×360元/m²=14544元
3)机械费：146.72元/100m²×1000m²=1467.2
(2)喷洒沥青油料(石油沥青)
1)人工费：1.80元/100m²×1000m²=18元
2)材料费：146.33元/100m²×1000m²=1463.3元
3)机械费：19.11元/100m²×1000m²=191.1元
(3)综合
1)直接费合计：18300.9元
2)管理费：18300.9×14%=2562.13元
3)利润：18300.9×7%=1281.06元
4)总计：18300.9+2562.13+1281.06=22144.09元
5)综合单价：22144.09÷1000=22.144元/m²

5. 沥青混凝土路面(厚2cm，石油沥青细粒式)，其施工工程量为1000m²
(1)细粒式沥青混凝土路面(厚2cm 石油沥青)
1)人工费：37.08元/100m²×1000m²=370.8元
2)材料费：6.24元/100m²×1000m²=62.4元
细粒沥青混凝土：2.02m³/100m²×1000m²×420元/m³=8484元
3)机械费：78.74元/100m²×1000m²=787.4元
(2)综合
1)直接费合计：9704.6元
2)管理费：9704.6×14%=1358.644元
3)利润：9704.6×7%=679.322元
4)总计：9704.6+1358.644+679.322=11742.566元
5)综合单价：11742.566÷1000=11.743元/m²

6. 水泥混凝土路面(厚22cm，4.5MPa)，其施工工程量为350m²
(1)水泥混凝土路面(厚22cm，4.5MPa)
1)人工费：814.54元/100m²×350m²=2850.89元
2)材料费：138.65元/100m²×350m²=485.28元
混凝土：22.44m³/100m²×350m²×170元/m²=13351.8元
3)机械费：92.52元/100m²×350m²=323.82元
(2)沥青玛琋脂伸缩缝，其面积为：0.22m×108m=23.76m²
1)人工费：77.75元/10m²×23.76m²=184.73元
2)材料费：756.66元/10m²×23.76m²=1797.824元
3)机械费：无
(3)锯缝机锯缝，其长度为20×10m=200m
1)人工费：14.38元/10m×200m=287.6元
2)材料费：无
钢锯片：0.065片/10m×200m×23元/片=29.9元

3)机械费：8.14 元/10m×200m=162.8 元

(4)混凝土路面养护(草袋)

1)人工费：25.84 元/100m²×350m²=90.44 元

2)材料费：106.59 元/100m²×350m²=373.07 元

3)机械费：无

(5)综合

1)直接费合计：19938.154 元

2)管理费：19938.154×14%=2791.342 元

3)利润：19938.154×7%=1395.67 元

4)总计：19938.154+2791.342+1395.67=24125.166 元

5)综合单价：24124.666÷350=68.93 元/m²

7. 安砌侧缘石(混凝土，长 50cm)，其长度为 135×2=270m

(1)砂垫层

1)人工费：13.93 元/100m²×175.5m²=24.45 元

2)材料费：57.42 元/100m²×175.5m²=100.77 元

3)机械费：无

(2)混凝土缘石(长 50cm 一块)

1)人工费：114.60 元/100m×270m=309.42 元

2)材料费：34.19 元/100m×270m=92.31 元

混凝土侧石：101.50m/100m×270m×5 元/块×0.5m/块=685.13 元

3)机械费：无

(3)综合

1)直接费合计：1212.08 元

2)管理费：1212.08×14%=169.69 元

3)利润：1212.08×7%=84.85 元

4)总计：1212.08+169.69+84.85=1466.62 元

5)综合单价：1466.62÷270=5.432 元/m

分部分项工程量清单计价表

工程名称：某市二号路道路工程　　　　　　　　　　第　页 共　页

序号	项目编号	项目名称	计量单位	工程量	综合单价	合计
1	040202009001	卵石(厚 20cm)	m²	1000	19.35	19347.38
2	040202006001	石灰炉渣(2.5:7.5 厚 20cm)	m²	350	25.80	9028.92
3	040202006002	石灰炉渣(2.5:7.5 厚 18cm)	m²	1000	26.96	26964.49
4	040203004001	沥青混凝土(厚 4cm，最大粒径 5cm，石油沥青)	m²	1000	22.144	22144.09
5	040203004002	沥青混凝土(厚 2cm，最大粒径 3cm，石油沥青)	m²	1000	11.743	11742.566
6	040203005001	水泥混凝土(4.5MPa 厚 22cm)	m²	350	68.93	24124.666
7	040204003001	安砌侧(平缘)石	m	270	5.432	1466.62

分部分项工程量清单综合单价计算表

工程名称：某市二号路道路工程　　　　　　　　　　　计量单位：m³
项目编码：040202009001　　　　　　　　　　　　　　工程数量：1000
项目名称：卵石（厚20cm）　　　　　　　　　　　　　综合单价：19.35元

序号	定额编号	工程内容	单位	数量	金额（元）					
					人工费	材料费	机械费	管理费	利润	小计
1	2—185	卵石底层（厚20cm）	m²	1060	2891.57	12427.12	670.88			
		合计			2891.57	12427.12	670.88	2238.54	1119.27	19347.38

分部分项工程量清单综合单价计算表

工程名称：某市二号路道路工程　　　　　　　　　　　计量单位：m³
项目编码：040202006001　　　　　　　　　　　　　　工程数量：350
项目名称：石灰炉渣基层（厚20cm，2.5∶7.5）　　　　综合单价：25.80元

序号	定额编号	工程内容	单位	数量	金额（元）					
					人工费	材料费	机械费	管理费	利润	小计
1	2-151	石灰炉渣基层（厚20cm，2.5∶7.5）	m²	371	340.13	6488.72	585.77			
2	2-177	顶层多合土养生	m²	371	5.82	2.45	39.03			
		合计			345.95	6491.17	624.8	1044.67	522.33	9028.92

分部分项工程量清单综合单价计算表

工程名称：某市二号路道路工程　　　　　　　　　　　计量单位：m²
项目编码：040202006002　　　　　　　　　　　　　　工程数量：1000
项目名称：石灰炉渣基层（厚18cm，2.5∶7.5）　　　　综合单价：24.63元

序号	定额编号	工程内容	单位	数量	金额（元）					
					人工费	材料费	机械费	管理费	利润	小计
1	2-151	石灰炉渣基层（厚20cm，2.5∶7.5）	m²	1060	971.81	18539.19	1673.63			
2	2-152	石灰炉渣基层（2.5∶7.5，减2cm）	m²	1060	−30.95	−925.17	−8.8			
3	2-177	顶层多合土养生	m²	1060	16.64	7.00	111.51			
		合计			957.5	17621.02	1776.34	2849.68	1424.84	24629.38

分部分项工程量清单综合单价计算表

工程名称：某市二号路道路工程　　　　　　　　　　　　　　　　　计量单位：m³
项目编码：040203004001　　　　　　　　　　　　　　　　　　　　工程数量：1000
项目名称：沥青混凝土路面（厚4cm，石油沥青粗粒式）　　　　　　　综合单价：22.144元

序号	定额编号	工程内容	单位	数量	金额(元)					
					人工费	材料费	机械费	管理费	利润	小计
1	2-267	粗粒式沥青混凝土路面（厚4cm机械摊铺）	m²	1000	494.3	123	1467.2			
2	2-249	喷洒沥青油料（石油沥青）	m²	1000	18	1463.3	191.1			
		沥青混凝土	m³	40.4		14544				
		合计			512.3	16130.3	1658.3	2562.13	1281.06	22144.09

分部分项工程量清单综合单价计算表

工程名称：某市二号路道路工程　　　　　　　　　　　　　　　　　计量单位：m²
项目编码：040203004002　　　　　　　　　　　　　　　　　　　　工程数量：1000
项目名称：沥青混凝土路面（厚2cm，石油沥青细粒式）　　　　　　　综合单价：11.743元

序号	定额编号	工程内容	单位	数量	金额(元)					
					人工费	材料费	机械费	管理费	利润	小计
1	2-284	细粒式沥青混凝土路面（厚2cm石油沥青）	m²	1000	370.8	62.4	787.4			
		细粒沥青混凝土	m²	20.2		8484				
		合计			370.8	8546.4	787.4	1358.644	679.322	11742.566

分部分项工程量清单综合单价计算表

工程名称：某市二号路道路工程　　　　　　　　　　　计量单位：m³
项目编码：040203005001　　　　　　　　　　　　　　工程数量：350
项目名称：水泥混凝土路面(厚22cm，4.5MPa)　　　　 综合单价：68.93元

序号	定额编号	工程内容	单位	数量	金额(元)					
					人工费	材料费	机械费	管理费	利润	小计
1	2-290	水泥混凝土路面(厚22cm，4.5MPa)	m²	350	2850.89	485.28	323.82			
2	2-294	伸缝（沥青玛琦脂）	m²	23.76	184.31	1797.824	—			
3	2-298	锯缝机锯缝	m	200	287.6	—	162.8			
4	2-300	混凝土路面养护（草袋）	m²	350	90.44	373.07	—			
		混凝土	m³	78.54		13351.8				
		钢锯片	片	1.3		29.9				
		合计			3413.24	16037.874	486.62	2971.283	1395.64	24124.666

二、《建设工程工程量清单计价规范》(GB 50500－2008 计算方法)采用《全国统一市政工程预算定额》(GYD－305－1999)

分部分项工程量清单与计价表

工程名称：某市二号路道路工程　　　标段：K0＋000～K0＋135　　　第1页 共1页

序号	项目编号	项目名称	项目特征描述	计量单位	工程量	金额(元)		
						综合单价	合价	其中：暂估价
1	040202009001	卵石	卵石厚20cm	m²	1000			
2	040202006001	石灰、粉煤灰、碎(砾)石	石灰炉渣2.5：7.5，厚20cm	m²	350			
3	040202006002	石灰、粉煤灰、碎(砾)石	石灰炉渣2.5：7.5，厚18cm	m²	1000			
4	040203004001	沥青混凝土	厚4cm 最大粒径5cm 石油沥青	m²	1000			
5	040203004002	沥青混凝土	厚2cm 最大粒径3cm 石油沥青	m²	1000			
6	040203005001	水泥混凝土	4.5MPa，厚22cm	m²	350			
7	040204003001	安砌侧(平缘)石	安砌侧(平缘)石	m	270			
				本页小计				
				合计				

工程量清单综合单价分析表

工程名称：某市二号路道路工程　　　　标段：K0+000～K0+100　　　第1页　共7页

项目编码	040202009001	项目名称	卵石	计量单位	m²

清单综合单价组成明细									
定额编号	定额名称	定额单位	数量	单价				合价			
^	^	^	^	人工费	材料费	机械费	管理费和利润	人工费	材料费	机械费	管理费和利润
2-185	卵石	100m²	0.011	272.79	1172.37	63.29	316.775	2.892	12.896	0.696	3.485
人工单价				小　计				2.892	12.896	0.696	3.485
22.47元/工日				未计价材料费								
清单项目综合单价								19.97			

材料费明细	主要材料名称、规格、型号	单位	数量	单价（元）	合价（元）	暂估单价（元）	暂估合计（元）
^	卵石、杂色	m³	23.87	43.96	1049.33		
^	中粗砂	m³	2.65	44.23	117.21		
^							
^							
^							
^							
^	其他材料费			—	—		
^	材料费小计			—	1166.54		

注：1."数量"栏为"投标方工程量÷招标方工程量÷定额单位数量"，如"0.011"为"1060÷1000÷100"；
　　2. 管理费费率为14%，利润率为7%，管理费及利润以直接费为取费基数。

工程量清单综合单价分析表

工程名称：某市二号路道路工程　　　　标段：K0+100～K0+135　　　　第 2 页　共 7 页

项目编码	040202006001	项目名称		石灰炉渣基层	计量单位		m²

清单综合单价组成明细

定额编号	定额名称	定额单位	数量	单价				合价			
				人工费	材料费	机械费	管理费和利润	人工费	材料费	机械费	管理费和利润
2-151	石灰、炉渣（2.5∶7.5，厚20cm）	100m²	0.011	91.68	1748.98	157.89	419.70	0.972	19.239	1.737	4.617
2-177	顶层多合土养生	100m²	0.011	1.57	0.66	10.52	2.678	0.017	0.007	0.116	0.029
人工单价				小　　计				0.989	19.246	1.853	4.646
22.47元/工日				未计价材料费							
清单项目综合单价								26.73			

材料费明细	主要材料名称、规格、型号	单位	数量	单价（元）	合价（元）	暂估单价（元）	暂估合计（元）
	生石灰	t	6.44	120.00	772.8		
	炉渣	m³	24.16	39.97	965.675		
	水	m³	5.48	0.45	2.466		
	其他材料费				—		—
	材料费小计				—	1741.44	—

注：1."数量"栏为"投标方工程量÷招标方工程量÷定额单位数量"，如"0.011"为"1060÷1000÷100"；
　　2.管理费费率为14%，利润率为7%，管理费及利润以直接费为取费基数。

工程量清单综合单价分析表

工程名称：某市二号路道路工程　　　标段：K0+000~K0+100　　　第3页　共7页

项目编码	040202006002	项目名称	石灰炉渣基层	计量单位	m³

清单综合单价组成明细

定额编号	定额名称	定额单位	数量	单价 人工费	单价 材料费	单价 机械费	单价 管理费和利润	合价 人工费	合价 材料费	合价 机械费	合价 管理费和利润
2—151	石灰、炉渣(2.5:7.5)	100m²	0.011	91.68	1748.98	157.89	419.70	0.972	19.239	1.737	4.617
2—152	石灰、炉渣(2.5:7.5)	100m²	0.011	−2.92	−87.28	−0.83	−19.116	−0.032	−0.96	−0.009	−0.21
2—177	顶层多合土养生	100m²	0.011	1.57	0.66	10.52	2.678	0.017	0.007	0.116	0.029
人工单价				小计				0.957	18.286	1.844	4.436
22.47元/工日				未计价材料费							
清单项目综合单价								25.52			

材料费明细	主要材料名称、规格、型号	单位	数量	单价(元)	合价(元)	暂估单价(元)	暂估合计(元)
	生石灰	t	5.8	120.00	696		
	炉渣	m³	21.74	39.97	868.95		
	水	m³	5.08	0.45	2.286		
	其他材料费				—		—
	材料费小计				873.52		—

注：1. "数量"栏为"投标方工程量÷招标方工程量÷定额单位数量"，如"0.011"为"1060÷1000÷100"；
　　2. 管理费费率为14%，利润率为7%，管理费及利润以直接费为取费基数。

工程量清单综合单价分析表

工程名称：某市二号路道路工程　　　标段：K0+000～K0+100　　　第4页　共7页

项目编码	040203004001	项目名称	沥青混凝土	计量单位	m²

清单综合单价组成明细

定额编号	定额名称	定额单位	数量	单价				合价			
				人工费	材料费	机械费	管理费和利润	人工费	材料费	机械费	管理费和利润
2—267	粗粒式沥青混凝土路面	100m²	0.01	49.43	12.3	146.72	46.83	0.494	0.123	1.467	0.468
2—249	喷洒沥青油料	100m²	0.01	1.8	146.33	19.11	35.12	0.018	1.463	0.191	0.351
人工单价			小　　计					0.512	1.586	1.658	0.819
22.47元/工日			未计价材料费					14.54			
			清单项目综合单价					19.12			

	主要材料名称、规格、型号	单位	数量	单价(元)	合价(元)	暂估单价(元)	暂估合计(元)
材料费明细	沥青混凝土	m³	0.04	360	14.54		
	其他材料费				—		—
	材料费小计				14.54	—	

注：1．"数量"栏为"投标方工程量÷招标方工程量÷定额单位数量"，如"0.01"为"1000÷1000÷100"；
　　2．管理费费率为14%，利润率为7%，管理费及利润以直接费为取费基数。

工程量清单综合单价分析表

工程名称：某市二号路道路工程　　　　标段：K0+000~K0+100　　　第5页 共7页

项目编码	040203004002	项目名称	沥青混凝土	计量单位	m²

清单综合单价组成明细

定额编号	定额名称	定额单位	数量	单价				合价			
				人工费	材料费	机械费	管理费和利润	人工费	材料费	机械费	管理费和利润
2-284	细粒式沥青混凝土路面	100m²	0.01	37.08	6.24	78.74	27.396	0.371	0.062	0.787	0.274
人工单价			小　　计					0.371	0.062	0.787	0.274
22.47元/工日			未计价材料费					8.4			
			清单项目综合单价					9.89			

材料费明细	主要材料名称、规格、型号	单位	数量	单价（元）	合价（元）	暂估单价（元）	暂估合计（元）
	细(微)粒沥青混凝土	m³	0.02	420	8.4		
	其他材料费				—		—
	材料费小计				—	8.4		—

注：1. "数量"栏为"投标方工程量÷招标方工程量÷定额单位数量"，如"0.01"为"1000÷1000÷100"；
　　2. 管理费费率为14%，利润率为7%，管理费及利润以直接费为取费基数。

工程量清单综合单价分析表

工程名称：某市二号路道路工程　　　标段：K0+000～K0+135　　　第 6 页　共 7 页

项目编码	040203005001	项目名称	水泥混凝土	计量单位	m²

清单综合单价组成明细

定额编号	定额名称	定额单位	数量	单价				合价			
				人工费	材料费	机械费	管理费和利润	人工费	材料费	机械费	管理费和利润
2—290	水泥混凝土路面	100m²	0.01	814.54	138.65	92.52	227.45	8.145	1.387	0.925	2.275
2—294	伸缝	10m²	0.007	77.75	756.66		175.23	0.544	5.297		1.227
2—298	锯缝机锯缝	10m	0.057	14.38		8.14	4.761	0.820		0.464	0.271
2—300	混凝土路面养护(草袋)	100m²	0.01	25.84	106.59		27.81	0.258	1.066		0.278
人工单价				小　　计				9.767	7.750	1.389	4.051
22.47元/工日				未计价材料费				37.55			
				清单项目综合单价				60.51			

材料费明细	主要材料名称、规格、型号	单位	数量	单价(元)	合价(元)	暂估单价(元)	暂估合计(元)
	混凝土	m³	0.22	170	37.4		
	钢锯片	片	0.007	23	0.15		
	其他材料费			—		—	
	材料费小计			—	37.55		

注：1. "数量"栏为"投标方工程量÷招标方工程量÷定额单位数量"，如"0.01"为"350÷350÷100"；
　　2. 管理费费率为14%，利润率为7%，管理费及利润以直接费为取费基数。

工程量清单综合单价分析表

工程名称：某市二号路道路工程　　　　标段：K0+000~K0+135　　　　第7页　共7页

项目编码	040204003001	项目名称	安砌侧(平缘)石	计量单位	m

清单综合单价组成明细

定额编号	定额名称	定额单位	数量	单价				合价			
				人工费	材料费	机械费	管理费和利润	人工费	材料费	机械费	管理费和利润
2-331	砂垫层	100m²	0.01	13.93	57.42		14.984	0.139	0.574		0.150
2-334	混凝土缘石	100m	0.01	114.6	34.19		32.312	1.146	0.342		0.323
人工单价				小　　计				1.285	0.916		0.473
22.47元/工日				未计价材料费				5.08			
				清单项目综合单价				7.75			

	主要材料名称、规格、型号	单位	数量	单价(元)	合价(元)	暂估单价(元)	暂估合计(元)
材料费明细	混凝土侧石	m	1.02	5.00	5.08		
	其他材料费			—	—		
	材料费小计			—	5.08	—	

注：1. "数量"栏为"投标方工程量÷招标方工程量÷定额单位数量"，如"0.01"为"270÷270÷100"；
　　2. 管理费费率为14%，利润率为7%，管理费及利润以直接费为取费基数。

分部分项工程量清单与计价表

工程名称：某桥梁　　　标段：　　　　　　　　　　　　　　　　第1页　共1页

序号	项目编号	项目名称	项目特征描述	计量单位	工程量	金额(元) 综合单价	合价	其中：暂估价
1	040202009001	卵石	卵石厚20cm	m²	1000	19.97	19970	
2	040202006001	石灰、粉煤灰、碎(砾)石	石灰炉渣 2.5∶7.5,厚20cm	m²	350	26.73	9355.5	
3	040202006002	石灰、粉煤灰、碎(砾)石	石灰炉渣 2.5∶7.5,厚18cm	m²	1000	25.52	25520	
4	040203004001	沥青混凝土	厚4cm 最大粒径5cm 石油沥青	m²	1000	19.12	19120	
5	040203004002	沥青混凝土	厚2cm 最大粒径3cm 石油沥青	m²	1000	9.89	9890	
6	040203005001	水泥混凝土	4.5MPa，厚22cm	m²	350	60.51	21178.5	
7	040204003001	安砌侧（平、缘)石	安砌侧(平、缘)石	m	270	7.75	2092.5	
			本页小计				107126.5	
			合　计				107126.5	

三、08 计算方法与 03 计算方法的区别与联系

1. 08 规范和 03 规范相比工程量清单计价表有很大差别。比如本题中的"分部分项工程量清单计价表"就是由 03 规范中的"分部分项工程量清单"和"分部分项工程量清单计价表"合成的;"工程量清单综合单价分析表"和 03 规范中的"分部分项工程量清单综合单价计算表"的实质是一样的,只是在细节方面有些不同。

2. "工程量清单综合单价分析表"中增加了"材料费明细"一栏,此栏中若本项编码所包括的任一定额中含有未计价材料则在"材料费明细"中只显示未计价材料,将所有未计价材料费汇总后填入"未计价材料费"一栏中;若本项目编码所包括的定额中都不含未计价材料,则"材料费明细"是应显示以上定额所涉及到的全部材料。若不同定额编号所用材料有相同的,则应在"材料费明细"中合并后计算。

3. 若题中含未计价材料,则在计算管理费和利润时应按"(人工费+计价材料费+未计价材料费+机械费)×(管理费费率+利润率)"计算(市政工程)。

4. 若清单中含有补充定额的,在市政工程中计算补充定额中费用的管理费和利润,而安装工程中不计补充定额的管理费和利润。

第三章 桥涵护岸工程(D.3)

第一节 分部分项实例

项目编码:040301001   项目名称:圆木桩

【例1】 打圆木桩,桩长500mm,外径180mm,其截面如图3-1所示,求打桩工程量。

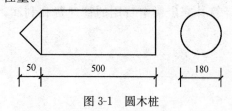

图3-1 圆木桩

【解】(1)清单工程量:

根据清单工程量计算规则,圆木桩按设计图示以桩长(包括桩尖)计算,故其清单工程量为:

$$l=(0.05+0.5)\text{m}=0.55\text{m}$$

清单工程量计算见下表:

清单工程量计算表

项目编码	项目名称	项目特征描述	计量单位	工程量
040301001001	圆木桩	圆木桩,尾径180mm,桩长500mm,桩尖长50mm	m	0.55

(2)定额工程量。

$$V=\pi\times\left(\frac{0.18}{2}\right)^2\times(0.05+0.5)\text{m}^3=0.014\text{m}^3$$

项目编码:040301003   项目名称:钢筋混凝土方桩

【例2】 如图3-2所示,求履带式柴油打桩机打钢筋混凝土方桩的工程量。

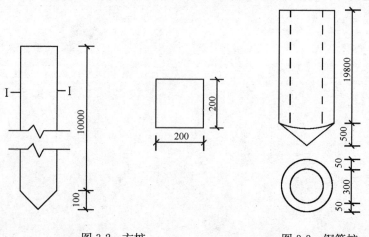

图3-2 方桩   图3-3 钢管桩

【解】 (1)清单工程量：
$$l=(10+0.1)\mathrm{m}=10.1\mathrm{m}$$
清单工程量计算见下表：

清单工程量计算表

项目编码	项目名称	项目特征描述	计量单位	工程量
040301003001	钢筋混凝土方桩	钢筋混凝土方桩，200mm×200mm	m	10.1

(2)定额工程量：
$$V=(10+0.1)\times 0.2\times 0.2\mathrm{m}^3=0.404\mathrm{m}^3$$

项目编码：040301004　　项目名称：钢管桩

【例3】 ××桥梁工程采用混凝土空心管桩如图3-3所示，求用打桩机打钢管桩的工程量。

【解】 (1)清单工程量：
$$l=(19.8+0.5)\mathrm{m}=20.3\mathrm{m}$$
清单工程量计算见下表：

清单工程量计算表

项目编码	项目名称	项目特征描述	计量单位	工程量
040301004001	钢管桩	混凝土空心管桩，外径400mm，内径300mm	m	20.3

(2)定额工程量：

1) 管桩体积：$V_1=\dfrac{\pi\times 0.4^2}{4}\times(19.8+0.5)\mathrm{m}^3=2.55\mathrm{m}^3$

2) 空心部分体积：$V_2=\dfrac{\pi\times 0.3^2}{4}\times 19.8\mathrm{m}^3=1.40\mathrm{m}^3$

空心管桩总体积：$V=V_1-V_2=(2.55-1.40)\mathrm{m}^3=1.15\mathrm{m}^3$

项目编码：040301002　　项目名称：钢筋混凝土板桩

【例4】 某工程采用柴油打桩机打钢筋混凝土板桩，如图3-4所示，桩长为10000mm，截面为500mm×200mm，求打桩机打桩工程量。

【解】 (1)清单工程量：
$$V=S\times l=(0.2\times 0.5)\times 10\mathrm{m}^3=1\mathrm{m}^3$$
清单工程量计算见下表：

清单工程量计算表

项目编码	项目名称	项目特征描述	计量单位	工程量
040301002001	钢筋混凝土板桩	200mm×500mm，桩长10m，桩基础	m³	1

(2)定额工程量：
$$V=S\times l=(0.2\times 0.5)\times 10\mathrm{m}^3=1\mathrm{m}^3$$

项目编码：040301005　　项目名称：钢管成孔灌注桩

【例5】 ××桥采用现场灌注混凝土桩共65根，如图3-5所示，用柴油打桩机打孔，钢管外径500mm，桩深10m，采用扩大桩复打一次。计算灌注桩的工程量。

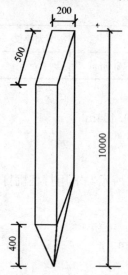

图3-4 钢筋混凝土板桩

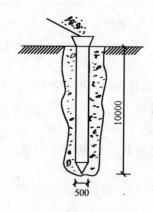

图3-5 钢管成孔灌注桩

【解】（1）清单工程量（按图示桩长计算）：

$$l = 10 \times 65\text{m} = 650\text{m}$$

清单工程量计算见下表：

清单工程量计算表

项目编码	项目名称	项目特征描述	计量单位	工程量
040301005001	钢管成孔灌注桩	桩径500mm，深度10m	m	650

（2）定额工程量：

$$V = \frac{1}{4} \times 3.14 \times 0.5^2 \times 10 \times 65 \times 2 \text{m}^3 = 255.13 \text{m}^3$$

说明：桩采用复打时，定额工程量乘以复打次数。

项目编码：040301006　　项目名称：挖孔灌注桩

【例6】 某工程挖孔灌注桩工程，如图3-6所示，$D=820$mm，$\frac{1}{4}$砖护壁，C20混凝土桩芯，桩深27m，现场搅拌，求单桩工程量为多少？

【解】（1）清单工程量：

桩芯：$l=27.0$m，护壁：$l=27.0$m

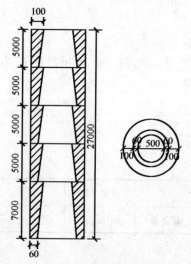

图3-6 挖孔灌注桩

清单工程量计算见下表：

清单工程量计算表

序号	项目编码	项目名称	项目特征描述	计量单位	工程量
1	040301006001	挖孔灌注桩	C20混凝土桩芯，桩径820mm，深度27m	m	27
2	040301006002	挖孔灌注桩	$\frac{1}{4}$砖护壁，桩径820mm，深度27m	m	27

（2）定额工程量：

挖孔灌注C20桩桩芯：

$$V_1 = \frac{1}{3}\pi(R^2+r^2+Rr)h$$
$$= \left[\frac{1}{3} \times 3.142 \times 5 \times (0.31^2+0.35^2+0.31\times0.35)\times 4 + \frac{1}{3}\times 3.142\right.$$
$$\left.\times 7\times(0.31^2+0.35^2+0.31\times 0.35)\right]m^3$$
$$=(6.85+2.40)m^3$$
$$=9.25m^3$$

红砖护壁：$V_2 = V - V_1 = \left(\frac{1}{4}\times 3.142\times 0.82^2\times 27 - 9.25\right)m^3 = 5.01m^3$

项目编码：040301003　　项目名称：钢筋混凝土方桩

项目编码：040302002　　项目名称：混凝土承台

【例7】 在某桥梁工程中，桥梁基础为桩基础，截面为200mm×800mm，如图3-7所示，试求该基础和承台的工程量。

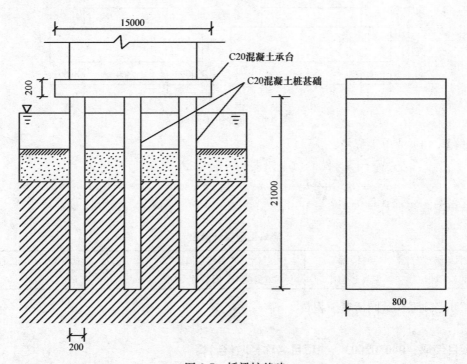

图3-7 桥梁桩基础

【解】 （1）混凝土基础：

1）清单工程量：

单桩：$l = 21 \times 3\text{m} = 63\text{m}$

2）定额工程量：

$$V = 0.2 \times 0.8 \times 21 \times 3 \text{m}^3 = 10.08\text{m}^3$$

（2）混凝土承台：

1）清单工程量：

$$V = 0.2 \times 0.8 \times 15 \text{m}^3 = 2.4\text{m}^3$$

2）定额工程量同清单工程量。

清单工程量计算见下表：

清单工程量计算表

序号	项目编码	项目名称	项目特征描述	计量单位	工程量
1	040301003001	钢筋混凝土方桩	钢筋混凝土方桩，C20混凝土，石料最大粒径20mm	m	63
2	040302002001	混凝土承台	C20混凝土，石料最大粒径20mm，桩基础	m³	2.4

项目编码：040302001   项目名称：混凝土基础

【例8】 某桥梁基础为矩形两层台阶形式，采用C20混凝土，石料最大粒径20mm，如图3-8所示，计算该基础的工程量：

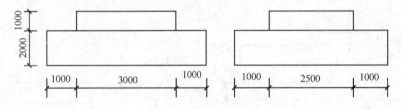

图3-8 矩形桥梁基础

【解】 （1）清单工程量：

$$V = [3 \times 2.5 \times 1 + (3+1+1) \times (2.5+1+1) \times 2]\text{m}^3$$
$$= 52.5\text{m}^3$$

清单工程量计算见下表：

清单工程量计算表

项目编码	项目名称	项目特征描述	计量单位	工程量
040302001001	混凝土基础	C20混凝土，石料最大粒径20mm	m³	52.5

（2）定额工程量同清单工程量。

项目编码：040302003   项目名称：墩(台)帽

【例9】 如图3-9所示，为某桥梁墩帽，计算其工程量。

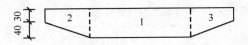

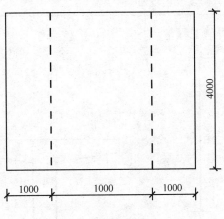

图 3-9 桥梁墩帽

【解】 (1) 清单工程量：

$$V_1 = 1 \times 4 \times (0.03 + 0.04) m^3 = 0.28 m^3$$

方法一：$V_2 = V_3 = \frac{1}{2} \times (0.03 + 0.07) \times 1 \times 4 m^3 = 0.2 m^3$

方法二：$V_2 = V_3 = \left[1 \times (0.03 + 0.04) \times 4 - \frac{1}{2} \times 0.04 \times 1 \times 4\right] m^3 = 0.2 m^3$

$$V = V_1 + V_2 + V_3 = (0.28 + 0.2 + 0.2) m^3 = 0.68 m^3$$

清单工程量计算见下表：

清单工程量计算表

项目编码	项目名称	项目特征描述	计量单位	工程量
040302003001	墩(台)帽	桥梁墩帽，C20 混凝土，石料最大粒径 20mm	m³	0.68

(2) 定额工程量同清单工程量。

项目编码：040302004   项目名称：墩(台)身

【例 10】 某桥梁工程中所采用的桥墩如图 3-10 所示为圆台柱式，采用 C20 混凝土，石料最大粒径 20mm，计算其工程量。

【解】 (1) 清单工程量：

$$V_{圆台} = \frac{1}{3} \pi l (r^2 + R^2 + r \cdot R)$$

$$= \frac{1}{3} \times 3.1416 \times 10 \times (3^2 + 4^2 + 3 \times 4) m^3$$

$$= 387.46 m^3$$

清单工程量计算见下表：

清单工程量计算表

项目编码	项目名称	项目特征描述	计量单位	工程量
040302004001	墩（台）身	桥墩墩身，C20 混凝土，石料最大粒径 20mm	m³	387.46

（2）定额工程量同清单工程量。

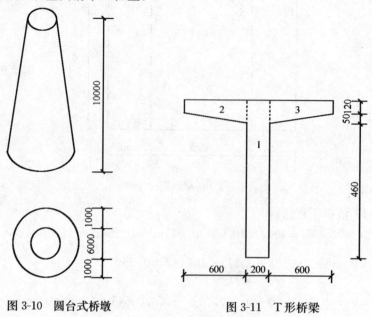

图 3-10　圆台式桥墩　　　　图 3-11　T 形桥梁

项目编码：040303003　　**项目名称：预制混凝土梁**

【例 11】 有一跨径为 30m 的桥，采用 T 形梁如图 3-11 所示，计算其工程量。

【解】（1）清单工程量：

$$V_1 = 0.2 \times 0.63 \times 30 \text{m}^3 = 3.78 \text{m}^3$$

$$V_2 = V_3 = \left(0.6 \times 0.17 - \frac{1}{2} \times 0.6 \times 0.05\right) \times 30 \text{m}^3$$

$$= 0.087 \times 30 \text{m}^3$$

$$= 2.61 \text{m}^3$$

$$V = V_1 + V_2 + V_3$$

$$= (3.78 + 2.61 + 2.61) \text{m}^3$$

$$= 9.00 \text{m}^3$$

清单工程量计算见下表：

清单工程量计算表

项目编码	项目名称	项目特征描述	计量单位	工程量
040303003001	预制混凝土梁	T 形梁，非预应力	m³	9.00

（2）定额工程量同清单工程量。

项目编码：040302005　　项目名称：支撑梁及横梁

【例12】 某T形预应力混凝土梁桥的横隔梁如图3-12所示，隔梁厚200mm，计算单横隔梁的工程量。

【解】（1）清单工程量：

中横隔梁：

$$V = \left[(2.2 \times 1.3 - 4 \times \frac{1}{2} \times 0.25 \times 0.25) - (1.7 \times 0.8 - 4 \times \frac{1}{2} \times 0.25 \times 0.25)\right] \times 0.2 \text{m}^3$$
$$= (2.735 - 1.235) \times 0.2 \text{m}^3$$
$$= 0.3 \text{m}^3$$

端横隔梁：

$$V = 2.2 \times 1.3 \times 0.2 \text{m}^3 = 0.57 \text{m}^3$$

清单工程量计算见下表：

清单工程量计算表

序号	项目编码	项目名称	项目特征描述	计量单位	工程量
1	040302005001	支撑梁及横梁	T形预应力混凝土梁桥中横隔梁	m³	0.3
2	040302005002	支撑梁及横梁	T形预应力混凝土梁桥端横隔梁	m³	0.57

（2）定额工程量同清单工程量。

项目编码：040303003　　项目名称：预制混凝土梁

【例13】 一跨径为40m的预应力混凝土T形梁桥，其主梁尺寸如图3-13所示，计算单梁工程量(不考虑端部渐变情况)。

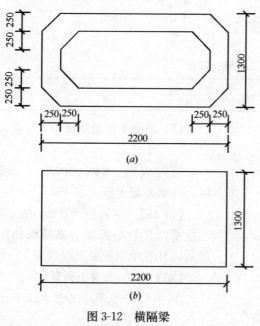

图 3-12　横隔梁
(a)中横隔梁；(b)端横隔梁

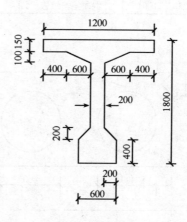

图 3-13　T形梁

【解】(1) 清单工程量：

$$V = \left[1.2 \times 0.15 + 2 \times \frac{1}{2} \times 0.6 \times 0.1 + (1.8 - 0.15 - 0.4) \right.$$
$$\left. \times 0.2 + 2 \times \frac{1}{2} \times 0.2 \times 0.2 + 0.6 \times 0.4 \right] \times 40 \mathrm{m}^3$$
$$= (0.18 + 0.06 + 0.25 + 0.04 + 0.24) \times 40 \mathrm{m}^3$$
$$= 30.8 \mathrm{m}^3$$

清单工程量计算见下表：

清单工程量计算表

项目编码	项目名称	项目特征描述	计量单位	工程量
040303003001	预制混凝土梁	预应力混凝土T形梁	m³	30.80

(2) 定额工程量同清单工程量。

项目编码：040302011   项目名称：混凝土连续板

【例14】 某桥为整体式连续板梁桥，其桥长为30m，板梁结构如图3-14所示，计算其工程量。

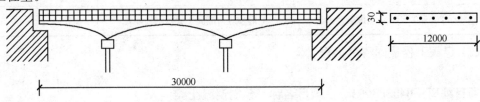

图3-14 连续板梁桥

【解】(1) 清单工程量：

$$V = 30 \times 12 \times 0.03 \mathrm{m}^3 = 10.8 \mathrm{m}^3$$

清单工程量计算见下表：

清单工程量计算表

项目编码	项目名称	项目特征描述	计量单位	工程量
040302011001	混凝土连续板	整体式连续板梁桥	m³	10.8

(2) 定额工程量同清单工程量。

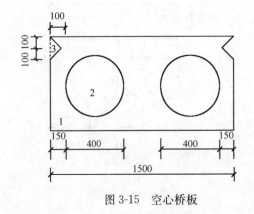

图3-15 空心桥板

项目编码：040303002   项目名称：预制混凝土板

【例15】 某跨径为12m的预应力空心板桥，其空心板梁的横截面如图3-15所示，计算单梁板的工程量。

【解】(1) 清单工程量：

$$V_1 = 1.5 \times 0.7 \times 12 \mathrm{m}^3 = 12.6 \mathrm{m}^3$$

$$V_2 = \pi \times \left(\frac{0.4}{2}\right)^2 \times 12 \mathrm{m}^3 = 1.51 \mathrm{m}^3$$

$$V_3 = \frac{1}{2} \times (0.1+0.1) \times 0.1 \times 12 m^3 = 0.12 m^3$$

$$V = V_1 - 2V_2 - 2V_3 = (12.6 - 1.51 \times 2 - 0.12 \times 2) m^3 = 9.34 m^3$$

清单工程量计算见下表：

清单工程量计算表

项目编码	项目名称	项目特征描述	计量单位	工程量
040303002001	预制混凝土板	预应力空心桥板	m³	9.34

（2）定额工程量：

$$S_2 = \pi \times \left(\frac{0.4}{2}\right)^2 m^2 = 0.126 m^2 < 0.3 m^2$$

根据 GYD—303—1999 第 77 页定额工程量计算规则单孔面积小于 $0.3 m^2$ 的孔洞体积不予扣除，故定额工程量为：

$$V = V_1 - 2V_3$$
$$= (1.5 \times 0.7 \times 12 - 2 \times 0.12) m^3$$
$$= 12.36 m^3$$

项目编码：040302001　项目名称：混凝土基础

【例16】某桥梁基础为加肋的柱下条形基础如图 3-16 所示，采用 C20 混凝土，石料最大粒径 20mm，计算该基础的工程量。

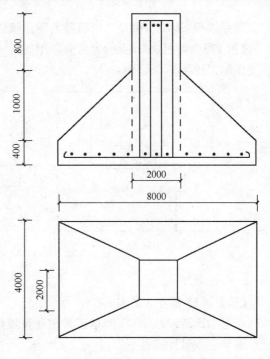

图 3-16　加肋的柱下条形基础

【解】（1）清单工程量：

方法一：$V_1 = 2 \times 2 \times (0.8+1) m^3 = 7.2 m^3$

$$V_2 = \left(\frac{1}{2} \times 1 \times 1 \times 2 \times 2 + \frac{1}{2} \times 3 \times 1 \times 2 \times 2 + \frac{1}{3} \times 1 \times 3 \times 1 \times 4 + 4 \times 8 \times 0.4\right) m^3$$
$$= (2+6+4+12.8) m^3$$
$$= 24.8 m^3$$

$$V = V_1 + V_2 = (7.2+24.8) m^3 = 32 m^3$$

方法二：$\left[\frac{1}{3} \times 1 \times (2 \times 2 + 8 \times 4 + \sqrt{2 \times 2 \times 8 \times 4}) + 0.4 \times 8 \times 4 + 2 \times 2 \times 0.8\right] m^3$

$$= \left[\frac{1}{3} \times (4+32+8\sqrt{2}) + 12.8 + 3.2\right] m^3$$
$$= 31.77 m^3$$

方法三：$\left\{\frac{1}{6} \times [2 \times 2 + 8 \times 4 + (8+2) \times (2+4)] + 4 \times 8 \times 0.4 + 2 \times 2 \times 0.8\right\} m^3$

$$= 32 m^3$$

清单工程量计算见下表：

清单工程量计算表

项目编码	项目名称	项目特征描述	计量单位	工程量
040302001001	混凝土基础	加肋的柱下条形基础，C20混凝土，石料最大粒径20mm	m^3	32

(2) 定额工程量同清单工程量。

项目编码：040309002　　项目名称：橡胶支座

【例17】 如图3-17所示为目前常用的板式橡胶支座，某桥梁用24个这种支座，计算该支座的工程量。

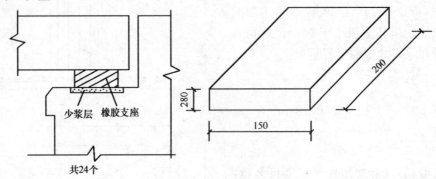

图3-17　板式橡胶支座

【解】 (1) 清单工程量：

根据GB 50500—2008清单工程量计算规则按设计图示数量计算为24个。

清单工程量计算见下表：

清单工程量计算表

项目编码	项目名称	项目特征描述	计量单位	工程量
040309002001	橡胶支座	板式橡胶支座 200mm×150mm×280mm	个	24

(2) 定额工程量同清单工程量。

项目编码：040302003　　项目名称：墩(台)帽
项目编码：040302004　　项目名称：墩(台)身
项目编码：040302001　　项目名称：混凝土基础

【例18】 某梁桥重力式桥墩各部尺寸如图3-18所示，采用C20混凝土浇筑，石料最大粒径20mm，计算墩帽、墩身及基础的工程量。

【解】 (1) 清单工程量：

1) 墩帽：$V_1 = 1.3 \times 1.3 \times 0.3 m^3 = 0.51 m^3$

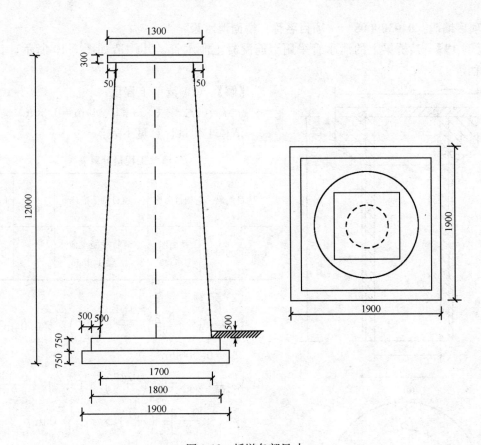

图 3-18 桥墩各部尺寸

2) 墩身：$V_2 = \frac{1}{3} \times 3.142 \times (12-0.3-0.75 \times 2) \times (0.6^2 + 0.85^2 + 0.6 \times 0.85) m^3$

$= \frac{1}{3} \times 3.142 \times 10.2 \times 1.59 m^3$

$= 16.99 m^3$

3) 基础：$V_3 = (1.8 \times 1.8 + 1.9 \times 1.9) \times 0.75 m^3$

$= (3.24 + 3.61) \times 0.75 m^3$

$= 5.14 m^3$

清单工程量计算见下表：

清单工程量计算表

序号	项目编码	项目名称	项目特征描述	计量单位	工程量
1	040302003001	墩(台)帽	墩帽，C20 混凝土，石料最大粒径 20mm	m³	0.51
2	040302004001	墩(台)身	墩身，C20 混凝土，石料最大粒径 20mm	m³	16.99
3	040302001001	混凝土基础	C20 混凝土，石料最大粒径 20mm	m³	5.14

(2) 定额工程量同清单工程量。

项目编码:040309008　　项目名称:**桥面泄水管**

【例19】 某桥梁上的泄水管采用钢筋混凝土泄水管,其构造如图 3-19 所示,计算其工程量。

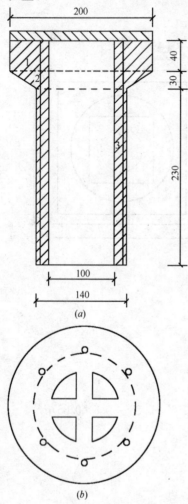

图 3-19　泄水管示意图
(a)立面图；(b)平面图

【解】(1)清单工程量:
$$l=(0.23+0.03+0.04)\text{m}=0.30\text{m}$$
清单工程量计算见下表:

清单工程量计算表

项目编码	项目名称	项目特征描述	计量单位	工程量
040309008001	桥面泄水管	钢筋混凝土泄水管,管径140mm	m	0.30

(2)定额工程量:
$$V_1=\left[\pi\times\left(\frac{0.2}{2}\right)^2-\pi\times\left(\frac{0.1}{2}\right)^2\right]\times0.04\text{m}^3$$
$$=0.0009\text{m}^3$$
$$V_2=\left\{\frac{1}{3}\times\pi\times\left[\left(\frac{0.14}{2}\right)^2+\left(\frac{0.2}{2}\right)^2+\frac{0.14}{2}\right.\right.$$
$$\left.\left.\times\frac{0.2}{2}\right]-\left(\frac{0.1}{2}\right)^2\times\pi\right\}\times0.03\text{m}^3$$
$$=0.0005\text{m}^3$$
$$V_3=\left[\pi\times\left(\frac{0.14}{2}\right)^2-\pi\times\left(\frac{0.1}{2}\right)^2\right]\times0.23\text{m}^3$$
$$=0.0017\text{m}^3$$
$$V=V_1+V_2+V_3$$
$$=(0.0009+0.0005+0.0017)\text{m}^3$$
$$=0.003\text{m}^3$$

说明:泄水管清单工程量以管的长度计算,定额工程量以实际体积(即除去径心部分体积)计算。

项目编码:040302017　　项目名称:**桥面铺装**

【例20】 如图 3-20 所示为某桥面的铺装构造,计算其分层工程量。

【解】(1)清单工程量:

沥青混凝土路面面积:
$$S_1=60\times16\text{m}^2=960\text{m}^2$$

混凝土保护层:
$$S_2=60\times16\text{m}^2=960\text{m}^2$$

防水层:
$$S_3=60\times16\text{m}^2=960\text{m}^2$$

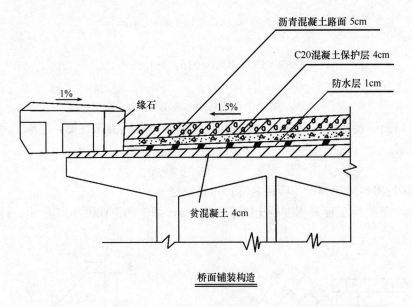

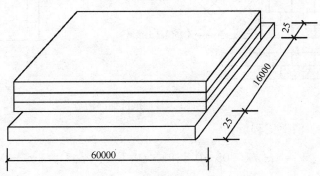

图 3-20 桥面铺装构造

贫混凝土层：

$$S_4 = 60 \times (16 + 0.025 \times 2) \text{m}^2 = 963 \text{m}^2$$

清单工程量计算见下表：

清单工程量计算表

序号	项目编码	项目名称	项目特征描述	计量单位	工程量
1	040302017001	桥面铺装	沥青混凝土路面5cm	m²	960
2	040302017002	桥面铺装	C20混凝土保护层4cm	m²	960
3	040302017003	桥面铺装	防水层1cm	m²	960
4	040302017004	桥面铺装	贫混凝土层4cm	m²	963

(2) 定额工程量：

沥青混凝土路面体积：

$$V_1 = 60 \times 16 \times 0.05 \text{m}^3 = 48 \text{m}^3$$

混凝土保护层：

$$V_2 = 60 \times 16 \times 0.04 \text{m}^3 = 38.4 \text{m}^3$$

防水层：
$$V_3 = 60 \times 16 \times 0.01 \text{m}^3 = 9.6 \text{m}^3$$

贫混凝土层：
$$V_4 = 60 \times (16 + 0.025 \times 2) \times 0.04 \text{m}^3 = 38.52 \text{m}^3$$

说明：路面铺装清单工程量计算规则按设计图示尺寸以面积计算，定额工程量计算规则以体积计算。

项目编码：040302007　　项目名称：拱桥拱座

【例21】 某拱桥工程采用混凝土拱座，宽8m，细部构造如图3-21所示，计算混凝土的工程量。

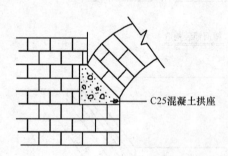
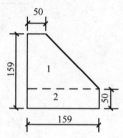

图 3-21 拱桥细部构造

【解】（1）清单工程量：

$$V_1 = \frac{1}{2} \times (0.05 + 0.159) \times (0.159 - 0.05) \times 8 \text{m}^3 = 0.091 \text{m}^3$$

$$V_2 = 0.159 \times 0.05 \times 8 \text{m}^3 = 0.064 \text{m}^3$$

$$V = (V_1 + V_2) \times 2 = (0.091 + 0.064) \times 2 \text{m}^3 = 0.31 \text{m}^3$$

清单工程量计算见下表：

清单工程量计算表

项目编码	项目名称	项目特征描述	计量单位	工程量
040302007001	拱桥拱座	C25 混凝土拱座，石料最大粒径20mm	m³	0.31

（2）定额工程量同清单工程量。

项目编码：040309006　　项目名称：桥梁伸缩装置

【例22】 某桥梁工程中，其人行道部分采用U形镀锌薄钢板式伸缩缝，如图3-22所示，计算伸缩缝工程量。

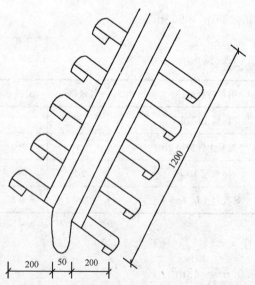

图 3-22 桥梁伸缩缝

【解】 (1)清单工程量：
$$l = 1.2\text{m}(按其长度计算)$$
清单工程量计算见下表：

清单工程量计算表

项目编码	项目名称	项目特征描述	计量单位	工程量
040309006001	桥梁伸缩装置	U形镀锌铁皮式伸缩缝	m	1.2

(2)定额工程量同清单工程量。

项目编码：040302008 项目名称：拱桥拱肋

【例23】 某空腹式肋拱桥，采用C25混凝土结构，石料最大料径20mm，其结构构造及拱肋细部尺寸如图3-23所示，计算拱肋的工程量(该拱桥单孔跨径30m，拱肋采用$R=20$m圆弧)。

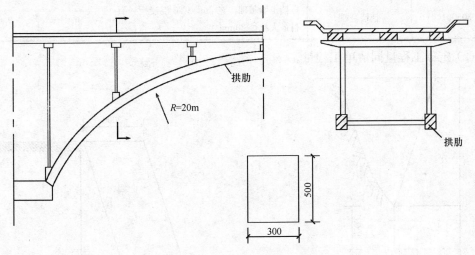

图3-23 肋拱桥构造及拱肋细部尺寸

【解】 (1)清单工程量：

单孔拱肋弧线对应圆心角度数：$2 \times \arcsin\dfrac{15}{20} = 2 \times 48.6° = 97.2°$

拱肋纵向截面面积近似：$S = \dfrac{97.2}{360} \times 3.142 \times (20.5^2 - 20^2)\text{m}^2 = 17.18\text{m}^2$

单孔拱肋工程量：$V = 2 \times 17.18 \times 0.3\text{m}^3 = 10.31\text{m}^3$

清单工程量计算见下表：

清单工程量计算表

项目编码	项目名称	项目特征描述	计量单位	工程量
040302008001	拱桥拱肋	空腹式肋拱桥拱肋，C25混凝土，石料最大粒径20mm	m³	10.31

(2)定额工程量同清单工程量。

项目编码：040305001　　项目名称：挡墙基础

【例24】 某桥下边坡采用如图3-24所示的挡土墙基础，采用C20混凝土结构，石料最大粒径20mm，其宽2m，计算其工程量。

【解】（1）清单工程量：

$$V_1 = 0.8 \times 3 \times 1 \times 2 m^3 = 4.8 m^3$$
$$V_2 = 0.8 \times 2 \times 1 \times 2 m^3 = 3.2 m^3$$
$$V_3 = 0.8 \times 1 \times 2 m^3 = 1.6 m^3$$
$$V = V_1 + V_2 + V_3$$
$$= (4.8 + 3.2 + 1.6) m^3$$
$$= 9.6 m^3$$

清单工程量计算见下表：

清单工程量计算表

项目编码	项目名称	项目特征描述	计量单位	工程量
040305001001	挡墙基础	挡土墙基础，宽2m，C20混凝土，石料最大粒径20mm	m³	9.6

（2）定额工程量同清单工程量。

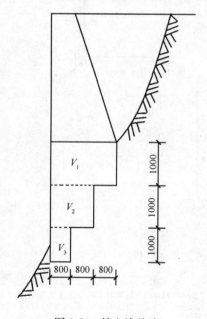

图3-24　挡土墙基础

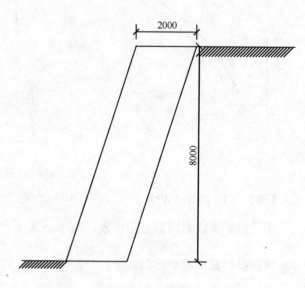

图3-25　挡土墙

项目编码：040305003　　项目名称：预制混凝土挡墙墙身

【例25】 在某桥梁工程中，其桥下边坡采用如图3-25所示的仰斜式预制混凝土挡土墙，其墙厚3m，计算其工程量。

【解】（1）清单工程量：

$$V = 8 \times 2 \times 3 m^3 = 48 m^3$$

清单工程量计算见下表：

清单工程量计算表

项目编码	项目名称	项目特征描述	计量单位	工程量
040305003001	预制混凝土挡墙墙身	仰斜式挡土墙,墙厚3m	m³	48

(2)定额工程量同清单工程量。

项目编码:040302009   项目名称:拱上构件

【例26】 某单孔空腹式拱桥,结构如图3-26(a)所示,拱圈上部对称布置6孔腹拱,腹拱尺寸如图3-26(b)所示,腹拱横向宽度取为6m,计算该拱桥腹拱工程量。

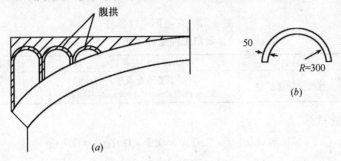

图3-26 腹拱结构及细部尺寸
(a)拱桥;(b)腹拱尺寸

【解】 (1)清单工程量单个腹拱:

$$V' = \frac{1}{2} \times \pi \times (0.35^2 - 0.3^2) \times 6 \text{m}^3$$

$$= 0.306 \text{m}^3$$

该拱桥腹拱总工程量:

$$V = 0.306 \times 6 \text{m}^3 = 1.84 \text{m}^3$$

清单工程量计算见下表:

清单工程量计算表

项目编码	项目名称	项目特征描述	计量单位	工程量
040302009001	拱上构件	单孔空腹式拱桥腹拱,6个	m³	1.84

(2)定额工程量同清单工程量。

项目编码:040302015   项目名称:混凝土防撞护栏

【例27】 某城市桥梁具有双棱形花纹的栏杆图式如图3-27所示,计算其工程量。
【解】 (1)清单工程量:

$$l = 60 \text{m}$$

清单工程量计算见下表:

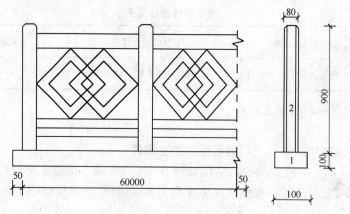

图 3-27 双菱形花纹栏杆

清单工程量计算表

项目编码	项目名称	项目特征描述	计量单位	工程量
040302015001	混凝土防撞护栏	双菱形花纹栏杆 80mm×900mm，100mm×100mm	m	60

（2）定额工程量：

$$V_1=(60+2\times0.05)\times0.1\times0.1\text{m}^3=0.6\text{m}^3$$
$$V_2=60\times0.08\times0.9\text{m}^3=4.32\text{m}^3$$
$$V=V_1+V_2=(0.6+4.32)\text{m}^3=4.92\text{m}^3$$

说明：防撞混凝土护栏的清单工程量为其长度，而定额工程量为其实际体积（除去空心部分体积）。

项目编码：040302019　　项目名称：桥塔身

【例28】 如图 3-28 所示，为某斜拉桥的塔身，其高 80m，计算其工程量。

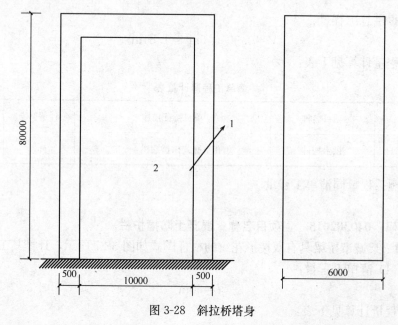

图 3-28 斜拉桥塔身

【解】 (1) 清单工程量:
$$V_1 = (0.5 \times 2 + 10) \times 6 \times 80 m^3 = 5280 m^3$$
$$V_2 = 10 \times 6 \times 80 m^3 = 4800 m^3$$
$$V = V_1 - V_2 = (5280 - 4800) m^3 = 480 m^3$$

清单工程量计算见下表:

清单工程量计算表

项目编码	项目名称	项目特征描述	计量单位	工程量
040302019001	桥塔身	斜拉桥塔身	m³	480

(2) 定额工程量同清单工程量。

项目编码: 040302019　　项目名称: 桥塔身

【例29】 某斜拉桥的塔身如图3-29所示的H型塔身,计算其工程量。

【解】 (1) 清单工程量:
$$V_1 = 0.5 \times 8 \times 100 m^3 = 400 m^3$$
$$V_2 = 5 \times 8 \times 2 m^3 = 80 m^3$$
$$V = 2V_1 + V_2 = (2 \times 400 + 80) m^3 = 880 m^3$$

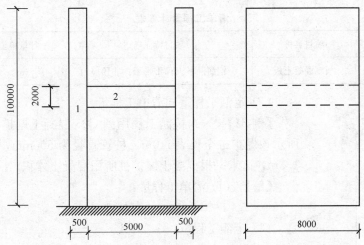

图3-29　H型塔身

清单工程量计算见下表:

清单工程量计算表

项目编码	项目名称	项目特征描述	计量单位	工程量
040302019001	桥塔身	斜拉桥H型塔身	m³	880

(2) 定额工程量同清单工程量。

项目编码: 040303002　　项目名称: 预制混凝土板

【例30】 某桥梁工程预制钢筋混凝土双T形板如图3-30所示,试计算35块预制钢筋混凝土双T形板的工程量。

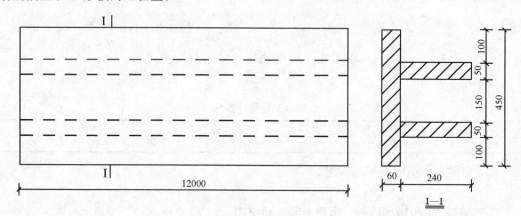

图 3-30 双 T 形板

【解】(1) 清单工程量：
$$V = (0.06 \times 0.45 + 0.05 \times 0.24 + 0.05 \times 0.24) \times 12 \times 35 m^3$$
$$= (0.027 + 0.012 + 0.012) \times 12 \times 35 m^3 = 21.42 m^3$$

清单工程量计算见下表：

清单工程量计算表

项目编码	项目名称	项目特征描述	计量单位	工程量
040303002001	预制混凝土板	钢筋混凝土双 T 形板，非预应力	m³	21.42

(2) 定额工程量同清单工程量。

【例 31】××桥涵工程用到 C25 混凝土爆扩桩，如图 3-31 所示该爆扩桩全长 $l=10m$，桩管直径为 500mm，球体直径 $d=1.2m$，试求一根混凝土爆扩桩所用混凝土体积。

【解】(1) 清单工程量：
$$l = 10m$$

(2) 定额工程量：

桩管截面面积：$A = \frac{1}{4}\pi \cdot D^2 = \frac{1}{4} \times 3.142 \times 0.5^2 m^2 = 0.196 m^2$

$$V = A(l-d) + \frac{1}{6}\pi d^3$$
$$= [0.196 \times (10-1.2) + \frac{1}{6} \times 3.142 \times 1.2^3] m^3$$
$$= (1.725 + 0.905) m^3$$
$$= 2.63 m^3$$

图 3-31 爆扩桩

项目编码：040302016　　项目名称：混凝土小型构件
项目编码：040309001　　项目名称：金属栏杆

【例 32】如图 3-32 所示为钢筋栏杆，采用直径为 20mm 的钢筋，布设在 40m 长的桥梁两边缘,每两根栏杆间有5根钢筋。计算钢筋栏杆的工程量。

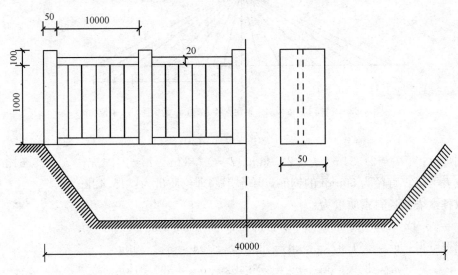

图3-32 钢筋栏杆

【解】(1)清单工程量:

1)混凝土栏杆工程量:
$$V = [2×5×(0.05×0.05×1.1) + 2×8×(10×0.05×0.02)]m^3$$
$$= (0.0275 + 0.16)m^3$$
$$= 0.19m^3$$

2)钢筋工程量:
$$2×4×5×1×2.47kg$$
$$= 98.8kg = 0.099t$$

清单工程量计算见下表:

清单工程量计算表

序号	项目编码	项目名称	项目特征描述	计量单位	工程量
1	040302016001	混凝土小型构件	混凝土栏杆	m³	0.19
2	040309001001	金属栏杆	钢筋栏杆,布设在桥梁两边缘,直径20mm	t	0.099

(2)定额工程量同清单工程量。

项目编码:040307008   项目名称:钢拉索

【例33】 某斜拉桥有4个相同的索塔,每个索塔的具体构造如图3-33所示,计算其斜索工程量。

【解】(1)清单工程量:

如图所示,各斜索长度分别为:
$$l_1 = \sqrt{20^2 + 2^2}\,m = 20.1m$$
$$l_2 = \sqrt{20^2 + 4^2}\,m = 20.4m$$

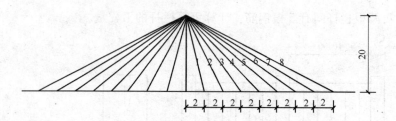

图 3-33 斜拉桥(每根斜索采用直径为 50mm 的钢筋) (单位：m)

$$l_3 = \sqrt{20^2 + 6^2} \text{m} = 20.88\text{m}$$

同理可得：$l_4 = 21.54\text{m}$ $l_5 = 22.36\text{m}$ $l_6 = 23.32\text{m}$ $l_7 = 24.41\text{m}$ $l_8 = 25.61\text{m}$

查表可得：直径为 50mm 的钢筋，单根钢筋理论质量为：15.42kg/m

故各索塔侧各斜索质量为：

$m_1 = 15.42 \times 20.1\text{kg} = 309.94\text{kg}$ $m_2 = 15.42 \times 20.4\text{kg} = 314.57\text{kg}$

同理可得：$m_3 = 321.97\text{kg}$ $m_4 = 332.15\text{kg}$ $m_5 = 344.79\text{kg}$

$m_6 = 359.59\text{kg}$ $m_7 = 376.40\text{kg}$ $m_8 = 394.91\text{kg}$

故 $m = 4 \times 2 \times (m_1 + m_2 + m_3 + m_4 + m_5 + m_6 + m_7 + m_8)$

$= 8 \times (309.17 + 314.57 + 321.97 + 332.15 + 344.79 + 359.59 + 376.40 + 394.91)\text{kg}$

$= 8 \times 2753.55\text{kg}$

$= 22028.4\text{kg} = 22.028\text{t}$

清单工程量计算见下表：

清单工程量计算表

项目编码	项目名称	项目特征描述	计量单位	工程量
040307008001	钢拉索	斜拉桥索塔斜索直径为 50mm 的钢筋	t	22.028

(2) 定额工程量同清单工程量。

项目编码：040302014   **项目名称：混凝土楼梯**

【例 34】 某城市天桥采用混凝土楼梯，其台阶形式和台阶数如图 3-34 所示，宽度为 2.5m，计算混凝土台阶的工程量。

【解】 (1) 清单工程量：

$$V_1 = 0.15 \times 0.25 \times 2.5 \text{m}^3 = 0.094\text{m}^3$$

$$V_2 = 0.15 \times (0.25 \times 2) \times 2.5 \text{m}^3 = 0.19\text{m}^3$$

$$V_3 = 0.15 \times (0.25 \times 3) \times 2.5 \text{m}^3 = 0.28\text{m}^3$$

$$V_4 = 0.15 \times (0.25 \times 4) \times 2.5 \text{m}^3 = 0.375\text{m}^3$$

$$V_5 = 0.15 \times (0.25 \times 5) \times 2.5 \text{m}^3 = 0.47\text{m}^3$$

$$V_6 = 0.15 \times (0.25 \times 6) \times 2.5 \text{m}^3 = 0.56\text{m}^3$$

$$V_7 = 0.15 \times (0.25 \times 7) \times 2.5 \text{m}^3 = 0.66\text{m}^3$$

同理：$V_8 = 0.75\text{m}^3$ $V_9 = 0.84\text{m}^3$

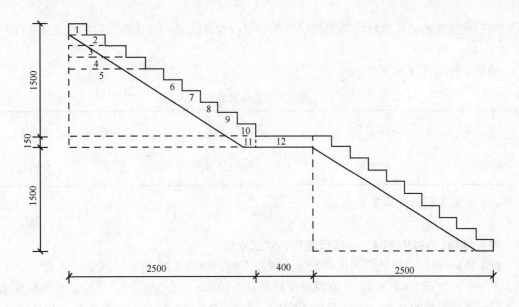

图 3-34 天桥台阶

$$V_{10}=0.94\text{m}^3 \qquad V_{11}=0.15\times 2.5\times 2.5\text{m}^3=0.94\text{m}^3$$

$$V_{三棱柱}=\frac{1}{2}\times(2.5-0.25)\times(1.5+0.15)\times 2.5\text{m}^3=4.64\text{m}^3$$

$$V_{12}=0.15\times 0.4\times 2.5\text{m}^3=0.15\text{m}^3$$

$$V_{三棱柱}=\frac{1}{2}\times(2.5-0.25)\times 1.5\times 2.5\text{m}^3=4.22\text{m}^3$$

$V_{楼梯}=(V_1+V_2+V_3+V_4+V_5+V_6+V_7+V_8+V_9+V_{10}+V_{11}-V_{三棱柱})+V_{12}+(V_1+V_2+V_3+V_4+V_5+V_6+V_7+V_8+V_9+V_{10}-V'_{三棱柱})$

$=[(0.094+0.19+0.28+0.375+0.47+0.56+0.66+0.75+0.84+0.94+0.94-4.64)+0.15+(0.094+0.19+0.28+0.375+0.47+0.56+0.66+0.75+0.84+0.94-4.22)]\text{m}^3$

$=(1.459+0.15+0.939)\text{m}^3=2.55\text{m}^3$

清单工程量计算见下表：

清单工程量计算表

项目编码	项目名称	项目特征描述	计量单位	工程量
040302014001	混凝土楼梯	混凝土台阶式楼梯	m³	2.55

（2）定额工程量同清单工程量。

项目编码：040309003　　项目名称：钢支座

【例 35】 某标准跨径为 16m 的钢筋混凝土 T 形梁桥采用弧形钢板支座，如图 3-35 所示，其桥采用了 20 个该支座，计算支座工程量。

【解】（1）清单工程量：

根据钢支座清单工程量计算规则,其工程量以设计数量(个)计算。故该桥支座的工程量为 20 个。

清单工程量计算见下表:

清单工程量计算表

项目编码	项目名称	项目特征描述	计量单位	工程量
040309003001	钢支座	弧形钢板支座	个	20

(2)定额工程量同清单工程量。

项目编码:040309004　　项目名称:盆式支座

【例36】 我国目前已系列生产的盆式橡胶支座,如图 3-36 所示,其竖向承载力分 12 级,从 1000kN 至 20000kN,有效纵向位移量从 ±40mm 至 ±200mm。支座的容许转角为 $40'$,设计摩擦系数为 0.05。在某桥梁工程中,采用 16 个这种支座,计算支座工程量。

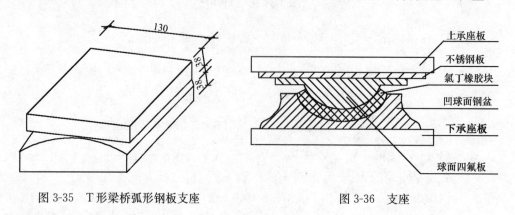

图 3-35　T 形梁桥弧形钢板支座　　　　图 3-36　支座

【解】 (1)清单工程量:

根据 GB 50500—2008 清单工程量计算规则按设计数量计算,即该支座的工程量为 16 个。

清单工程量计算见下表:

清单工程量计算表

项目编码	项目名称	项目特征描述	计量单位	工程量
040309004001	盆式支座	盆式橡胶支座,竖向承载力分 12 级从 1000kN 至 20000kN	个	16

(2)定额工程量同清单工程量。

项目编码:040303002　　项目名称:预制混凝土板

【例37】 某桥梁工程采用预制钢筋混凝土空心板,板厚 40cm,横向采用 6 块板,中板及边板的构造形式及细部尺寸如图 3-37 所示,求中板、边板及板的工程量。

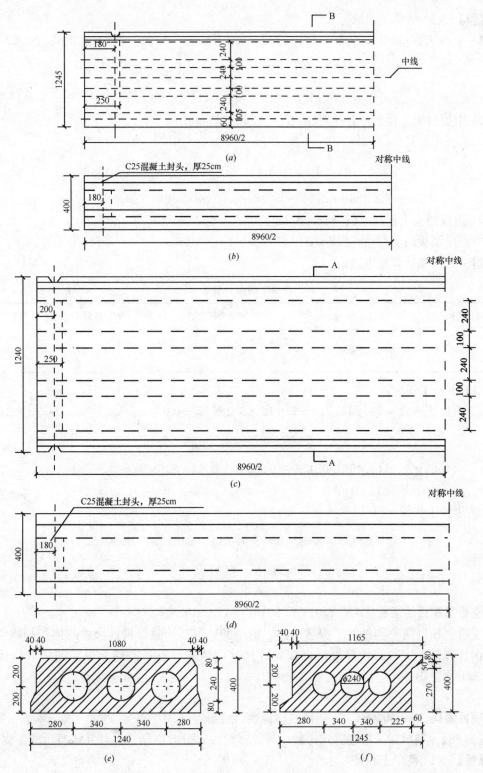

图 3-37 桥梁空心板
(a)边板平面；(b)边板立面；(c)中板平面；
(d)中板立面；(e)A—A 截面；(f)B—B 截面

【解】 (1) 清单工程量:

1) 中板工程量 = $[1.24 \times 0.4 - 3.142 \times 0.12^2 \times 3 - (0.24 + 0.32) \div 2 \times 0.04 \times 2$

$- \frac{1}{2} \times 0.04 \times 0.08 \times 2] \times 8.96 \times 4 \text{m}^3$

$= [0.496 - 0.136 - 0.022 - 0.003] \times 8.96 \times 4 \text{m}^3 = 12.01 \text{m}^3$

2) 中板封头工程量 = $3.142 \times 0.12^2 \times 0.25 \times 6 \times 4 \text{m}^3 = 0.271 \text{m}^3$

3) 边板工程量 = $[1.245 \times 0.4 - 3.142 \times 0.12^2 \times 3 - (0.27 + 0.32) \times 0.06 \div 2 - (0.24 +$

$0.32) \times 0.04 \div 2 - \frac{1}{2} \times 0.08 \times 0.04] \times 8.96 \times 2 \text{m}^3$

$= (0.498 - 0.136 - 0.018 - 0.011 - 0.002) \times 8.96 \times 2 \text{m}^3 = 5.93 \text{m}^3$

4) 边板封头工程量 = $(3.142 \times 0.12^2 \times 0.25 \times 6 \times 2) \text{m}^3 = 0.136 \text{m}^3$

空心预制板的工程量 = $(12.01 + 0.271 + 5.93 + 0.136) \text{m}^3 = 18.35 \text{m}^3$

清单工程量计算见下表:

清单工程量计算表

项目编码	项目名称	项目特征描述	计量单位	工程量
040303002001	预制混凝土板	预制钢筋混凝土空心板,板厚 40cm,横向采取 6 块板	m³	18.35

(2) 定额工程量:

1) 中板工程量 = $[1.24 \times 0.4 - 3.142 \times 0.12^2 \times 3 - (0.24 + 0.32) \times 0.04 \div 2 \times 2$

$- \frac{1}{2} \times 0.04 \times 0.08 \times 2] \times 8.96 \times 4 \text{m}^3$

$= (0.496 - 0.136 - 0.022 - 0.003) \times 8.96 \times 4 \text{m}^3$

$= 12.01 \text{m}^3$

2) 边板工程量 = $[1.245 \times 0.4 - 3.142 \times 0.12^2 \times 3 - (0.27 + 0.32) \times 0.06 \div 2 - (0.24$

$+ 0.32) \times 0.04 \div 2 - \frac{1}{2} \times 0.08 \times 0.04] \times 8.96 \times 2 \text{m}^3$

$= [0.498 - 0.136 - 0.018 - 0.011 - 0.002] \times 8.96 \times 2 \text{m}^3$

$= 5.93 \text{m}^3$

空心预制板的工程量 = $(12.01 + 5.93) \text{m}^3 = 17.94 \text{m}^3$

说明: 预制空心构件的工程量计算,清单的计算规则是以设计尺寸的体积扣除空心板空洞计算的,定额的计算规则也按设计尺寸以体积计算,但空心板梁的堵头板体积不计入工程量内。

项目编码: 040302004　　项目名称: 墩(台)身

【例38】 某桥梁采用埋置式桥台,其具体尺寸如图 3-38 所示,计算该桥台的工程量。

【解】 (1) 清单工程量:

$$V_1 = \frac{1}{3} \times 3.5 \times (0.5^2 + 2^2 + 2 \times 0.5) \times 2 \text{m}^3 = \frac{1}{3} \times 3.5 \times 5.25 \times 2 \text{m}^3 = 12.25 \text{m}^3$$

$$V_2 = 5 \times 20 \times (10 + 2 + 2) \text{m}^3 = 1400 \text{m}^3$$

$$V_3 = 5 \times 20 \times (0.5+2) \text{m}^3 = 250 \text{m}^3$$

$$V_4 = \frac{1}{2} \times (5+6) \times 10 \times 20 \text{m}^3 = 1100 \text{m}^3$$

$$V_5 = 12 \times 20 \times 4 \text{m}^3 = 960 \text{m}^3$$

$$V = V_1 + V_2 + V_3 + V_4 + V_5 = (12.25 + 1400 + 250 + 1100 + 960)\text{m}^3 = 3722.25 \text{m}^3$$

清单工程量计算见下表:

清单工程量计算表

项目编码	项目名称	项目特征描述	计量单位	工程量
040302004001	墩(台)身	埋置式桥台	m³	3722.25

(2) 定额工程量同清单工程量。

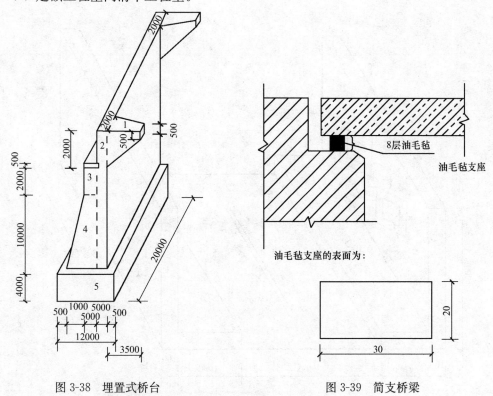

图 3-38 埋置式桥台　　　　图 3-39 简支桥梁

项目编码：040309005　　项目名称：油毛毡支座

【例39】 某简支桥梁采用油毛毡支座,全桥共用 8 个,其简图如图 3-39 所示,计算油毛毡工程量。

【解】(1) 清单工程量:

$$S_1 = 0.03 \times 0.02 \text{m}^2 = 0.0006 \text{m}^2$$

因其 8 层为一个油毛毡支座,全桥共有 8 个,故油毛毡支座的工程量为:

$$S = 0.0006 \times 8 \times 8 \text{m}^2 = 0.04 \text{m}^2$$

清单工程量计算见下表:

清单工程量计算表

项目编码	项目名称	项目特征描述	计量单位	工程量
040309005001	油毛毡支座	油毡支座 30mm×20mm	m²	0.04

（2）定额工程量同清单工程量。

项目编码：040308001　　项目名称：水泥砂浆抹面
项目编码：040308005　　项目名称：水磨石饰面
项目编码：040308006　　项目名称：镶贴面层

【例40】　为了增加城市的美观，对某城市桥梁进行面层装饰如图3-40所示，其行车道采用水泥砂浆抹面，人行道为水磨石饰面，护栏为镶贴面层，计算各种饰料的工程量。

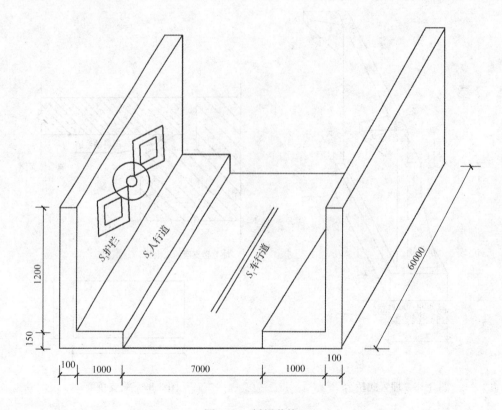

图 3-40　桥梁装饰

【解】（1）清单工程量：

水泥砂浆工程量：$S_1 = 7 \times 60 \text{m}^2 = 420 \text{m}^2$

水磨石饰面工程量：$S_2 = (2 \times 1 \times 60 + 4 \times 1 \times 0.15 + 2 \times 0.15 \times 60) \text{m}^2 = 138.6 \text{m}^2$

镶贴面层工程量：$S_3 = [2 \times 1.2 \times 60 + 2 \times 0.1 \times 60 + 4 \times 0.1 \times (1.2 + 0.15)] \text{m}^2$

$$= (144 + 12 + 0.54) \text{m}^2$$
$$= 156.54 \text{m}^2$$

清单工程量计算见下表：

清单工程量计算表

序号	项目编码	项目名称	项目特征描述	计量单位	工程量
1	040308001001	水泥砂浆抹面	行车道采用水泥砂浆抹面	m²	420
2	040308005001	水磨石饰面	人行道为水磨石饰面	m²	138.6
3	040308006001	镶贴面层	护栏为镶贴面层	m²	156.54

（2）定额工程量同清单工程量。

项目编码：040304003　项目名称：浆砌拱圈

【例41】 某拱桥的浆砌拱圈结构及细部尺寸如图 3-41 所示，计算拱圈工程量。

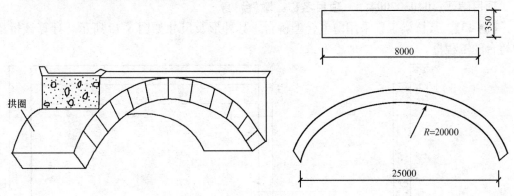

图 3-41　拱桥拱圈及细部尺寸图

【解】（1）清单工程量：

拱圈对应圆心角：$2 \times \arcsin \dfrac{12.5}{20} = 77.4°$

拱圈工程量：$\dfrac{77.4}{360} \times 2 \times 3.142 \times 20 \times 0.35 \times 8 \, \mathrm{m}^3 = 75.66 \, \mathrm{m}^3$

清单工程量计算见下表：

清单工程量计算表

项目编码	项目名称	项目特征描述	计量单位	工程量
040304003001	浆砌拱圈	拱圈半径 20000mm 8000mm×350mm	m³	75.66

（2）定额工程量同清单工程量。

项目编码：040302020　项目名称：连系梁

【例42】 某肋拱桥的横系梁细部尺寸如图 3-42 所示，该拱桥跨径为 15m，单孔形，共用横系梁 6 根，计算横系梁的工程量。

【解】（1）清单工程量：

$S = 0.25 \times 0.4 \, \mathrm{m}^2 = 0.1 \, \mathrm{m}^2$

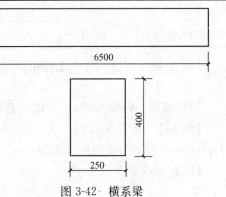

图 3-42　横系梁

$$V = 0.1 \times 6.5 \times 6 \text{m}^3 = 3.9 \text{m}^3$$

清单工程量计算见下表：

清单工程量计算表

项目编码	项目名称	项目特征描述	计量单位	工程量
040302020001	连系梁	横系梁 250mm×400mm	m³	3.9

(2) 定额工程量同清单工程量。

项目编码：040302004   项目名称：墩(台)身

【例43】 某桥梁工程采用薄壁轻型桥台，其外形及尺寸如图3-43所示，计算该桥梁中桥台的工程量。

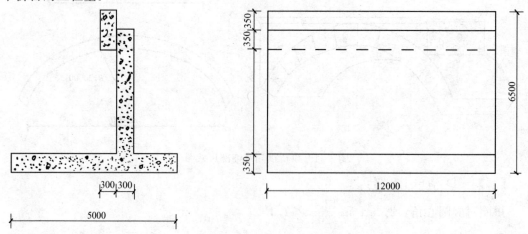

图3-43 薄壁轻型桥台及尺寸

【解】 (1) 清单工程量：

$$S = (5 \times 0.35 + 0.7 \times 0.3 + 0.3 \times 5.8) \text{m}^2 = (1.75 + 0.21 + 1.74) \text{m}^2 = 3.7 \text{m}^2$$
$$V = 3.7 \times 12 \text{m}^3 = 44.4 \text{m}^3$$

清单工程量计算见下表：

清单工程量计算表

项目编码	项目名称	项目特征描述	计量单位	工程量
040302004001	墩(台)身	薄壁轻型桥台	m³	44.4

(2) 定额工程量同清单工程量。

项目编码：040302004   项目名称：墩(台)身

【例44】 如图3-44所示为一典型的V形墩身，墩顶与上部结构之间用橡胶支座支承，计算一个V形桥墩的工程量。

【解】 (1) 清单工程量：

$$V_1 = 0.5 \times 2 \times 4.5 \text{m}^3 = 4.5 \text{m}^3$$

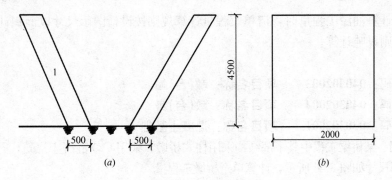

图 3-44 V形墩身

(a)正立面；(b)侧立面

$$V = 2V_1 = 2 \times 4.5 \text{m}^3 = 9 \text{m}^3$$

清单工程量计算见下表：

清单工程量计算表

项目编码	项目名称	项目特征描述	计量单位	工程量
040302004001	墩(台)身	V形墩身	m³	9

(2)定额工程量同清单工程量。

项目编码：040308008   项目名称：油漆

【例45】 如图 3-45 所示，为某桥梁的防撞栏杆，其中横栏采用直径为 20mm 的钢筋，竖栏采用直径为 40mm 的钢筋，将其布设桥梁两边，为增加桥梁美观，将栏杆用油漆刷为白色，假设 1m² 需 3kg 油漆，计算油漆工程量。

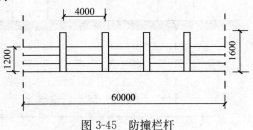

图 3-45 防撞栏杆

【解】 (1)清单工程量：

$$S_{横栏} = 60 \times 4 \times \pi \times 0.02 \text{m}^2 = 15.08 \text{m}^2$$

$$S_{竖栏} = \left(\frac{60}{4} + 1\right) \times 1.6 \times \pi \times 0.04 \text{m}^2 = 3.22 \text{m}^2$$

$$S = (S_{横} + S_{竖}) \times 2 = 18.30 \times 2 \text{m}^2 = 36.60 \text{m}^2$$

清单工程量计算见下表：

清单工程量计算表

项目编码	项目名称	项目特征描述	计量单位	工程量
040308008001	油漆	防撞栏杆用油漆刷为白色	m²	36.60

(2)定额工程量：

第一步与清单工程量相同计算出：$S = 36.60 \text{m}^2$

第二步求定额工程量：$m = 3 \times 36.60 \text{kg} = 109.80 \text{kg} = 0.110 \text{t}$

说明：计算油漆工程量时，清单工程量计算规则按设计图示尺寸以面积计算，定额工程量计算规则以吨计算。

项目编码：040302003　　项目名称：墩(台)帽
项目编码：040302004　　项目名称：墩(台)身
项目编码：040302001　　项目名称：混凝土基础

【例46】 某桥梁工程中其下部结构采用柱式桥墩，采用C20混凝土浇筑，石料最大粒径20mm，细部尺寸如图3-46所示，计算单个桥墩工程量。

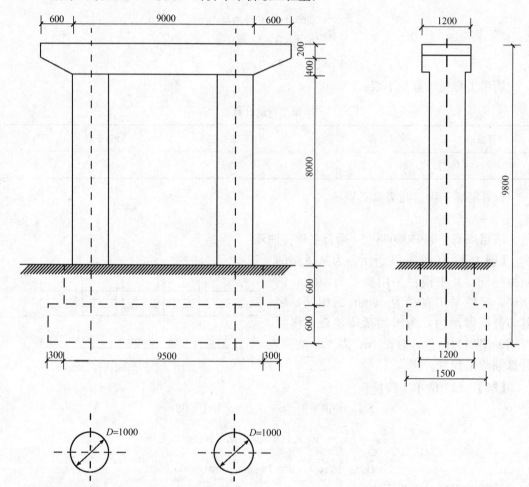

图3-46　某柱式桥墩尺寸

【解】 (1) 清单工程量：

墩帽工程量 $= \left(0.2 \times 10.2 + 2 \times \dfrac{1}{2} \times 0.6 \times 0.4 + 0.4 \times 9.0\right) \times 1.2 \text{m}^3$

$= (2.04 + 0.24 + 3.6) \times 1.2 \text{m}^3 = 7.06 \text{m}^3$

墩身工程量 $= 2 \times \dfrac{1}{4} \times 3.142 \times 1.0^2 \times 8.0 \text{m}^3 = 12.57 \text{m}^3$

基础工程量 $= (9.5 \times 0.6 \times 1.2 + 10.1 \times 0.6 \times 1.5) \text{m}^3 = (6.84 + 9.09) \text{m}^3 = 15.93 \text{m}^3$

桥墩工程量 $= (7.06 + 12.57 + 15.93) \text{m}^3 = 73.26 \text{m}^3$

清单工程量计算见下表：

清单工程量计算表

序号	项目编码	项目名称	项目特征描述	计量单位	工程量
1	040302003001	墩(台)帽	柱式桥墩墩帽，C20混凝土，石料最大粒径20mm	m³	7.06
2	040302004001	墩(台)身	柱式桥墩墩身，C20混凝土，石料最大粒径20mm	m³	12.57
3	040302001001	混凝土基础	C20混凝土，石料最大粒径20mm	m³	15.93

(2) 定额工程量同清单工程量。

项目编码：040307002   项目名称：钢板梁

【例47】 某板梁桥的上承板梁如图3-47所示，其全桥长为60m，一跨为如图所示细部构造，其中加劲角钢3m设计，计算钢板梁工程量。

【解】 (1) 清单工程量：

如图所示：

$V_1 = 6.1 \times 0.2 \times 15 \text{m}^3 = 18.3 \text{m}^3$

$V_2 = 0.1 \times 15 \times 0.8 \text{m}^3 = 1.2 \text{m}^3$

$V_3 = (3 \times 0.05 \times 0.8 - 1.5 \times 0.1 \times 0.05 \times 2) \text{m}^3 = 0.11 \text{m}^3$

$V = (4V_1 + 2V_2 + 6V_3) \times 4$
$= (4 \times 18.3 + 2 \times 1.2 + 6 \times 0.11) \times 4 \text{m}^3$
$= 305.04 \text{m}^3$

又∵ 钢的密度为 $7.85 \times 10^3 \text{kg/m}^3$，故

$m = 7.85 \times 10^3 \times 305.04 \text{kg} = 2394.56 \times 10^3 \text{kg}$
$= 2394.56 \text{t}$

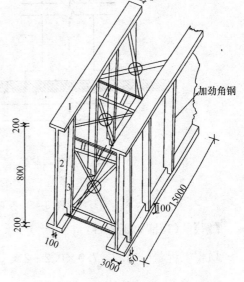

图3-47 梁桥上承板

清单工程量计算见下表：

清单工程量计算表

项目编码	项目名称	项目特征描述	计量单位	工程量
040307002001	钢板梁	上承钢板梁，其中加劲角钢3m设计	t	2394.56

(2) 定额工程量同清单工程量。

项目编码：040302003   项目名称：墩(台)帽
项目编码：040302004   项目名称：墩(台)身
项目编码：040302001   项目名称：混凝土基础

【例48】 某桥梁工程，纵向为7跨，其桥墩形式及细部尺寸如图3-48所示，采用C20混凝土浇筑，石料最大粒径20mm，计算该桥梁桥墩工程量。

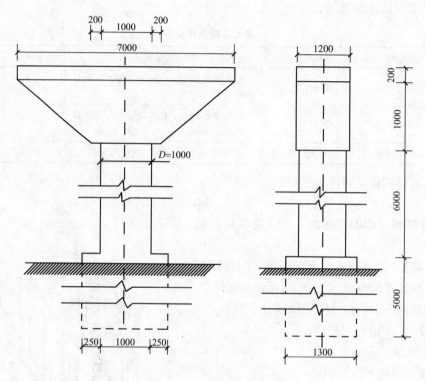

图 3-48 某桥墩结构及细部尺寸

【解】(1)清单工程量：

墩帽工程量 $= (1.2 \times 7.0 \times 0.2 + 2 \times \frac{1}{2} \times 1.0 \times 2.8 \times 1.2 + 1.0 \times 1.2 \times 1.4) \times 6 \, m^3$

$= (1.68 + 3.36 + 1.68) \times 6 \, m^3$

$= 40.32 \, m^3$

墩身工程量 $= \frac{1}{4} \times 3.142 \times 1.0^2 \times 6.0 \times 6 \, m^3 = 28.28 \, m^3$

基础工程量 $= 1.5 \times 1.3 \times 5.0 \times 6 \, m^3 = 58.5 \, m^3$

桥墩工程量 $= (40.32 + 28.28 + 58.5) \, m^3 = 127.10 \, m^3$

清单工程量计算见下表：

清单工程量计算表

序号	项目编码	项目名称	项目特征描述	计量单位	工程量
1	040302003001	墩(台)帽	墩帽，C20 混凝土，石料最大粒径 20mm	m³	40.32
2	040302004001	墩(台)身	墩身，C20 混凝土，石料最大粒径 20mm	m³	28.28
3	040302001001	混凝土基础	C20 混凝土，石料最大粒径 20mm	m³	58.5

(2)定额工程量同清单工程量。

项目编码：040307003　　项目名称：钢桁梁

【例49】 某钢桁梁跨，其中前表面有6根斜杆，5根直杆，上表面有8根斜杆，5根直杆，该桥共2跨。当跨度增大时，梁的高度也要增大，如仍用板梁，则腹板、盖板、加劲角钢及接头等就显得尺寸巨大而笨重。若采用腹杆代替腹板组成桁梁，则重量大为减轻，故在某跨度为48m的桥梁中采用这种结构形式，计算钢桁梁的工程量（图中采用宽300mm，厚150mm的钢板）。

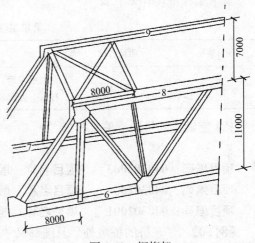

图3-49　钢桁架

【解】（1）清单工程量：

如图3-49所示，其前面的斜杆：

$$L_{斜杆_1} = \sqrt{8^2+11^2}\,m = 13.6\,m$$
$$V_{斜杆_1} = 13.6 \times 0.3 \times 0.15\,m^3 = 0.612\,m^3$$
$$V_{直杆_1} = 11 \times 0.3 \times 0.15\,m^3 = 0.495\,m^3$$

上表面的斜杆：

$$L_{斜杆} = \sqrt{7^2+8^2}\,m = 10.63\,m$$
$$V_{斜杆} = 10.63 \times 0.3 \times 0.15\,m^3 = 0.478\,m^3$$
$$V_{直杆} = 7 \times 0.3 \times 0.15\,m^3 = 0.315\,m^3$$

又如图3-49中说明，其图为某钢桁梁的一跨。其中前表面有6根斜杆，5根直杆，上表面有8根斜杆，5根直杆，可推知下表面有12根斜杆，7根直杆，全桥共有2跨，故全桥中：

前后表面斜杆共：$V_{斜杆_3} = 0.612 \times 6 \times 2\,m^3 = 14.688\,m^3$

前后表面直杆为：$V_{直杆_3} = 0.495 \times 5 \times 2\,m^3 = 9.9\,m^3$

上表面斜杆为：$V_{斜杆_4} = 0.478 \times 8 \times 2\,m^3 = 7.648\,m^3$

上表面直杆为：$V_{直杆_4} = 0.315 \times 5 \times 2\,m^3 = 3.15\,m^3$

下表面斜杆为：$V_{斜杆_5} = 0.478 \times 12 \times 2\,m^3 = 11.472\,m^3$

下表面直杆为：$V_{直杆_5} = 0.315 \times 7 \times 2\,m^3 = 4.41\,m^3$

如图所示，6，7，8，9杆的体积为：

$$V_6 = V_7 = 48 \times 0.3 \times 0.15\,m^3 = 2.16\,m^3$$
$$V_8 = V_9 = (48-2 \times 8) \times 0.3 \times 0.15\,m^3 = 1.44\,m^3$$

故 $V = V_{斜杆_3} + V_{直杆_3} + V_{斜杆_4} + V_{直杆_4} + V_{斜杆_5} + V_{直杆_5} + 2V_6 + 2V_7 + 2V_8 + 2V_9$

$= (14.688 + 9.9 + 7.648 + 3.15 + 11.47 + 4.41 + 2 \times 2.16 + 2 \times 2.16 + 2 \times 1.44 + 2 \times 1.44)\,m^3$

$= 65.67\,m^3$

其中钢的密度为 $7.85 \times 10^3\,kg/m^3$，故钢桁梁的工程量为：

$$m = 7.85 \times 10^3 \times 65.67\,kg = 515.51 \times 10^3\,kg = 515.51\,t$$

清单工程量计算见下表：

清单工程量计算表

项目编码	项目名称	项目特征描述	计量单位	工程量
040307003001	钢桁梁	钢桁梁跨，前表面6根斜杆，5根直杆，上表面8根斜杆，5根直杆，共2跨	t	515.51

(2) 定额工程量同清单工程量。

项目编码：040302003　　项目名称：墩(台)帽
项目编码：040302004　　项目名称：墩(台)身
项目编码：040302001　　项目名称：混凝土基础

【例50】 ××桥的桥墩外形及细部尺寸如图3-50所示，采用C20混凝土浇筑，石料最大粒径20mm，该桥设计跨度为(20+6×25+20)m，共用此种桥墩7座，计算桥墩的工程量。

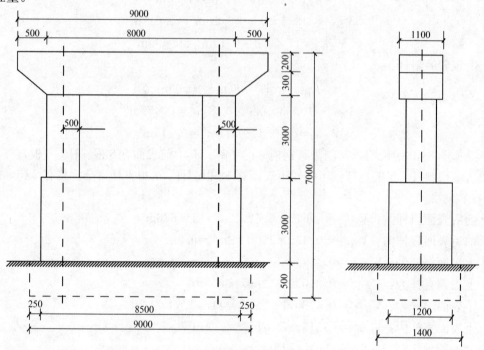

图3-50 某桥墩外形及细部尺寸

【解】 (1) 清单工程量：

墩帽工程量 $= \left(0.2 \times 9 \times 1.1 + 2 \times \dfrac{1}{2} \times 0.5 \times 0.3 \times 1.1 + 0.3 \times 8 \times 1.1\right) \times 7 \mathrm{m}^3$

$= (1.98 + 0.165 + 2.64) \times 7 \mathrm{m}^3$

$= 33.50 \mathrm{m}^3$

墩身工程量 $= (2 \times 3.142 \times 0.5^2 \times 3 + 8.5 \times 3 \times 1.2) \times 7 \mathrm{m}^3$

$= (4.71 + 30.6) \times 7 \mathrm{m}^3$

$$=247.17m^3$$

基础工程量 $=9.0\times0.5\times1.4\times7m^3=44.1m^3$

桥墩工程量 $=(33.50+247.17+44.1)m^3=334.77m^3$

清单工程量计算见下表:

清单工程量计算表

序号	项目编码	项目名称	项目特征描述	计量单位	工程量
1	040302003001	墩(台)帽	墩帽,C20混凝土,石料最大粒径20mm	m^3	33.50
2	040302004001	墩(台)身	墩身,C20混凝土,石料最大粒径20mm	m^3	247.17
3	040302001001	混凝土基础	C20混凝土,石料最大粒径20mm	m^3	44.1

(2)定额工程量同清单工程量。

项目编码:040306002　　项目名称:箱涵底板
项目编码:040306003　　项目名称:箱涵侧墙
项目编码:040306004　　项目名称:箱涵顶板

【例51】 某涵洞为箱涵形式,如图3-51所示,其箱涵底板表面为水泥混凝土板,厚度为20cm,C20混凝土箱涵侧墙厚50cm,C20混凝土顶板厚30cm,涵洞长为15m,计算各部分工程量。

【解】 (1)清单工程量:

1)箱涵底板:
$$V_1=8\times15\times0.2m^3=24m^3$$

2)箱涵侧墙:
$$V_2=15\times5\times0.5m^3=37.5m^3$$
$$V=2V_2=2\times37.5m^3=75m^3$$

3)箱涵顶板:
$$V=(8+0.5\times2)\times0.3\times15m^3=40.5m^3$$

清单工程量计算见下表:

清单工程量计算表

序号	项目编码	项目名称	项目特征描述	计量单位	工程量
1	040306002001	箱涵底板	箱涵底板表面为水泥混凝土板,厚度为20cm	m^3	24
2	040306003001	箱涵侧墙	侧墙厚50cm,C20混凝土	m^3	75
3	040306004001	箱涵顶板	顶板厚30cm,C20混凝土	m^3	40.5

(2)定额工程量同清单工程量。

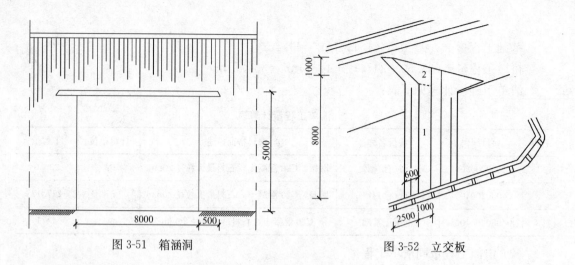

图 3-51 箱涵洞　　　　　图 3-52 立交板

项目编码：040302004　　项目名称：墩(台)身

【例52】 广州某立交桥的桥墩如图 3-52 所示，其为 Y 形桥墩，采用水泥混凝土制作，根据图示，计算一个桥墩的工程量。

【解】 （1）清单工程量：

$$V_1 = 1 \times 0.6 \times 8 \text{m}^3 = 4.8 \text{m}^3$$

$$V_2 = \frac{1}{2} \times [1+(1+2.5)] \times 1.0 \times 0.6 \text{m}^3 = 1.35 \text{m}^3$$

$$V = 2 \times (V_1 + V_2) = 2 \times (4.8+1.35) \text{m}^3 = 12.3 \text{m}^3$$

清单工程量计算见下表：

清单工程量计算表

项目编码	项目名称	项目特征描述	计量单位	工程量
040302004001	墩(台)身	Y形桥墩，水泥混凝土制作	m³	12.3

（2）定额工程量同清单工程量。

项目编码：040302004　　项目名称：墩(台)身

【例53】 陕西安康桥的桥墩如图 3-53 所示，为一种似 X 形的桥墩，其采用现浇混凝土制作，计算图示一个桥墩的工程量。

【解】 （1）清单工程量：

$$V_1 = (1.4+1\times2) \times 9 \times 0.2 \text{m}^3 = 6.12 \text{m}^3$$

$$V_2 = V_1 = 6.12 \text{m}^3$$

$$V_3 = 0.2 \times \left(\frac{6.6-0.2\times3}{2}\right) \times 0.5 \text{m}^3 = 0.3 \text{m}^3$$

$$V_4 = (0.5+2\times0.2) \times 0.5 \times 0.2 \text{m}^3 = 0.09 \text{m}^3$$

$$V_5 = 0.2 \times (9-1.0\times2-0.5\times3)/2 \times 0.2 \text{m}^3 = 0.11 \text{m}^3$$

$$V = V_1 + V_2 + 4 \times V_3 \times 3 + 3V_4 + 4V_5$$
$$= (6.12+6.12+4\times0.3\times3+3\times0.09+4\times0.11) \text{m}^3$$
$$= 16.55 \text{m}^3$$

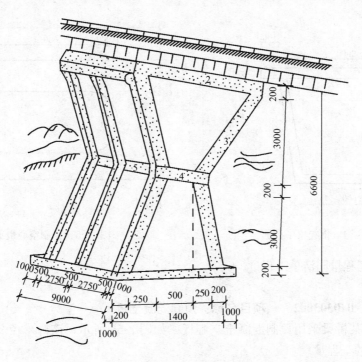

图 3-53 桥墩

清单工程量计算见下表：

清单工程量计算表

项目编码	项目名称	项目特征描述	计量单位	工程量
040302004001	墩（台）身	X形桥墩，现浇混凝土制作	m^3	16.55

(2) 定额工程量同清单工程量。

项目编码：040307001　　项目名称：钢箱梁

【例54】 某桥梁工程，采用钢箱梁的外形及尺寸如图 3-54 所示，箱两端过檐为 100mm，箱长 25m，两端竖板厚 50mm，计算单个钢箱梁工程量。

【解】 (1) 清单工程量：

两端过檐体积 $=2\times2.0\times0.08\times0.1m^3=0.03m^3$

箱体钢体积 $=[(2.0\times0.08+2\times1.42\times0.05+1.5\times0.05)\times25+\dfrac{1}{2}\times(1.5+1.7)$

$\times1.37\times0.05\times2]m^3$

$=[(0.16+0.142+0.075)\times25+0.219]m^3=9.64m^3$

钢箱梁工程量 $=(0.03+9.64)\times7.87\times10^3 kg=76.103t$

清单工程量计算见下表：

清单工程量计算表

项目编码	项目名称	项目特征描述	计量单位	工程量
040307001001	钢箱梁	钢箱梁两端过檐100mm，箱长25m，两端竖板厚50mm	t	76.103

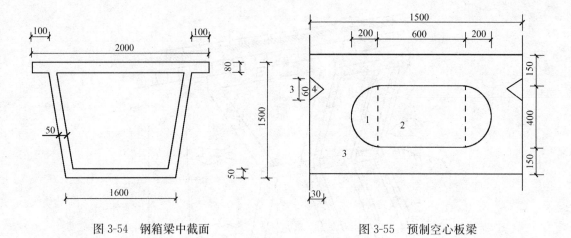

图 3-54 钢箱梁中截面　　　　图 3-55 预制空心板梁

（2）定额工程量同清单工程量。

项目编码：040303002　　项目名称：预制混凝土板

【例 55】 某桥梁采用预制混凝土空心板梁如图 3-55 所示，该桥跨径 28m，共 3 跨，计算空心板梁的工程量。

【解】（1）清单工程量：

$$V_1 = \frac{1}{2} \times \pi \times 0.2^2 \times 28 \text{m}^3 = 1.76 \text{m}^3$$

$$V_2 = 0.6 \times 0.4 \times 28 \text{m}^3 = 6.72 \text{m}^3$$

$$V_3 = 1.5 \times (0.4 + 0.15 \times 2) \times 28 \text{m}^3 = 29.4 \text{m}^3$$

$$V_4 = 0.06 \times 0.03 \times \frac{1}{2} \times 28 \text{m}^3 = 0.025 \text{m}^3$$

$$\begin{aligned} V &= (V_3 - 2V_1 - V_2 - 2V_4) \times 3 \\ &= (29.4 - 2 \times 1.76 - 6.72 - 2 \times 0.025) \times 3 \text{m}^3 \\ &= (29.4 - 3.52 - 6.72 - 0.05) \times 3 \text{m}^3 \\ &= 57.33 \text{m}^3 \end{aligned}$$

清单工程量计算见下表：

清单工程量计算表

项目编码	项目名称	项目特征描述	计量单位	工程量
040303002001	预制混凝土板	预制混凝土空心板梁，非预应力	m³	57.33

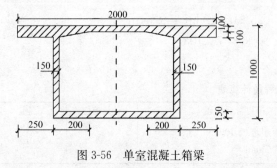

图 3-56 单室混凝土箱梁

（2）定额工程量同清单工程量。

项目编码：040303003　　项目名称：预制混凝土梁

【例 56】 某预制混凝土单室箱梁截面形状及尺寸如图 3-56 所示，箱长 20m，梁端翼板过檐 200mm，计算此预制箱梁工程量。

【解】 (1) 清单工程量:

梁端翼板过檐工程量 $= 2.0 \times 0.2 \times 0.2 \times 2 \text{m}^3 = 0.16 \text{m}^3$

箱体工程量 $= [2.0 \times 0.2 - \dfrac{1}{2} \times (1.1+1.2) \times 0.1 + 0.8 \times 0.15 \times 2 + 1.2 \times 0.15] \times 20 \text{m}^3$

$= (0.4 - 0.115 + 0.24 + 0.18) \times 20 \text{m}^3$

$= 14.1 \text{m}^3$

预制箱梁工程量 $= (0.16 + 14.1) \text{m}^3 = 14.26 \text{m}^3$

清单工程量计算见下表:

清单工程量计算表

项目编码	项目名称	项目特征描述	计量单位	工程量
040303003001	预制混凝土梁	预制混凝土单室箱梁,箱长20m,梁端翼板过檐200mm	m³	14.26

(2) 定额工程量同清单工程量。

项目编码:040302019   项目名称: 桥塔身

【例57】 为了增加桥梁的美观,某斜拉桥的索塔截面设计如图 3-57 所示,其采用现浇混凝土制作,塔厚 2m,截面如图 3-57所示,计算该索塔的工程量。

【解】 (1) 清单工程量:

$V_1 = 0.5 \times 30 \times 2 \text{m}^3 = 30 \text{m}^3$

$V_2 = [2.0 \times (6+1) - \pi \times 1^2] \times 2 \text{m}^3 = 21.72 \text{m}^3$

$V_3 = 0.5 \times 10 \times 2 \text{m}^3 = 10 \text{m}^3$

$V_4 = 10 \times 1.5 \times 2 \text{m}^3 = 30 \text{m}^3$

$V_5 = [10 - (0.5 + 0.6) \times 2] \times 0.8 \times 2 \text{m}^3$

$= 12.48 \text{m}^3$

$V_6 = 0.6 \times 0.3 \times \dfrac{1}{2} \times 2 \text{m}^3 = 0.18 \text{m}^3$

$V_7 = 0.5 \times 5 \times 2 \text{m}^3 = 5 \text{m}^3$

$V = 2 \times (V_1 + V_2 + V_3) + V_4 - V_5 + 4V_6 + 2 \times V_7$

$= [2 \times (30 + 21.72 + 10) + 30 - 12.48 + 4 \times 0.18 + 2 \times 5] \text{m}^3$

$= (123.44 + 30 - 12.48 + 0.72 + 10) \text{m}^3$

$= 151.68 \text{m}^3$

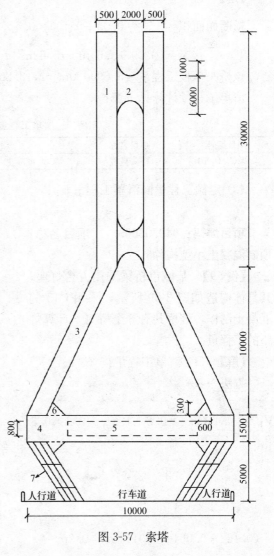

图 3-57 索塔

清单工程量计算见下表：

清单工程量计算表

项目编码	项目名称	项目特征描述	计量单位	工程量
040302019001	桥塔身	现浇混凝土索塔	m³	151.68

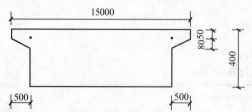

图 3-58 某桥头搭板横截面图

(2) 定额工程量同清单工程量。

项目编码：040302018   项目名称：桥头搭板

【例58】 某桥头搭板横截面如图 3-58 所示，采用 C20 混凝土浇筑，石料最大粒径 20mm，计算该桥头搭板工程量（取板长为 20m）。

【解】 (1) 清单工程量：

横断面面积 $=[\frac{1}{2}\times(0.05+0.13)\times0.5\times2+14\times0.4]\text{m}^3$

$=(0.09+5.6)\text{m}^3=5.69\text{m}^3$

该桥头搭板工程量 $=5.69\times20\text{m}^3=113.80\text{m}^3$

清单工程量计算见下表：

清单工程量计算表

项目编码	项目名称	项目特征描述	计量单位	工程量
040302018001	桥头搭板	C20混凝土，石料最大粒径20mm	m³	113.80

(2) 定额工程量同清单工程量。

项目编码：040303005   项目名称：预制混凝土小型构件

【例59】 某城市桥梁采用方台灯座，其具体构造如图 3-59 所示，采用 C15 的混凝土制作，该桥共有 8 个桥灯，计算灯座的工程量。

【解】 (1) 清单工程量：

方法一：

$V_1 = [0.4\times0.4\times0.8+4\times\frac{1}{2}\times0.1\times0.8\times0.4+8\times\frac{1}{3}\times\frac{1}{2}\times0.1\times0.1\times0.8]\text{m}^3$

$=(0.128+0.064+0.011)\text{m}^3=0.2\text{m}^3$

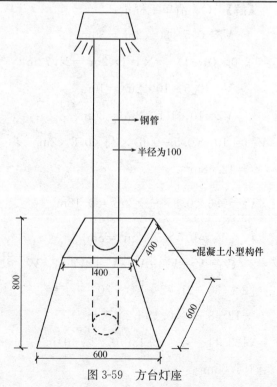

图 3-59 方台灯座

方法二：
$$V_1 = \frac{1}{3} \times 0.8 \times (0.4 \times 0.4 + 0.6 \times 0.6 + 0.4 \times 0.6) m^3 = 0.2 m^3$$
$$V_2 = \pi \times 0.1^2 \times 0.8 m^3 = 0.025 m^3$$
$$V = 8(V_1 - V_2) = (0.2 - 0.025) \times 8 m^3 = 1.4 m^3$$

清单工程量计算见下表：

清单工程量计算表

项目编码	项目名称	项目特征描述	计量单位	工程量
040303005001	预制混凝土小型构件	桥梁方台灯座，C15 混凝土	m³	1.4

(2) 定额工程量同清单工程量。

项目编码：040308003　　项目名称：剁斧石饰面
项目编码：040308004　　项目名称：拉毛

【例60】 为了与城市格调一致，对某城市20m 的桥梁进行装饰，其栏杆设计为如图3-60所示，板厚30mm，其中，栏板的花纹部分和柱子采用拉毛，剩余部分用剁斧石饰面（不包括地栿），计算剁斧石饰面和拉毛的工程量。

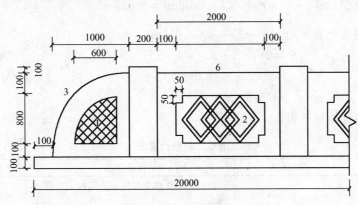

图 3-60　桥梁栏杆

【解】 (1) 清单工程量：

经计算可得：一面栏杆共9个柱子，中间有8块相同的带有菱形花纹的栏板，两边各有一块带半圆花纹的栏板，则有：

拉毛工程量：

半圆花纹：$S_1 = \frac{1}{4} \times \pi \times 0.6^2 m^2 = 0.28 m^2$

菱形花纹矩形：$S_2 = [(2 - 2 \times 0.1) \times 0.8 - 4 \times 0.05 \times 0.05] m^2 = 1.04 m^2$

柱子：$\begin{cases} \text{顶面}：S_3 = \pi \times 0.1^2 m^2 = 0.03 m^2 \\ \text{侧面：如右图所示：} \sin\theta_1 = \dfrac{\frac{0.030}{2}}{\frac{0.2}{2}} = 0.15 \\ \qquad\qquad\qquad\theta_1 = \arcsin 0.15 \end{cases}$

$$l_1 = 2\pi r \cdot \frac{2\theta_1}{360}$$
$$= \frac{\pi}{180} \times 0.2 \times \arcsin 0.15 \text{m}$$
$$= 0.03 \text{m}$$
$$S_4 = [\pi \times 0.2 \times (0.1 \times 2 + 0.1 + 0.8) - 0.03 \times (0.1 \times 3 + 0.8) \times 2] \text{m}^2$$
$$= (0.69 - 0.066) \text{m}^2$$
$$= 0.624 \text{m}^2$$
$$S = [(2S_1 + 8S_2) \times 2 + 9S_3 + 9S_4] \times 2 \text{m}^2$$
$$= [(2 \times 0.28 + 8 \times 1.04) \times 2 + 9 \times 0.03 + 9 \times 0.624] \times 2 \text{m}^2$$
$$= (17.76 + 0.27 + 5.616) \times 2 \text{m}^2$$
$$= 47.29 \text{m}^2$$

剁斧石饰面工程量：

半圆形栏板除图案外的面积：$S_1 = (\pi \times 1^2 - \pi \times 0.6^2) \times \frac{1}{4} \text{m}^2 = 0.50 \text{m}^2$

一块矩形板除图案外的面积：$S_2 = [2 \times (0.1 \times 2 + 0.8) - 1.04] \text{m}^2 = 0.96 \text{m}^2$

半圆上表面积：$S_3 = \frac{1}{4} \times \pi \times 1 \times 2 \times 0.03 \text{m}^2 = 0.048 \text{m}^2$

一块棱形图案上表面积一半：$S_4 = 2 \times 0.015 \text{m}^2 = 0.03 \text{m}^2$

$$S = 2S_1 \times 4 + 8S_2 \times 4 + 2S_3 \times 2 + 8S_4 \times 4$$
$$= (0.5 \times 8 + 0.96 \times 32 + 0.048 \times 4 + 0.03 \times 32) \text{m}^2$$
$$= 35.87 \text{m}^2$$

清单工程量计算见下表：

清单工程量计算表

序号	项目编码	项目名称	项目特征描述	计量单位	工程量
1	040308004001	拉毛	栏板的花纹部分和柱子采用拉毛，板厚30mm	m²	47.29
2	040308003001	剁斧石饰面	栏板的剩余部分用剁斧石饰面，板厚30mm	m²	35.87

（2）定额工程量同清单工程量。

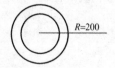

图 3-61 灯柱横截面图

项目编码：040308007　项目名称：水质涂料

【例61】某桥梁灯柱采用水质涂料涂抹，灯柱截面尺寸如图 3-61 所示，灯柱高 4.5m，每侧有 15 根，计算该桥梁上灯柱水质涂料工程量。

【解】（1）清单工程量：

单根灯柱涂料工程量 $= 2 \times 3.142 \times 0.2 \times 4.5 \text{m}^2$
$= 5.66 \text{m}^2$

涂料总工程量 $= 2 \times 15 \times 5.66 \text{m}^2$
$= 169.8 \text{m}^2$

清单工程量计算见下表：

清单工程量计算表

项目编码	项目名称	项目特征描述	计量单位	工程量
040308007001	水质涂料	桥梁灯柱采用水质涂料涂抹	m²	169.8

(2) 定额工程量同清单工程量。

项目编码：040701002   项目名称：非预应力钢筋

【例62】 ××桥梁工程中制作的弯筋构造如图3-62所示，$\phi 12$ 钢筋直线长度为5m，角度 $\alpha=30°$，$H=0.5$m，计算钢筋工程量。

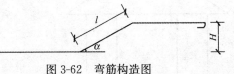

图3-62 弯筋构造图

【解】(1) 清单工程量：
钢筋长度 $=(5+2\times 0.5+6.25\times 0.012)$m
　　　　$=(5+1.0+0.075)$m
　　　　$=6.08$m
$\phi 12$ 钢筋工程量 $=6.08\times 0.888$kg
　　　　　　　$=5.40$kg
　　　　　　　$=0.005$t

清单工程量计算见下表：

清单工程量计算表

项目编码	项目名称	项目特征描述	计量单位	工程量
040701002001	非预应力钢筋	弯筋，$\phi 12$ 钢筋直线长度为5m，角度 $\alpha=30°$	t	0.005

(2) 定额工程量同清单工程量。

项目编码：040301003   项目名称：钢筋混凝土方桩

【例63】 某桥梁工程中，采用26根钢筋混凝土方桩，如图3-63所示，计算送桩工程量。

【解】(1) 清单工程量：
$$l=(1+0.8)\times 26\text{m}$$
$$=46.8\text{m}$$

清单工程量计算见下表：

清单工程量计算表

项目编码	项目名称	项目特征描述	计量单位	工程量
040301003001	钢筋混凝土方桩	钢筋混凝土方桩送桩	m	46.8

(2) 定额工程量:

$$V = 0.4 \times 0.4 \times (1+0.8) \times 4 \times 26 \text{m}^3$$
$$= 29.95 \text{m}^3$$

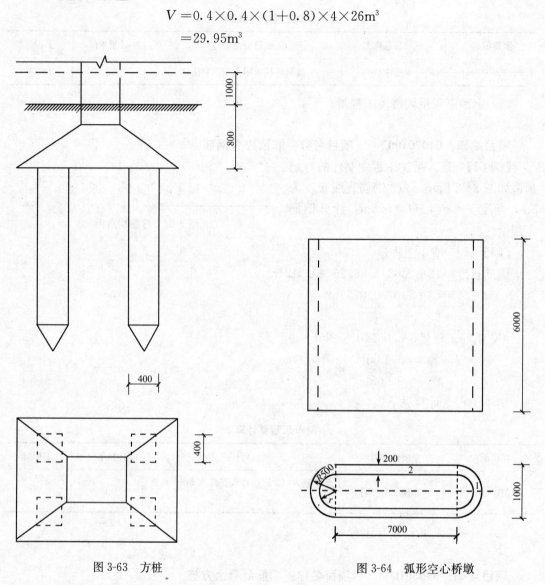

图 3-63 方桩　　　　　图 3-64 弧形空心桥墩

项目编码：040302004　　项目名称：墩(台)身

【例 64】某桥梁的桥墩采用弧形空心桥墩，C30 混凝土现浇制作，其正面图和俯视图如图 3-64 所示，计算其工程量。

【解】(1) 清单工程量：

$$V_1 = \frac{1}{2} \times \pi \times [0.5^2 - (0.5-0.2)^2] \times 6 \text{m}^3$$

$$= \frac{1}{2} \times 3.1416 \times 0.16 \times 6 \text{m}^3$$

$$= 1.51 \text{m}^3$$

$$V_2 = 7 \times 0.2 \times 6 \text{m}^3 = 8.4 \text{m}^3$$

$$V = 2V_1 + 2V_2 = 2 \times (1.51 + 8.4) \text{m}^3 = 19.82 \text{m}^3$$

清单工程量计算见下表：

清单工程量计算表

项目编码	项目名称	项目特征描述	计量单位	工程量
040302004001	墩(台)身	弧形空心桥墩，C30混凝土现浇制作	m³	19.82

(2) 定额工程量同清单工程量。

项目编码：040302004　　项目名称：墩(台)身

【例65】 某矩形空心桥墩的结构形式如图3-65所示，C30现浇混凝土制作，其桥墩长7m，宽5m，厚1m，计算其工程量。

【解】 (1) 清单工程量：

$$V_1 = 5 \times 1 \times 7 \text{m}^3 = 35 \text{m}^3$$

$$V_2 = (5 - 0.2 \times 3) \times \frac{1}{2} \times (1 - 0.2 \times 2) \times 7 \text{m}^3$$

$$= 9.24 \text{m}^3$$

$$V = V_1 - 2V_2 = (35 - 2 \times 9.24) \text{m}^3 = 16.52 \text{m}^3$$

清单工程量计算见下表：

清单工程量计算表

项目编码	项目名称	项目特征描述	计量单位	工程量
040302004001	墩(台)身	矩形空心桥墩，C30混凝土现浇制作	m³	16.52

(2) 定额工程量同清单工程量。

项目编码：040302004　　项目名称：墩(台)身

【例66】 ××桥梁采用空心式桥墩，其示意图如图3-66所示，C30混凝土现浇制作，其中R=500mm，施工中共用到此种桥墩25个，计算该桥梁工程中桥墩墩身工程量。

【解】 (1) 清单工程量：

横断面面积 $= [\pi \times (0.75^2 - 0.5^2) + 0.25 \times 4.5 \times 2 + 0.25 \times 1.0] \text{m}^2$

$= (0.982 + 2.25 + 0.25) \text{m}^2$

$= 3.48 \text{m}^2$

单个桥墩工程量 $= 3.48 \times 10 \text{m}^3 = 34.8 \text{m}^3$

桥墩墩身总工程量 $= 34.8 \times 25 \text{m}^3 = 870 \text{m}^3$

清单工程量计算见下表：

清单工程量计算表

项目编码	项目名称	项目特征描述	计量单位	工程量
040302004001	墩(台)身	空心式桥墩，C30混凝土现浇制作	m³	870

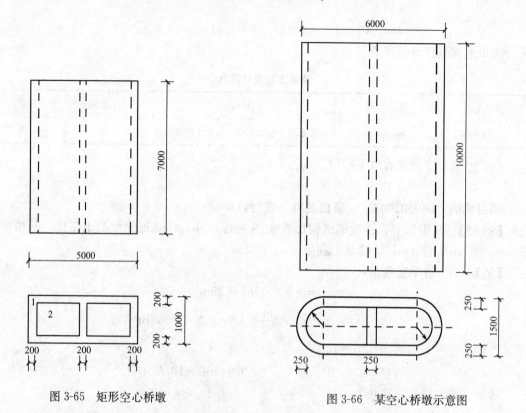

图 3-65 矩形空心桥墩　　图 3-66 某空心桥墩示意图

（2）定额工程量同清单工程量。

【例 67】 某桥梁车行道与人行道之间的缘石采用图 3-67 的形式，其采用混凝土就地浇筑的方法，计算其工程量。

【解】（1）清单工程量：

$$V = [0.35 \times 60 \times (0.1 + 0.03) - 0.03 \times 0.03 \times 60] m^3$$
$$= 2.68 m^3$$

（2）定额工程量同清单工程量。

项目编码：040307005　　项目名称：钢构件

【例 68】 城市地道桥桥后背的形式与顶进箱涵的规模和地质情况，施工企业的设备、材料、经验有关，根据调查，在实际情况下某城市地道桥后背采用钢构件组合式后背，背宽 7m，其他各部分尺寸如图 3-68 所示，计算钢构件的工程量。

【解】（1）清单工程量：

$$V_1 = 1.5 \times (8+2) \times 7 m^3 = 105 m^3$$

$$V_2 = (2 \times 8 \times 7 - \frac{1}{2} \times 2 \times 3.5 \times 7 - \frac{1}{2} \times 2 \times 3.5 \times 7) m^3$$
$$= (112 - 24.5 - 24.5) m^3 = 63 m^3$$

$$V_3 = (1 + 0.1) \times 0.4 \times 7 m^3 = 3.08 m^3$$

$$V_4 = 0.1 \times 0.6 \times 7 m^3 = 0.42 m^3$$

$$V = V_1 + V_2 + V_3 + V_4 = (105 + 63 + 3.08 + 0.42) m^3 = 171.5 m^3$$

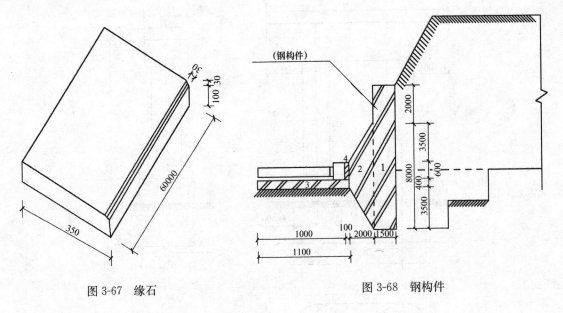

图 3-67 缘石 图 3-68 钢构件

又∵ 钢的密度为：$7.87 \times 10^3 \mathrm{kg/m^3}$

故 $m = 7.87 \times 10^3 \times 171.5 \mathrm{kg} = 1349.705 \mathrm{t}$

清单工程量计算见下表：

清单工程量计算表

项目编码	项目名称	项目特征描述	计量单位	工程量
040307005001	钢构件	地道桥后背采用钢构件组合式后背，背宽7m	t	1349.705

(2) 定额工程量同清单工程量。

项目编码：040302003　　项目名称：墩(台)帽
项目编码：040302004　　项目名称：墩(台)身
项目编码：040302001　　项目名称：混凝土基础

【例69】 某桥梁工程采用柱式桥墩，采用C30混凝土现浇，石料最大粒径20mm，其基础与桥墩如图3-69所示，计算其工程量。

【解】 (1) 清单工程量：

墩帽工程量 $= (8 \times 0.2 + 2 \times \frac{1}{2} \times 0.6 \times 0.4 + 6.8 \times 0.4) \times 1.2 \mathrm{m^3}$

$\qquad = (1.6 + 0.24 + 2.72) \times 1.2 \mathrm{m^3}$

$\qquad = 5.47 \mathrm{m^3}$

墩身工程量 $= 2 \times \pi \times 0.5^2 \times 11 \mathrm{m^3} = 17.28 \mathrm{m^3}$

基础工程量 $= [(\pi \times 0.7^2 + 5.8 \times 1.4) \times 0.5 + 2 \times \pi \times 0.7^2 \times 15] \mathrm{m^3}$

$\qquad = [(1.54 + 8.12) \times 0.5 + 46.18] \mathrm{m^3}$

$\qquad = (4.83 + 46.18) \mathrm{m^3} = 51.01 \mathrm{m^3}$

桥墩工程量 $= (5.47 + 17.28 + 51.01) \mathrm{m^3} = 73.76 \mathrm{m^3}$

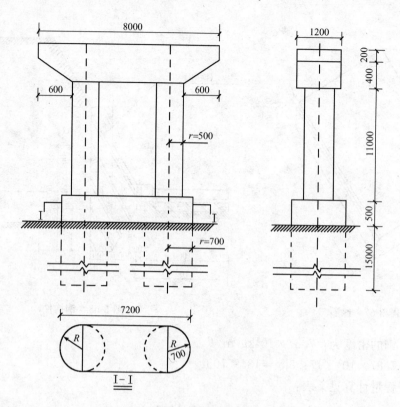

图 3-69 某柱式桥墩细部图

清单工程量计算见下表:

清单工程量计算表

序号	项目编码	项目名称	项目特征描述	计量单位	工程量
1	040302003001	墩(台)帽	柱式桥墩墩帽,C30 混凝土,石料最大粒径 20mm	m³	5.47
2	040302004001	墩(台)身	柱式桥墩墩身,C30 混凝土,石料最大粒径 20mm	m³	17.28
3	040302001001	混凝土基础	C30 混凝土,石料最大粒径 20mm	m³	51.01

(2)定额工程量同清单工程量。

项目编码:040302004   项目名称:墩(台)身

【例 70】 某薄壁轻型桥台,如图 3-70 所示,其宽度为 6m,计算该轻型桥台工程量。

【解】 (1)清单工程量:

薄壁轻型桥台横截面面积 $= [3.5\times1.8-\dfrac{1}{2}\times(0.2+0.3)\times0.08-0.3\times0.12+0.2\times0.3$

$+\dfrac{1}{2}\times(0.12+0.2)\times0.2-1.3\times3.1+\dfrac{1}{2}\times0.1\times0.1+\dfrac{1}{2}$

$\times0.08\times0.1]m^2$

$=(6.3-0.02-0.036+0.06+0.032-4.03+0.005+0.004)m^2$

$=2.32m^2$

桥台工程量 $= 2.32 \times 6 \mathrm{m}^3 = 13.92 \mathrm{m}^3$

清单工程量计算见下表：

清单工程量计算表

项目编码	项目名称	项目特征描述	计量单位	工程量
040302004001	墩（台）身	薄壁轻型桥台	m³	13.92

（2）定额工程量同清单工程量。

项目编码：040307008　　项目名称：钢拉索

【例71】　某斜拉桥有2个相同的索塔，每座索塔的具体构造如图3-71所示，其中每根拉索由30根ϕ10的钢绞线组成，计算拉索的工程量。

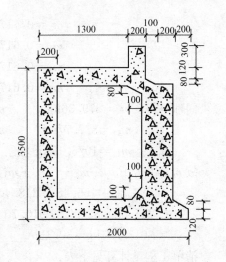

图3-70　薄壁轻型桥台

【解】　（1）清单工程量：

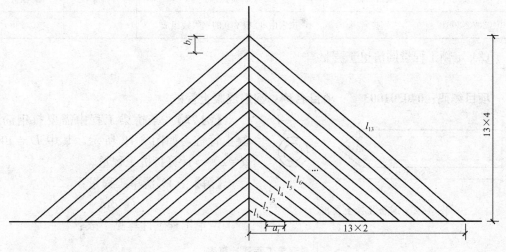

图3-71　斜拉桥

如图所示：各根拉索的长度为：

$$l_1 = \sqrt{2^2 + 4^2}\,\mathrm{m} = 4.5\mathrm{m}$$
$$l_2 = \sqrt{(2 \times 2)^2 + (4 \times 2)^2}\,\mathrm{m} = 8.94\mathrm{m}$$
$$l_3 = \sqrt{(2 \times 3)^2 + (4 \times 3)^2}\,\mathrm{m} = 13.42\mathrm{m}$$

同理可得：$l_4 = 17.9\mathrm{m}$　　$l_5 = 22.36\mathrm{m}$　　$l_6 = 26.83\mathrm{m}$
　　　　　$l_7 = 31.3\mathrm{m}$　　$l_8 = 35.78\mathrm{m}$　　$l_9 = 40.25\mathrm{m}$
　　　　　$l_{10} = 44.72\mathrm{m}$　$l_{11} = 49.20\mathrm{m}$　$l_{12} = 53.67\mathrm{m}$
　　　　　$l_{13} = 58.14\mathrm{m}$

又∵　直径为10mm的钢绞线，单根钢绞线理论质量为：0.617kg/m
故每根拉索的质量为：$m_1 = 0.617 \times 30 \times 4.5 \mathrm{kg} = 83.30\mathrm{kg}$
　　　　　　　　　　$m_2 = 0.617 \times 30 \times 8.94 \mathrm{kg} = 165.48\mathrm{kg}$

$$m_3 = 0.617 \times 30 \times 13.42\text{kg} = 248.60\text{kg}$$
$$m_4 = 0.617 \times 30 \times 17.9\text{kg} = 331.33\text{kg}$$
$$m_5 = 0.617 \times 30 \times 22.36\text{kg} = 413.88\text{kg}$$
$$m_6 = 0.617 \times 30 \times 26.83\text{kg} = 496.62\text{kg}$$

同理可得：$m_7 = 579.36\text{kg}$　　$m_8 = 662.29\text{kg}$　　$m_9 = 745.03\text{kg}$
　　　　　$m_{10} = 827.77\text{kg}$　$m_{11} = 910.70\text{kg}$　$m_{12} = 993.43\text{kg}$
　　　　　$m_{13} = 1076.17\text{kg}$

故 $m = (m_1 + m_2 + m_3 + \cdots\cdots + m_{13}) \times 2 \times 2$
　　$= (83.30 + 165.48 + 248.40 + 331.33 + 413.88 + 496.62 + 579.36 + 662.29 +$
　　　$745.03 + 827.77 + 910.70 + 993.43 + 1076.17) \times 4\text{kg}$
　　$= 30135.04\text{kg} = 30.135\text{t}$

清单工程量计算见下表：

清单工程量计算表

项目编码	项目名称	项目特征描述	计量单位	工程量
040307008001	钢拉索	拉索由 30 根 φ10 的钢绞线组成	t	30.135

(2) 定额工程量同清单工程量。

项目编码：040301003　　**项目名称：钢筋混凝土管桩**

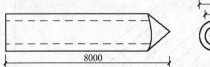

图 3-72　钢筋混凝土管桩

【例72】　某桥梁工程中需要打钢筋混凝土管桩，如图 3-72 所示，其中 $D = 400$，$d = 200$，计算打桩工程量。

【解】　(1) 清单工程量：
$$l = 8\text{m}$$

清单工程量计算见下表：

清单工程量计算表

项目编码	项目名称	项目特征描述	计量单位	工程量
040301003001	钢筋混凝土方桩	钢筋混凝土管桩 $D = 400\text{mm}$，$d = 200\text{mm}$	m	8

(2) 定额工程量：

管桩截面面积 $= \pi(0.4^2 - 0.2^2) \times \dfrac{1}{4}\text{m}^2$

　　　　　　　$= 0.095\text{m}^2$

打桩工程量 $= 0.095 \times 8\text{m}^3 = 0.76\text{m}^3$

项目编码：040302019　　**项目名称：桥塔身**

【例73】　某混凝土斜拉桥全长 2022.4m，索塔为倒 Y 型构造如图 3-73 所示，全桥共 6 个索塔，塔厚 1.5m，计算索塔工程量。

【解】(1)清单工程量:

$$V_1=2\times50\times1.5m^3=150m^3$$
$$V_2=1.5\times20\times1.5m^3=45m^3$$
$$V_3=16\times1\times1.5m^3=24m^3$$
$$V=(V_1+2V_2+V_3)\times6$$
$$=(150+2\times45+24)\times6m^3$$
$$=1584m^3$$

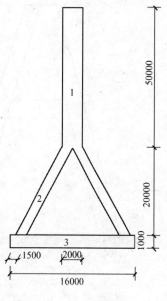

图3-73 索塔

清单工程量计算见下表:

清单工程量计算表

项目编码	项目名称	项目特征描述	计量单位	工程量
040302019001	桥塔身	斜拉桥Y型索塔,塔厚1.5m	m³	1584

(2)定额工程量同清单工程量。

项目编码:040302019 **项目名称:桥塔身**

【例74】某混凝土斜拉桥的索塔为A型构造,全桥长400m,全桥有2个索塔,塔厚1.2m,截面形式如图3-74所示,计算索塔工程量。

【解】(1)清单工程量:

$$V_1=2.1\times68\times1.2m^3=171.36m^3$$
$$V_2=\frac{1}{2}\times[12+(12+1\times2)]\times2.1\times1.2m^3$$
$$=32.76m^3$$
$$V=(2V_1+V_2)\times2$$
$$=(2\times171.36+32.76)\times2m^3$$
$$=750.96m^3$$

清单工程量计算见下表:

清单工程量计算表

项目编码	项目名称	项目特征描述	计量单位	工程量
040302019001	桥塔身	混凝土斜拉桥A型索塔	m³	750.96

(2)定额工程量同清单工程量。

项目编码:040302004 **项目名称:墩(台)身**

【例75】某桥梁桥墩墩身截面如图3-75所示,采用C30混凝土浇筑,石料最大粒径20mm,计算墩身工程量(取墩身高12m)。

【解】(1)清单工程量:

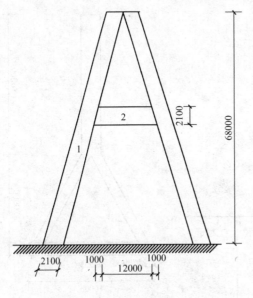
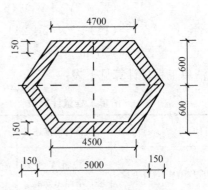

图 3-74 索塔　　　　　图 3-75 某桥墩墩身截面图

墩身截面面积=$[\frac{1}{2}\times(4.7+5.3)\times 0.6-\frac{1}{2}\times(4.5+5.0)\times 0.45]\times 2m^2$

$\qquad\qquad\quad=(3-2.14)\times 2m^2=1.72m^2$

墩身工程量=$1.72\times 12m^3=20.64m^3$

清单工程量计算见下表：

清单工程量计算表

项目编码	项目名称	项目特征描述	计量单位	工程量
040302004001	墩(台)身	桥墩墩身，C30 混凝土，石料最大粒径 20mm	m³	20.64

(2) 定额工程量同清单工程量。

项目编码：040303003　　项目名称：预制混凝土梁

【例 76】　某斜拉桥主梁截面采用了如图 3-76 所示的形式，采用预应力混凝土制作，该桥主梁长为 56m，中间横梁长 15m，每跨设 2 块，计算该主梁的工程量。

【解】　(1) 清单工程量：

$$V_1=\frac{1}{2}\times(4.2+6.4)\times 1.34\times 56m^3$$
$$\quad=403.65m^3$$
$$V_2=2.3\times 0.8\times 15\times 2m^3=55.2m^3$$
$$V=V_1+V_2=(403.65+55.2)m^3$$
$$\quad=458.85m^3$$

清单工程量计算见下表：

清单工程量计算表

项目编码	项目名称	项目特征描述	计量单位	工程量
040303003001	预制混凝土梁	斜拉桥混凝土主梁，预应力	m³	458.85

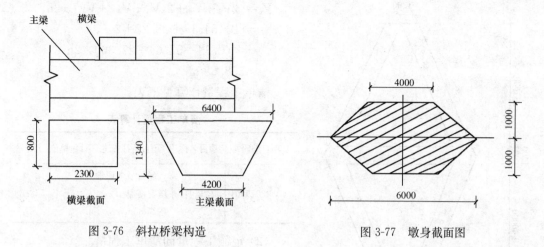

图 3-76 斜拉桥梁构造　　图 3-77 墩身截面图

(2) 定额工程量同清单工程量。

项目编码：040302004　　项目名称：墩(台)身

【例77】 ××桥梁工程中，桥墩墩身截面如图 3-77 所示，设计桥墩墩身高为 15m，采用 C30 混凝土浇筑，石料最大粒径 20mm，计算该墩身工程量。

【解】 (1) 清单工程量：

墩身横截面面积 $=\dfrac{1}{2}\times(4+6)\times1\times2\text{m}^2$

$\qquad\qquad\qquad =10\text{m}^2$

墩身工程量 $=10\times15\text{m}^3=150\text{m}^3$

清单工程量计算见下表：

清单工程量计算表

项目编码	项目名称	项目特征描述	计量单位	工程量
040302004001	墩(台)身	桥墩墩身，C30 混凝土，石料最大粒径 20mm	m³	150

(2) 定额工程量同清单工程量。

项目编码：040302019　　项目名称：桥塔身

【例78】 如图 3-78 所示为某斜拉桥的菱形索塔，塔厚 1.2m，塔高 80m，全桥共 2 个索塔，采用就地浇筑混凝土制作，计算索塔的工程量。

【解】 (1) 清单工程量：

$$V_1=1.2\times37.6\times1.2\text{m}^3=54.14\text{m}^3$$

$$V_2=(19+0.3\times2)\times1.2\times1.2\text{m}^3=28.22\text{m}^3$$

$$V_3=\dfrac{1}{2}\times1.2\times0.2\times1.2\text{m}^3=0.14\text{m}^3$$

$$V_4=1.2\times40\times1.2\text{m}^3=57.6\text{m}^3$$

$$V_5=19\times1.2\times1.2\text{m}^3=27.36\text{m}^3$$

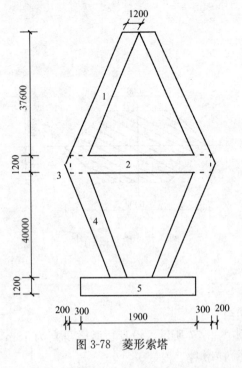

$$V = [2V_1 + V_2 + 2(V_3 + V_4) + V_5] \times 2 \mathrm{m}^3$$
$$= [2 \times 54.14 + 28.22 + 2 \times (0.14 + 57.6) + 27.36] \times 2 \mathrm{m}^3$$
$$= 558.68 \mathrm{m}^3$$

清单工程量计算见下表：

清单工程量计算表

项目编码	项目名称	项目特征描述	计量单位	工程量
040302019001	桥塔身	斜拉桥菱形索塔，塔厚1.2m，塔高80m	m³	558.68

（2）定额工程量同清单工程量。

项目编码：040303003　　项目名称：预制混凝土梁

【例79】 某桥梁工程主梁为混凝土实体双主梁，其截面如图3-79所示，其中一跨主梁长75m，主梁中共设有横梁11个，横梁厚200mm，计算该主梁工程量。

图3-78　菱形索塔

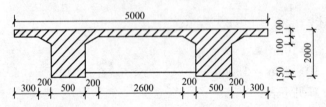

图3-79　实体双主梁截面图

【解】（1）清单工程量：

双主梁工程量 $= (5.0 \times 0.1 + 4 \times \frac{1}{2} \times 0.1 \times 0.2 + 0.5 \times 1.9 \times 2) \times 75 \mathrm{m}^3$

$\qquad = (0.5 + 0.04 + 0.95 \times 2) \times 75 \mathrm{m}^3 = 183 \mathrm{m}^3$

横梁工程量 $= [\frac{1}{2} \times (2.6 + 3.0) \times 0.1 + 1.65 \times 3.0] \times 0.2 \times 11 \mathrm{m}^3$

$\qquad = (0.28 + 4.95) \times 0.2 \times 11 \mathrm{m}^3 = 11.51 \mathrm{m}^3$

主梁工程量 $= (183 + 11.51) \mathrm{m}^3 = 194.51 \mathrm{m}^3$

清单工程量计算见下表：

清单工程量计算表

项目编码	项目名称	项目特征描述	计量单位	工程量
040303003001	预制混凝土梁	混凝土实体双主梁，非预应力	m³	194.51

（2）定额工程量同清单工程量。

项目编码：040303005   项目名称：预制混凝土小型构件

【例80】 预应力墩台座，尺寸如图3-80所示，已知台墩用C20混凝土，台墩宽度为12000mm，地基为砂质黏土，计算台墩的工程量。

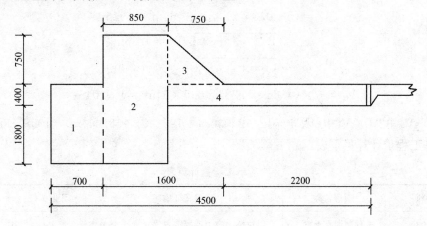

图3-80 墩台座

【解】（1）清单工程量：

$$V_1 = 0.7 \times (1.8 + 0.4) \times 12 m^3 = 18.48 m^3$$

$$V_2 = (1.6 - 0.75) \times (1.8 + 0.4 + 0.75) \times 12 m^3$$
$$= 30.09 m^3$$

$$V_3 = \frac{1}{2} \times (1.6 - 0.85) \times 0.75 \times 12 m^3 = 3.375 m^3$$

$$V_4 = (2.2 + 0.75) \times 0.4 \times 12 m^3 = 14.16 m^3$$

$$V = V_1 + V_2 + V_3 + V_4 = (18.48 + 30.09 + 3.375 + 14.16) m^3 = 66.11 m^3$$

清单工程量计算见下表：

清单工程量计算表

项目编码	项目名称	项目特征描述	计量单位	工程量
040303005001	预制混凝土小型构件	预应力墩台座，C20混凝土	m³	66.11

（2）定额工程量同清单工程量。

项目编码：040303003   项目名称：预制混凝土梁

【例81】 某斜拉桥采用预应力混凝土主梁，其截面形式如图3-81所示，该桥该种梁长64m，计算该主梁的工程量。

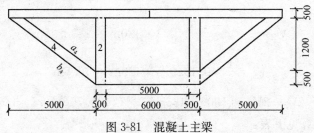

图3-81 混凝土主梁

【解】 (1) 清单工程量：

$$V_1 = (6+5\times2)\times0.5\times64\text{m}^3 = 512\text{m}^3$$

$$V_2 = 0.5\times1.2\times64\text{m}^3 = 38.4\text{m}^3$$

$$V_3 = (5+0.5\times2)\times0.5\times64\text{m}^3 = 192\text{m}^3$$

$$a_4 = \sqrt{1.2^2+(5-0.5)^2}\text{m} = 4.66\text{m}$$

$$b_4 = \sqrt{(1.2+0.5)^2+5^2}\text{m} = 5.28\text{m}$$

$$V_4 = \frac{1}{2}\times(4.66+5.28)\times0.5\times64\text{m}^3 = 159.04\text{m}^3$$

$$V = V_1+2V_2+V_3+2V_4 = (512+2\times38.4+192+2\times159.04)\text{m}^3 = 1098.88\text{m}^3$$

清单工程量计算见下表：

清单工程量计算表

项目编码	项目名称	项目特征描述	计量单位	工程量
040303003001	预制混凝土梁	斜拉桥预应力混凝土主梁，梁长64m	m³	1098.88

(2) 定额工程量同清单工程量。

项目编码：040302010　　**项目名称：混凝土箱梁**

【例82】 如图3-82所示为三角形双原箱形截面，这种截面不仅抗弯、抗扭强度大，还对抗风特别有利，既适用于双索面体子，又适用单索面体子，某混凝土斜拉桥主跨420m，采用此种截面形式，计算该主梁的工程量。

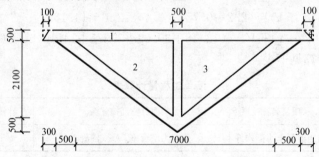

图3-82 双原箱主梁

【解】 (1) 清单工程量：

$$V_1 = (7+0.5\times2+0.3\times2)\times0.5\times420\text{m}^3 = 1806\text{m}^3$$

$$V_2 = \frac{1}{2}\times(7+0.5\times2)\times(2.1+0.5)\times420\text{m}^3 = 4368\text{m}^3$$

$$V_3 = \frac{1}{2}\times\frac{7-0.5}{2}\times2.1\times420\text{m}^3 = 1433.25\text{m}^3$$

$$V_4 = \frac{1}{2}\times0.1\times0.5\times420\text{m}^3 = 10.5\text{m}^3$$

$$V = V_1+V_2-2V_3-2V_4 = [1806+4368-2\times(1433.25+10.5)]\text{m}^3 = 3286.5\text{m}^3$$

清单工程量计算见下表：

清单工程量计算表

项目编码	项目名称	项目特征描述	计量单位	工程量
040302010001	混凝土箱梁	三角形双原箱形截面,斜拉桥主跨420m采用这种截面形式	m³	3286.5

(2) 定额工程量同清单工程量。

项目编码:040302010   项目名称:混凝土箱梁

【例83】 某斜拉桥桥梁工程,其主梁采用如图3-83所示的分离式双箱梁,主梁跨度取为120m,横梁厚取200mm,主梁内共设置横梁15个,计算该主梁工程量。

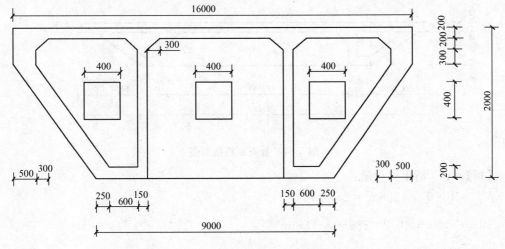

图3-83 分离式双箱立梁截面

【解】 (1) 清单工程量:

双箱梁截面面积 $= \left[16 \times 0.2 + \frac{1}{2} \times (0.5 + 0.8) \times 0.2 \times 2 + 0.5 \times 0.3 \times 2 + \frac{1}{2} \right.$
$\times (0.15 + 0.75) \times 0.2 \times 2 + 1.1 \times 0.5 \times 2 + 0.15 \times 1.6$
$\left. \times 2 + \frac{1}{2} \times 0.5 \times 0.2 \times 2 + \frac{1}{2} \times (0.6 + 0.85) \times 0.2 \times 2 \right] m^2$
$= (3.2 + 0.26 + 0.3 + 0.18 + 1.1 + 0.48 + 0.1 + 0.29) m^2 = 5.91 m^2$

双箱梁工程量 $= 5.91 \times 120 m^3 = 709.2 m^3$

横梁截面面积 $= \left\{ \left[\frac{1}{2} \times (3.25 + 3.85) \times 0.2 + 3.85 \times 0.3 + \frac{1}{2} \times (0.6 + 3.85) \times 1.1 - 0.4 \times 0.4 \right] \right.$
$\left. \times 2 + \left[\frac{1}{2} \times (6.4 + 7) \times 0.2 + 7 \times 1.6 - 0.4 \times 0.4 \right] \right\} m^2$
$= \{ [0.71 + 1.155 + 2.448 - 0.16] \times 2 + [1.34 + 11.2 - 0.16] \} m^2$
$= (8.31 + 12.38) m^2 = 20.69 m^2$

横梁工程量 $= 20.69 \times 0.2 \times 15 m^3 = 62.07 m^3$

主梁工程量 $= (709.2 + 62.07) m^3 = 771.27 m^3$

清单工程量计算见下表:

清单工程量计算表

项目编码	项目名称	项目特征描述	计量单位	工程量
040302010001	混凝土箱梁	斜拉桥主梁采用分离式双箱梁	m³	771.27

(2) 定额工程量同清单工程量。

项目编码：040302010　　**项目名称：混凝土箱梁**

【例84】 如图 3-84 所示为分离的双箱截面形式，两箱之间为整体桥面板，板厚15m，主跨中共有 6 块板，这种主梁截面具有良好的抗风性能，某双索面密索体分斜拉桥的主梁截面采用这种形式，该桥主跨 286m，计算该主梁工程量。

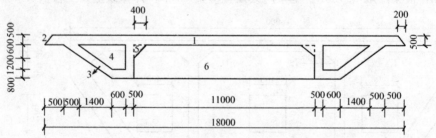

图 3-84　分离双箱截面图

【解】 (1) 清单工程量：

$V_1 = 18 \times 0.5 \times 286 \text{m}^3 = 2574 \text{m}^3$

$V_2 = \dfrac{1}{2} \times 0.5 \times 0.2 \times 286 \text{m}^3 = 14.3 \text{m}^3$

$V_3 = \dfrac{1}{2} \times [(11+0.5\times2+0.6\times2)+(18-0.5\times2)] \times (0.6+1.2+0.8) \times 286 \text{m}^3$

$\quad = 11228.36 \text{m}^3$

$V_4 = \dfrac{1}{2} \times [0.6+(0.6+1.4)] \times (0.6+1.2) \times 286 \text{m}^3 = 669.24 \text{m}^3$

$V_5 = \dfrac{1}{2} \times 0.4 \times 0.6 \times 286 \text{m}^3 = 34.32 \text{m}^3$

$V_6 = 11 \times (0.6+1.2+0.8) \times 286 \text{m}^3 = 8179.6 \text{m}^3$

$V_7 = [11 \times (0.6+1.2+0.8) - \dfrac{1}{2} \times 0.4 \times 0.6 \times 2] \times 15 \times 6 \text{m}^3$

$\quad = 2552.4 \text{m}^3$

故 $V = V_1 - 2V_2 + V_3 - 2V_4 + 2V_5 - V_6 + V_7$

$\quad = (2574 - 2\times14.3 + 11228.26 - 2\times669.24 + 2\times34.32 - 8179.6 + 2552.4) \text{m}^3$

$\quad = 6876.62 \text{m}^3$

清单工程量计算见下表：

清单工程量计算表

项目编码	项目名称	项目特征描述	计量单位	工程量
040302010001	混凝土箱梁	斜拉桥主梁采用分离的双箱截面	m³	6876.62

(2)定额工程量同清单工程量。

项目编码：040302010　项目名称：混凝土箱梁

【例85】 如图3-85所示为单索箱截面，某单索面混凝土斜拉桥采用这种主梁截面形式，箱室内部设置一组人字形可动斜杆，以传递单索面的索力。该桥主跨315m，其中的斜杆为$(400×400×2261)mm^3$，每15m设一对斜杆如图3-85所示，两边盖板厚400mm，计算主梁工程量。

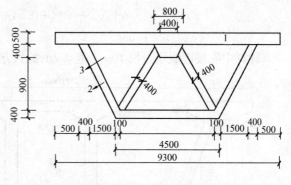

图3-85　单索箱截面图

【解】 (1)清单工程量：

$V_1 = 9.3×0.5×315m^3 = 1464.75m^3$

$V_2 = \dfrac{1}{2}×[4.5+(4.5+1.5×2+0.4×2)]×(0.4+0.9+0.4)×315m^3 = 3427.2m^3$

$V_3 = \dfrac{1}{2}×[(4.5-0.1×2)+(4.5+1.5×2)]×(0.4+0.9)×315m^3$

$\quad = 2416.05m^3$

斜杆：$V_4 = 0.4×0.4×2.26×2×(315/15-1)m^3 = 14.46m^3$

盖板：$V_5 = \left\{9.3×0.5+\dfrac{1}{2}×[4.5+(4.5+1.5×2+0.4×2)]×(0.4+0.9+0.4)\right\}×0.4×2m^3$

$\quad = 12.42m^3$

$V = V_1+V_2-V_3+V_4+V_5$

$\quad = (1464.75+3427.2-2416.05+14.46+12.42)m^3$

$\quad = 2502.78m^3$

清单工程量计算见下表：

清单工程量计算表

项目编码	项目名称	项目特征描述	计量单位	工程量
040302010001	混凝土箱梁	斜拉桥主梁采用单索箱截面	m³	2502.78

(2)定额工程量同清单工程量。

项目编码：040302010　项目名称：混凝土箱梁

【例86】 某斜拉桥工程中，采用单箱三室箱梁作为主梁，其截面如图3-86所示，主梁长130m，梁中设置横梁20个，横梁厚取为200mm，箱梁两端竖板取厚度300mm，计算主梁工程量。

【解】 (1)清单工程量：

主箱梁横截面面积 $= [18×0.2+\dfrac{1}{2}×0.2×1.0×2+\dfrac{1}{2}×(0.2+0.5)×0.2×2+\dfrac{1}{2}$

$\quad ×(0.3+0.9)×0.2×2+1.4×0.2×2+0.3×1.4$

$\quad ×2+10×0.2]m^2$

$$=(3.6+0.2+0.14+0.24+0.56+0.84+2)m^2$$
$$=7.58m^2$$

(计算中底板近似取为长 10m，宽 0.2m 的长方形)

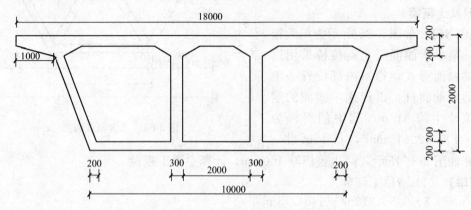

图 3-86　单箱三室主梁截面

箱梁工程量 $=\{7.58\times 130+[\frac{1}{2}\times(5.9+6.5)\times 0.2\times 2+\frac{1}{2}\times(3.5+6.5)\times 1.4\times 2$

$+\frac{1}{2}\times(1.4+2.0)\times 0.2$

$+2.0\times 1.4]\times 0.3\times 2\}m^3$

$=[985.4+(2.48+14+0.34+2.8)\times 0.3\times 2]m^3$

$=997.17m^3$

横梁工程量 $=[\frac{1}{2}\times(5.9+6.5)\times 0.2\times 2+\frac{1}{2}\times(3.5+6.5)\times 1.4\times 2$

$+\frac{1}{2}\times(1.4+2.0)\times 0.2+2.0\times 1.4]\times 0.2\times 20m^3$

$=(2.48+14+0.34+2.8)\times 0.2\times 20m^3$

$=78.48m^3$

主梁工程量 $=(997.17+78.48)m^3$

$=1075.65m^3$

清单工程量计算见下表：

清单工程量计算表

项目编码	项目名称	项目特征描述	计量单位	工程量
040302010001	混凝土箱梁	斜拉桥主梁采用单箱三室箱梁	m³	1075.65

(2) 定额工程量同清单工程量。

项目编码：040301004　　项目名称：钢管桩

【例 87】　某工程打空心钢管桩，如图 3-87 所示，桩长 17m，桩尖 0.5m，外径为 280mm，内径为 120mm，送桩深度为：(1000+1000)mm，计算单桩工程量。

【解】　(1) 清单工程量：

工程量=(17+0.5)m=17.5m

清单工程量计算见下表：

清单工程量计算表

项目编码	项目名称	项目特征描述	计量单位	工程量
040301004001	钢管桩	空心钢管桩，外径280mm，内径120mm，壁厚80mm	m	17.5

(2) 定额工程量：

1) 打桩工程量：

$V_1 = \left[\pi \times \left(\dfrac{0.28}{2}\right)^2 - \pi \times \left(\dfrac{0.12}{2}\right)^2\right] \times 17 \, m^3 = 0.85 \, m^3$

$V_2 = \dfrac{1}{3} \times \pi \times \left(\dfrac{0.28}{2}\right)^2 \times 0.5 \, m^3 = 0.01 \, m^3$

$V = V_1 + V_2 = 0.86 \, m^3$

又∵钢的密度为 $7.87 \times 10^3 \, kg/m^3$

故 $m = 7.87 \times 10^3 \times 0.86 \, kg = 6.768 \, t$

2) 送桩工程量：

工程量 $= \pi \times \left(\dfrac{0.28}{2}\right)^2 \times (1+1) \, m^3 = 0.12 \, m^3$

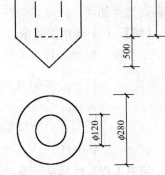

图 3-87 钢管桩

项目编码：040302004　　项目名称：墩(台)身

【例88】 某桥梁工程中采用撑墙式薄壁轻型桥台如图 3-88 所示，计算其工程量。

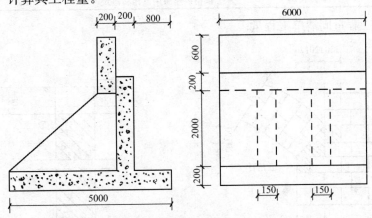

图 3-88 撑墙式薄壁轻型桥台

【解】 (1) 清单工程量：

撑墙工程量 $= \dfrac{1}{2} \times (0.2 + 4.0) \times 2.0 \times 0.15 \times 2 \, m^3 = 1.26 \, m^3$

薄壁工程量 $= (0.2 \times 0.8 + 0.2 \times 2.2 + 0.2 \times 5.0) \times 6.0 \, m^3$

$$= (0.16 + 0.44 + 1.0) \times 6.0 \mathrm{m}^3$$
$$= 9.6 \mathrm{m}^3$$

桥台工程量 $= (1.26 + 9.6) \mathrm{m}^3 = 10.86 \mathrm{m}^3$

清单工程量计算见下表：

清单工程量计算表

项目编码	项目名称	项目特征描述	计量单位	工程量
040302004001	墩（台）身	撑墙式薄壁轻型桥台	m³	10.86

(2) 定额工程量同清单工程量。

项目编码：040304002　　项目名称：浆砌块料

【例89】 某拱桥的拱座采用五角石砌筑如图3-89所示，该拱桥厚3.5m，共2跨，拱座截面尺寸如图，计算五角石工程量。

【解】 (1) 清单工程量：

工程量：$V_1 = 0.12 \times 0.12 \times 3.5 \mathrm{m}^3 = 0.05 \mathrm{m}^3$

$$V_2 = \frac{1}{2} \times (0.12 + 0.12 \times 2) \times 0.12 \times 3.5 \mathrm{m}^3 = 0.08 \mathrm{m}^3$$

$$V_3 = \frac{1}{2} \times (0.12 + 0.12 \times 2) \times 0.12 \times 3.5 \mathrm{m}^3 = 0.08 \mathrm{m}^3$$

$$V = (V_1 + V_2 + V_3) \times 2 \times 2 = (0.05 + 0.08 + 0.08) \times 4 \mathrm{m}^3 = 0.84 \mathrm{m}^3$$

清单工程量计算见下表：

清单工程量计算表

项目编码	项目名称	项目特征描述	计量单位	工程量
040304002001	浆砌块料	拱桥拱座采用五角石砌筑	m³	0.84

(2) 定额工程量同清单工程量。

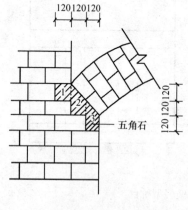

图3-89　拱座截面

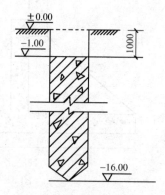

图3-90　接桩示意图

项目编码：040301003　　项目名称：钢筋混凝土方桩

【例90】 某桥梁工程中进行钢筋混凝土方桩的送桩、接桩工作，如图3-90所示，桩断面为 400mm×400mm，每根桩长 3m，设计桩全长 15m，桩底标高－16.00m，桩顶标高－1.00m，工程共需用 100 根桩，计算送桩、接桩工程量。

【解】（1）清单工程量：

送桩工程量＝15×100m＝1500m

接桩工程量＝15×100m＝1500m

清单工程量计算见下表：

清单工程量计算表

序号	项目编码	项目名称	项目特征描述	计量单位	工程量
1	040301003001	钢筋混凝土方桩	钢筋混凝土方桩送桩，400mm×400mm	m	1500
2	040301003002	钢筋混凝土方桩	钢筋混凝土方桩接桩，400mm×400mm	m	1500

（2）定额工程量：

送桩工程量＝0.4×0.4×(1.0＋0.5)×100m³

＝24m³

接桩工程量＝(5－1)×100 个＝4×100 个＝400 个

项目编码：040301004　　项目名称：钢管桩

【例91】 某工程需打钢管桩 40 根，每根桩由 4 段接成，如图 3-91 所示，计算接桩工程量。

【解】（1）清单工程量：

接桩工程量＝3.0×4×40m＝480m

清单工程量计算见下表：

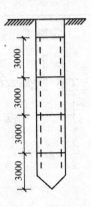

图 3-91　钢管桩

清单工程量计算表

项目编码	项目名称	项目特征描述	计量单位	工程量
040301004001	钢管桩	钢管桩接桩	m	480

（2）定额工程量：

接桩工程量＝(4－1)×40 个＝120 个

项目编码：040304002　　项目名称：浆砌块料

【例92】 如图 3-92 所示为某桥长为 20m 的简支桥的横截面图，其桥面宽 7m，面层厚 180mm，其余部分尺寸和铺筑材料如图 3-92 所示，计算铺筑材料的工程量。

【解】（1）清单工程量：

水泥混凝土：$V＝7×0.18×20m^3＝25.2m^3$

12 号水泥砂浆砌细石：$V＝(7＋0.6×2)×0.12×20m^3＝19.68m^3$

片石：$V＝\{0.6×0.12＋[0.6＋(0.6＋0.2)]×1.2×\frac{1}{2}\}×20×2m^3＝36.48m^3$

镶面石：$V＝[0.6×(0.8＋0.12＋0.18)＋0.4×0.18$

$$+0.1\times(0.18+0.12)]\times20\times2\text{m}^3$$
$$=30.48\text{m}^3$$

砂砾：$V=[7\times(0.12+1.2)-\dfrac{1}{2}\times0.2\times1.2\times2]\times20\text{m}^3=180\text{m}^3$

清单工程量计算见下表：

清单工程量计算表

序号	项目编码	项目名称	项目特征描述	计量单位	工程量
1	040304002001	浆砌块料	12号水泥砂浆砌细石	m³	19.68
2	040304002002	浆砌块料	片石	m³	36.48
3	040304002003	浆砌块料	镶面石	m³	30.48
4	040304002004	浆砌块料	砂砾	m³	180

(2) 定额工程量同清单工程量。

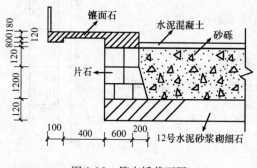

图 3-92 简支桥截面图

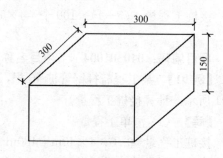

图 3-93 钢筋混凝土支承垫石

项目编码：040303005　　**项目名称：预制混凝土小型构件**

【例93】 某桥梁支座的支承垫石如图 3-93 所示，全桥共有 48 个该垫石，计算其工程量。

【解】 (1) 清单工程量：
$$V=0.3\times0.3\times0.15\times48\text{m}^3=0.648\text{m}^3$$

清单工程量计算见下表：

清单工程量计算表

项目编码	项目名称	项目特征描述	计量单位	工程量
040303005001	预制混凝土小型构件	桥梁支座的支承垫石	m³	0.648

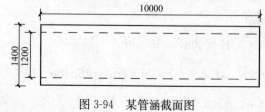

图 3-94 某管涵截面图

(2) 定额工程量同清单工程量。

【例94】 某道路下的过水涵洞，截面如图 3-94 所示，计算该混凝土涵洞工程量。

【解】 (1) 清单工程量：

圆涵面积 $=\pi\times(1.4^2-1.2^2)\times\dfrac{1}{4}\mathrm{m}^2=0.408\mathrm{m}^2$

涵洞工程量 $=0.408\times10\mathrm{m}^3=4.08\mathrm{m}^3$

(2) 定额工程量同清单工程量。

项目编码：040304002　项目名称：浆砌块料

【例95】 某拱桥的桥墩基础的砌筑材料如图 3-95 所示，该桥墩和基础的各截面尺寸如图示，计算该桥墩和基础各砌筑材料的工程量。

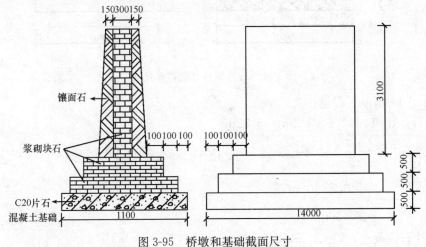

图 3-95　桥墩和基础截面尺寸

【解】 (1) 清单工程量：

镶面石：$V=\dfrac{1}{2}\times\left(0.15+\dfrac{1.1-0.1\times6-0.3}{2}\right)\times3.1\times(14-0.1\times6)\times2\mathrm{m}^3=10.39\mathrm{m}^3$

浆砌块石：$V=[0.3\times3.1\times(14-0.1\times6)+(1.1-0.1\times4)\times0.5\times(14-0.1\times4)$
$\qquad+(1.1-0.1\times2)\times0.5\times(14-0.1\times2)]\mathrm{m}^3$
$\qquad=(12.46+4.76+6.21)\mathrm{m}^3$
$\qquad=23.43\mathrm{m}^3$

C20 片石混凝土：$V=1.1\times0.5\times14\mathrm{m}^3=7.7\mathrm{m}^3$

清单工程量计算见下表：

清单工程量计算表

序号	项目编码	项目名称	项目特征描述	计量单位	工程量
1	040304002001	浆砌块料	桥墩，镶面石	m³	10.39
2	040304002002	浆砌块料	桥墩，浆砌块石	m³	23.43
3	040304002003	浆砌块料	C20 片石混凝土基础	m³	7.7

(2) 定额工程量同清单工程量。

项目编码：040304002　项目名称：浆砌块料

【例96】 某拱桥一面的台身与台基础的砌筑材料如图 3-96 所示，该台身与台基础的各截面尺寸如图所示,计算该桥的台身与台基础各砌筑材料的工程量。

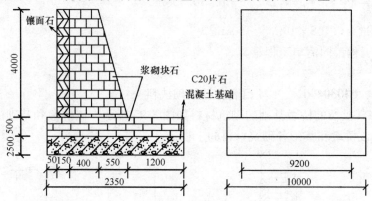

图 3-96 台身与台基础截面尺寸

【解】(1)清单工程量:

镶面石:$V=0.15\times4\times9.2\mathrm{m}^3=5.52\mathrm{m}^3$

浆砌块石:$V=\left\{\dfrac{1}{2}\times[0.4+(0.55+0.4)]\times4\times9.2+(0.05+0.15+0.4+0.55+1.2)\right.$

$\left.\times0.5\times10\right\}\mathrm{m}^3$

$=36.59\mathrm{m}^3$

C20 片石混凝土:$V=2.35\times2.5\times10\mathrm{m}^3=58.75\mathrm{m}^3$

清单工程量计算见下表:

清单工程量计算表

序号	项目编码	项目名称	项目特征描述	计量单位	工程量
1	040304002001	浆砌块料	桥墩,镶面石	m³	5.52
2	040304002002	浆砌块料	桥墩,浆砌块石	m³	36.59
3	040304002003	浆砌块料	C20 片石混凝土基础	m³	58.75

(2)定额工程量同清单工程量。

项目编码:040302012   项目名称:混凝土板梁

【例 97】 整体式梁桥具有整体性好、刚度大的优点,某城市立交桥的横截面采用了整体式梁式横截面如图 3-97 所示,其设有横隔梁,厚 16cm,设有 3 道横隔梁,桥面宽 7.25m,桥长 50m,为现场浇筑,求主梁工程量。

【解】(1)清单工程量:

$V_1=[(0.4+0.5+0.4)\times(0.2+0.18)-0.5\times0.18]\times50\mathrm{m}^3$

$=79.5\mathrm{m}^3$

$V_2=[(1.3+0.4+1.3)\times(0.92+0.15+0.15)-\dfrac{1}{2}\times0.15\times0.15\times2-0.4$

$\times(0.15\times2)]\times0.16\times3\mathrm{m}^3=0.55\mathrm{m}^3$

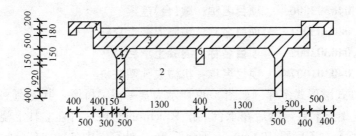

图 3-97 整体式梁式横截面

$$V_3 = [(0.4+0.3+0.15+0.5+1.3)\times 2+0.4]\times 0.5\times 50\mathrm{m}^3 = 142.5\mathrm{m}^3$$

$$V_4 = \frac{1}{2}\times[0.5+0.5+0.15\times 2]\times 0.15\times 50\mathrm{m}^3 = 4.88\mathrm{m}^3$$

$$V_5 = 0.5\times(0.92+0.4+0.15)\times 50\mathrm{m}^3 = 36.75\mathrm{m}^3$$

$$V_6 = 0.4\times(0.15\times 2)\times 50\mathrm{m}^3 = 6\mathrm{m}^3$$

$$\begin{aligned}V &= 2V_1+V_2+V_3+2(V_4+V_5)+V_6\\ &= [2\times 79.5+0.55+142.5+2\times(4.88+36.75)+6]\mathrm{m}^3\\ &= 391.32\mathrm{m}^3\end{aligned}$$

清单工程量计算见下表：

清单工程量计算表

项目编码	项目名称	项目特征描述	计量单位	工程量
040302012001	混凝土板梁	立交桥采用现场浇筑整体式梁桥	m³	391.32

（2）定额工程量同清单工程量。

项目编码：040302006   项目名称：墩（台）盖梁

【例 98】 如图 3-98 所示为某桥梁柱式桥墩，立柱上为现浇悬臂盖梁，盖梁截面尺寸如图所示，梁厚 1800mm，计算此盖梁工程量。

【解】（1）清单工程量：

$$V_1 = 1.2\times 0.6\times 1.8\mathrm{m}^3 = 1.30\mathrm{m}^3$$

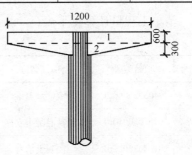

图 3-98 盖梁截面

$$V_2 = \frac{1}{2}\times 1.2\times 0.3\times 1.8\mathrm{m}^3 = 0.32\mathrm{m}^3$$

$$V = V_1+V_2 = (1.3+0.32)\mathrm{m}^3 = 1.62\mathrm{m}^3$$

清单工程量计算见下表：

清单工程量计算表

项目编码	项目名称	项目特征描述	计量单位	工程量
040302006001	墩（台）盖梁	柱式桥墩立柱上为现浇悬臂盖梁	m³	1.62

（2）定额工程量同清单工程量。

项目编码：040302006　　项目名称：墩(台)盖梁
项目编码：040303001　　项目名称：预制混凝土立柱
项目编码：040302002　　项目名称：混凝土承台
项目编码：040301007　　项目名称：机械成孔灌注桩

【例99】 柱式墩形式多样，如图3-99所示为某一桥梁桥墩，其先在$\phi 28cm$机械成孔灌注桩顶浇一混凝土承台，然后在承台上设$\phi 50cm$的立柱，再在立柱上浇盖梁，其截面尺寸如图3-99所示，盖梁厚4600mm，承台厚3m，计算图中各构成部分的工程量。

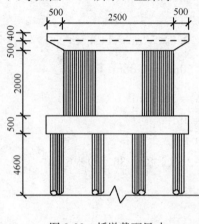

图3-99　桥墩截面尺寸

【解】 (1) 清单工程量：

盖梁：$V_1 = 0.4 \times (0.5 \times 2 + 2.5) \times 4.6 m^3$
$= 6.44 m^3$

$V_2 = \frac{1}{2} \times (2.5 + 2.5 + 0.5 \times 2) \times 0.5 \times 4.6 m^3$
$= 6.9 m^3$

$V = V_1 + V_2 = (6.44 + 6.9) m^3 = 13.34 m^3$

立柱：$V = 2 \times \pi \times \left(\frac{0.5}{2}\right)^2 \times 2 m^3 = 0.79 m^3$

承台：$V = (2.5 + 0.5 \times 2) \times 0.5 \times 3 m^3$
$= 5.25 m^3$

桩：$L = 4.6 \times 4 m = 18.40 m$

清单工程量计算见下表：

清单工程量计算表

序号	项目编码	项目名称	项目特征描述	计量单位	工程量
1	040302006001	墩(台)盖梁	立柱上浇盖梁	m^3	13.34
2	040303001001	预制混凝土立柱	直径500mm	m^3	0.79
3	040302002001	混凝土承台	灌注桩顶上浇混凝土承台	m^3	5.25
4	040301007001	机械成孔灌注桩	桩径280mm，深度4.6m	m	18.40

(2) 除桩外，定额工程量同清单工程量。

桩：$V = 4 \times \pi \times \left(\frac{0.28}{2}\right)^2 \times 4.6 m^3 = 1.13 m^3$

项目编码：040302014　　项目名称：混凝土楼梯

【例100】 某城市天桥一边的楼梯截面形式如图3-100所示，桥面宽为1200mm，扶手厚11cm，该桥为混凝土浇筑，计算该楼梯的工程量。

【解】 (1) 清单工程量：

$V_1 = 0.28 \times 0.15 \times 1.2 m^3 = 0.05 m^3$

$$V_2=\left(0.28\times1\times0.15\times1.2-\frac{1}{2}\times0.28\times0.15\times1.2\right)m^3=0.025m^3$$

$$V_3=\left(0.28\times2\times0.15\times1.2-\frac{1}{2}\times0.28\times0.15\times1.2-0.28\times0.15\times1.2\right)m^3=0.025m^3$$

同理：$V_4=0.025m^3$　　$V_5=0.025m^3$

$V_6=0.025m^3$

$V_7=0.025m^3$　　$V_8=0.025m^3$

$V_9=0.025m^3$

$V_{10}=0.28\times0.15\times1.2m^3=0.05m^3$

平台：$V_{11}=(0.1\times1.25\times1.2+0.15\times0.05\times1.2)m^3=0.159m^3$

扶手板：$V_{12}=0.28\times10\times0.98\times0.11m^3$
$=0.302m^3$

$V=[2\times(V_1+V_2+V_3+V_4+V_5+V_6+V_7+V_8+V_9+V_{10}+V_{12})+V_{11}]\times2$
$=[2\times(0.05\times2+0.025\times8+0.302)+0.159]\times2m^3$
$=1.363\times2m^3$
$=2.73m^3$

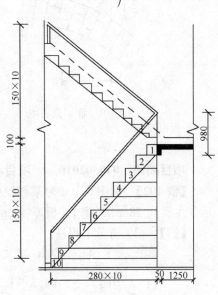

图 3-100　楼梯截面图

清单工程量计算见下表：

清单工程量计算表

项目编码	项目名称	项目特征描述	计量单位	工程量
040302014001	混凝土楼梯	台阶式混凝土楼梯	m³	2.73

（2）定额工程量同清单工程量。

项目编码：040302009　　项目名称：拱上构件

【例 101】　如图 3-101 所示为某拱桥底梁的截面图，该拱桥宽 10m，计算图中所示拱桥底梁的工程量。

【解】　（1）清单工程量：

$$V=\frac{1}{2}\times[0.3+0.3+0.1]\times0.5\times10m^3=1.75m^3$$

清单工程量计算见下表：

清单工程量计算表

项目编码	项目名称	项目特征描述	计量单位	工程量
040302009001	拱上构件	拱桥底梁	m³	1.75

（2）定额工程量同清单工程量。

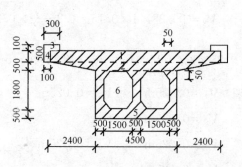

图 3-101　底梁截面图　　　　　图 3-102　主梁截面

项目编码：040302010　　　项目名称：混凝土箱梁

【例 102】　如图 3-102 为某斜拉桥主梁的截面形式，其为箱形截面，各部分尺寸如图示，主梁长 286m，两边盖板厚 40cm，采用混凝土制作，计算该主梁的工程量。

【解】（1）清单工程量：

$$V_1=(2.4+4.5+2.4)\times 0.5\times 286\text{m}^3=1329.9\text{m}^3$$

$$V_2=\frac{1}{2}\times(4.5+4.5+2.4\times 2)\times 0.5\times 286\text{m}^3=986.7\text{m}^3$$

$$V_3=0.3\times 0.1\times 286\text{m}^3=8.58\text{m}^3$$

$$V_4=0.1\times 0.5\times 286\text{m}^3=14.3\text{m}^3$$

$$V_5=4.5\times(1.8+0.5)\times 286\text{m}^3=2960.1\text{m}^3$$

$$V_6=\left(1.5\times 1.8-4\times\frac{1}{2}\times 0.05\times 0.05\right)\times 286\text{m}^3=770.77\text{m}^3$$

盖板：$V_7=[4.5\times(1.8+0.5)+\frac{1}{2}\times(4.5+4.5+2.4\times 2)\times 0.5+(4.5+2.4\times 2+0.1)\times 0.5+2\times 0.3\times 0.1\times 2]\times 0.4\text{m}^3=7.44\text{m}^3$

$$V=V_1+V_2+2(V_3+V_4)+V_5-2V_6+2V_7$$
$$=[1329.9+986.7+2\times(8.58+14.3)+2960.1-2\times 770.77+2\times 7.44]\text{m}^3$$
$$=3795.80\text{m}^3$$

清单工程量计算见下表：

清单工程量计算表

项目编码	项目名称	项目特征描述	计量单位	工程量
040302010001	混凝土箱梁	斜拉桥主梁为箱形截面	m³	3795.80

（2）定额工程量同清单工程量。

项目编码：040309008　　　项目名称：桥面泄水管

【例 103】　桥面排水是借助于纵坡和横坡的作用，使桥面取水迅速汇向集水罐，并从泄水管排出桥外，如图 3-103 所示为某桥的泄水管，其各部分构造和尺寸如图所示，其为钢筋混凝土泄水管，计算该泄水管的工程量。

【解】(1) 清单工程量：
$$l=(3.1+0.4+0.9)\text{m}=4.4\text{m}$$
清单工程量计算见下表：

清单工程量计算表

项目编码	项目名称	项目特征描述	计量单位	工程量
040309008001	桥面泄水管	钢筋混凝土泄水管	m	4.4

(2) 定额工程量：

$$\begin{aligned}泄水管工程量&=\left[\pi\times(2.18^2-2.14^2)\times\frac{1}{4}\times0.1+\frac{\pi}{4}\times\right.\\&\quad(2.14^2-2.02^2)\times0.9+\frac{\pi}{3}\\&\quad\times(0.91^2+1.07^2+0.91\times1.07)\times0.4-\frac{\pi}{3}\\&\quad\times(0.85^2+1.01^2+0.85\times1.01)\times0.4+\pi\\&\quad\times(0.91^2-0.85^2)\times3.1+\pi\times(0.93^2-\\&\quad\left.0.91^2)\times0.15\right]\text{m}^3\\&=(0.014+0.353+0.926-0.817+1.028+0.017)\text{m}^3\\&=1.52\text{m}^3\end{aligned}$$

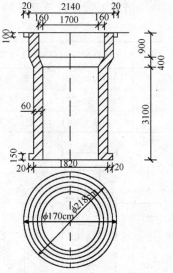

图 3-103 泄水管示意图

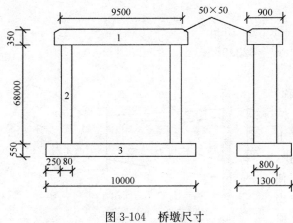

图 3-104 桥墩尺寸

项目编码：040302003　项目名称：墩(台)帽

项目编码：040302004　项目名称：墩(台)身

项目编码：040302001　项目名称：混凝土基础

【例 104】某跨径为 12m，长为 36m 的小桥，其墩身用混凝土做成，基础用 C15 的混凝土做成，平面与侧面图尺寸如图 3-104 所示，计算该桥墩的工程量。

【解】(1) 清单工程量：

$$V_1=\left[\frac{1}{3}\times0.05\times(9.5\times0.8+9.6\times0.9+\sqrt{9.5\times0.8\times9.6\times0.9})\right.$$
$$\left.+(9.5+0.05\times2)\times0.9\times(0.35-0.05)\right]\text{m}^3=3.00\text{m}^3$$
$$V_2=0.08\times68\times0.8\text{m}^3=4.352\text{m}^3$$
$$V_3=10\times0.55\times1.3\text{m}^3=7.15\text{m}^3$$
$$V=V_1+2V_2+V_3=(3.00+2\times4.352+7.15)\text{m}^3=18.85\text{m}^3$$

清单工程量计算见下表:

清单工程量计算表

序号	项目编码	项目名称	项目特征描述	计量单位	工程量	计算式
1	040302003001	墩(台)帽	桥墩墩帽	m³	3.00	
2	040302004001	墩(台)身	桥墩墩身	m³	8.70	4.352×2
3	040302001001	混凝土基础	C20 混凝土基础	m³	7.15	

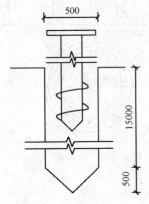

图 3-105 钻机钻孔灌注桩

(2)定额工程量同清单工程量。

项目编码:040301007　　项目名称:机械成孔灌注桩

【例 105】 某桥梁工程中,制作水下钻机钻孔灌注桩,灌注桩工程示意如图 3-105 所示,工程中共灌注此种桩 100 根,计算桩的工程量。

【解】 (1)清单工程量:

灌注桩工程量=(15+0.5)×100m=1550m

清单工程量计算见下表:

清单工程量计算表

项目编码	项目名称	项目特征描述	计量单位	工程量
040301007001	机械成孔灌注桩	桩径 500mm,深度 15m	m	1550

(2)定额工程量:

灌注桩工程量$=\pi \times 0.25^2 \times (15+0.5+1.0) \times 100 m^3$
$=\pi \times 0.25^2 \times 16.5 \times 100 m^3 = 323.98 m^3$

项目编码:040302004　　项目名称:墩(台)身

【例 106】 悬臂式单向推力墩是桥墩上双向挑出悬臂,在悬臂上搁置二铰双曲拱,当邻孔遭到破坏后,由于悬臂端的存在,使拱支座竖向反力通过悬臂端而成为稳定力矩,保证了单向推力墩不致遭到损坏,某拱桥采用这种形式,墩厚 1m,截面尺寸如图 3-106 所示,计算该桥桥墩的工程量。

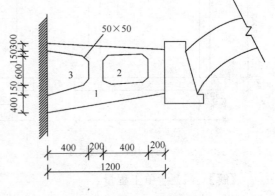

图 3-106 单向推力墩尺寸

【解】 (1)清单工程量:

$$V_1 = \frac{1}{2} \times [(0.15+0.6+0.15)+(0.3+0.15\times 2+0.6+0.4)] \times 1.2 \times 1 m^3$$

$$= 1.5 m^3$$

$$V_2 = \left(0.4 \times 0.6 \times 1 - \frac{1}{2} \times 0.05 \times 0.05 \times 1 \times 4\right) m^3 = (0.24-0.005) m^3 = 0.235 m^3$$

$$V_3 = \left[\frac{1}{2} \times (0.6+0.6+0.15\times 2)\times 0.4\times 1 - \frac{1}{2}\times 0.05\times 0.05\times 1\times 2\right]\text{m}^3$$
$$= 0.298\text{m}^3$$

$$V = 2(V_1 - V_2 - V_3)$$
$$= (1.5 - 0.235 - 0.298)\times 2\text{m}^3$$
$$= 1.93\text{m}^3$$

清单工程量计算见下表：

清单工程量计算表

项目编码	项目名称	项目特征描述	计量单位	工程量
040302004001	墩(台)身	悬臂式单向推力墩	m³	1.93

(2) 定额工程量同清单工程量。

项目编码：040303003　　项目名称：预制混凝土梁

【例107】 某桥预制构件场预制钢筋混凝土箱梁，如图3-107所示，梁长20m，面板宽3.5m，底板宽2.7m，梁厚0.25m，共12块，试计算预制箱梁混凝土工程量。

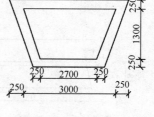

图3-107　箱梁

【解】 (1) 清单工程量：
$$V = \frac{1}{2}\times[(3.5+3.2)\times 1.8 - (2.7+3.0)\times 1.3]$$
$$\times 20\times 12\text{m}^3$$
$$= \frac{1}{2}\times(12.06-7.41)\times 20\times 12\text{m}^3$$
$$= 558\text{m}^3$$

清单工程量计算见下表：

清单工程量计算表

项目编码	项目名称	项目特征描述	计量单位	工程量
040303003001	预制混凝土梁	预制混凝土箱梁，梁长20m，面板宽3.5m，底板宽2.7m，梁厚0.25m	m³	558

(2) 定额工程量同清单工程量。

说明：预制空心构件计算其工程量时应按设计图示尺寸扣除空心体积以实体积计算。

项目编码：040303005　　项目名称：预制混凝土小型构件

【例108】 某桥涵工程下部构件的桩采用现场预制，如图3-108所示，横截面为圆形，该桩的直径为500mm，长为28.6m，共有24个，试计算该预制桩的工程量。

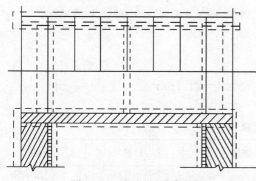

图3-108　涵洞平纵布置图

【解】 (1) 清单工程量：

$$V = \pi \cdot \left(\frac{0.5}{2}\right)^2 \times 28.6 \times 24 \mathrm{m}^3 = 134.77 \mathrm{m}^3$$

清单工程量计算见下表：

清单工程量计算表

项目编码	项目名称	项目特征描述	计量单位	工程量
040303005001	预制混凝土小型构件	桥涵工程下部构件	m³	134.77

(2) 定额工程量同清单工程量。

项目编码：040303002   项目名称：预制混凝土板

【例109】 某单孔涵洞结构设计如图 3-108、图 3-109、图 3-110 所示，涵洞盖板采用现场预制，该钢筋混凝土板为实心矩形板，板长 16m，为便于衔接和加强结构的可靠性，板与板之间留有三角缺口以用于混凝土浇筑勾缝，试计算该预制盖板的混凝土工程量及模板工程量。

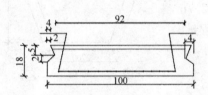 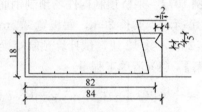

图 3-109 中部盖板横断面图 （单位：cm）   图 3-110 边部盖板横断面图 （单位：cm）

【解】 (1) 清单工程量：

1) 预制混凝土工程量：

由图示可知，该工程中只有 8 块盖板，其中 2 块边板，6 块中板。

① 中板工程量：

$$V_1 = \left\{1.0 \times 0.18 - \left[\frac{1}{2} \times (0.02+0.04) \times 0.05 + \frac{1}{2} \times 0.02 \times 0.04\right] \times 2\right\} \times 16 \times 6 \mathrm{m}^3$$
$$= (0.18 - 0.0038) \times 16 \times 6 \mathrm{m}^3$$
$$= 16.92 \mathrm{m}^3$$

② 边板工程量：

$$V_2 = \left\{0.84 \times 0.18 - \left[\frac{1}{2} \times (0.02+0.04) \times 0.05 + \frac{1}{2} \times 0.02 \times 0.04\right]\right\} \times 16 \times 2 \mathrm{m}^3$$
$$= 4.78 \mathrm{m}^3$$

则该工程的预制混凝土工程量：

$$V = V_1 + V_2 = (16.92 + 4.78) \mathrm{m}^3 = 21.70 \mathrm{m}^3$$

清单工程量计算见下表：

清单工程量计算表

项目编码	项目名称	项目特征描述	计量单位	工程量
040303002001	预制混凝土板	钢筋混凝土实心矩形板，板长 16m	m³	21.70

2) 模板工程量：

①中部板模板：
$$S_1=(16+1)\times2\times0.18\times6\text{m}^2=36.72\text{m}^2$$

②边部板模板：
$$S_2=(16+0.84)\times2\times0.18\times2\text{m}^2=12.12\text{m}^2$$

模板总工程量：$S=S_1+S_2=(36.72+12.12)\text{m}^2=48.84\text{m}^2$

（2）定额工程量：

说明：预制构件中预应力混凝土构件及 T 形梁、I 形梁、双曲拱、桁架拱等构件均按模板接触混凝土的面积(包括侧模、底模)以 m^2 计算，而其他非预应力构件只按模板接触混凝土的面积(不包括胎模、底模)以 m^2 计算。

项目编码：040303005   项目名称：预制混凝土小型构件

【例 110】某桥梁工程的桥面栏杆采用工厂混凝土预制，采用 C30 混凝土，该栏杆为方形立柱，如图 3-111、图 3-112 所示，桥面总长 70m，每 2m 设一栏杆，试求该栏杆的混凝土预制工程量。

【解】（1）清单工程量：

计算上表面所在棱锥的高度 x

$$\frac{x}{x+0.4}=\frac{0.12}{0.2}$$

∴ $x=\dfrac{0.12\times0.4}{0.08}\text{m}=0.6\text{m}$

∴ 一个栏杆的体积为

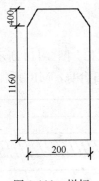

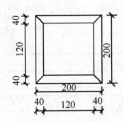

图 3-111 栏杆　　　图 3-112 栏杆平面图

方法一：$V_0=0.2\times0.2\times1.16+\dfrac{1}{3}\times(0.2\times0.2\times1.0-0.12\times0.12\times0.6)\text{m}^3$
$=0.057\text{m}^3$

方法二：$V_0=[0.2\times0.2\times1.16+\dfrac{1}{3}\times0.4\times(0.2^2\times0.12^2+0.2\times0.12)]\text{m}^3$
$=0.057\text{m}^3$

则所有栏杆的混凝土预制工程量为

$$V=0.057\times\left(\frac{70}{2}+1\right)\text{m}^3=2.05\text{m}^3$$

清单工程量计算见下表：

清单工程量计算表

项目编码	项目名称	项目特征描述	计量单位	工程量
040303005001	预制混凝土小型构件	桥面栏杆为方形立柱，C30 混凝土	m³	2.05

（2）定额工程量同清单工程量。

项目编码：040303001　　项目名称：预制混凝土立柱

【例111】 某桥梁上部结构中采用承重型钢筋混凝土矩形实心立柱，该立柱采用现场预制，利用木模板定型，柱底面尺寸为 3.0m×1.8m，柱高 6m，共有 24 根立柱，求该预制混凝土立柱的混凝土工程量及模板工程量。

【解】（1）清单工程量：

1）混凝土工程量：$V=3.0\times1.8\times6\times24\mathrm{m}^3=777.6\mathrm{m}^3$

清单工程量计算见下表：

清单工程量计算表

项目编码	项目名称	项目特征描述	计量单位	工程量
040303001001	预制混凝土立柱	承重型钢筋混凝土矩形实心立柱，柱底面尺寸为 3.0m×1.8m，柱高 6m	m³	777.6

2）模板工程量：$S=(3.0+1.8)\times2\times6\times24\mathrm{m}^2=1382.4\mathrm{m}^2$

（2）定额工程量同清单工程量。

注：该工程中模板工程量计算不包括地模。

项目编码：040304002　　项目名称：浆砌块料

【例112】 某涵洞工程的纵向布置图及断面图如图 3-113、图 3-114 所示，涵洞标准跨径 3.0m，净跨径 2.4m，下部结构中有 M10 砂浆砌 40 号块石台身，M10 水泥砂浆砌块石截水

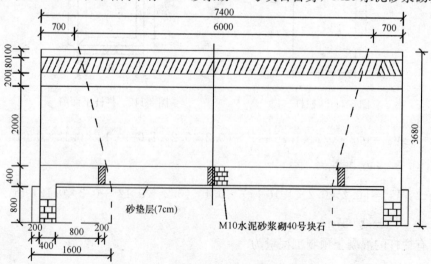

图 3-113　洞身纵断面图

墙，河床铺砌及 7cm 厚砂垫层，两涵台之间共设 3 道支撑梁，试计算浆砌石料工程量。

【解】（1）清单工程量：

1）M10 水泥砂浆，40 号块石浆砌涵台，内侧勾缝：

$$V_1 = 0.75 \times 2.4 \times 7.4 \times 2 \text{m}^3 = 26.64 \text{m}^3$$

2）M10 水泥砂浆砌块石截水墙，河床铺砌，7cm 厚砂垫层：

$$\begin{aligned} V_2 &= [2.4 \times (0.4-0.07) \times 7.4 - 0.2 \\ &\quad \times (0.4-0.07) \times 2.4 \times 3 + 0.4 \times 0.87 \\ &\quad \times 0.95 \times 2 \times 2] \text{m}^3 = 6.71 \text{m}^3 \end{aligned}$$

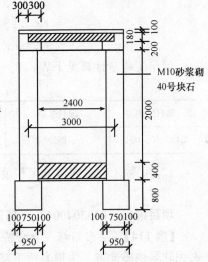

图 3-114 涵洞横断面图

∴ 浆砌石料的总工程量：

$$V = V_1 + V_2 = (26.64 + 6.71) \text{m}^3 = 33.35 \text{m}^3$$

清单工程量计算见下表：

清单工程量计算表

项目编码	项目名称	项目特征描述	计量单位	工程量
040304002001	浆砌块料	涵洞工程下部结构浆砌块石	m³	33.35

（2）定额工程量同清单工程量。

项目编码：040304001　项目名称：干砌块料

【例 113】某桥梁工程采用干砌块石锥形护坡，厚 40cm，其结构示意图如图 3-115、图 3-116 所示，试计算干砌块石工程量。

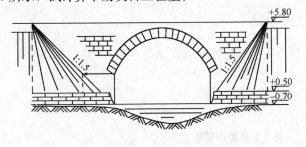

图 3-115　桥梁示意图

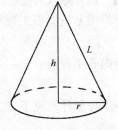

图 3-116　锥护示意图

【解】（1）清单工程量：

锥坡：$h = (5.80 - 0.50) \text{m} = 5.30 \text{m}$

$r = 5.30 \times 1.5 \text{m} = 7.95 \text{m}$

$L = \sqrt{7.95^2 + 5.30^2} \text{m} = \sqrt{63.2025 + 28.09} \text{m}$

$= 9.55 \text{m}$

锥坡干砌块石：
$$V = \frac{1}{2}\pi \cdot 2r \cdot l \times 0.4$$
$$= \pi \times 7.95 \times 9.55 \times 0.4 \text{m}^3$$
$$= 95.45 \text{m}^3$$

清单工程量计算见下表：

清单工程量计算表

项目编码	项目名称	项目特征描述	计量单位	工程量
040304001001	干砌块料	锥形护坡，干砌块石	m³	95.45

(2) 定额工程量同清单工程量。

项目编码：040304004   项目名称：抛石

【例114】 某市新修一立交桥，由于该处有一条干涸的河道，因此部分桥墩基础处于淤泥软弱地质地带。为提高桥下基础的强度，决定采用抛石挤淤的方法换垫层，已知有四座中部桥墩位于河道上，大小相同，每座桥墩的基础开挖如图3-117、图3-118所示，试计算该工程抛石工程量(单位：m)。

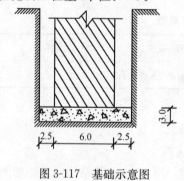

图3-117 基础示意图   图3-118 垫层示意图

【解】 (1) 清单工程量：
单个桥墩基坑抛石工程量：
$$V_0 = 11 \times 0.7 \times 3.0 \text{m}^3 = 23.1 \text{m}^3$$
所有抛石工程量：
$$V = 4 \times 23.1 \text{m}^3 = 92.4 \text{m}^3$$

清单工程量计算见下表：

清单工程量计算表

项目编码	项目名称	项目特征描述	计量单位	工程量
040304004001	抛石	桥墩基础淤泥软弱地质地带采用抛石挤淤方法换垫层	m³	92.4

(2) 定额工程量同清单工程量。

说明：垫层是人工加固地基的一种方法，将基础下软弱土层全部或部分挖去，另用砂、碎石，灰土等材料填筑，换垫层材料的方法常有挖填法和挤淤法，抛石挤淤是在软土上集中抛填石块(平均直径大于0.3m),强行将软土挤向两侧,石块就因此置换了被挤去的软土。

项目编码:040304003　　项目名称:浆砌拱圈

【例115】 某桥梁工程采用M7.5水泥砂浆砌40号块石砌拱,桥梁及拱圈示意图如图3-119、图3-120所示,已知桥梁全长27m,宽8.0m,共三个桥洞,试计算该桥梁工程砌拱所用浆砌土块的工程量。

【解】 (1)清单工程量:

$$V = \frac{1}{2} \times \pi \times (3.5^2 - 3.0^2) \times 8.0 \times 3 \text{m}^3$$
$$= \pi \times 3.25 \times 12 \text{m}^3$$
$$= 122.52 \text{m}^3$$

清单工程量计算见下表:

清单工程量计算表

项目编码	项目名称	项目特征描述	计量单位	工程量
040304003001	浆砌拱圈	M7.5水泥砂浆砌40号块石	m³	122.52

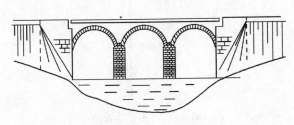

图3-119　桥梁立面图

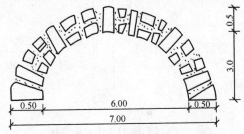

图3-120　拱圈示意图

(2)定额工程量同清单工程量。

说明:拱架立好,经检查无误,即可砌筑拱圈,原则上是自两支座起对称并进至拱顶刹尖。

小跨度石拱涵多采用块石砌筑,石料设有固定尺寸,应适当选择,砌筑时要求对准灰缝、错缝等尺寸。

项目编码:040303003　　项目名称:预制混凝土梁

【例116】 某高速公路桥梁在修筑时采用T形梁现场预制,T形梁长18.60m,面板宽3.2m,其截面示意图如图3-121、图3-122所示,该段桥梁共需16根,预制T形梁,2根边梁,14根中梁,试计算预制T形梁的混凝土工程量及占用平面面积的工程量。

【解】 (1)清单工程量:

1)混凝土工程量:

①边梁(2根):

$$V_1 = [0.18 \times 1.2 + \frac{1}{2} \times (0.18 + 0.18 + 1.55 \times 2) \times 0.3 + (3.2 + 0.08) \times 0.4 - \frac{1}{2} \times 0.4$$

$\times 0.08] \times 18.6 \times 2 m^3 = 75.55 m^3$

② 中梁(14 根):

$V_2 = [0.18 \times 1.2 + \frac{1}{2} \times (0.18 + 0.18 + 1.59 \times 2) \times 0.3 + (3.2 + 0.08 \times 2) \times 0.4 - 0.4$

$\times 0.08] \times 18.6 \times 14 m^3 = 536.16 m^3$

预制 T 形梁的混凝土总量: $V = V_1 + V_2 = (75.55 + 536.16) m^3 = 611.71 m^3$

清单工程量计算见下表:

清单工程量计算表

项目编码	项目名称	项目特征描述	计量单位	工程量
040303003001	预制混凝土梁	现场预制 T 形梁, 梁长 18.60m, 面板宽 3.2m	m³	611.71

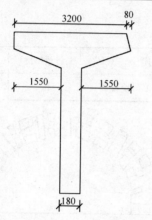

图 3-121 边梁示意图

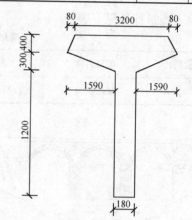

图 3-122 中梁示意图

2) 占用平面面积工程量:

① 边梁: $S_1 = (18.6 + 2.00) \times (3.28 + 1.00) \times 2 m^2 = 176.34 m^2$

② 中梁: $S_2 = (18.6 + 2.00) \times (3.36 + 1.00) \times 14 m^2 = 1257.42 m^2$

占用平面面积工程量为 $S = S_1 + S_2 = (176.34 + 1257.42) m^2 = 1433.76 m^2$

(2) 定额工程量同清单工程量。

项目编码: 040306001   项目名称: 滑板

【例 117】 某地道桥采用箱涵顶进施工, 在设计滑板时, 为增加滑板底部与土层的摩阻力, 防止箱体启动时带动滑板, 在滑板底部每隔 6.5m 设置一反梁, 同时为减少启动阻力的增加, 在滑板施工过程中埋入带孔的寸管, 滑板长 19m, 宽 3.5m, 滑板结构示意图如图 3-123 所示, 试计算该滑板的工程量。

【解】 (1) 清单工程量:

$V = (19 \times 0.2 + 0.8 \times 0.2 \times 3) \times 3.5 m^3 = 14.18 m^3$

清单工程量计算见下表:

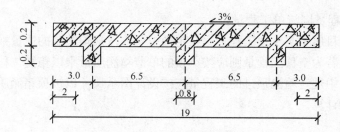

图 3-123 滑板结构示意图 (单位：m)

清单工程量计算表

项目编码	项目名称	项目特征描述	计量单位	工程量
040306001001	滑板	滑板施工过程中埋入带孔的寸管，滑板长19m，宽3.5m	m³	14.18

（2）定额工程量同清单工程量。

说明：在工程量计算时，由于寸管的直径很小，在实际计算中可忽略不计，根据清单计算规则，滑板工程量计算应按设计图示以体积计算。

项目编码：040306005   项目名称：箱涵顶进

【例118】 某市新建一城市道路，其中需从铁路下通过，经研究决定以箱涵顶进的方法施工，下穿道路长度为6m，因此只需采用单节箱涵顶进即可完成施工，单节箱涵顶进及箱涵的横断面示意图如图3-124、图3-125所示，箱涵长6m，试计算该工程箱涵顶进的工程量（混凝土密度为2300kg/m³）。

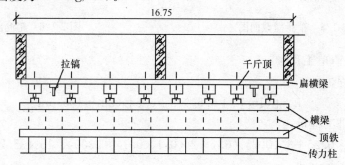

图 3-124 单节箱涵顶进示意图 (单位：m)

【解】（1）清单工程量：

$$V = (2 \times 16.75 \times 0.25 + 3 \times 0.25 \times 6.1 + 2 \times 0.1 \times 0.1) \times 6 m^3$$
$$= (8.375 + 4.575 + 0.02) \times 6 m^3 = 77.82 m^3$$

则箱涵顶进工程量为：$77.82 m^3 \times 2300 kg/m^3 \times 6m = 1073916 kg \cdot m = 1.074 kt \cdot m$

清单工程量计算见下表：

清单工程量计算表

项目编码	项目名称	项目特征描述	计量单位	工程量
040306005001	箱涵顶进	箱涵长6m	kt·m	1.074

(2) 定额工程量同清单工程量。

说明：本项目属于实土顶工程量，在定额中要求按被顶箱涵的质量乘以箱涵位移距离分段累计计算。若为空顶工程量则应按空顶的单节箱涵质量乘以箱涵位移距离计算，清单工程量计算规则中规定箱涵顶进的工程量应按设计图示尺寸以被顶箱涵质量乘以箱涵的位移距离分节累计计算。

项目编码：040306005　　项目名称：箱涵顶进
项目编码：040306006　　项目名称：箱涵接缝

【例 119】 某道路下穿高速公路，在施工时采用预制分节顶入桥涵，箱涵的横断面如图 3-125 所示，整个箱涵分三节顶进完成施工，其纵剖面如图 3-126 所示，分节箱涵的节间接缝按设计要求设置有止水带，试计算该项工程箱涵接缝工程量及箱涵顶进工程量。

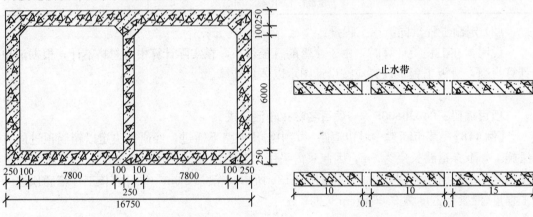

图 3-125　箱涵横截面图　　　　图 3-126　箱涵剖面图

【解】 (1) 清单工程量：

1) 接缝工程量：

$$L=[(16.75+6.6)\times 2+6.6]\times 2\text{m}=106.6\text{m}$$

2) 箱涵顶进工程量：

$(2\times 16.75\times 0.25+3\times 0.25\times 6.1+2\times 0.1\times 0.1)\times 2300\times(15\times 35.2+10\times 20.1$
$+10\times 10)\text{kg}\cdot\text{m}$
$=12.97\times 2300\times 829\text{kg}\cdot\text{m}$
$=24729899\text{kg}\cdot\text{m}=24.73\text{kt}\cdot\text{m}$

清单工程量计算见下表：

清单工程量计算表

序号	项目编码	项目名称	项目特征描述	计量单位	工程量
1	040306005001	箱涵顶进	分三节顶进	kt·m	24.73
2	040306006001	箱涵接缝	分节箱涵的节间接缝按设计要求设置有止水带	m	106.6

(2) 定额工程量同清单工程量。

注：本项目涉及多节箱涵顶进，在预制分节顶入桥涵时，每节桥涵的端面必须垂直于桥涵轴线，分节箱涵的节间接缝应设置止水带或防水处理，根据清单计算规则，箱涵接缝按设计图示尺寸止水带的长度计算。

项目编码：040305005　　项目名称：护坡

【例120】 某桥梁工程采用Ⅱ型桥台，锥体护坡，锥体护坡坡脚在平面上为四分之一椭圆曲线，已知桥台护坡高度 $H=6.0\text{m}$，桥台在直线上，其路基宽度 $B=6.4\text{m}$，半桥台宽度 $W_t=2.4\text{m}$，桥台平面示意图和锥坡计算示意图如图 3-127、图 3-128 所示，试计算该工程护坡工程量。

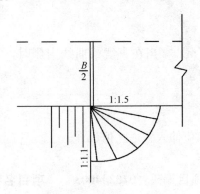

图 3-127　桥台平面示意图

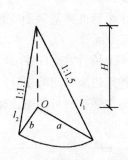

图 3-128　锥坡计算示意图

【解】 (1) 清单工程量：

1) 椭圆曲线长、短半轴 a、b 的长度计算：

$$a = mH + (W_b - W_t) = [1.5 \times 6.0 + (3.2 - 2.4)]\text{m} = 9.8\text{m}$$

$$b = nH + 0.75 = (1.1 \times 6 + 0.75)\text{m} = 7.35\text{m}$$

$$L_1 = \sqrt{H^2 + a^2} = \sqrt{6^2 + 9.8^2}\text{m} = 11.49\text{m}$$

$$L_2 = \sqrt{H^2 + b^2} = \sqrt{6^2 + 7.35^2}\text{m} = 9.49\text{m}$$

椭圆周长公式为：

$$C = \pi \times [1.5(a+b) - \sqrt{ab}]$$

2) 则 $\dfrac{1}{4}$ 椭圆周长为：

$$C' = \frac{\pi}{4} \times [1.5 \times (9.8 + 7.35) - \sqrt{9.8 \times 7.35}]\text{m} = 13.54\text{m}$$

3) 则该工程护坡工程量为：

$$S = \frac{\pi}{2} \cdot \int_o^{c'} \int_{l_2}^{l_1} \mathrm{d}l \mathrm{d}r \times 4$$

$$= 2\pi \int_0^{13.49} (11.49 - 9.49)\mathrm{d}l = 2\pi \times 2.0 \times 13.54\text{m}^2 = 170.15\text{m}^2$$

清单工程量计算见下表：

清单工程量计算表

项目编码	项目名称	项目特征描述	计量单位	工程量
040305005001	护坡	Ⅱ型桥台，锥体护坡，护坡坡脚在平面上为四分之一椭圆曲线，护坡高度6.0m	m²	170.15

(2) 定额工程量同清单工程量。

说明：椭圆长、短轴 a、b 的计算公式分别为：

$$a = mH + (W_b - W_t) \qquad b = nH + 0.75$$

式中　m——护锥边坡横向坡度；

　　　H——护锥高度(m)；

　　　W_b——半个标准路基顶面宽度+加宽值(m)，（当在直线或曲线内侧时，加宽值等于0）；

　　　W_t——半个桥台宽度(m)；

　　　n——护锥边坡纵向坡度；

　　　0.75——为加强桥台与路基连接，桥台上部应伸入路堤之值(m)。

项目编码：040304003　　项目名称：浆砌拱圈

【例121】 某一双曲拱桥，桥面宽8m，主拱圈采用浆砌材料，其截面设计尺寸如图3-129所示，试计算其拱圈工程量。

【解】 (1) 清单工程量：

浆砌拱圈工程量：

$$V_{拱} = (24 \times 4 - \pi \times 3.5^2 \times 2 \times \frac{1}{2} - \frac{\pi}{4} \times 3.5^2) \times 8 \text{m}^3$$
$$= (96 - 38.48 - 38.485/4) \times 8 \text{m}^3$$
$$= (96 - 38.48 - 9.62) \times 8 \text{m}^3 = 383.2 \text{m}^3$$

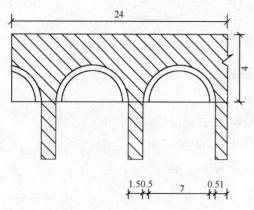

图3-129　拱圈截面尺寸 （单位：m）

清单工程量计算见下表：

清单工程量计算表

项目编码	项目名称	项目特征描述	计量单位	工程量
040304003001	浆砌拱圈	主拱圈采用浆砌材料	m³	383.2

(2) 定额工程量同清单工程量。

项目编码：040303001　　项目名称：预制混凝土立柱

【例122】 某工程修筑一座肋拱桥，在拱肋上设置立柱，如图3-130所示，其立柱采用预制混凝土，立柱高4m，立柱宽为0.6m，其座桥立柱是用方形的，试计算其预制混凝土立柱的工程量。

【解】 (1) 工程量清单：

$$V_{立柱} = 0.6 \times 0.6 \times 4 \text{m}^3 = 1.44 \text{m}^3$$

清单工程量计算见下表：

清单工程量计算表

项目编码	项目名称	项目特征描述	计量单位	工程量
040303001001	预制混凝土立柱	立柱为方形，立柱高 4m，立柱宽 0.6m	m³	1.44

(2) 定额工程量同清单工程量。

说明：该桥采用立柱的为实心，由于立柱的高低不一致，该题只计算其中一根立柱工程量，其他同方法计算，最后工程量以体积计算。

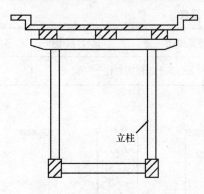

图 3-130 肋拱桥示意图

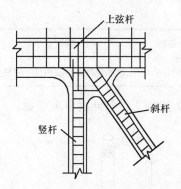

图 3-131 桁架示意图

项目编码：040303004   项目名称：预制混凝土桁架拱构件

【例 123】 某大城市一拱桥桁架，采用预制混凝土桁架构件如图 3-131 所示，其构件附有上弦杆，杆长 4m，宽度 0.6m，竖杆高度 5m，宽度为 1m，斜杆与竖杆夹角 45°，杆宽 0.8m，杆长 3.5m，桁架构件杆均为方形，试计算预制混凝土桁架拱构件工程量。

【解】 (1) 清单工程量：

$$V_{上} = 0.6 \times 0.6 \times 4 \text{m}^3 = 1.44 \text{m}^3$$

$$V_{竖} = 1 \times 1 \times 5 \text{m}^3 = 5 \text{m}^3$$

$$V_{斜} = 0.8 \times 0.8 \times 3.5 \text{m}^3 = 2.24 \text{m}^3$$

则：

$$V_{总} = (1.44 + 5 + 2.24) \text{m}^3 = 8.68 \text{m}^3$$

清单工程量计算见下表：

清单工程量计算表

项目编码	项目名称	项目特征描述	计量单位	工程量
040303004001	预制混凝土桁架拱构件	拱桥桁架，方形实心	m³	8.68

(2) 定额工程量同清单工程量。

说明：预制混凝土桁架拱构件采用方形，均为实心的，计算以设计尺寸按体积计算。

项目编码：040303005　　项目名称：预制混凝土小型构件

【例124】 某大城市桥上，在栏杆扶手的位置上或在较宽的人行道上设照明灯柱，此灯柱采用预制混凝土小型构件，灯柱设计尺寸如图3-132所示，试计算此预制混凝土小型构件灯柱的工程量。

【解】（1）清单工程量：

如图所示，该灯柱从底座以上是预制混凝土柱，灯柱帽檐也算是预制混凝土构件，则灯柱的工程量为：

$$V_{灯柱}=0.5\times0.5\times2.5m^3=0.625m^3$$

清单工程量计算见下表：

清单工程量计算表

项目编码	项目名称	项目特征描述	计量单位	工程量
040303005001	预制混凝土小型构件	在栏杆扶手或较宽的人行道上设照明灯柱	m³	0.625

（2）定额工程量同清单工程量。

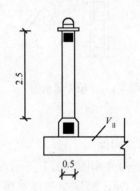

图3-132　灯柱尺寸（单位：m）

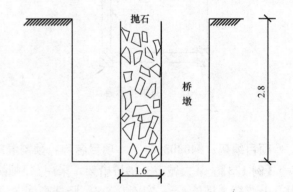

图3-133　抛石（单位：m）

项目编码：040304003　　项目名称：浆砌拱圈

【例125】 某一圆弧拱，如图3-133所示拱轴线长度 $S=10m$；拱圈宽度 $B=5m$，拱圈厚度为0.4m，试计算拱圈工程量。

【解】（1）清单工程量：

$$V=SBd=10\times5\times0.4m^3=20m^3$$

清单工程量计算见下表：

清单工程量计算表

项目编码	项目名称	项目特征描述	计量单位	工程量
040304003001	浆砌拱圈	拱轴线长度10m，拱圈宽度5m，拱圈厚度0.4m	m³	20

(2) 定额工程量同清单工程量。

说明：拱圈用以承受拱上建筑传来的各种荷载到桥台或桥墩上。

项目编码：040304004　　项目名称：抛石

【例126】 有一抛石工程，如图3-133所示，采用片石填冲刷坑，坑深2.8m，宽2m，试计算抛石工程量。

【解】（1）清单工程量：

$$V = 1.6 \times 1.6 \times 2.8 \text{m}^3 = 7.17 \text{m}^3$$

清单工程量计算见下表：

清单工程量计算表

项目编码	项目名称	项目特征描述	计量单位	工程量
040304004001	抛石	采用片石填冲刷坑，坑深2.8m，宽2m	m³	7.17

(2) 定额工程量同清单工程量。

说明：该工程坑是按方形计算，抛石工程是在软土地基中采用的，其填石料尽可能重些，以免被水流冲走。

【例127】 某桥梁工程，采用锥形护坡，计算数据如图3-134所示，锥坡计算示意图如图3-135所示，试计算该锥坡护坡浆砌石料工程量。

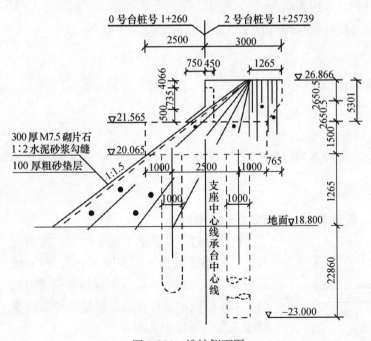

图3-134　锥坡侧面图

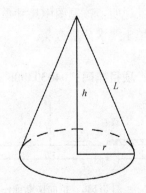

图3-135　锥坡计算示意图

【解】（1）清单工程量：

1) 锥坡：$h = (26.866 - 18.8)\text{m} = 8.066\text{m}$

$$r = 8.066 \times 1.5 \text{m} = 12.099 \text{m}$$
$$l = \sqrt{r^2 + h^2} = \sqrt{12.099^2 + 8.066^2} \text{m} = 14.541 \text{m}$$

2) 锥坡 M7.5 砂浆砌块石 300mm（厚）工程量：
$$\pi \times r \times l \times 0.3 = \pi \times 9.018 \times 12.099 \times 0.3 \text{m}^3 = 102.78 \text{m}^3$$

3) 锥坡边护坡工程量：
$$12.099 \times 2.5 \times 4 \times 0.3 \text{m}^3 = 36.297 \text{m}^3$$

4) 锥坡护脚（底）工程量：
$$\frac{0.6+1}{2} \times 0.5 \times (14.284 \times \pi + 2.5 \times 4) \text{m}^3 = 21.95 \text{m}^3$$

5) 桥下护坡工程量：
$$4.15 \times 1.5 \times 40 \times 0.25 \text{m}^3 = 62.25 \text{m}^3$$

6) 桥下护脚（底）工程量：
$$\frac{0.6+1}{2} \times 0.5 \times 40 \text{m}^3 = 16 \text{m}^3$$

7) 1：2水泥砂浆勾缝工程量：
$$[\pi \times 9.018 \times 12.099 + 12.09 \times 2.5 \times 4 + 1 \times (14.284 \times \pi + 2.5 \times 4)$$
$$+ 4.15 \times 1.5 \times 40 + 1 \times 40] \text{m}^3$$
$$= (342.6 + 120.9 + 54.91 + 249 + 40) \text{m}^3 = 807.41 \text{m}^3$$

粗砂垫层工程量：
$$[342.6 + 120.9 + 249 + (\sqrt{0.2^2 + 0.5^2} \times 2 + 0.6) \times (54.91 + 40)] \times 0.1 \text{m}^3$$
$$= (342.6 + 120.9 + 249 + 159.5) \times 0.1 \text{m}^3 = 87.2 \text{m}^3$$

(2) 定额工程量同清单工程量。

说明：该题图中尺寸单位，高程里程以"m"计，其余以"mm"计。桥台施工时先按路基填土要求分层夯实。

项目编码：040303005　　项目名称：预制混凝土小型构件

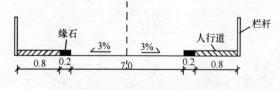

图 3-136　桥面横断面图　（单位：m）

【例 128】某桥梁工程采用工厂预制缘石，已知桥梁总长 64m，宽 9.0m，预制缘石宽 0.2m，高 0.2m，其桥面铺装示意图如图 3-136 所示，试计算该工程预制缘石的混凝土工程量及模板工程量。

【解】（1）清单工程量：

1) 混凝土工程量：$V = 0.2 \times 0.2 \times 64 \times 2 \text{m}^3 = 5.12 \text{m}^3$

清单工程量计算见下表：

清单工程量计算表

项目编码	项目名称	项目特征描述	计量单位	工程量
040303005001	预制混凝土小型构件	缘石，宽0.2m，高0.2m	m³	5.12

2）模板工程量：

$$S = 0.2 \times 64 \times 2 \text{m}^2 = 25.6 \text{m}^2$$

（2）定额工程量同清单工程量。

说明：按清单计算规则，各预制混凝土小型构件的工程量均按设计图示以体积计算，定额中规定预制小型构件的模板工程量应按平面投影面积计算。

项目编码：040303005 项目名称：预制混凝土小型构件

【例129】 某桥梁工程在修筑过程中桥面一些小型构件如人行道板，栏杆侧缘石等均采用现场预制安装，桥梁横截面示意图、路缘石横断面图、人行道板横断面图、栏杆立面图、栏杆平面图分别如图3-137、图3-138、图3-139、图3-140、图3-141所示，试计算各小型构件的混凝土及模板工程量(已知桥梁总长35m，栏杆每5m一根)(单位：m)。

【解】 （1）清单工程量：

1）人行道板预制混凝土工程量：

$$V_1 = 2.0 \times 0.1 \times 35 \times 2 \text{m}^3 = 14 \text{m}^3$$

人行道板模板工程量：

$$S_1 = 2.0 \times 35 \times 2 \text{m}^2 = 140 \text{m}^2$$

2）路缘石预制混凝土工程量：

$$V_2 = (0.2 \times 0.2 - 0.1 \times 0.1) \times 35 \times 2 \text{m}^3 = 21 \text{m}^3$$

路缘石模板工程量：

$$S_2 = 0.2 \times 35 \times 2 \text{m}^2 = 14 \text{m}^2$$

3）栏杆预制混凝土工程量：

$$r = \sqrt{0.13^2 - 0.07^2} \text{m} = 0.11 \text{m}$$

$$h = (0.26 - 0.2) \text{m} = 0.06 \text{m}$$

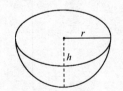

球缺的体积公式为：$V = \dfrac{1}{6}\pi h \times (3r^2 + h^2)$

$$\therefore V_3 = \left[0.3 \times 0.3 \times 1.0 + \frac{4}{3}\pi \times 0.13^2 h - \frac{\pi}{6} \times 0.06 \times (3 \times 0.11^2 + 0.06^2)\right] \times \left(\frac{35}{5} + 1\right) \text{m}^3$$

$$= 8 \times (0.09 + 0.008) \text{m}^3 = 0.78 \text{m}^3$$

栏杆模板工程量：

$$S_3 = \left(\frac{35}{5} + 1\right) \times (0.3 \times 1 \times 4) \text{m}^2 = 9.6 \text{m}^2 \text{（四个侧面）}$$

清单工程量计算见下表:

清单工程量计算表

序号	项目编码	项目名称	项目特征描述	计量单位	工程量
1	040303005001	预制混凝土小型构件	人行道板	m³	14
2	040303005002	预制混凝土小型构件	路缘石	m³	21
3	040303005003	预制混凝土小型构件	栏杆	m³	0.78

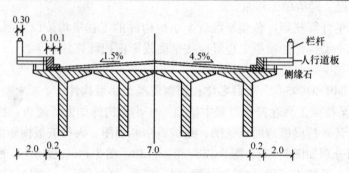

图 3-137 桥梁支点截面图

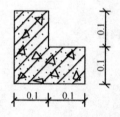

图 3-138 路缘石横截面图

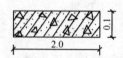

图 3-139 人行道板横断面图

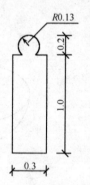

图 3-140 栏杆立面图

图 3-141 栏杆平面图

(2) 定额工程量同清单工程量。

项目编码:040303003　　项目名称:预制混凝土梁

【例130】 某桥梁工程采用预制钢筋混凝土箱梁,箱梁结构如图 3-142 所示,已知每根梁长16m,该桥总长64m,桥面总宽26.0m,为双向六车道,试计算该工程的预制箱梁混凝土工程量、模板工程量及所占用的平面面积工程量。

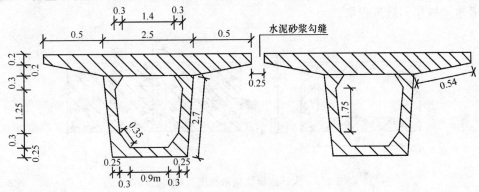

图 3-142 箱梁结构示意图 （单位：m）

【解】（1）清单工程量：

由于桥面总宽 26.0m，每两根箱梁之间有 0.25m 的砂浆勾缝，则在桥梁横断面上共需箱梁 $3.5x+(x-1)\times 0.25=26$，$x=7$ 根。桥梁总长 64m，每根梁长 16m，则在纵断面上需 4 根，所以该工程所需预制箱梁共 28 根。

1) 预制混凝土工程量：

$$V=\left[(3.5+2.5)\times\frac{1}{2}\times 0.4+(2.5+2.0)\times\frac{1}{2}\times 2.1-(1.5+2.0)\right.$$

$$\left.\times\frac{1}{2}\times 1.85+4\times\frac{1}{2}\times 0.3\times 0.3\right]\times 16\times 28\text{m}^3$$

$$=1284.64\text{m}^3$$

清单工程量计算见下表：

清单工程量计算表

项目编码	项目名称	项目特征描述	计量单位	工程量
040303003001	预制混凝土梁	预制钢筋混凝土箱梁，每根梁长 16m	m³	1284.64

2) 预制箱梁的模板工程量：

$$S=(3.5+2.0+2.7\times 2+0.54\times 2+0.2\times 2+0.9+1.4+0.35\times 4+1.75\times 2)$$

$$\times 16\times 28\text{m}^2$$

$$=8771.84\text{m}^2$$

3) 梁所占用的平面面积工程量：

$$S_0=(16+2.00)\times(3.5+1.00)\times 28\text{m}^2=2268\text{m}^2$$

（2）定额工程量同清单工程量。

项目编码：040303005　　项目名称：预制混凝土小型构件

【例 131】 某桥梁工程采用预制空心混凝土人行道板，每块板的长、宽、高分别为 10m、2m、0.5m，板与板之间预留 0.25m 的缝隙，采用水泥砂浆勾缝，人行道板的结构示意图如图 3-143 所示，整个桥长 81.75m，试计算该桥梁工程的预制人行道板混凝土工程量及水泥砂浆勾缝工程量。

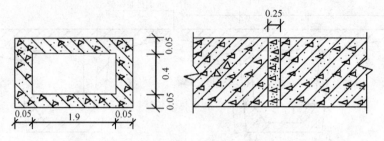

图 3-143　人行道板结构示意图　（单位：m）

【解】（1）清单工程量：

由于桥梁总长 81.75m，每块人行道板长 10m，每两块板之间有 0.25m 的砂浆勾缝，因此整个桥面共需 16 块预制混凝土人行道板，其工程量计算如下：

1) 预制道板混凝土工程量：

$$V_1=(2.0\times0.5-1.9\times0.4)\times10\times16\text{m}^3=38.4\text{m}^3$$

清单工程量计算见下表：

清单工程量计算表

项目编码	项目名称	项目特征描述	计量单位	工程量
040303005001	预制混凝土小型构件	人行道板	m³	38.4

2) 水泥砂浆工程量：

$$V_2=2.0\times0.5\times0.25\times(16-2)\text{m}^3=3.5\text{m}^3$$

（2）定额工程量同清单工程量。

说明：该工程共需 16 块人行道板，每一边 8 块，有(8-1)条水泥砂浆勾缝，因此总共有(16-2)条=14 条勾缝，预制混凝土工程量和水泥砂浆工程量根据清单计算规则都是按设计图示以体积计算，在定额中也一样。

【例 132】如[例 131]所述，试计算该工程预制空心混凝土人行道板的模板工程量。

【解】（1）清单工程量：

$$S=[2.0+0.5\times2+(1.9+0.4)\times2]\times10\times16\text{m}^2=1216\text{m}^2$$

（2）定额工程量：

$$S=[0.5\times2+2.0+(1.9+0.4)\times2]\times10\times16\text{m}^2=1216\text{m}^2$$

说明：定额规定预制构件中非预应力构件应按模板接触混凝土的面积计算，不包括胎、地模，空心板中空心部分可按模板接触混凝土的面积计算工程量，而空心板梁中空心部分，在定额中均采用橡胶囊抽拔，其摊销量已包括在定额中，因而不再计算空心部分的模板工程量。

第二节 综 合 实 例

【例1】 某桥梁工程设计中,桥长66m,共3跨,桥宽17.8m,桥墩帽宽17.8m,桩式桥墩,墩身高4m,墩帽厚1.5m,各部分图如图3-144~图3-152所示,其剖视图如图3-144所示,其主梁为T形梁整体连续梁,T形梁的尺寸如图3-145所示,桥上有栏杆、人行道及桥面铺装,此桥采用混凝土钻孔灌注桩,计算此桥工程量。

【解】 (1) T形梁混凝土工程量(图3-144):
C35混凝土T梁(主梁)(单跨梁长取19.96m):
清单工程量:

$$\text{单片工程量} = \left(1.3 \times 0.15 + \frac{1}{2} \times 0.1 \times (0.2 + 1.3) + 1.25 \times 0.2\right) \times 19.96 \text{m}^3$$

$$= (0.195 + 0.075 + 0.25) \times 19.96 \text{m}^3$$

$$= 10.38 \text{m}^3$$

C35混凝土T梁(边梁):
清单工程量:

$$\left(1.3 \times 0.15 + \frac{1}{2} \times 0.1 \times (0.2 + 1.3) + 1.25 \times 0.2\right) \times 19.96 \times 6 \text{m}^3$$

$$= (0.195 + 0.075 + 0.25) \times 19.96 \times 6 \text{m}^3$$

$$= 62.28 \text{m}^3$$

T梁合计工程量:
清单工程量:

$$(10.38 \times 30 + 62.28) \text{m}^3 = (301.2 + 60.24) \text{m}^3 = 373.68 \text{m}^3$$

T梁定额工程量同清单工程量。
横隔梁工程量:
清单工程量:

$$\left[\frac{1}{2} \times 0.15 \times 0.55 \times 2 + (1.2 - 0.25 - 0.15) \times 0.55 \times 2\right] \times 1.2 \times 11 \times 5 \times 3 \text{m}^3$$

$$= 31.76 \text{m}^3$$

横隔梁定额工程量同清单工程量。
(2) 主梁钢筋工程量(图3-146):
清单工程量同定额工程量。

$$\phi 16 N1 \sim N8 \text{ 弯筋工程量} = [(1.6 + 9.18) \times 2 \times 2 + (1.49 + 7.68) \times 2 \times 2$$

$$+ (1.40 + 6.18) \times 2 \times 2 + (1.30 + 5.6) \times 2 \times 2] \times 1.58 \text{kg}$$

$$= (43.12 + 36.68 + 30.32 + 27.6) \times 1.58 \text{kg}$$

$$= 217.60 \text{kg} = 0.22 \text{t}$$

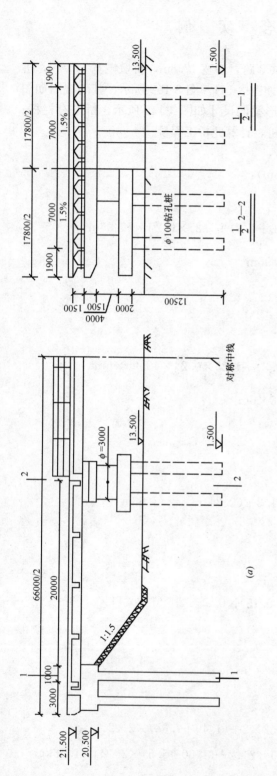
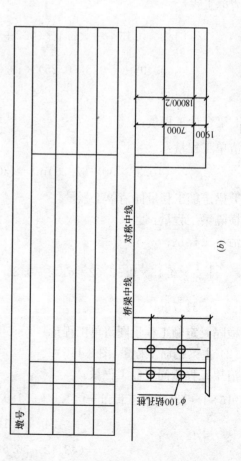

说明：本图尺寸单位、高程以"m"计，其余以"mm"计。

图 3-144 桥梁示意图
(a) 立剖面图；(b) 平剖面图

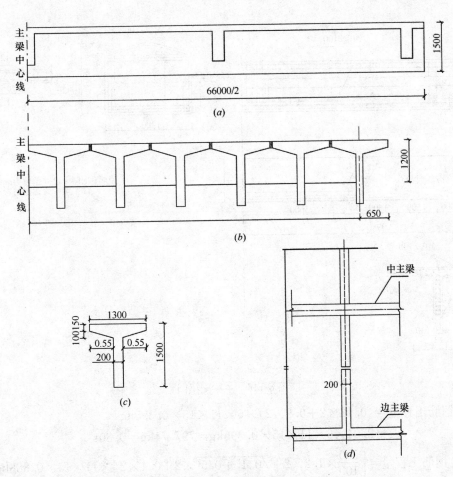

图 3-145 桥梁示意图
(a)纵断面图；(b)横断面图；(c)T梁横断面图；(d)主梁隔板平剖面

$\phi 8$ 箍筋工程量 $=(0.13\times 2+2\times 1.25+1.23+0.08\times 2+\sqrt{0.52^2+0.01^2}\times 2)$

$$\times \frac{9980}{200}\times 2\times 0.395\text{kg}$$

$=(0.26+2.5+1.23+0.16+1.04)\times 99.8\times 0.395\text{kg}$

$=205\text{kg}=0.21\text{t}$

$\phi 10$ 纵筋工程量 $=\left(\frac{1200}{100}\times 2+\frac{1200}{100}+\frac{1200-200}{100}\right)\times 9.98\times 2\times 0.617\text{kg}$

$=(24+12+10)\times 9.98\times 2\times 0.617\text{kg}$

$=564.80\text{kg}=0.56\text{t}$

T 梁中钢筋工程量：

$\phi 16$ 钢筋工程量 $=0.22\times 36\text{t}=7.92\text{t}$

$\phi 8$ 钢筋工程量 $=0.21\times 36\text{t}=7.56\text{t}$

$\phi 10$ 钢筋工程量 $=0.56\times 36\text{t}=20.16\text{t}$

横隔板中钢筋工程量：

清单工程量同定额工程量。

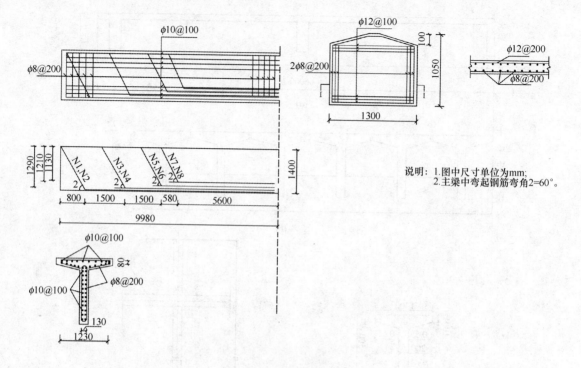

图 3-146　主梁配梁图

$\phi 8$ 钢筋工程量 $= (0.12\times2+0.9\times2)\times6\times11\times15\times0.395\text{kg}$
$= 2.04\times6\times11\times15\times0.395\text{kg} = 797.74\text{kg} = 0.80\text{t}$

$\phi 12$ 钢筋工程量 $= \left[\dfrac{900}{100}\times1.2\times2+\sqrt{0.1^2+0.5^2}\times2+0.1\times2\right]\times11\times15\times0.888\text{kg}$
$= (21.6+1.02+0.1)\times11\times15\times0.888\text{kg}$
$= 3328.93\text{kg} = 3.33\text{t}$

主梁钢筋工程量：

$\phi 16$ 钢筋工程量 $= 7.92\text{t}$

$\phi 12$ 钢筋工程量 $= 3.33\text{t}$

$\phi 10$ 钢筋工程量 $= 20.16\text{t}$

$\phi 8$ 钢筋工程量 $= (7.56+0.80)\text{t} = 8.36\text{t}$

(3) 桥墩混凝土工程量(图 3-147)：

清单工程量：

墩帽(C30 混凝土)：

$$V_1 = \left\{\left[(17.8-2\times2)+17.8\right]\times0.75\times\dfrac{1}{2}+17.8\times0.75\right\}\times3.6\text{m}^3 = 90.72\text{m}^3$$

墩身(C30 混凝土)：

$$V_2 = \pi\times\left(\dfrac{3}{2}\right)^2\times4\times2\text{m}^3 = 56.55\text{m}^3$$

承台(C30 混凝土)：

$$V_3 = 17.8\times2\times4\text{m}^3 = 142.4\text{m}^3$$

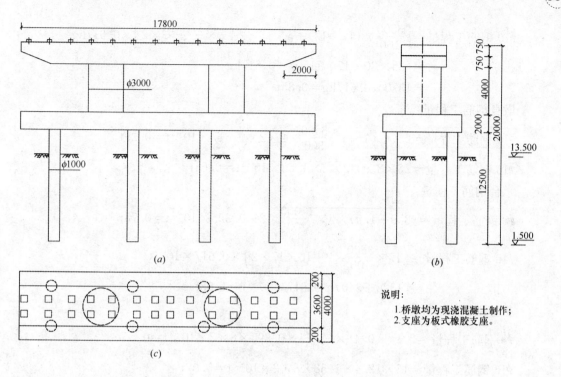

图 3-147 桥墩示意图
(a)横桥向立面；(b)纵桥向立面；(c)平面图

C30 混凝管桩：
$$l=12.5\text{m}$$

桥墩(C30 混凝土)：
$$V=(V_1+V_2+V_3)\times 2=(85.32+56.55+142.4)\times 2\text{m}^3$$
$$=284.27\times 2\text{m}^3=568.54\text{m}^3$$

定额工程量：

C30 混凝土管桩：$V=\pi\times\left(\dfrac{1}{2}\right)^2\times 12.5\times 8\times 2\text{m}^3=78.54\times 2\text{m}^3=157.08\text{m}^3$

其他定额工程量同清单工程量。

清单工程量：

板式橡胶支座：14×2×2 个=28×2 个=56 个

定额工程量同清单工程量。

(4) 桥墩钢筋工程量(图 3-148)：

清单工程量：

墩帽钢筋工程量：

$\phi 8$ 钢筋工程量=$\left[(3.5\times 2+1.4\times 2)\times\dfrac{13000}{200}+\left(3.5\times 2+\dfrac{0.7+1.4}{2}\times 2\right)\times\dfrac{4000}{200}\right]$
$\qquad\times 2\times 0.395\text{kg}$
$=(9.8\times 65+9.1\times 20)\times 2\times 0.395\text{kg}$
$=647.01\text{kg}=0.65\text{t}$

$\phi 10$ 钢筋工程量 $= \left[\dfrac{3500}{100} \times (17+13) + 5 \times 17 \times 2 + 5 \times \dfrac{17+13}{2} \times 2\right] \times 0.617 \text{kg}$

$\qquad = (35 \times 30 + 170 + 150) \times 0.617 \text{kg}$

$\qquad = 1370 \times 0.617 \text{kg} = 0.85 \text{t}$

墩身钢筋工程量：

$\phi 10$ 钢筋工程量 $= 2 \times \pi \times 1.45 \times \dfrac{3900}{300} \times 2 \times 2 \times 0.617 \times 10^{-3} \text{t} = 0.29 \text{t}$

$\phi 16$ 钢筋工程量 $= 26 \times 3.9 \times 2 \times 2 \times 1.58 \times 10^{-3} \text{t} = 0.64 \text{t}$

承台钢筋工程量：

$\phi 8$ 钢筋工程量 $= (3.9 + 1.9) \times 2 \times \dfrac{17000}{200} \times 2 \times 0.395 \times 10^{-3} \text{t} = 0.78 \text{t}$

$\phi 10$ 钢筋工程量 $= \left(17 \times \dfrac{3900}{100} \times 2 + 10 \times 17 \times 2\right) \times 0.617 \times 10^{-3} \text{t}$

$\qquad = (1326 + 340) \times 0.617 \times 10^{-3} \text{t} = 1.03 \text{t}$

桩基础钢筋工程量：

$\phi 8$ 钢筋工程量 $= 2 \times \pi \times 0.45 \times \dfrac{12400}{400} \times 0.395 \times 8 \times 2 \times 10^{-3} \text{t} = 0.55 \text{t}$

$\phi 16$ 钢筋工程量 $= 16 \times 12.4 \times 1.58 \times 8 \times 2 \times 10^{-3} \text{t} = 5.02 \text{t}$

桥墩钢筋工程量：

$\phi 8$ 钢筋工程量 $= (0.65 + 0.78 + 0.55) \text{t} = 1.98 \text{t}$

$\phi 10$ 钢筋工程量 $= (0.85 + 1.03 + 0.99) \text{t} = 2.17 \text{t}$

$\phi 16$ 钢筋工程量 $= (0.64 + 5.02) \text{t} = 5.66 \text{t}$

定额工程量同清单工程量。

(5) 桥台与基础混凝土工程量（图 3-149）：

清单工程量：

桥台（C30 混凝土）：

$$V = 17.8 \times (21.5 - 20.5) \times 4 \text{m}^3 = 71.2 \text{m}^3$$

C30 混凝土管桩：

$$l = (20.5 - 1.5) \text{m} = 19 \text{m}$$

护坡（C30 混凝土）：

$$V = \dfrac{1}{3} \times \pi \times (20.5 - 13.5) \times (2^2 + 4^2 + 2 \times 4) \times 2 \text{m}^3 = 410.5 \text{m}^3$$

定额工程量：

C30 混凝土管桩：

$$V = \pi \times \left(\dfrac{1.0}{2}\right)^2 \times (20.5 - 1.5) \times 8 \text{m}^3 = 119.38 \text{m}^3$$

其余定额工程量同清单工程量。

(6) 桥台与基础配筋工程量（图 3-150）：

清单工程量：

桥台钢筋工程量：

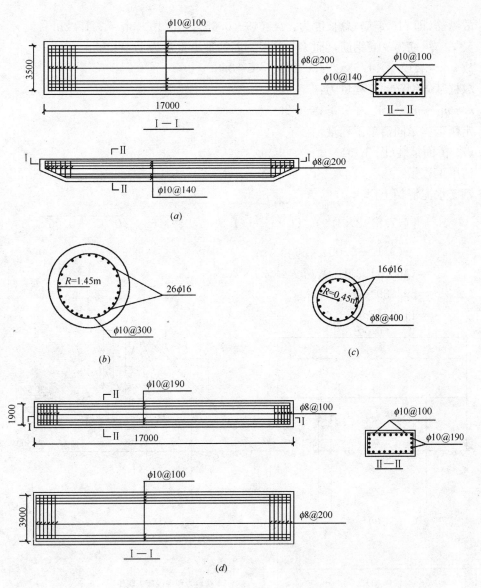

图 3-148　桥墩配筋图

(a)墩帽配筋图；(b)墩身配筋截面图；(c)桩配筋截面图；(d)承台配筋图

$\phi 8$ 钢筋工程量 $=(3.9+0.93)\times 2\times \dfrac{17700}{300}\times 0.395\times 2\mathrm{kg}=450.25\mathrm{kg}=0.45\mathrm{t}$

$\phi 12$ 钢筋工程量 $=17.7\times \dfrac{3900}{150}\times 2\times 2\times 0.888\mathrm{kg}=1634.63\mathrm{kg}=1.63\mathrm{t}$

桩基础钢筋工程量：

一根桩的箍筋数量(即 $\phi 8$ 钢筋)：$(19-0.05\times 2)\div 0.4$ 根 $=48$ 根

故箍筋($\phi 8$ 钢筋)总长度为：$l=2\times \pi \times 0.45\times 48\times 8\mathrm{m}=1085.73\mathrm{m}$

又∵箍筋为 $\phi 8$ 钢筋，而 $\phi 8$ 单根钢筋的理论重量为 $0.395\mathrm{kg/m}$

故 $m_1=1085.73\times 0.395\mathrm{kg}=428.86\mathrm{kg}=0.4\mathrm{t}$

一根桩的纵筋(即 $\phi 16$ 钢筋)数量为 16 个

故纵筋(即$\phi 16$钢筋)总长度为：$l=(19-0.05\times 2)\times 16\times 8\text{m}=2419.2\text{m}$

又∵ 纵筋为$\phi 16$钢筋，而$\phi 16$单根钢筋的理论重量为1.58kg/m

故 $m_2=2419.2\times 1.58\text{kg}=3822.336\text{kg}=3.8\text{t}$

故桩基础钢筋的工程量为：

$m=m_1+m_2=(0.4+3.8)\text{t}=4.2\text{t}$

定额工程量同清单工程量。

(7) 桥面铺装(图 3-151)：

清单工程量：

钢筋水泥混凝土：

$$\begin{aligned}S_1 &=[(17.8-2\times 1.9)\times 66\times \frac{1}{2}+(1.9-0.05)\times 66+\sqrt{0.05^2+0.05^2}\times 66\\&\quad +(0.12-0.05)\times 66]\times 2\text{m}^2\\&=(462+122.1+4.67+4.62)\times 2\text{m}^2\\&=593.39\times 2\text{m}^2\\&=1186.78\text{m}^2\end{aligned}$$

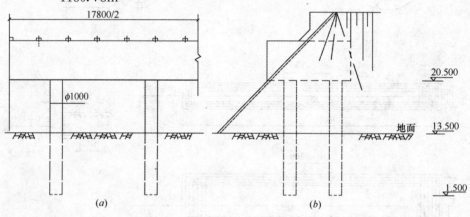

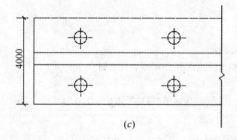

图 3-149 桥台与基础示意图

(a) $\frac{1}{2}$正立面；(b)侧面图；(c)平面图

200号的细骨料：

$$S_2=(17.8-2\times 1.9)\times 66\text{m}^2=924\text{m}^2$$

沥青胶砂：

$$S_3=(17.8-2\times 1.9)\times 66\text{m}^2=924\text{m}^2$$

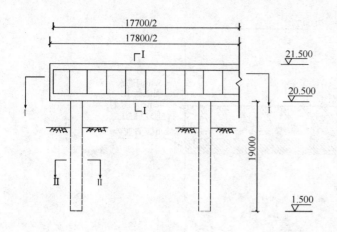
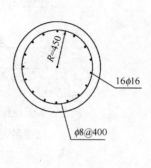
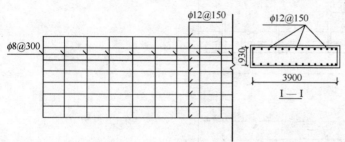

图 3-150 桥台与基础配筋图

级配砂石：
$$S_4 = 1.9 \times 66 \times 2 \text{m}^2 = 250.8 \text{m}^2$$

定额工程量：

钢筋水泥混凝土：
$$V_1 = \left[(17.8 - 2 \times 1.9) \times 66 \times 0.05 + 1.9 \times 66 \times 0.12 - \frac{1}{2} \times 0.05 \times 0.05 \times 66\right] \text{m}^3$$
$$= 60.77 \text{m}^3$$

200 号的细骨料：
$$V_2 = S_2 \times 0.04 = 924 \times 0.04 \text{m}^3 = 36.96 \text{m}^3$$

沥青胶砂：
$$V_3 = S_3 \times 0.02 = 924 \times 0.02 \text{m}^3 = 18.48 \text{m}^3$$

级配砂石：
$$V_4 = S_4 \times (0.05 + 0.04 + 0.02) = 250.8 \times 0.11 \text{m}^3 = 27.59 \text{m}^3$$

(8) 栏杆(图 3-151)：

清单工程量：

竖杆：$V_竖 = \pi \times \left(\dfrac{0.08}{2}\right)^2 \times 1.2 \times 8 \times 3 \text{m}^3 = 0.145 \text{m}^3$

横杆：$V_横 = \pi \times \left(\dfrac{0.04}{2}\right)^2 \times 1.428 \times 7 \times 2 \times 3 \text{m}^3 = 0.075 \text{m}^3$

又∵ 钢的密度为 $7.87 \times 10^3 \text{kg/m}^3$

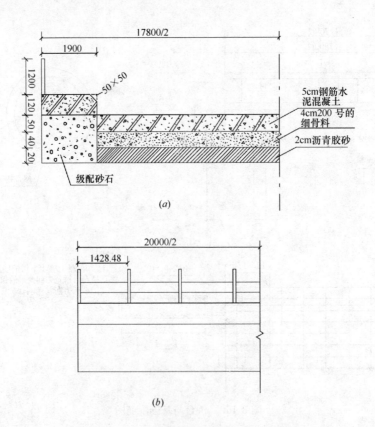

图 3-151 桥面
(a)立面图;(b)侧视图

故 $m = (V_{横} + V_{竖}) \times 7.87 \times 10^3 = (0.145 + 0.075) \times 7.87 \times 10^3 \text{kg} = 1731 \text{kg} = 1.73 \text{t}$
定额工程量同清单工程量。

(9) 桥面板钢筋工程量(图 3-152):

纵向钢筋(即 $\phi 12 @ 150$):

纵向钢筋数量:$(17.8 - 0.05 \times 2) \div 0.15 \times 2$ 个 $= 236$ 个

纵向钢筋总长度为:$l = (66 - 0.1 \times 2) \times 236 \text{m} = 15528.8 \text{m}$

又∵ $\phi 12$ 的单根钢筋理论重量为:0.888kg/m

故 $m_1 = 15528.8 \times 0.888 \text{kg} = 13789.57 \text{kg} = 13.8 \text{t}$

箍筋(即 $\phi 8 @ 200$ 钢筋):

箍筋数量:$(66 - 0.1 \times 2) \div 0.2$ 个 $= 329$ 个

箍筋总长度为:
$$l = [(17.8 - 1.9 \times 2 - 0.025 \times 2) + (0.3 - 0.015 \times 2)] \times 2 \times 329 \text{m}$$
$$= 9356.76 \text{m}$$

又∵ 箍筋为 $\phi 8$ 钢筋,而 $\phi 8$ 的单根钢筋理论重量为 0.395kg/m。

故 $m_2 = 9356.76 \times 0.395 \text{kg} = 3695.92 \text{kg} = 3.7 \text{t}$

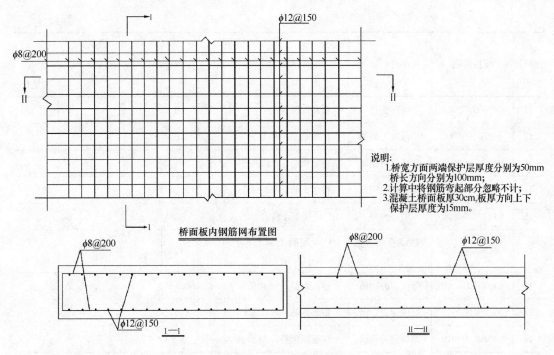

图 3-152 桥面板配筋图

故桥面板中钢筋总工程量为：$m=m_1+m_2=(13.8+3.7)\mathrm{t}=17.5\mathrm{t}$

分部分项工程量清单与计价表

工程名称：某梁桥　　　标段：　　　　　　　　　　　　　　　　　　第　页　共　页

序号	项目编码	项目名称	项目特征描述	计量单位	工程量	金额(元)		
						综合单价	合价	其中：暂估价
1	040303003001	预制混凝土梁	T形梁整体连续梁	m³	373.68			
2	040302005001	支撑梁及横梁	T形梁横隔梁	m³	221.10			
3	040701002001	非预应力钢筋	主梁钢筋，$\phi16 N1\sim N8$ 钢筋	t	7.92			
4	040701002002	非预应力钢筋	主梁钢筋，$\phi8$ 箍筋	t	8.36			
5	040701002003	非预应力钢筋	主梁钢筋，$\phi10$ 钢筋	t	20.16			
6	040701002004	非预应力钢筋	主梁钢筋，$\phi12$ 纵筋	t	3.33			
7	040302003001	墩(台)帽	柱式桥墩墩帽，C30混凝土	m³	90.72			
8	040302004001	墩(台)身	柱式桥墩墩身，C30混凝土	m³	56.55			
9	040302002001	混凝土承台	C30混凝土承台	m³	142.40			
10	040301003001	钢筋混凝土方桩(管桩)	C30混凝土管桩，管径为$\phi1000$，桩基础	m	12.5			

续表

序号	项目编码	项目名称	项目特征描述	计量单位	工程量	金额(元)		
						综合单价	合价	其中:暂估价
11	040309002001	橡胶支座	板式橡胶支座	个	56			
12	040701002005	非预应力钢筋	桥墩钢筋,$\phi 8$ 钢筋	t	1.98			
13	040701002006	非预应力钢筋	桥墩钢筋,$\phi 10$ 钢筋	t	2.17			
14	040701002007	非预应力钢筋	桥墩钢筋,$\phi 16$ 钢筋	t	5.66			
15	040302004002	墩(台)身	C30 混凝土桥台	m³	71.20			
16	040301003002	钢筋混凝土方桩(管桩)	C30 混凝土管桩,管径$\phi 1000$,桩基础	m	19			
17	040701002008	非预应力钢筋	桥台钢筋,$\phi 8$ 钢筋	t	0.45			
18	040701002009	非预应力钢筋	桥台钢筋,$\phi 12$ 钢筋	t	1.63			
19	040701002010	非预应力钢筋	桩基础钢筋,$\phi 8$ 箍筋	t	0.4			
20	040701002011	非预应力钢筋	桩基础钢筋,$\phi 16$ 纵筋	t	3.8			
21	040302017001	桥面铺装	5cm 钢筋水泥混凝土	m²	1186.78			
22	040302017002	桥面铺装	40cm200 号的细骨料	m²	924			
23	040302017003	桥面铺装	2cm 沥青胶砂	m²	924			
24	040302017004	桥面铺装	11cm 级配砂石	m²	250.80			
25	040309001001	金属栏杆	栏杆竖杆为$\phi 80mm$ 的钢管,横杆为$\phi 40mm$ 的钢管	t	1.73			
26	040701002012	非预应力钢筋	桥面板钢筋,$\phi 12$ @150 纵筋	t	13.8			
27	040701002013	非预应力钢筋	桥面板钢筋,$\phi 8$ @200 箍筋	t	3.7			
			本页小计					
			合 计					

定额工程量同清单工程量。

【例 2】 某预制板桥,桥面宽 18m,单跨 10m,桥长 30m,各细部图如图 3-153~图 2-158 所示,计算该桥梁工程量。

【解】 (1)主梁混凝土工程量(图 3-153):

清单工程量:

C30 预制板混凝土工程量$=0.35\times 1.0\times 9.96\times 15\times 3m^3=156.87m^3$

C30 现浇混凝土工程量 $=0.35\times0.2\times9.96\times14\times3\text{m}^3=29.28\text{m}^3$
主梁混凝土工程量 $=(156.87+29.28)\text{m}^3=186.15\text{m}^3$
定额工程量同清单工程量。
(2) 主梁配筋工程量(图 3-155)：
清单工程量：

$\phi8$ 钢筋工程量 $=(0.3+0.9)\times2\times\dfrac{9960-60}{300}\times15\times3\times0.395\text{kg}$

$\qquad=2.4\times33\times15\times3\times0.395\text{kg}$

$\qquad=1407.78\text{kg}=1.41\text{t}$

$\phi12$ 钢筋工程量 $=\left(\dfrac{900}{100}\times9.9\times2+2\times9.9\times2\right)\times15\times3\times0.888\text{kg}$

$\qquad=(178.2+39.6)\times15\times3\times0.888\text{kg}$

$\qquad=8703.23\text{kg}=8.7\text{t}$

定额工程量同清单工程量。
(3) 桥墩的混凝土工程量(图 3-153)：
清单工程量：

墩帽：$V_1=\left[(17.8-0.5\times2+17.8)\times\dfrac{1}{2}\times0.4+17.8\times0.4\right]\times(3+0.05\times2)\text{m}^3$

$\qquad=14.04\times3.1\text{m}^3$

$\qquad=43.52\text{m}^3$

墩身：$V_2=\pi\times\left(\dfrac{3}{2}\right)^2\times(25-1-2\times2-0.4\times2)\text{m}^3$

$\qquad=135.72\text{m}^3$

基础：$V_3=(3+1\times2)\times17.8\times2\times2\text{m}^3=356\text{m}^3$

故桥墩混凝土工程量为：
$$V=(V_1+2V_2+V_3)\times2$$
$$=(42.82+135.722+356)\times2\text{m}^3$$
$$=670.26\times2\text{m}^3$$
$$=1340.52\text{m}^3$$

定额工程量同清单工程量。
(4) 桥墩及基础的钢筋工程量(图 3-154)：
清单工程量：
墩帽钢筋工程量：

$\phi8$ 钢筋工程量 $=\left[\left(\dfrac{17700}{150}-\dfrac{450}{150}\times2\right)\times(0.75+3.9)\times2+\left(\dfrac{0.35+0.75}{2}\right)\times3\times2\times2\right.$

$\qquad\left.+3.9\times2\times3\times2\right]\times2\times0.395\text{kg}$

$\qquad=(1041.6+6.6+46.8)\times2\times0.395\text{kg}=0.87\text{t}$

$\phi12$ 钢筋工程量 $=\left[(17.7+16.7)\times\dfrac{3900}{100}+17.7\times3\times2+\dfrac{17.7+16.7}{2}\times2\times2\right]\times2$

$\qquad\times0.888\times10^{-3}\text{t}$

$$=(1341.6+106.2+68.8)\times2\times0.888\times10^{-3}\text{t}=2.7\text{t}$$

墩身钢筋工程量：

$\phi10$ 钢筋工程量 $=(2\pi\times1.45\times\dfrac{19000}{500}+2\times2\pi\times1.45)\times2\times2\times0.617\times10^{-3}\text{t}=0.90\text{t}$

$\phi16$ 钢筋工程量 $=21\times19.2\times2\times2\times1.58\times10^{-3}\text{t}=2.55\text{t}$

基础钢筋工程量：

$\phi10$ 钢筋工程量 $=(4.9+3.9)\times2\times\dfrac{17700}{300}\times2\times0.617\times10^{-3}\text{t}=1.28\text{t}$

$\phi16$ 钢筋工程量 $=\left[17.7\times\dfrac{4900}{100}\times2+\left(\dfrac{3900}{150}-2\right)\times17.7\times2\right]\times2\times1.58\times10^{-3}\text{t}$

$$=(1734.6+849.6)\times2\times1.58\times10^{-3}\text{t}$$

$$=8166.07\times10^{-3}\text{t}=8.2\text{t}$$

定额工程量同清单工程量。

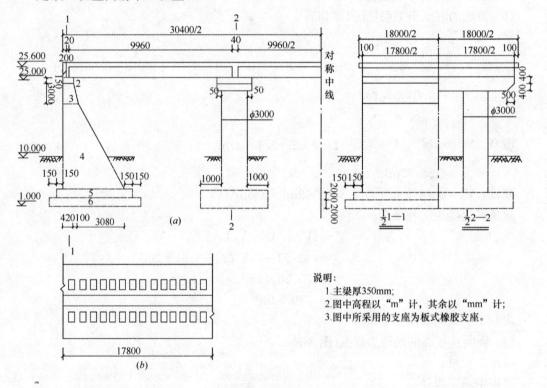

图 3-153 桥尺寸图
(a)立剖面图；(b)板式橡胶支座

(5) 桥台的混凝土工程量(图 3-153)：

清单工程量：

$$V_1=0.2\times(25.6-25)\times17.8\text{m}^3=2.14\text{m}^3$$

$$V_2=0.15\times0.42\times17.8\text{m}^3=1.12\text{m}^3$$

$$V_3=\dfrac{1}{2}\times(0.42+0.42+0.1)\times3\times17.8\text{m}^3=25.10\text{m}^3$$

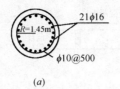

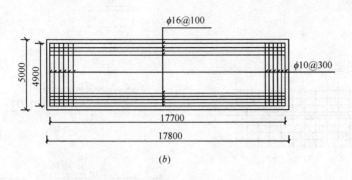

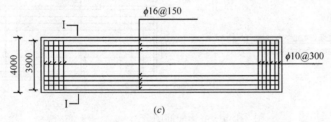

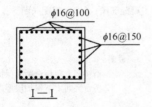

说明：1.除标明外，尺寸单位均以mm计；
2.配筋图中钢筋数量仅为示意，具体数量以计算结果为准。

图 3-154　桥墩及基础配筋图
(a)墩身配筋图截面；(b)桥墩基础配筋图(一)；(c)桥墩基础配筋图(二)

$$V_4 = \frac{1}{2} \times (0.42 + 0.1 + 0.42 + 0.1 + 3.08) \times (25 - 1 - 0.15 - 3 - 2 \times 2) \times 17.8 \mathrm{m}^3$$

$$= 617.85 \mathrm{m}^3$$

$$V_5 = (0.42 + 0.1 + 3.08 + 0.15 \times 2) \times 2 \times (17.8 + 0.15 \times 2) \mathrm{m}^3 = 141.18 \mathrm{m}^3$$

$$V_6 = (0.42 + 0.1 + 3.08 + 0.15 \times 4) \times 2 \times (17.8 + 0.15 \times 4) \mathrm{m}^3$$

$$= 154.56 \mathrm{m}^3$$

故 $V = (V_1 + V_2 + V_3 + V_4 + V_5 + V_6) \times 2$

$$= (2.14 + 1.12 + 25.10 + 617.85 + 141.18 + 154.56) \times 2 \mathrm{m}^3$$

$$= 941.95 \times 2 \mathrm{m}^3 = 1883.9 \mathrm{m}^3$$

定额工程量同清单工程量。

(6) 桥台座与基础钢筋工程量(图 3-156)：

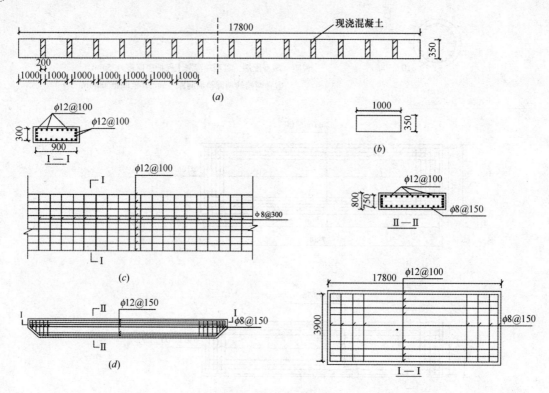

图 3-155 主梁配筋图

(a)桥横断面图；(b)板梁横断面图；(c)主梁配筋图；(d)墩帽配筋图

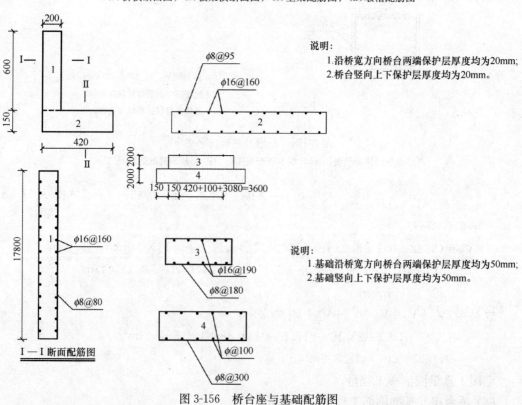

图 3-156 桥台座与基础配筋图

清单工程量：

台座(图 3-156)：

1 块钢筋混凝土块中钢筋工程量：

箍筋数量为：$(0.6-2\times0.02)\div0.08$ 个 $=7$ 个

箍筋总长度为：$(0.2+17.8)\times2\times7\text{m}=252\text{m}$

又∵ 箍筋为 $\phi 8$ 钢筋，而 $\phi 8$ 单根钢筋的理论重量为 0.395kg/m

故 $m_1=252\times0.395\times2\times10^{-3}\text{t}=199.08\times10^{-3}\text{t}=0.2\text{t}$

纵筋数量为：$(17.8-0.02\times2)\div0.16$ 个 $=111$ 个

纵筋总长度为：$(0.6-0.02\times2)\times111\times2\text{m}=124.32\text{m}$

又∵ 纵筋为 $\phi 16$ 钢筋，而 $\phi 16$ 单根钢筋理论重量为 1.58kg/m

故 $m_2=124.32\times1.58\times2\times10^{-3}\text{t}=392.85\times10^{-3}\text{t}=0.4\text{t}$

故 1 块的钢筋量为：$m=m_1+m_2=(0.2+0.4)\text{t}=0.6\text{t}$

2 块钢筋混凝土块中钢筋工程量：

箍筋数量为：$(0.42-0.02\times2)\div0.095$ 个 $=4$ 个

箍筋总长度：$(17.8+0.15)\times2\times4\text{m}=143.6\text{m}$

又∵ 箍筋为 $\phi 8$ 的钢筋，而 $\phi 8$ 单根钢筋的理论重量为 0.395kg/m

故 $m_1=143.6\times0.395\times2\text{kg}=113.44\text{kg}=0.11\text{t}$

纵筋数量为：$(17.8-0.02\times2)\div0.16$ 个 $=111$ 个

纵筋总长度为：$(0.42-0.02\times2)\times111\times2\text{m}=84.36\text{m}$

又∵ 纵筋为 $\phi 16$ 钢筋，而 $\phi 16$ 单根钢筋的理论重量为 1.58kg/m

故 $m_2=84.36\times1.58\times2\text{kg}=266.58\text{kg}=0.27\text{t}$

故 2 块钢筋量为 $m=m_1+m_2=(0.11+0.27)\text{t}=0.38\text{t}$

故综上，台座的钢筋总量为：

$m=m_{1\text{块}}+m_{2\text{块}}=(0.6+0.38)\text{t}=0.98\text{t}$

基础配筋工程量：

3 块钢筋混凝土块中钢筋工程量：

箍筋数量为：$(17.8+0.15\times2-0.05\times2)\div0.18$ 个 $=100$ 个

箍筋总长度为：$(3.9+2)\times2\times100\text{m}=1180\text{m}$

又∵ 箍筋为 $\phi 8$ 钢筋，而 $\phi 8$ 单根钢筋的理论重量为 0.395kg/m

故 $m_3=1180\times0.395\times2\text{kg}=932.2\text{kg}=0.93\text{t}$

纵筋数量为：$(3.9-0.05\times2)\div0.19$ 个 $=20$ 个

纵筋总长度为：$(17.8+0.15\times2-0.05\times2)\times20\times2\text{m}=720\text{m}$

又∵ 纵筋为 $\phi 16$ 钢筋，而 $\phi 16$ 单根钢筋的理论重量为 1.58kg/m

故 $m_4=720\times1.58\times2\text{kg}=2275.2\text{kg}=2.28\text{t}$

故 3 块的钢筋总量为：

$m=m_3+m_4=(0.93+2.28)\text{t}=3.21\text{t}$

4 块钢筋混凝土基础中钢筋工程量：

箍筋数量为：$(17.8+0.15\times4-0.05\times2)\div0.3$ 个 $=61$ 个

箍筋总长度为：$(3.9+0.15\times2+2)\times61\text{m}=378.2\text{m}$

又∵ 箍筋为$\phi 8$钢筋,而$\phi 8$单根钢筋的理论重量为0.395kg/m
故$m_3 = 378.2 \times 0.395 \times 2 \text{kg} = 298.78 \text{kg} = 0.30 \text{t}$
纵筋数量为:$(3.9 + 0.15 \times 2 - 0.05 \times 2) \div 0.1$个$= 41$个
纵筋总长度为:$(17.8 + 0.15 \times 4 - 0.05 \times 2) \times 41 \times 2 \text{m} = 1500.6 \text{m}$
又∵ 纵筋为$\phi 16$钢筋,而$\phi 16$单根钢筋的理论重量为1.58kg/m
故$m_4 = 1500.6 \times 1.58 \times 2 \text{kg} = 4741.90 \text{kg} = 4.74 \text{t}$
故4块的钢筋重量为:$m = m_3 + m_4 = (0.30 + 4.74) \text{t} = 5.04 \text{t}$
故综上,基础的钢筋总量为:$m = m_{3块} + m_{4块} = (30.21 + 5.04) \text{t} = 8.25 \text{t}$
定额工程量同清单工程量。
(7) 橡胶支座工程量(图3-153):
清单工程量:$(14 \times 2 \times 2 + 14 \times 2)$个$= (56 + 28)$个$= 84$个
定额工程量同清单工程量。
(8) 桥面板工程量(图3-157):
桥面板混凝土工程量:
清单工程量:
C30混凝土工程量$= 0.2 \times 18 \times 30.4 \text{m}^3 = 109.44 \text{m}^3$
定额工程量同清单工程量。
桥面板钢筋工程量:
清单工程量:

$\phi 10$钢筋工程量$= (0.2 - 0.06 + 18 - 0.06) \times 2 \times \dfrac{30200}{200} \times 0.617 \text{kg}$

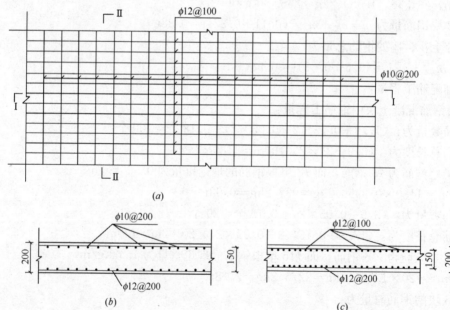

图3-157 桥面板配筋图
(a)桥面板配筋图;(b) Ⅰ-Ⅰ剖面图;(c) Ⅱ-Ⅱ剖面图

$$= 18.08 \times 2 \times 151 \times 0.617 \text{kg} = 3368.92 \text{kg} = 3.37 \text{t}$$

$$\phi 12 \text{钢筋工程量} = \frac{18000-100}{100} \times 30.2 \times 2 \times 0.888 \text{kg} = 179 \times 30.2 \times 2 \times 0.888 \text{kg}$$

$$= 9600.70 \text{kg} = 9.60 \text{t}$$

定额工程量同清单工程量。

(9) 栏杆工程量(图 3-158)：

∵栏杆为素混凝土现浇制成，故只有混凝土工程量：

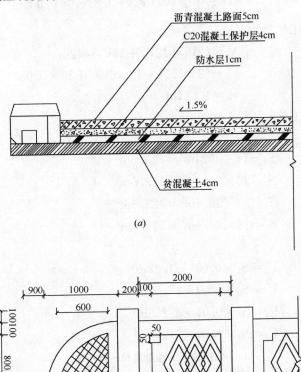

说明：
1. 栏杆计算中不计地栿工程量；
2. 栏板厚18cm。

图 3-158　桥面及栏杆示意图
(a)桥面铺装构造；(b)混凝土栏杆

清单工程量：

$$l = 30.4 \text{m}$$

定额工程量：

图 3-158 所示，经计算可得：一面栏杆共有 13 个柱子，中间 12 块相同的带有棱形花纹的栏板，两边各一块带半圆花纹的栏板，则有：

一块带半圆花纹栏板工程量：
$$V_1 = \frac{1}{4} \times \pi \times 1^2 \times 0.18 \text{m}^3 = 0.14 \text{m}^3$$

一块带棱形花纹的栏板工程量：
$$V_2 = 2 \times (0.1 \times 2 + 0.8) \times 0.18 \text{m}^3 = 0.36 \text{m}^3$$

一根柱子的工程量：
$$V_3 = \pi \times \left(\frac{0.2}{2}\right)^2 \times (0.1 \times 3 + 0.8) \text{m}^3 = 0.035 \text{m}^3$$

栏杆的混凝土工程量为：
$$\begin{aligned} V &= (2V_1 + 12V_2 + 13V_3) \times 2 \text{m}^3 \\ &= (2 \times 0.14 + 12 \times 0.36 + 13 \times 0.035) \times 2 \\ &= 10.11 \text{m}^3 \end{aligned}$$

(10) 路面铺装(图3-158)：

清单工程量：

沥青混凝土：$\quad S_1 = 14 \times 30.4 \text{m}^2 = 425.6 \text{m}^2$

C20混凝土：$\quad S_2 = 14 \times 30.4 \text{m}^2 = 425.6 \text{m}^2$

防水层：$\quad S_3 = 14 \times 30.4 \text{m}^2 = 425.6 \text{m}^2$

贫混凝土：$\quad S_4 = 18 \times 30.4 \text{m}^2 = 547.2 \text{m}^2$

定额工程量：

沥青混凝土：$\quad V_1 = S_1 \times 0.05 = 21.28 \text{m}^3$

C20混凝土：$\quad V_2 = S_2 \times 0.04 = 17.02 \text{m}^3$

防水层：$\quad V_3 = S_3 \times 0.01 = 4.256 \text{m}^3$

贫混凝土：$\quad V_4 = S_4 \times 0.04 = 21.89 \text{m}^3$

分部分项工程量清单与计价表

工程名称：某梁桥　　　　标段：　　　　　　　　　　　　　第　页 共　页

序号	项目编号	项目名称	项目特征描述	计量单位	工程量	金额(元)		
						综合单价	合价	其中：暂估价
1	040303002001	预制混凝土板	C30混凝土预制板，板厚350mm	m³	156.87			
2	040302005001	支撑梁及横梁	主梁横梁，C30混凝土现浇	m³	29.28			
3	040701002001	非预应力钢筋	主梁钢筋，ϕ8钢筋	t	1.41			
4	040701002002	非预应力钢筋	主梁钢筋，ϕ12钢筋	t	8.7			
5	040302003001	墩(台)帽	墩帽，C30混凝土	m³	43.52			
6	040302004001	墩(台)身	墩身，C30混凝土	m³	135.72			
7	040302001001	混凝土基础	C30混凝土	m³	356			

续表

序号	项目编码	项目名称	项目特征描述	计量单位	工程量	金额(元)		
						综合单价	合价	其中：暂估价
8	040701002003	非预应力钢筋	墩帽钢筋，φ8钢筋	t	0.87			
9	040701002004	非预应力钢筋	墩帽钢筋，φ12钢筋	t	2.70			
10	040701002005	非预应力钢筋	墩身钢筋，φ10钢筋	t	0.90			
11	040701002006	非预应力钢筋	墩身钢筋，φ16钢筋	t	2.55			
12	040701002007	非预应力钢筋	基础钢筋，φ10钢筋	t	1.28			
13	040701002008	非预应力钢筋	基础钢筋，φ16钢筋	t	8.2			
14	040302004002	墩(台)身	混凝土桥台	m^3	1883.9			
15	040701002009	非预应力钢筋	台座钢筋，φ8钢筋，φ16纵筋	t	0.98			
16	040701002010	非预应力钢筋	基础钢筋，φ8钢筋，φ16纵筋	t	8.25			
17	040309002001	橡胶支座	板式橡胶支座	个	84			
18	040303002002	预制混凝土板	桥面板，桥面板厚20cm	m^3	109.44			
19	040701002011	非预应力钢筋	桥面板钢筋，φ10钢筋	t	3.37			
20	040701002012	非预应力钢筋	桥面板钢筋，φ12钢筋	t	9.60			
21	040302015001	混凝土防撞栏杆	素混凝土栏杆	m	30.4			
22	040302017001	桥面铺装	5cm沥青混凝土路面	m^2	425.6			
23	040302017002	桥面铺装	4cmC20混凝土保护层	m^2	425.6			
24	040302017003	桥面铺装	1cm防水层	m^2	425.6			
25	040302017004	桥面铺装	4cm贫混凝土	m^2	547.2			
			本页小计					
			合　计					

【例3】 某混凝土斜拉桥，桥长700m，立桥为120m+260m+120m的三跨混凝土斜拉桥，桥宽28.5m，其主跨部分构造及尺寸如图3-159、图3-160所示，计算该桥梁的工程量(只考虑主跨部分)。

桥梁主要技术指标：主跨长500m，即120m+260m+120m。

桥宽：全宽28.5m，即2×11.25m(行车道)+2×1.5m(两边人行道)+2×1.0m(索区)+2×0.5m(外侧防撞护栏)。

塔身高：全高100m，80m(上塔柱高)+20m(下塔柱高)。

本桥为双塔双索面飘浮体系斜拉桥。

【解】（1）斜拉索的工程量：

清单工程量：

$$l_1 = \sqrt{a_1^2 + 21^2} = \sqrt{6.5^2 + 21^2}\text{m} = 21.98\text{m}$$

$$l_2 = \sqrt{(a_1+a_2)^2 + (21+b)^2} = \sqrt{(2a_0)^2 + (21+b_0)^2} = \sqrt{(2\times6.5)^2 + (21+3)^2}\text{m} = 27.29\text{m}$$

$$l_3 = \sqrt{(3a_0)^2 + (21+2b_0)^2} = \sqrt{(3\times6.5)^2 + (21+2\times3)^2}\text{m} = 33.31\text{m}$$

同理：$l_i = \sqrt{(ia_0)^2 + [21+(i-1)b_0]^2}$

计算可得：

$l_4 = 39.70\text{m}$ $l_5 = 46.32\text{m}$ $l_6 = 53.08\text{m}$ $l_7 = 59.93\text{m}$ $l_8 = 66.84\text{m}$

$l_9 = 73.81\text{m}$ $l_{10} = 80.80\text{m}$ $l_{11} = 87.83\text{m}$ $l_{12} = 94.87\text{m}$ $l_{13} = 101.93\text{m}$

$l_{14} = 109\text{m}$ $l_{15} = 116.08\text{m}$ $l_{16} = 123.17\text{m}$ $l_{17} = 130.27\text{m}$ $l_{18} = 137.38\text{m}$

又∵ 每根拉索为 9 根 $\phi12$ 钢筋股的平行钢筋束，而 $\phi12$ 单根钢筋的理论重量为 0.888kg/m

故 $m_{l_1} = 21.98 \times 0.888 \times 9\text{kg} = 175.55\text{kg}$

$m_{l_2} = 27.29 \times 0.888 \times 9\text{kg} = 218.10\text{kg}$

$m_{l_3} = 33.31 \times 0.888 \times 9\text{kg} = 266.21\text{kg}$

同理可得：$m_{l_4} = 317.28\text{kg}$ $m_{l_5} = 370.19\text{kg}$ $m_{l_6} = 424.22\text{kg}$

$m_{l_7} = 478.96\text{kg}$ $m_{l_8} = 534.19\text{kg}$ $m_{l_9} = 589.89\text{kg}$

$m_{l_{10}} = 645.75\text{kg}$ $m_{l_{11}} = 701.94\text{kg}$ $m_{l_{12}} = 758.20\text{kg}$

$m_{l_{13}} = 814.62\text{kg}$ $m_{l_{14}} = 871.13\text{kg}$ $m_{l_{15}} = 927.71\text{kg}$

$m_{l_{16}} = 984.37\text{kg}$ $m_{l_{17}} = 1041.12\text{kg}$ $m_{l_{18}} = 1097.94\text{kg}$

故 $m = (m_{l_1} + m_{l_2} + m_{l_3} + \cdots\cdots m_{l_{18}}) \times 8$

$= (175.66 + 218.10 + 266.21 + \cdots\cdots + 1097.94) \times 8\text{kg}$

$= 89739.84\text{kg} = 89.74\text{t}$

定额工程量同清单工程量。

（2）塔身工程量：

混凝土工程量（采用 C30 混凝土）（图 3-161）：

清单工程量：

塔顶拉索区（锚固区）：

$V_1 = [3 \times (17.5 \times 2 + 2.5) \times 6 - 2 \times (17.5 \times 2 + 2.5 - 0.5 \times 2) \times (6 - 0.5 \times 2)]\text{m}^3$

$= 310\text{m}^3$

受压横梁：$V_2 = [2.5 \times 22.5 \times 4 - (2.5 - 0.5 \times 2) \times (22.5 - 0.5 \times 2) \times (4 - 0.5 \times 2)]\text{m}^3$

$= 128.25\text{m}^3$

上塔柱：$V_3 = \left[\left(40 + \dfrac{2.5}{2}\right) \times 3 \times 6 - (3 - 0.5 \times 2) \times \left(40 + \dfrac{2.5}{2} - 0.5 \times 2\right) \times (6 - 0.5 \times 2)\right]\text{m}^3$

$= (742.5 - 402.5)\text{m}^3 = 340\text{m}^3$

受拉横梁：$V_4 = \left\{\left(30 \times 2.5 + 2 \times \dfrac{1}{2} \times 2.5 \times 0.2\right) \times 4 - \left[(30 + 0.2 \times 2 - 0.5 \times 2)\right.\right.$

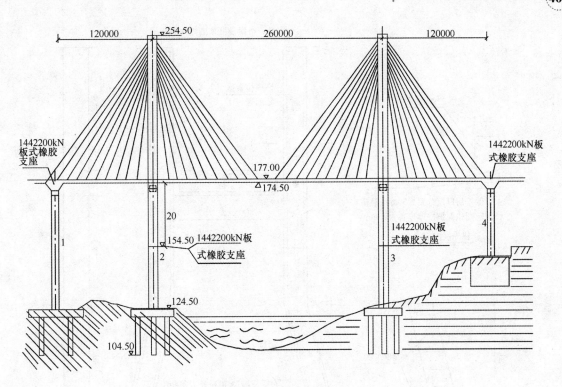

图 3-159 主跨构造及尺寸

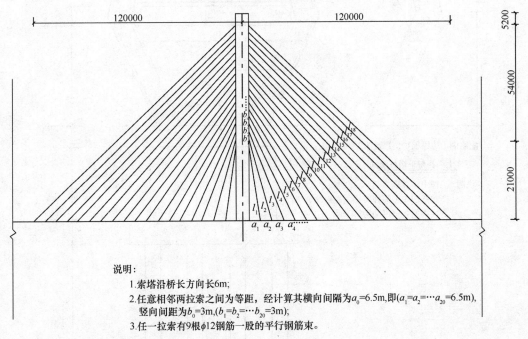

说明:
1. 索塔沿桥长方向长6m;
2. 任意相邻两拉索之间为等距,经计算其横向间隔为$a_0=6.5$m,即($a_1=a_2=\cdots a_{20}=6.5$m),竖向间距为$b_0=3$m,($b_1=b_2=\cdots b_{20}=3$m);
3. 任一拉索有9根ϕ12钢筋一股的平行钢筋束。

图 3-160 斜拉索示意图

$$\left. \times 1.5+2\times\frac{1}{2}\times 1.5\times 0.2\right]\times(4-0.5\times 2)\right\}\text{m}^3$$
$$=262.31\text{m}^3$$

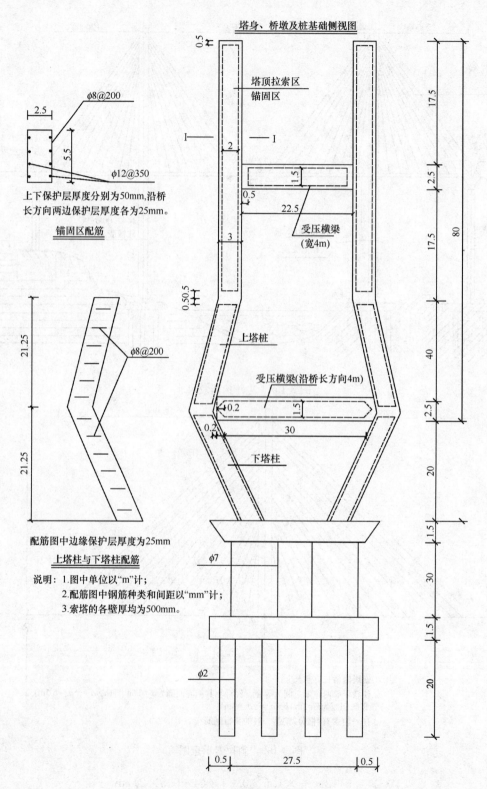

图 3-161 斜拉索示意图

下塔柱 V_5：如图尺寸可知 $V_5 = V_3 = 340 m^3$

故塔身混凝土清单工程量为：

$$V = 2V_1 + V_2 + 2(V_3 + V_5) + V_4 = [2 \times 310 + 128.25 + 2 \times (340 \times 2) + 262.31] m^3$$
$$= 2370.56 m^3$$

定额工程量同清单工程量。

钢筋工程量(图 3-161)：

清单工程量：

塔顶拉索区(锚固区)：

箍筋数量：$(17.5 \times 2 + 2.5 - 0.05 \times 2) \div 0.2$ 个 $= 187$ 个

箍筋总长度：$(2.5 + 5.5) \times 2 \times 187 m = 2992 m$

又∵ 箍筋为 $\phi 8$ 钢筋，而 $\phi 8$ 单根钢筋的理论重量为 $0.395 kg/m$

故箍筋重量为：$m = 0.395 \times 2992 \times 2 kg = 2363.68 kg = 2.36 t$

纵筋数量：$(6 - 0.025 \times 2) \div 0.35 \times 2$ 个 $= 17 \times 2$ 个 $= 34$ 个

纵筋总长度为：$(17.5 \times 2 + 2.5 - 0.05 \times 2) \times 34 m = 1271.6 m$

又∵ 纵筋为 $\phi 12$ 钢筋，而 $\phi 12$ 单根钢筋的理论重量为 $0.888 kg/m$

故纵筋重量为：$m = 0.888 \times 1271.6 \times 2 kg = 2258.36 kg = 2.26 t$

故塔顶拉索区钢筋重量为：$m_1 = (2.36 + 2.26) t = 4.62 t$

上下塔柱钢筋工程量(只考虑箍筋)：

箍筋数量：$(40 \times 2 + 2.5 - 0.025 \times 4) \div 0.2$ 个 $= 412$ 个

箍筋总长度：$(2.5 + 5.5) \times 2 \times 412 m = 6592 m$

又∵ 箍筋为 $\phi 8$ 钢筋，而 $\phi 8$ 单根钢筋的理论重量为 $0.395 kg/m$

故箍筋重量为：$m_2 = 0.395 \times 6592 \times 2 kg$
$= 5207.68 kg$
$= 5.2 t$

受压横梁(图 3-162)：

箍筋数量：$(22.5 - 0.05 \times 2) \div 0.2$ 个 $= 112$ 个

箍筋总长度为：$(1.5 + 4 - 0.5 \times 2) \times 2 \times 112 m = 1008 m$

又∵ 箍筋采用 $\phi 8$ 钢筋，而 $\phi 8$ 单根钢筋的理论重量为 $0.395 kg/m$

故箍筋重量为：$m = 0.395 \times 1008 kg = 398.16 kg = 0.40 t$

纵筋数量：$(4 - 0.05 \times 2) \div 0.15$ 根 $= 26$ 根

纵筋长度为：$(22.5 - 0.05 \times 2) \times 26 \times 2 m = 1164.8 m$

又∵ 纵筋采用 $\phi 16$ 钢筋，而 $\phi 16$ 单根钢筋的理论重量为 $1.58 kg/m$

故纵筋重量为：$1.58 \times 1164.8 kg = 1840.38 kg$
$= 1.84 t$

故受压横梁钢筋重量为：$m_3 = (0.40 + 1.84) t$
$= 2.24 t$

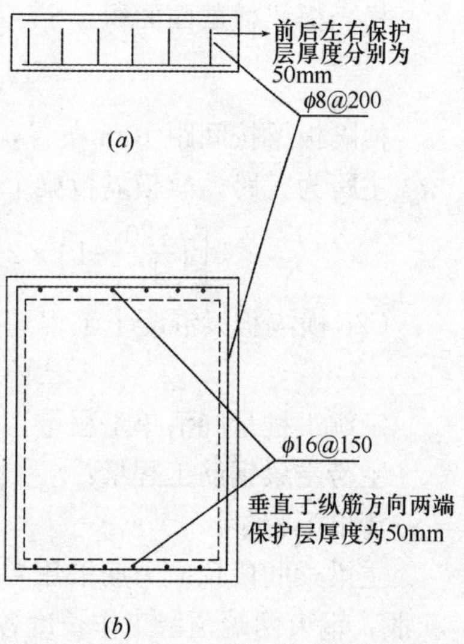

图 3-162 受压横梁示意图
(a)受压横梁正视图；(b)受压横梁侧视图

受拉横梁(图 3-162):

箍筋数量:(前后左右两端保护层厚度为 50mm)$\phi 8@30$

$(30-0.05\times 2)\div 0.13$ 个 $=230$ 个

箍筋长度:$(1.5+4-0.5\times 2)\times 2\times 230\mathrm{m}=2070\mathrm{m}$

又∵ 箍筋采用 $\phi 8$ 钢筋,而 $\phi 8$ 单根钢筋的理论重量为 $0.395\mathrm{kg/m}$

故箍筋重量为:$0.395\times 2070\mathrm{kg}=817.65\mathrm{kg}=0.82\mathrm{t}$

纵筋数量:$(4-0.05\times 2)\div 0.15$ 根 $=26$ 根

纵筋采用 $\phi 16@150$

纵筋长度为:$(30-0.05\times 2)\times 26\times 2\mathrm{m}=1554.8\mathrm{m}$

又∵ 纵筋采用 $\phi 16$ 钢筋,而 $\phi 16$ 单根钢筋的理论重量为 $1.58\mathrm{kg/m}$

故纵筋重量为:$1.58\times 1554.8\mathrm{kg}=2456.58\mathrm{kg}=2.46\mathrm{t}$

故综上,受拉横梁钢筋重量为:

$$m_4=(0.82+2.46)\mathrm{t}=3.28\mathrm{t}$$

综上所算,塔身的钢筋用量为:

$m=m_1+m_2+m_3+m_4=(4.62+5.2+2.24+3.28)\mathrm{t}=15.34\mathrm{t}$

定额工程量同清单工程量。

(3)主跨主梁工程量(图 3-163):

混凝土工程量:

清单工程量:

主梁横截面面积:$S=\left[0.3\times 28.5+\dfrac{1}{2}\times(2.0+5.0)\times 0.2\times 2+2\times 2\times 2\right]\mathrm{m}^3$

$\qquad\qquad\qquad =(8.55+1.4+8)\mathrm{m}^2=17.95\mathrm{m}^2$

C30 混凝土工程量:

$$V=17.95\times 500\mathrm{m}^3=8975\mathrm{m}^3$$

横隔板梁横截面面积:$S=\left[\dfrac{1}{2}\times(18.5+21.5)\times 0.2+21.5\times 2\right]\mathrm{m}^2$

$\qquad\qquad\qquad =(4+43)\mathrm{m}^2=47\mathrm{m}^2$

横隔板梁按间距 10m 布置,厚度取为 30cm。

主跨为三跨,故横隔板梁个数为:

$$\left[\left(\dfrac{120}{10}-1\right)\times 2+\left(\dfrac{260}{10}-1\right)\right]\text{个}=(11\times 2+25)\text{个}=47\text{个}$$

C25 横隔板梁混凝土工程量为:

$$V=47\times 0.3\times 47\mathrm{m}^3=662.7\mathrm{m}^3$$

定额工程量同清单工程量。

主跨主梁钢筋工程量:

清单工程量:

主梁梁肋段预应力筋采用单股 5 根 $\phi 12$ 的平行预应力钢筋束,左右梁肋部分各布置 14 股,钢束两端预留工作长度各 0.5m。

单股预应力束中 $\phi 12$ 钢筋长度:

$l=[(120+260+120)\times 5+0.5\times 2\times 5]\mathrm{m}=(2500+5)\mathrm{m}=2505\mathrm{m}$

预应力钢筋束工程量（$\phi12$ 单根钢筋理论重量为 0.888kg/m）：
$$m = 2505 \times 14 \times 0.888\text{kg} = 31142.16\text{kg} = 31.14\text{t}$$

主梁单个梁肋配筋工程量：

$\phi10$ 箍筋个数为：$\left(\dfrac{500000-80}{200}+1\right)$ 个 $= 2500$ 个

$\phi10$ 箍筋工程量：$m = (1.95+2.1) \times 2 \times 2500 \times 0.617\text{kg}$
$= 12494.25\text{kg} = 12.49\text{t}$

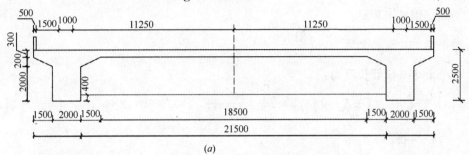

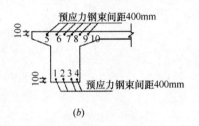

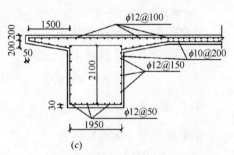

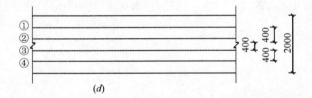

说明：1. 图中尺寸单位均为mm；
2. 预应力钢束仅在梁肋段布置；
3. 钢筋布置数量以计算为准。

图 3-163 主梁钢筋布置图
(a)主梁立梁横截面图；(b)直线平行预应力钢束布置图；
(c)主梁梁肋段钢筋布置图；(d)梁肋底部预应力筋纵向布置图

$\phi12$ 纵筋个数：$\left[\left(1+\dfrac{1950}{50}\right)+\dfrac{2100}{150}\times 2\right]$ 根 $= (40+28)$ 根 $= 68$ 根

$\phi12$ 纵筋工程量为：$m = 68 \times (500-0.08) \times 0.888\text{kg}$
$= 30187.20\text{kg} = 30.19\text{t}$

主梁梁肋配筋工程量为：$m = 30.19 \times 2\text{t} = 60.38\text{t}$

主梁翼板及行车道板配筋工程量（图 3-164）：

$\phi10$ 箍筋工程量为：

$m = [(28.5-0.05\times 2)+0.2\times 2+\sqrt{0.2^2+1.5^2}\times 2\times 2+18.5]\times 2500\times 0.617\text{kg}$
$= (28.4+0.4+1.51\times 4+18.5)\times 2500\times 0.617\text{kg}$

$$=82276.95\text{kg}=82.28\text{t}$$

$\phi12$ 纵筋工程量为：

$$m=\left[\frac{28500-50\times2}{100}+1+\left(\frac{1500}{100}+1-1\right)\times4+\frac{28500-50\times2-1500\times4-1950\times2}{100}\right]$$
$$\times(500-0.08)\times0.888\text{kg}$$
$$=(285+15\times4+185)\times499.92\times0.888\text{kg}$$
$$=235282.34\text{kg}=235.28\text{t}$$

横隔梁钢筋工程量：

单个梁 $\phi10$ 箍筋个数为：$\left(\frac{21400}{200}+1\right)$ 个 $=108$ 个

单个梁 $\phi10$ 箍筋长度为：

$$l=\left\{\frac{1.5+1.7}{2}\times\left(\frac{1400}{200}+1\right)\times2\times2+\left(\frac{1400}{200}+1\right)\times0.2\times2\times2+\left[108-\left(\frac{1400}{200}+1\right)\times2\right]\times\right.$$
$$\left.(1.7+0.2)\times2\right\}\text{m}$$
$$=(51.2+6.4+92\times3.8)\text{m}=407.2\text{m}$$

又∵ $\phi10$ 单根钢筋的理论重量为 0.617kg/m

故横隔梁中 $\phi10$ 箍筋工程量为：

$$m=407.2\times47\times0.617\text{kg}=11808.39\text{kg}=11.81\text{t}$$

单个梁中 $\phi12$ 纵筋根数：$\left(\frac{1700}{100}\times2+2\right)$ 根 $=36$ 根

单个梁中 $\phi12$ 纵筋长度为：

$$l=\left\{\left[\frac{21.4+21.4-3.0}{2}\times3+21.4\times(17-3)\right]\times2+(21.4-3.0)+21.4\right\}\text{m}$$
$$=\{[59.7+299.6]\times2+18.4+21.4\}\text{m}=758.4\text{m}$$

又∵ $\phi12$ 单根钢筋的理论重量为 0.888kg/m

故横隔梁中 $\phi12$ 纵筋的工程量为：

$$m=758.4\times47\times0.888\text{kg}=31652.58\text{kg}=31.65\text{t}$$

定额工程量同清单工程量。

(4) 2、3号桥墩工程量(图3-161)：

清单工程量：

(说明：其中墩帽和承台沿桥长方向长8m)

桥墩：C30 混凝土工程量：

墩帽：$V_1=\frac{1}{2}\times(27.5+0.5\times2+27.5)\times1.5\times8\text{m}^3=336\text{m}^3$

墩身：$V_2=\pi\times\left(\frac{7}{2}\right)^2\times30\times2\text{m}^3=2309.08\text{m}^3$

承台：$V_3=(27.5+0.5\times2)\times1.5\times8\text{m}^3=342\text{m}^3$

桩基础：$V_4=\pi\times\left(\frac{2}{2}\right)^2\times20\times12\text{m}^3=753.98\text{m}^3$

故桥墩混凝土工程量为：

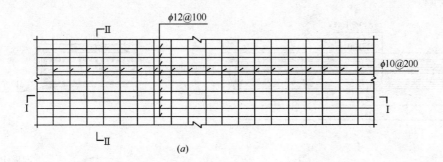

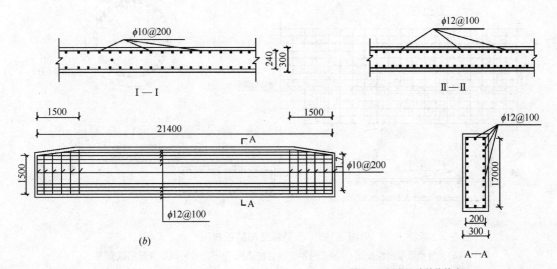

说明：1.图中尺寸单位均为mm；
2.钢筋布置数量以计算为准。

图 3-164 主梁翼板及行车道板配筋图
(a)立梁行车道板部分配筋图；(b)横梁钢筋布置图

$$V = (336 + 2309.08 + 342 + 753.98) \times 2 m^3 = 7482.12 m^3$$

定额工程量同清单工程量。

2、3 号桥墩钢筋工程量：

清单工程量：

墩帽（墩帽采用 $\phi 10$ 钢筋）：

箍筋个数：$\left(\dfrac{27400}{200} + 1\right)$ 个 $= 138$ 个

$\phi 10$ 箍筋工程量为：$m = (7.9 + 1.4) \times 2 \times 138 \times 0.617 kg = 1583.72 kg = 1.58 t$

墩帽上层 $\phi 12$ 纵筋工程量为：

$$m = \left(\dfrac{7900}{100} + 1\right) \times 28.4 \times 0.888 kg = 2017.54 kg = 2.02 t$$

墩帽下层 $\phi 12$ 纵筋工程量为：

$$m = \left(\dfrac{7900}{100} + 1\right) \times 27.4 \times 0.888 kg = 1946.50 kg = 1.95 t$$

墩帽两侧纵筋工程量为：

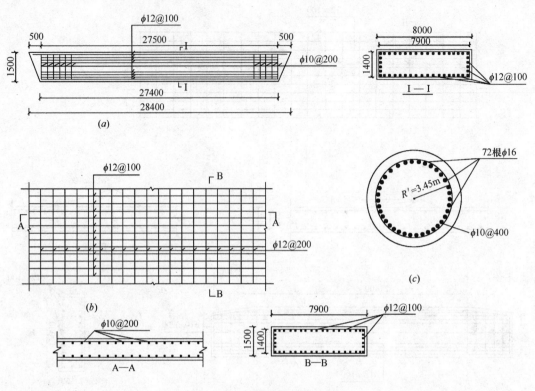

图 3-165 ②号桥墩配筋示意图

(a)②号桥墩墩帽配筋图；(b)②号桥墩承台配筋图；(c)②号桥墩墩身配筋截面图

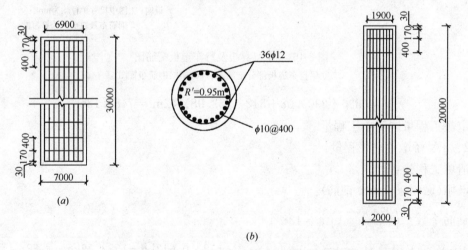

说明：1.图中尺寸单位除注明外均为mm；
2.配筋量以计算为准。

图 3-166 ②号桥墩墩身及基础桩配筋图

(a)②号桥墩墩身配筋截面图；(b)②号桥墩基础桩配筋图

$$m=\left(\frac{1400}{100}-1\right)\times 2\times 27.4\times 0.888\text{kg}=632.61\text{kg}=0.63\text{t}$$

墩帽 $\phi12$ 纵筋工程量为：$m=(2.02+1.95+0.63)\text{t}=4.6\text{t}$

墩身配筋工程量：

$\phi10$ 箍筋个数为：$\left[\dfrac{30000-(170+30)\times 2}{400}+1+2\right]\times 2$ 个 $=154$ 个

$\phi10$ 箍筋工程量为：$m=154\times 2\times \pi\times 3.45\times 0.617\text{kg}=2059.97\text{kg}=2.06\text{t}$

$\phi16$ 纵筋工程量为：$m=72\times 2\times (30-0.06)\times 1.58\text{kg}=6811.95\text{kg}=6.81\text{t}$

承台配筋工程量：

$\phi10$ 箍筋个数为：$\left(\dfrac{28500-100}{200}+1\right)$ 个 $=143$ 个

$\phi10$ 箍筋工程量为：$m=(7.9+1.4)\times 2\times 143\times 0.617\text{kg}=1641.10\text{kg}=1.64\text{t}$

$\phi12$ 纵筋根数为：$\left[\left(\dfrac{7900}{100}+1\right)\times 2+\left(\dfrac{1400}{100}-1\right)\times 2\right]$ 根 $=(160+26)$ 根 $=186$ 根

$\phi12$ 纵筋工程量为：$m=(28.5-0.1)\times 186\times 0.888\text{kg}=4690.77\text{kg}=4.69\text{t}$

桩配筋工程量：

$\phi10$ 箍筋个数：$\left[\dfrac{20000-(170+30)\times 2}{400}+1+2\right]\times 12$ 个 $=624$ 个

$\phi10$ 箍筋工程量：$2\times \pi\times 0.95\times 624\times 0.617\text{kg}=2298.42\text{kg}=2.30\text{t}$

$\phi12$ 纵筋工程量：$m=36\times (20-0.06)\times 12\times 0.888\text{kg}=7649.30\text{kg}=7.65\text{t}$

(5) 1 号桥墩工程量（图 3-167）：

混凝土工程量：

清单工程量：

墩台：$V_1=\dfrac{1}{2}\times (27.5+28.5)\times 1.5\times 8\text{m}^3=336\text{m}^3$

墩身：$V_2=2\times \pi\times \left(\dfrac{7}{2}\right)^2\times 45\text{m}^3=3463.61\text{m}^3$

承台：$V_3=28.5\times 1.5\times (8+0.25\times 2)\text{m}^3=363.38\text{m}^3$

桩基础：$V_4=8\times \pi\times \left(\dfrac{3}{2}\right)^2\times 20\text{m}^3=1130.98\text{m}^3$

故 1 号桥墩混凝土工程量为：
$$\begin{aligned}V&=V_1+V_2+V_3+V_4\\&=(336+3463.61+363.38+1130.98)\text{m}^3\\&=5293.97\text{m}^3\end{aligned}$$

定额工程量同清单工程量。

钢筋工程量：

清单工程量：

Ⅰ－Ⅰ 配筋图：箍筋个数：$[(27.5-0.025\times 2)\div 0.15+1]$ 个 $=(183+1)$ 个 $=184$ 个

总箍筋长度：$l=(8-0.025\times 2+1.5-0.025\times 2)\times 2\times 184\text{m}$
$=3459.2\text{m}$

又∵ 箍筋为 $\phi8$ 钢筋，而 $\phi8$ 单根钢筋的理论重量为 0.395kg/m

故箍筋重量为：$m=3459.2\times 0.395\text{kg}=1366.38\text{kg}=1.37\text{t}$

纵筋个数：$[(8-0.025\times 2)\div 0.15+1]\times 2$ 根 $=54\times 2$ 根 $=108$ 根

纵筋长度：$[(28.5-0.025\times 2)\times 108+(27.5-0.025\times 2)\times 108]\text{m}=6037.2\text{m}$

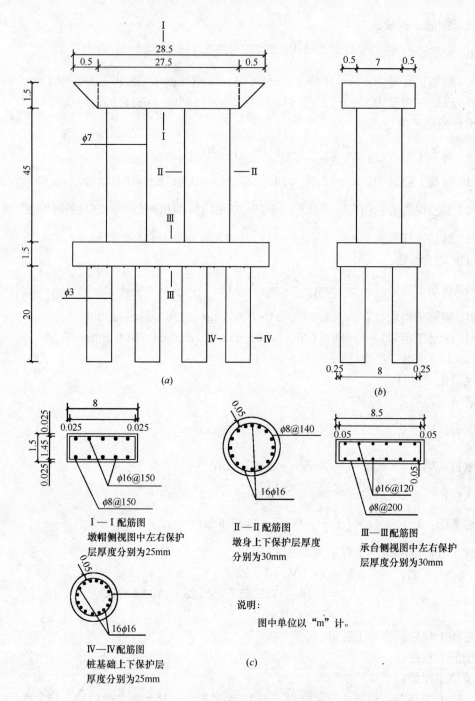

图 3-167 1号桥墩配筋图
(a)侧视图;(b)立面图;(c)1号桥墩侧面图、立面图及各部分配筋图

又∵ 纵筋为 $\phi16$ 钢筋,而 $\phi16$ 单根钢筋的理论重量为 $1.58kg/m$

故纵筋重量为:$m = 6037.2 \times 1.58 kg = 9538.78 kg = 9.54 t$

综上,墩帽的钢筋重量为:$m_1 = m_{箍} + m_{纵} = (1.37 + 9.54)t = 10.91t$

Ⅱ—Ⅱ配筋图:箍筋个数:$[(45 - 0.03 \times 2) \div 0.14 + 1]$ 个 $= (321 + 1)$ 个 $= 322$ 个

总箍筋长度：$\pi\times(7-0.05\times2)\times322\text{m}=6980.01\text{m}$

又∵ 箍筋为 $\phi8$ 钢筋，而 $\phi8$ 单根钢筋的理论重量为 0.395kg/m

故箍筋重量为：$m=6980.01\times0.395\text{kg}=2757.10\text{kg}=2.76\text{t}$

纵筋个数：16 根

总纵筋长度：$(45-0.03\times2)\times16\text{m}=719.04\text{m}$

又∵ 纵筋采用 $\phi16$ 钢筋，而 $\phi16$ 单根钢筋的理论重量为 1.58kg/m

故纵筋重量为：$m=719.04\times1.58\text{kg}=1136.08\text{kg}=1.14\text{t}$

综上，墩身的钢筋用量为：$m_2=(m_\text{箍}+m_\text{纵})\times2=(2.76+1.14)\times2\text{t}=3.9\times2\text{t}=7.8\text{t}$

Ⅲ－Ⅲ配筋图：

箍筋个数：$[(28.5-0.05\times2)\div0.2+1]$个$=(142+1)$个$=143$个

总箍筋长度：$(8.5-0.05\times2+1.5-0.05\times2)\times2\times143\text{m}=2802.8\text{m}$

又∵ 箍筋为 $\phi8$ 钢筋，而 $\phi8$ 单根钢筋的理论重量为 0.395kg/m

故箍筋的重量为：$m=2802.8\times0.395\text{kg}=1107.11\text{kg}=1.11\text{t}$

纵筋个数：$[(8.5-0.05\times2)\div0.12+1]\times2$ 根$=71\times2$ 根$=142$ 根

总纵筋长度：$(28.5-0.05\times2)\times142\text{m}=4032.8\text{m}$

又∵ 纵筋为 $\phi16$ 钢筋，而 $\phi16$ 单根钢筋的理论重量为 1.58kg/m

故纵筋的重量为：$m=4032.8\times1.58\text{kg}=6371.82\text{kg}=6.37\text{t}$

综上，承台的钢筋重量为：$m_3=(m_\text{箍}+m_\text{纵})=(1.11+6.37)\text{t}=7.48\text{t}$

Ⅳ－Ⅳ配筋图：箍筋个数：$[(20-0.025\times2)\div0.15+1]$个$=(133+1)$个$=134$个

总箍筋长度：$l=\pi\times(3-0.05\times2)\times134\text{m}=1220.83\text{m}$

又∵ 箍筋为 $\phi8$ 钢筋，而 $\phi8$ 单根钢筋的理论重量为 0.395kg/m

故箍筋的重量为：$m=1220.83\times0.395\text{kg}=482.23\text{kg}=0.48\text{t}$

纵筋个数：16 根

总纵筋长度为：$(20-0.025\times2)\times16\text{m}=319.2\text{m}$

又∵ 纵筋为 $\phi16$ 钢筋，而 $\phi16$ 单根钢筋的理论重量为 1.58kg/m

故纵筋重量为：$m=319.2\times1.58\text{kg}=504.34\text{kg}=0.5\text{t}$

综上，桩基础的钢筋重量为：$m_4=m_\text{箍}+m_\text{纵}=(0.48+0.5)\times8\text{t}=7.84\text{t}$

综上，1 号桥墩的钢筋重量为：

$m=m_1+m_2+m_3+m_4=(10.91+7.8+7.48+7.84)\text{t}=33.67\text{t}$

定额工程量同清单工程量。

(6) 4 号桥墩工程量（图 3-168）：

混凝土工程量：

清单工程量：

墩帽：$V_1=\dfrac{1}{2}\times[(28-0.5)+28.5]\times1.5\times(6+0.5\times2)\text{m}^3=294\text{m}^3$

墩身：$V_2=2\times\pi\times\left(\dfrac{6}{2}\right)^2\times15\text{m}^3=848.23\text{m}^3$

基础：$V_3=28.5\times10\times8\text{m}^3=2280\text{m}^3$

故 4 号桥墩的混凝土工程量为：

$$V = V_1 + V_2 + V_3 = (294 + 848.23 + 2280) \text{m}^3 = 3422.23 \text{m}^3$$

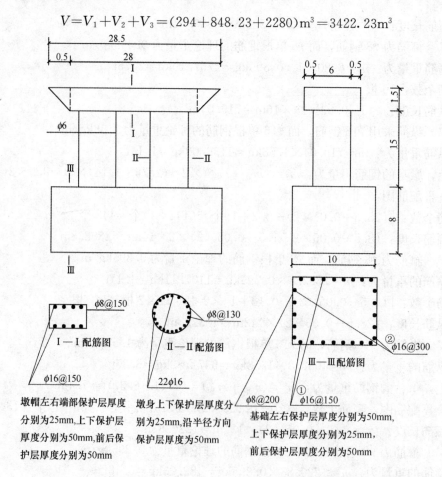

图 3-168 4号桥墩的侧面图、立面图分配筋图

定额工程量同清单工程量。

钢筋工程量：

清单工程量：

Ⅰ—Ⅰ 配筋图：箍筋个数：$[(28-0.5-0.025\times 2)\div 0.15+1]$个$=(183+1)$个$=184$个

总箍筋长度：$(1.5-0.05\times 2+7-0.025\times 2)\times 2\times 184\text{m}=3072.8\text{m}$

又∵ 箍筋为 $\phi 8$ 钢筋，而 $\phi 8$ 单根钢筋的理论重量为 0.395kg/m

故箍筋的重量为：$m=3072.8\times 0.395\text{kg}=1213.76\text{kg}=1.21\text{t}$

纵筋个数：$[(0.5\times 2+6-0.05\times 2)\div 0.15+1]$根$=47$根

总纵筋长度：$l=[(28-0.5-0.025\times 2)\times 47+(28.5-0.025\times 2)\times 47]\text{m}$
$=2627.3\text{m}$

又∵ 纵筋为 $\phi 16$ 钢筋，而 $\phi 16$ 单根钢筋的理论重量为 1.58kg/m

故纵筋重量为：$m=2627.3\times 1.58\text{kg}=4151.13\text{kg}=4.15\text{t}$

综上，墩帽的钢筋用量为：$m_1=m_{箍}+m_{纵}=(1.21+4.15)\text{t}=5.36\text{t}$

Ⅱ—Ⅱ 配筋图：箍筋个数：$[(15-0.025\times 2)\div 0.13+1]$个$=116$个

总箍筋长度：$l=\pi\times(6-0.05\times2)\times2\times116\text{m}=4300.22\text{m}$

又∵ 箍筋为 $\phi8$ 钢筋，而 $\phi8$ 单根钢筋的理论重量为 0.395kg/m

故箍筋重量为：$m=4300.22\times0.395\text{kg}=1698.59\text{kg}=1.70\text{t}$

纵筋个数：22×2 个 $=44$ 个

总纵筋长度：$l=(15-0.025\times2)\times44\text{m}=657.8\text{m}$

又∵ 纵筋为 $\phi16$ 钢筋，而 $\phi16$ 单根钢筋的理论重量为 1.58kg/m

故纵筋重量为：$m=657.8\times1.58\text{kg}=1039.32\text{kg}=1.04\text{t}$

综上，墩身的钢筋重量为：$m_2=m_{箍}+m_{纵}=(1.70+1.04)\text{t}=2.74\text{t}$

Ⅲ—Ⅲ配筋图：箍筋个数为：$[(28.5-0.05\times2)\div0.2+1]$ 个 $=143$ 个

总箍筋长度为：$(8-0.025\times2+10-0.05\times2)\times2\times143\text{m}=5105.1\text{m}$

又∵ 箍筋为 $\phi8$ 钢筋，而 $\phi8$ 单根钢筋的理论重量为 0.395kg/m

故箍筋重量为：$m=5105.1\times0.395\text{kg}=2016.51\text{kg}=2.02\text{t}$

纵筋②个数：$[(8-0.025\times2)\div0.15+1]\times2$ 个 $=108$ 个

总纵筋长度：$l=(28.5-0.05\times2)\times108\text{m}=3067.2\text{m}$

又∵ 纵筋②采用 $\phi16$ 钢筋，而 $\phi16$ 单根钢筋的理论重量为 1.58kg/m

故纵筋②的钢筋重量为：$m=3067.2\times1.58\text{kg}=4846.18\text{kg}=4.85\text{t}$

纵筋①的个数：$[(10-0.05\times2)\div0.3-1]\times2$ 个 $=64$ 个

总纵筋①的长度为：$l=(28.5-0.05\times2)\times64\text{m}=1817.6\text{m}$

又∵ 纵筋①采用 $\phi16$ 钢筋，而 $\phi16$ 钢筋的理论重量为 1.58kg/m

故纵筋①的钢筋重量为：
$$m=1817.6\times1.58\text{kg}=2871.808\text{kg}=2.87\text{t}$$

综上，基础的钢筋重量为：
$$m_3=m_{箍}+m_{纵①}=(2.02+4.85+2.87)\text{t}=9.74\text{t}$$

综上，4号桥墩的钢筋重量为：
$$m=m_1+m_2+m_3=(5.36+2.74+9.74)\text{t}=17.84\text{t}$$

定额工程量同清单工程量。

(7) 桥上结构工程量(图 3-169)：

桥面铺装(行车道)：

清单工程量：

沥青混凝土：$S_1=2\times11.25\times700\text{m}^2=15750\text{m}^2$

200号细骨料：$S_2=2\times11.25\times700\text{m}^2=15750\text{m}^2$

沥青砂：$S_3=2\times11.25\times700\text{m}^2=15750\text{m}^2$

定额工程量：

沥青混凝土：$V_1=S_1\times0.06=945\text{m}^3$

200号细骨料：$V_2=S_2\times0.04=630\text{m}^3$

沥青砂：$V_3=S_3\times0.02=315\text{m}^3$

防撞栏杆：

清单工程量：

横栏(扶手)：$V_1 = \pi \times \left[\left(\dfrac{0.1}{2}\right)^2 - \left(\dfrac{0.1-2\times 0.01}{2}\right)^2\right] \times 700 \text{m}^3 = 1.98 \text{m}^3$

竖栏(柱子)：$V_2 = \pi \times \left[\left(\dfrac{0.06}{2}\right)^2 - \left(\dfrac{0.06-2\times 0.01}{2}\right)^2\right] \times (1.2+0.1) \text{m}^3$
$= 0.002 \text{m}^3$

如图 3-169 所示，经计算可得桥一侧竖栏个数为：

$[(700-0.06) \div (0.73+0.06)+1]$ 个 $=(886+1)$ 个 $= 887$ 个

又∵ 钢的密度为 $7.87 \times 10^3 \text{kg/m}^3$

故栏杆的清单工程量为：

$m = 7.87 \times 10^3 \times (V_1 + 887 V_2) \times 2$
$= 7.87 \times 10^3 \times (1.98 + 887 \times 0.002) \times 2 \text{kg}$
$= 59.09 \times 10^3 \text{kg} = 59.09 \text{t}$

定额工程量同清单工程量。

灯柱及灯脚：

灯柱：

清单工程量：

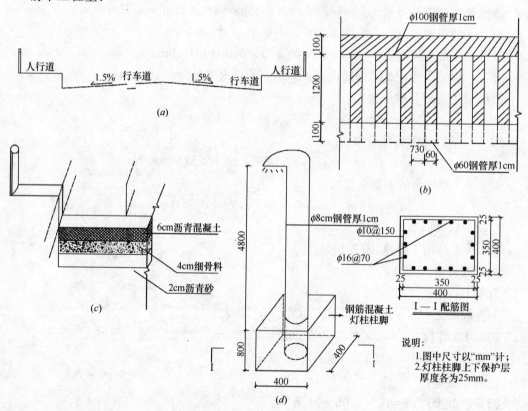

图 3-169 桥上结构示意图
(a)桥面横断面图；(b)防撞栏杆；(c)桥面结构图；(d)桥灯

$V = \pi \times \left[\left(\dfrac{0.08}{2}\right)^2 - \left(\dfrac{0.08-0.01\times 2}{2}\right)^2\right] \times (4.8+0.8) \text{m}^3 = 0.012 \text{m}^3$

又∵ 钢的密度为 $7.87\times10^3 \text{kg/m}^3$

故灯柱的工程量为：$m=7.87\times10^3\times0.012\text{kg}=0.094\times10^3\text{kg}=0.09\text{t}$

定额工程量同清单工程量。

灯脚：

混凝土工程量：

清单工程量：

$$V=0.4\times0.4\times0.8\text{m}^3=0.13\text{m}^3$$

定额工程量同清单工程量。

钢筋工程量：

清单工程量：

箍筋个数：$[(0.8-0.025\times2)\div0.15+1]$ 个 = 6 个

总箍筋长度为：$(0.35+0.35)\times2\times6\text{m}=8.4\text{m}$

又∵ 箍筋为 $\phi10$ 钢筋，而 $\phi10$ 单根钢筋的理论重量为 0.617kg/m

故箍筋的钢筋用量为：$m=8.4\times0.617\text{kg}=5.18\text{kg}=0.005\text{t}$

纵筋个数：$(0.35\div0.07+1)\times4$ 根 = 24 根

总纵筋长度：$l=(0.8-0.025\times2)\times24\text{m}=18\text{m}$

又∵ 纵筋为 $\phi16$ 钢筋，而 $\phi16$ 单根钢筋的理论重量为 1.58kg/m

故纵筋重量为：$m=18\times1.58\text{kg}=28.44\text{kg}=0.028\text{t}=0.03\text{t}$

故柱脚的钢筋用量为：$m=m_{箍}+m_{纵}=(0.005+0.03)\text{t}=0.035\text{t}$

分部分项工程量清单与计价表

工程名称：某预制板桥　　　　标段：　　　　　　　　　　　　第 页 共 页

序号	项目编码	项目名称	项目特征描述	计量单位	工程量	金额(元)		
						综合单价	合价	其中：暂估价
1	040307008001	钢拉索	任一拉索由9根 $\phi12$ 钢筋一股的平行钢筋束组成	t	89.74			
2	040302019001	桥塔身	C30混凝土，索塔的各壁厚均为500mm	m³	2370.56			
3	040701002001	非预应力钢筋	塔顶拉索区钢筋，$\phi8$ 箍筋，$\phi12$ 纵筋	t	4.62			
4	040701002002	非预应力钢筋	上下塔柱钢筋，$\phi8$ 箍筋	t	5.2			
5	040701002003	非预应力钢筋	受压横梁钢筋，$\phi8$ 箍筋，$\phi16$ 纵筋	t	2.24			
6	040701002004	非预应力钢筋	受拉横梁钢筋，$\phi8$ 箍筋，$\phi16$ 纵筋	t	3.28			
7	040303003001	预制混凝土梁	T形梁，C30混凝土	m³	8975			

续表

序号	项目编码	项目名称	项目特征描述	计量单位	工程量	金额(元)		
						综合单价	合价	其中:暂估价
8	040302012001	混凝土板梁	横隔板梁,C25混凝土	m³	662.7			
9	040701003001	先张法预应力钢筋	5根φ12平行预应力钢筋束	t	31.14			
10	040701002005	非预应力钢筋	主梁单个梁肋钢筋,φ10箍筋	t	12.49			
11	040701002006	非预应力钢筋	主梁单个梁肋钢筋,φ12钢筋	t	60.38			
12	040701002007	非预应力钢筋	主梁翼板及行车道板钢筋,φ10箍筋	t	82.28			
13	040701002008	非预应力钢筋	主梁翼板及行车道板钢筋,φ12纵筋	t	235.28			
14	040701002009	非预应力钢筋	横隔梁钢筋,φ10箍筋	t	11.81			
15	040701002010	非预应力钢筋	横隔梁钢筋,φ12纵筋	t	31.65			
16	040302003001	墩(台)帽	2、3号桥墩C30混凝土墩帽	m³	336			
17	040302004001	墩(台)身	2、3号桥墩C30混凝土墩身	m³	2309.08			
18	040302002001	混凝土承台	2、3号桥墩C30混凝土承台	m³	342			
19	040302001001	混凝土基础	2、3号桥墩C30混凝土桩基础	m³	753.98			
20	040701002011	非预应力钢筋	2、3号桥墩墩帽钢筋,φ10箍筋	t	1.58			
21	040701002012	非预应力钢筋	2、3号桥墩墩帽钢筋,φ12纵筋	t	4.6			
22	040701002013	非预应力钢筋	2、3号桥墩墩身钢筋,φ10箍筋	t	2.06			
23	040701002014	非预应力钢筋	2、3号桥墩墩身钢筋,φ12纵筋	t	6.81			
24	040701002015	非预应力钢筋	2、3号桥墩承台钢筋,φ10箍筋	t	1.64			
25	040701002016	非预应力钢筋	2、3号桥墩承台钢筋,φ12纵筋	t	4.69			

续表

序号	项目编码	项目名称	项目特征描述	计量单位	工程量	金额元		
						综合单价	合价	其中：暂估价
26	040701002017	非预应力钢筋	2、3号桥墩桩基础钢筋，ϕ10箍筋	t	2.30			
27	040701002018	非预应力钢筋	2、3号桥墩桩基础钢筋，ϕ12纵筋	t	7.65			
28	040302003002	墩（台）帽	1号桥墩C30混凝土墩帽	m³	336			
29	040302004002	墩（台）身	1号桥墩C30混凝土墩身	m³	3463.61			
30	040302002002	混凝土承台	1号桥墩C30混凝土承台	m³	363.38			
31	040302001002	混凝土基础	1号桥墩C30混凝土桩基础	m³	1130.98			
32	040701002019	非预应力钢筋	1号桥墩钢筋，ϕ8箍筋，ϕ16纵筋	t	33.67			
33	040302003003	墩（台）帽	4号桥墩C30混凝土墩帽	m³	294			
34	040302004003	墩（台）身	4号桥墩C30混凝土墩身	m³	848.23			
35	040302001003	混凝土基础	4号桥墩C30混凝土基础	m³	2280			
36	040701002020	非预应力钢筋	4号桥墩钢筋，ϕ8箍筋，ϕ16纵筋	t	17.84			
37	040302017001	桥面铺装	6cm沥青混凝土	m²	15750			
38	040302017002	桥面铺装	4cm200号细骨料	m²	15750			
39	040302017003	桥面铺装	2cm沥青砂	m²	15750			
40	040309001001	金属栏杆	防撞栏杆，ϕ60钢管，ϕ100钢管	t	59.09			
41	040307005001	钢构件	灯柱，ϕ8cm钢管，厚1cm	t	0.09			
42	040302016001	混凝土小型构件	钢筋混凝土灯柱柱脚	m³	0.13			
43	040701002021	非预应力钢筋	柱脚钢筋，ϕ10箍筋，ϕ16纵筋	t	0.035			
			本页小计					
			合 计					

定额工程量同清单工程量。

【例4】 实腹式拱上建筑的特点是构造简单,施工方便,填料数量较多,荷载较重,某建设工程建设的拱桥采用这种构造,具体设计数据为:单孔跨径9m,桥面长30m,拱圆中心线 $R=4.5$m,拱板厚200mm,双孔,桥宽(净宽):$(7.5+2\times1.75)$m$=11$m,重力式桥墩,圆台形护坡,其细部构造如图3-170所示,计算该桥工程量。

【解】 (1) 台身工程量计算(图3-170):

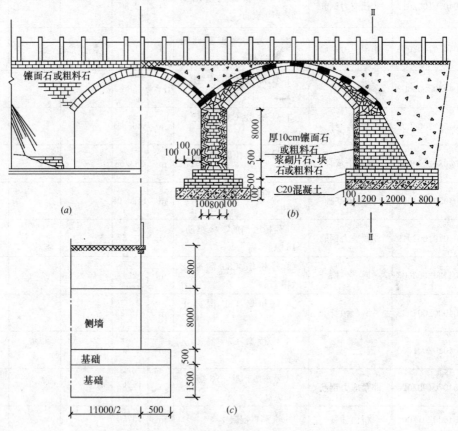

图3-170 实腹式拱桥细部构造示意图
(a) 半立面图;(b) 半纵断面图;(c) Ⅱ-Ⅱ侧视图

清单工程量:

镶面石工程量:$V_1=0.1\times8\times11\text{m}^3=8.8\text{m}^3$

浆砌片石、块石(粗料石)工程量:

$$V_2=\frac{1}{2}\times[(1.2-0.1)+(1.2+2-0.1)]\times8\times11\text{m}^3=184.8\text{m}^3$$

综上,台身工程量为:

$$V=2V_1+2V_2=(2\times8.8+2\times184.8)\text{m}^3=387.2\text{m}^3$$

定额工程量同清单工程量。

(2) 台基础工程量:

清单工程量:

浆砌片石、块石(粗料石)工程量:

$$V_1=(0.1+1.2+2+0.8)\times0.5\times(11+0.5\times2)\text{m}^3$$

$$= 24.6 \mathrm{m}^3$$

C20 混凝土工程量：

$$V_2 = (0.1+1.2+2+0.8) \times 1.5 \times (11+0.5 \times 2) \mathrm{m}^3 = 73.8 \mathrm{m}^3$$

综上，基础的工程量为：

$$V = 2V_1 + 2V_2 = (2 \times 24.6 + 73.8 \times 2) \mathrm{m}^3 = 196.8 \mathrm{m}^3$$

定额工程量同清单工程量。

(3) 拱圈工程量(图 3-171)：

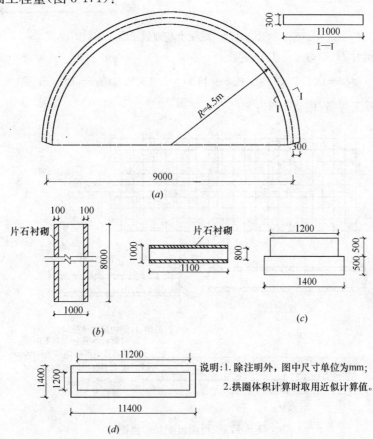

图 3-171 拱桥各部分示意图
(a) 拱桥拱圈截面图；(b) 拱桥墩身截面图；(c) 石料基础截面图(一)；
(d) 石料基础截面图(二)

清单工程量：

拱板纵截面面积：$S = 2\pi \times 4.5 \times \dfrac{1}{2} \times 0.3 \mathrm{m}^2 = 4.24 \mathrm{m}^2$

拱板工程量：$V = 4.24 \times 11 \times 2 \mathrm{m}^3 = 93.28 \mathrm{m}^3$

定额工程量同清单工程量。

(4) 拱桥墩身工程量：

清单工程量：

墩身镶石衬砌工程量：$V_1 = 0.1 \times 11 \times 8 \times 2 \mathrm{m}^3 = 17.6 \mathrm{m}^3$

墩身浆砌片石、块石(粗料石):
$$V_2=(1.0-0.1\times2)\times11\times8\mathrm{m}^3=70.4\mathrm{m}^3$$

定额工程量同清单工程量。

(5) 拱桥墩基础工程量(图 3-172):

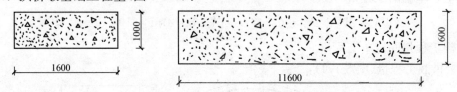

图 3-172 混凝土基础截面图

墩基础浆砌片石、(块石)工程量:
$$V=(11.2\times1.2\times0.5+11.4\times1.4\times0.5)\mathrm{m}^3=14.7\mathrm{m}^3$$

(6) 桥面板工程量(图 3-173):

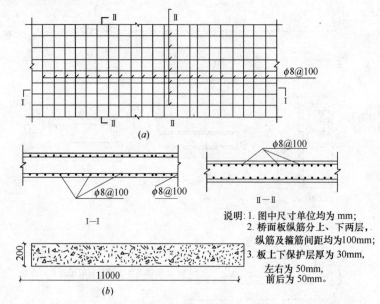

图 3-173 桥面板配筋示意图

(a)桥面板内钢筋网布置图板内钢筋;(b)桥面板横截面图桥面板

桥面板混凝土工程量:

清单工程量:

桥面板 C20 混凝土工程量:$V=11\times0.2\times30\mathrm{m}^3=66\mathrm{m}^3$

定额工程量同清单工程量。

桥面板钢筋工程量:

清单工程量:($\because \phi 8$ 根钢筋的理论重量为 0.395kg/m)

$\phi 8$ 箍筋个数:$\left(\dfrac{30000-50\times2}{100}+1\right)$ 个 $=300$ 个

$\phi 8$ 箍筋工程量:$m=[(0.2-0.06)+(11.0-0.1)]\times2\times300\times0.395\mathrm{kg}$
$=11.04\times2\times300\times0.395\mathrm{kg}=2616.48\mathrm{kg}=2.62\mathrm{t}$

$\phi 8$ 纵筋根数：$\left(\dfrac{11000-100}{100}+1\right)\times 2$ 根 $=220$ 根

$\phi 8$ 纵筋工程量：$m=(30-0.1)\times 220\times 0.395\text{kg}=29.9\times 220\times 0.395\text{kg}$
$=2598.31\text{kg}=2.60\text{t}$

综上，桥面板的钢筋工程量为：$m=m_{箍}+m_{纵}=(2.62+2.60)\text{t}=5.22\text{t}$

定额工程量同清单工程量。

(7) 拱桥支座工程量(图 3-174)：

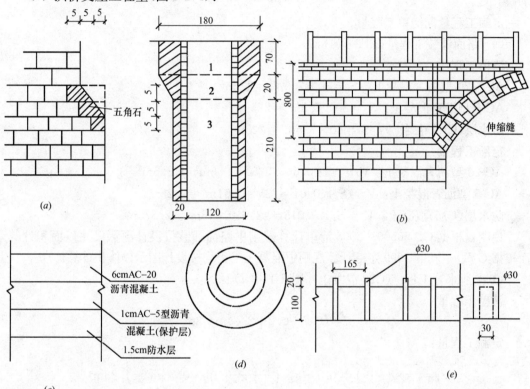

图 3-174
(a) 拱桥支座(cm)；(b) 实腹拱桥伸缩缝布置(mm)；(c) 路面铺装(cm)；
(d) 泄水管构造(cm，C20 混凝土)；(e) 混凝土防护栏(cm)

清单工程量：

$$V_1=\left[(5\times 3)\times 5+(5\times 2)\times 5+5\times 5-\dfrac{1}{2}\times(5\times 2)\times(5\times 2)\right]\times 11\text{m}^3=1100\text{m}^3$$

$$V=4V_1=4\times 1100\text{m}^3=4400\text{m}^3$$

定额工程量同清单工程量。

(8) 混凝土防护栏工程量(图 3-174)：

清单工程量：

如图 3-174(e)所示，经计算可得：

栏板个数：$\dfrac{3000-30}{165}$ 个 $=18$ 个

柱子个数为：$\left(\dfrac{3000-30}{165}+1\right)$个$=19$个

栏板工程量：$V_1=1\times(1.65-0.3)\times0.3\times18\times2\text{m}^3=14.58\text{m}^3$

柱子工程量：$V_2=\pi\times\left(\dfrac{0.3}{2}\right)^2\times(1+0.2)\times19\times2\text{m}^3=3.22\text{m}^3$

综上，混凝土防护栏的工程量为：

$$V=V_1+V_2=(14.58+3.22)\text{m}^3=17.8\text{m}^3$$

定额工程量同清单工程量。

(9) 路面铺装工程量（图 3-174）：

清单工程量：

ACA-20 型沥青混凝土：$S_1=30\times7.5\text{m}^2=225\text{m}^2$

AC-5 型沥青混凝土：$S_2=30\times7.5\text{m}^2=225\text{m}^2$

防水层（C15 混凝土）：$S_3=30\times7.5\text{m}^2=225\text{m}^2$

定额工程量：

AC-20 型沥青混凝土：$V_1=S_1\times0.06=225\times0.06\text{m}^3=13.5\text{m}^3$

AC-5 型沥青混凝土：$V_2=S_2\times0.01=225\times0.01\text{m}^3=2.25\text{m}^3$

防水层（C15）混凝土：$V_3=S_3\times0.015=225\times0.015\text{m}^3=3.375\text{m}^3$

说明：根据 GB 50500—2008 清单计算规则中路面铺装按设计图示尺寸以面积计算，而根据 GYD—303—1999 定额计算规则中混凝土工程均按设计图示以体积计算。

(10) 泄水管工程量（C20 混凝土）[图 3-174(d)]：

清单工程量：

$$l=(0.7+0.2+2.1)\text{m}=3\text{m}$$

定额工程量：

$$V_1=\left[\pi\times\left(\dfrac{1.8}{2}\right)^2\times0.7-\pi\times\left(\dfrac{1.2-0.2}{2}\right)^2\times0.7\right]\text{m}^3=1.23\text{m}^3$$

$$V_2=\left\{\dfrac{\pi}{3}\times0.2\times\left[\left(\dfrac{1.2+0.2}{2}\right)^2+\left(\dfrac{1.8}{2}\right)^2+\left(\dfrac{1.2+0.2}{2}\right)\times\left(\dfrac{1.8}{2}\right)\right]\right.$$

$$\left.-\pi\times\left(\dfrac{1.2-0.2}{2}\right)^2\times0.2\right\}\text{m}^3$$

$$=0.247\text{m}^3$$

$$V_3=\left[\pi\times\left(\dfrac{1.2+0.2}{2}\right)^2-\pi\times\left(\dfrac{1.2-0.2}{2}\right)^2\right]\times2.1\text{m}^3=11.28\text{m}^3$$

综上，泄水管的工程量为：

$$V=V_1+V_2+V_3=(1.23+0.247+11.28)\text{m}^3=12.757\text{m}^3$$

(11) 拱桥伸缩缝工程量：

清单工程量：

根据 GB 50500—2008 清单计算规则中伸缩缝按设计图示以长度（m）计算，故如图一个伸缩缝的工程量为 0.8m。

分部分项工程量清单与计价表

工程名称：某拱桥　　　　标段：　　　　　　　　　　　　　　第 页 共 页

序号	项目编码	项目名称	项目特征描述	计量单位	工程量	金额(元)		
						综合单价	合价	其中：暂估价
1	040304002001	浆砌块料	台身厚10cm镶面石	m³	8.8			
2	040304002002	浆砌块料	台身浆砌片石、块石或粗料石	m³	184.8			
3	040304002003	浆砌块料	台基础，浆砌片石、块石或粗料石	m³	24.6			
4	040302001001	混凝土基础	台基础，C20混凝土	m³	73.8			
5	040302013001	拱板	拱圈拱板	m³	93.28			
6	040304002004	浆砌块料	墩身镶石衬砌	m³	17.6			
7	040304002005	浆砌块料	墩身浆砌片石、块石(粗料石)	m³	70.4			
8	040304002006	浆砌块料	墩基础浆砌片石、块石	m³	14.7			
9	040303002001	预制混凝土板	桥面板尺寸11000mm×200mm，C20混凝土	m³	66			
10	040701002001	非预应力钢筋	桥面板钢筋，ϕ8箍筋，ϕ8纵筋	t	5.22			
11	040302007001	拱桥拱座	拱桥五角石支座	m³	4400			
12	040303005001	预制混凝土小型构件	混凝土防护栏	m³	17.8			
13	040302017001	桥面铺装	6cmAC-20型沥青混凝土	m²	225			
14	040302017002	桥面铺装	1cmAC-5型沥青混凝土	m²	225			
15	040302017003	桥面铺装	1.5cm防水层	m²	225			
16	040309008001	桥面泄水管	C20混凝土	m	3			
17	040309006001	桥面伸缩装置	拱桥伸缩缝	m	0.8			
			本页小计					
			合　计					

定额工程量同清单工程量。

【例5】 某人行天桥工程，天桥桥面宽4.0m，长16.1m，各细部尺寸如图3-175～图3-179所示，计算该天桥工程量(天桥采用玻璃密闭遮护，此处不计其工程量，天桥两端采用柱式桥墩支撑)。

【解】 (1) 天桥台阶混凝土工程量(图3-175)：

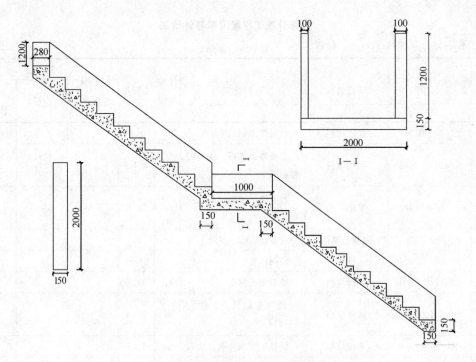

图 3-175 天桥台阶截面图

清单工程量：

下段台阶截面面积 $= \left\{ \dfrac{1}{2} \times [(0.15+0.28)+(0.15+0.28\times 10)] \times 0.15 \times 9 \right.$

$+ \dfrac{1}{2} \times [0.15+(0.28+0.15)] \times 0.15 - \dfrac{1}{2} \times 0.15 \times 9 \times (0.15$

$\left. +0.28\times 9-0.15) - \dfrac{1}{2} \times 0.15 \times 0.28 \times 9 \right\} \mathrm{m}^2$

$= \left\{ \dfrac{1}{2} \times [0.43+2.95] \times 1.35 + \dfrac{1}{2} \times 0.58 \times 0.15 \right.$

$\left. - \dfrac{1}{2} \times 1.35 \times 2.52 - \dfrac{1}{2} \times 0.378 \right\} \mathrm{m}^2$

$= (2.28+0.04-1.70-0.19)\mathrm{m}^2 = 0.43\mathrm{m}^2$

平台截面面积 $= (1.0+0.15) \times 0.15 \mathrm{m}^2 = 0.17 \mathrm{m}^2$

上段台阶截面面积 $= \left\{ \dfrac{1}{2} \times (0.28+0.28\times 11) \times 0.15 \times 10 + \dfrac{1}{2} \times [0.15+(0.28+0.15)] \right.$

$\left. \times 0.15 - \dfrac{1}{2} \times 0.15 \times 9 \times [0.28\times 10-0.15] - \dfrac{1}{2} \times 0.28 \times 0.15 \times 10 \right\} \mathrm{m}^2$

$= \left(\dfrac{1}{2} \times 3.36 \times 1.5 + \dfrac{1}{2} \times 0.58 \times 0.15 - \dfrac{1}{2} \times 1.35 \times 2.65 \right.$

$\left. - \dfrac{1}{2} \times 0.28 \times 1.5 \right) \mathrm{m}^2$

$$= (2.52+0.04-1.79-0.21)m^2 = 0.56m^2$$

台阶 C20 混凝土工程量 $= (0.43+0.17+0.56) \times 2.0 \times 2 m^3 = 1.16 \times 2.0 \times 3 m^3$

$$= 4.64 m^3$$

定额工程量同清单工程量。

(2) 台阶两侧护板工程量：

清单工程量：

护板截面面积 $= \Big(1.2 \times 0.28 \times 10 + \dfrac{1}{2} \times 0.15 \times 0.28 \times 10 + 1.2 \times 1.0 + 1.2 \times 0.28 \times 10$

$$+ \dfrac{1}{2} \times 0.15 \times 0.28 \times 10 + 1.2 \times 0.28\Big) m^2$$

$$= (3.36 + 0.21 + 1.2 + 3.36 + 0.21 + 0.336) m^2 = 8.68 m^2$$

护板 C10 混凝土工程量 $= 8.68 \times 0.1 \times 2 \times 2 m^3 = 3.47 m^3$

定额工程量同清单工程量。

(3) 天桥桥面板混凝土工程量：

清单工程量：

C20 混凝土工程量 $= 16.1 \times 4.0 \times 0.2 m^3 = 12.88 m^3$

定额工程量同清单工程量。

(4) 天桥桥面板配筋工程量：

清单工程量：

$\phi 8$ 箍筋个数 $= \Big(\dfrac{16100 - 50 \times 2}{200} + 1\Big)$ 个 $= 81$ 个

$\phi 8$ 箍筋工程量 $= (3.9 + 0.14) \times 2 \times 81 \times 0.395 kg$

$$= 4.04 \times 2 \times 81 \times 0.395 kg = 258.52 kg = 0.26 t$$

$\phi 10$ 纵筋根数 $= \Big(\dfrac{4000 - 100}{100} + 1\Big) \times 2$ 根 $= 40 \times 2$ 根 $= 80$ 根

$\phi 10$ 纵筋工程量 $= (16.1 - 0.1) \times 80 \times 0.617 kg$

$$= 16 \times 80 \times 0.617 kg = 789.76 kg = 0.79 t$$

定额工程量同清单工程量。

(5) 主梁混凝土工程量(图 3-176a、c)：

清单工程量：

C25 双 T 梁混凝土工程量 $= \Big[2.0 \times 0.15 + 2 \times \dfrac{1}{2} \times 0.1 \times 0.8 + 0.4 \times (0.8 - 0.15)\Big] \times 2$

$$\times 16.1 m^3$$

$$= [0.3 + 0.08 + 0.26] \times 2 \times 16.1 m^3 = 20.61 m^3$$

横隔梁 C20 混凝土工程量 $= \Big(1.6 \times 0.5 + \dfrac{1}{2} \times 1.6 \times 0.1\Big) \times 0.2 \times 7 m^3$

$$=(0.8+0.08)\times 0.2\times 7m^3=1.23m^3$$

定额工程量同清单工程量。

(6) 主梁配筋工程量(图 3-176b、c):

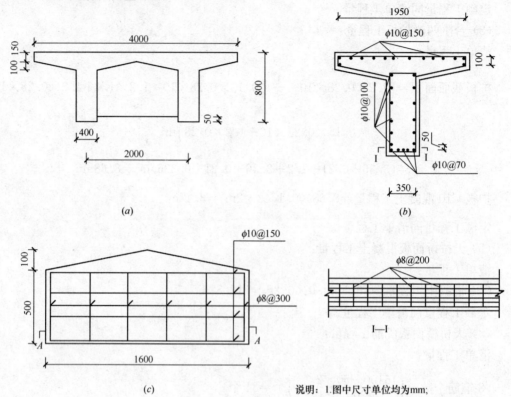

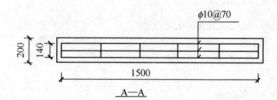

图 3-176

(a)宽肋矮 T 梁截面图；(b)梁配筋截面图；(c)横隔梁截面图

清单工程量：

T 梁箍筋 $\phi 8$ 个数 $=\left(\dfrac{16100-100}{200}+1\right)$ 个 $=81$ 个

双 T 梁 $\phi 8$ 箍筋工程量 $=[1.95+0.1\times 2+2\times\sqrt{0.1^2+0.8^2}+(0.35+0.5)\times 2]\times 2\times 81$

$\times 0.395kg$

$=(1.95+0.2+1.61+1.7)\times 2\times 81\times 0.395kg$

$=5.46\times 2\times 81\times 0.395kg=349.39kg=0.35t$

T梁中ϕ10纵筋根数=$\left[\left(\dfrac{350}{70}+1\right)+\dfrac{500}{100}\times 2+\left(\dfrac{1950}{150}+1\right)+2\right]$根

$\qquad\qquad\qquad$=(6+10+14+2)根=32根

双T梁ϕ10纵筋工程量=(16.1−0.1)×32×2×0.617kg

$\qquad\qquad\qquad$=16.0×32×2×0.617kg=631.81kg=0.63t

横隔梁中ϕ8箍筋个数=$\left(\dfrac{1600-100}{300}+1\right)\times 7$个=6×7个=42个

横隔梁中ϕ8箍筋工程量=(0.45+0.14)×2×42×0.395kg

$\qquad\qquad\qquad$=0.59×2×42×0.395kg=19.58kg=0.02t

横隔梁中ϕ10纵筋根数=$\left[\left(\dfrac{140}{70}+1\right)+2\times\dfrac{450}{150}\right]\times 7$根=(3+6)×7根

$\qquad\qquad\qquad$=9×7根=63根

横隔梁中ϕ10纵筋工程量=1.5×63×0.617kg=58.31kg=0.06t

定额工程量同清单工程量。

(7) 天桥桥墩混凝土工程量(图3-177a、b、c):

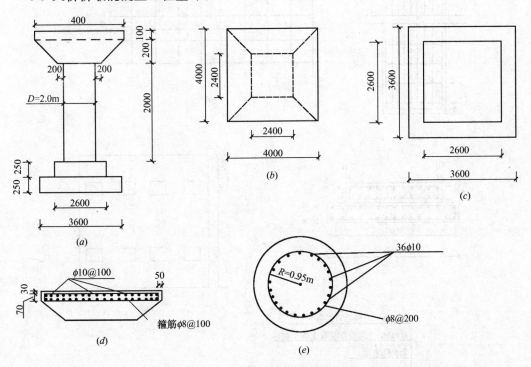

图3-177 桥墩各部构造示意图

(a) 桥墩截面图;(b) 墩帽示意图;(c) 基础示意图;(d) 墩帽配筋图;(e) 柱身配筋图(一)

清单工程量:

墩帽C25混凝土工程量

$$= 2 \times \left\{ 4.0 \times 4.0 \times 0.1 + \frac{1}{6} \times 0.2 \times [4.0 \times 4.0 + (4.0+2.4)^2 + 2.4 \times 2.4] \right\} m^3$$

$$= \left[1.6 + \frac{1}{6} \times 0.2 \times (16 + 6.4 \times 6.4 + 5.76) \right] \times 2 m^3$$

$$= 7.38 m^3$$

墩身 C25 混凝土工程量 $= 2 \times \pi \times 1.0^2 \times 2.0 m^3 = 12.57 m^3$

基础 C25 混凝土工程量 $= 2 \times (2.6 \times 2.6 \times 0.25 + 3.6 \times 3.6 \times 0.25) m^3$
$$= 2 \times (1.69 + 3.24) m^3 = 2 \times 4.93 m^3 = 9.86 m^3$$

定额工程量同清单工程量。

(8) 桥墩配筋工程量(图 3-177、图 3-178)：

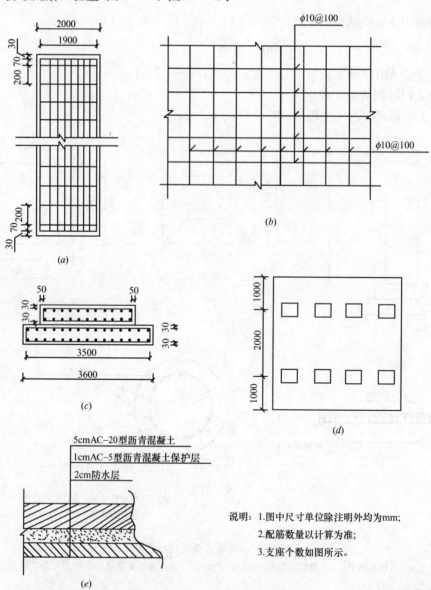

图 3-178
(a) 柱身配筋图(二)；(b) 基础配筋图(一)；(c) 基础配筋图(二)；(d) 墩帽支座布置图；(e) 桥面铺装图

清单工程量：

墩帽 $\phi8$ 箍筋个数 $=\left(\dfrac{4000-100}{100}+1\right)\times 2$ 个 $=40\times 2$ 个 $=80$ 个

墩帽 $\phi8$ 箍筋工程量 $=[(4.0-0.1)+0.07]\times 2\times 80\times 0.395\text{kg}$
$=3.97\times 2\times 80\times 0.395\text{kg}=250.90\text{kg}=0.25\text{t}$

墩帽 $\phi10$ 纵筋根数 $=\left(\dfrac{4000-100}{100}+1\right)\times 2$ 根 $=40\times 2$ 根 $=80$ 根

墩帽 $\phi10$ 纵筋工程量 $=(4.0-0.1)\times 80\times 0.617\text{kg}$
$=3.9\times 80\times 0.617\text{kg}=192.5\text{kg}=0.19\text{t}$

墩身 $\phi8$ 箍筋个数 $=\left[\left(\dfrac{2000-(30+70)\times 2}{200}+1\right)+2\right]\times 2$ 个 $=12\times 2$ 个 $=24$ 个

墩身 $\phi8$ 箍筋工程量 $=2\times\pi\times 0.95\times 24\times 0.395\text{kg}$
$=56.59\text{kg}=0.06\text{t}$

墩身 $\phi10$ 纵筋工程量 $=(2.0-0.03\times 2)\times 36\times 2\times 0.617\text{kg}$
$=1.94\times 36\times 2\times 0.617\text{kg}=86.18\text{kg}=0.09\text{t}$

台阶式基础上层 $\phi10$ 箍筋个数 $=\left(\dfrac{2600-100}{100}+1\right)\times 2$ 个 $=26\times 2$ 个 $=52$ 个

台阶式基础下层 $\phi10$ 箍筋个数 $=\left(\dfrac{3600-100}{100}+1\right)\times 2$ 个 $=36\times 2$ 个 $=72$ 个

基础上层 $\phi10$ 箍筋工程量 $=[(2.6-0.1)+(0.25-0.03\times 2)]\times 2\times 52\times 0.617\text{kg}$
$=[2.5+0.19]\times 2\times 52\times 0.617\text{kg}$
$=2.69\times 2\times 52\times 0.617\text{kg}=172.61\text{kg}=0.17\text{t}$

基础下层 $\phi10$ 箍筋工程量 $=[(3.6-0.1)+(0.25-0.03\times 2)]\times 2\times 72\times 0.617\text{kg}$
$=[3.5+0.19]\times 2\times 72\times 0.617\text{kg}$
$=327.85\text{kg}=0.33\text{t}$

基础上层 $\phi10$ 纵筋根数 $=\left(\dfrac{2600-100}{100}+1\right)\times 2\times 2$ 根 $=26\times 2\times 2$ 根 $=104$ 根

基础下层 $\phi10$ 纵筋根数 $=\left(\dfrac{3600-100}{100}+1\right)\times 2\times 2$ 根 $=36\times 2\times 2$ 根 $=144$ 根

基础上层 $\phi10$ 纵筋工程量 $=(2.6-0.1)\times 104\times 0.617\text{kg}=160.42\text{kg}=0.16\text{t}$

基础下层 $\phi10$ 纵筋工程量 $=(3.6-0.1)\times 144\times 0.617\text{kg}$
$=310.97\text{kg}=0.31\text{t}$

基础 $\phi10$ 箍筋工程量 $=(0.17+0.33)\text{t}=0.50\text{t}$

基础 $\phi10$ 纵筋工程量 $=(0.16+0.31)\text{t}=0.47\text{t}$

定额工程量同清单工程量。

(9) 支座工程量(图 3-178d)：

清单工程量：

根据 GB 50500—2008《建设工程工程量清单计价规范》中桥涵护岸工程的橡胶支座工程量计算规则，本工程中支座工程量为 8×2 个 $=16$ 个。

定额工程量同清单工程量。

(10) 天桥桥面铺装工程量(图 3-178e)：

清单工程量：

AC-20 型沥青混凝土：$S_1 = 4.0 \times 16.1 m^2 = 64.4 m^2$

AC-5 型沥青混凝土：$S_2 = 4.0 \times 16.1 m^2 = 64.4 m^2$

防水层(C15 混凝土)：$S_3 = 4.0 \times 16.1 m^2 = 64.4 m^2$

定额工程量：

AC-20 型沥青混凝土：$V_1 = S_1 \times 0.05 = 64.4 \times 0.05 m^3 = 3.22 m^3$

AC-5 型沥青混凝土：$V_2 = S_2 \times 0.01 = 64.4 \times 0.01 m^3 = 0.64 m^3$

防水层(C15 混凝土)：$V_3 = S_3 \times 0.02 = 64.4 \times 0.02 m^3 = 1.29 m^3$

说明：根据 GB 50500—2008 清单计算规则中，路面铺装设计图示尺寸以面积计算；又根据 GYD—303—1999 定额计算规则中混凝土工程均按设计图示尺寸以体积计算。

分部分项工程量清单与计价表

工程名称：某人行天桥　　　　标段：　　　　　　　　　　第 页 共 页

序号	项目编码	项目名称	项目特征描述	计量单位	工程量	金额(元)		
						综合单价	合价	其中：暂估价
1	040302014001	混凝土楼梯	人行天桥台阶，C20 混凝土	m³	4.64			
2	040303002001	预制混凝土板	台阶两侧护板，C10 混凝土	m³	3.47			
3	040303002002	预制混凝土板	桥面板尺寸 16100mm×4000mm，C20 混凝土	m³	12.88			
4	040701002001	非预应力钢筋	天桥桥面板钢筋，φ8 箍筋	t	0.26			
5	040701002002	非预应力钢筋	天桥桥面板钢筋，φ10 纵筋	t	0.79			
6	040303003001	预制混凝土梁	C25 混凝土双T梁	m³	20.61			
7	040302005001	支撑梁及横梁	C20 混凝土横隔梁	m³	1.23			
8	040701002003	非预应力钢筋	双T梁钢筋，φ8 箍筋	t	0.35			
9	040701002004	非预应力钢筋	双T梁钢筋，φ10 纵筋	t	0.63			
10	040701002005	非预应力钢筋	横隔梁钢筋，φ8 箍筋	t	0.02			
11	040701002006	非预应力钢筋	横隔梁钢筋，φ10 纵筋	t	0.06			
12	040302003001	墩(台)帽	天桥桥墩墩帽，C25 混凝土	m³	7.38			
13	040302004001	墩(台)身	天桥桥墩墩身，C25 混凝土	m³	12.57			
14	040302001001	混凝土基础	天桥桥墩台阶式基础，C25 混凝土	m³	9.86			

续表

序号	项目编码	项目名称	项目特征描述	计量单位	工程量	金额(元)		
						综合单价	合价	其中：暂估价
15	040701002007	非预应力钢筋	墩帽钢筋，φ8箍筋	t	0.25			
16	040701002008	非预应力钢筋	墩帽钢筋，φ10纵筋	t	0.19			
17	040701002009	非预应力钢筋	墩身钢筋，φ8箍筋	t	0.06			
18	040701002010	非预应力钢筋	墩身钢筋，φ10纵筋	t	0.09			
19	040701002011	非预应力钢筋	台阶式基础钢筋，φ10箍筋	t	0.50			
20	040701002012	非预应力钢筋	台阶式基础钢筋，φ10纵筋	t	0.47			
21	040309002001	橡胶支座	板式橡胶支座	个	16			
22	040302017001	桥面铺装	5cm AC-20型沥青混凝土	m²	64.4			
23	040302017002	桥面铺装	1cm AC-5型沥青混凝土保护层	m²	64.4			
24	040302017003	桥面铺装	2cm防水层，C15混凝土	m²	64.4			
			本页小计					
			合　计					

【例6】 某一桥梁工程采用如图3-179所示的混凝土连续梁桥，桥长35m，连续孔数为3跨，桥宽(3.5×2)(车行道)+(2×1.5)(人行道)=10m，承重结构采用如图3-179所示的箱梁结构，桥墩为X形构造，根据图示尺寸计算该桥工程量。

【解】 (1) 箱梁工程量(C30混凝土，图3-179)：

清单工程量：

$V_1 = 0.3 \times (0.1 + 0.02) \times 34 \text{m}^3 = 1.224 \text{m}^3$

$V_2 = (0.1 \times 4 + 3 \times 3) \times (0.1 \times 2 + 0.3) \times 34 \text{m}^3 = 159.8 \text{m}^3$

$V_3 = (3 \times 0.3 - \frac{1}{2} \times 0.04 \times 0.04 \times 4) \times 34 \text{m}^3 = 30.49 \text{m}^3$

$V_4 = \frac{1}{2} \times 0.04 \times 0.04 \times 34 \text{m}^3 = 0.03 \text{m}^3$

盖板：$V_5 = \left[0.3 \times (0.1 + 0.02) \times 2 + \frac{1}{2} \times 0.04 \times 0.04 \times 2 + (0.1 \times 4 + 3 \times 3) \right.$
$\left. \times (0.1 \times 2 + 0.3) \right] \times 0.3 \text{m}^3 = 1.43 \text{m}^3$

综上，箱梁工程量为：

$V = 2V_1 + V_2 - 3V_3 + 2V_4 + 2V_5$

$= (2 \times 1.224 + 159.8 - 3 \times 30.49 + 2 \times 0.03 + 2 \times 1.43) \text{m}^3 = 73.70 \text{m}^3$

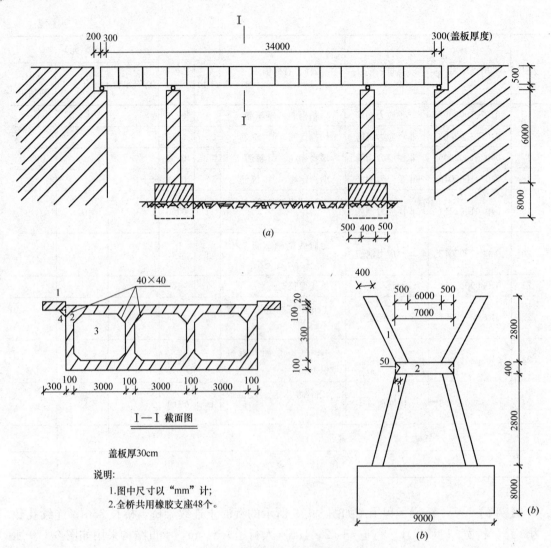

图 3-179 混凝土连续梁桥示意图
(a) 混凝土连续梁桥；(b) X 形桥墩正面图

定额工程量同清单工程量。

(2) 桥面铺装工程量(图 3-180)：

清单工程量：

5cm 沥青表面处治：$S = 35 \times 3.5 \times 2 \text{m}^2 = 245 \text{m}^2$

8cm 防水混凝土(C20)：$S = 35 \times 3.5 \times 2 \text{m}^2 = 245 \text{m}^2$

定额工程量：

5cm 沥青表面处治：$V = 35 \times 3.5 \times 2 \times 0.05 \text{m}^3 = 12.25 \text{m}^3$

8cm 防水混凝土(C20)：$V = S \times 0.08 = 245 \times 0.08 \text{m}^3 = 19.6 \text{m}^3$

说明：根据 GB 50500—2008 清单计算规则中路面铺装按设计图示尺寸以面积计算，而根据 GYD—303—1999 定额计算规则中混凝土工程均按设计图示以体积计算。

(3) 桥墩与基础工程量：

桥墩混凝土工程量：

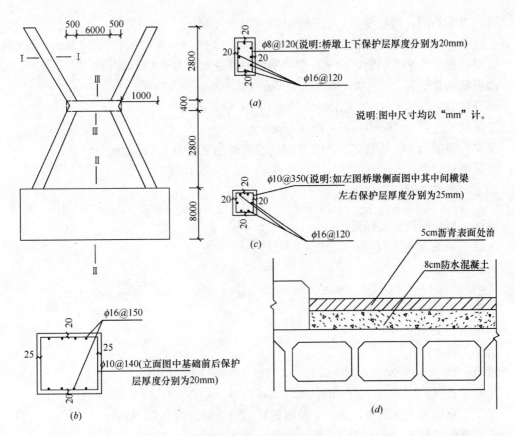

图 3-180 基础配筋图

(a) Ⅰ—Ⅰ配筋图；(b) Ⅱ—Ⅱ配筋图；(c) Ⅲ—Ⅲ配筋图；(d) 桥面铺装

清单工程量：

$$V_1 = 0.4 \times 2.8 \times 0.4 \text{m}^3 = 0.45 \text{m}^3$$

$$V_2 = (7 \times 0.4 \times 0.4 - \frac{1}{2} \times 0.4 \times 0.05 \times 0.4 \times 2) \text{m}^3 = 1.11 \text{m}^3$$

故桥墩混凝土工程量为：

$$V = 4V_1 + V_2 = (4 \times 0.45 + 1.11) \text{m}^3 = 2.91 \text{m}^3$$

定额工程量同清单工程量。

桥墩钢筋工程量：

清单工程量：

Ⅰ—Ⅰ配筋图：箍筋个数：$[(2.8-0.02 \times 2) \div 0.12+1] \times 4$ 个 $= 96$ 个

总箍筋长度：$l = (0.4-0.02 \times 2+0.4-0.02 \times 2) \times 2 \times 96 \text{m} = 138.24 \text{m}$

又∵ 箍筋为 $\phi 8$ 钢筋，而 $\phi 8$ 单根钢筋的理论重量为 0.395kg/m

故箍筋重量为：$m_1 = 138.24 \times 0.395 \text{kg} = 54.60 \text{kg} = 0.05 \text{t}$

纵筋根数：$[(0.4-0.02 \times 2) \div 0.12] \times 4 \times 4$ 根 $= 48$ 根

总纵筋长度为：$l = (\sqrt{2.8^2+1^2}-0.02 \times 2) \times 48 \text{m} = 140.80 \text{m}$

又∵ 纵筋为 $\phi 16$ 钢筋，而 $\phi 16$ 单根钢筋的理论重量为 1.58kg/m

故纵筋重量为：$m_2 = 140.8 \times 1.58 \text{kg} = 222.46 \text{kg} = 0.2 \text{t}$

Ⅲ—Ⅲ配筋图：箍筋个数：$[(6-0.025\times2)\div0.35+1]$个$=18$个

总箍筋长度：$l=(0.4-0.02\times2+0.4-0.02\times2)\times2\times18\mathrm{m}=25.92\mathrm{m}$

又∵ 箍筋为$\phi10$钢筋，而$\phi10$单根钢筋的理论重量为$0.617\mathrm{kg/m}$

故箍筋的重量为：$m_3=25.92\times0.617\mathrm{kg}=15.99\mathrm{kg}=0.02\mathrm{t}$

纵筋根数：$[(0.4-0.02\times2)\div0.12+1]\times4$根$=16$根

总纵筋长度：$l=(6-0.025\times2)\times16\mathrm{m}=95.2\mathrm{m}$

又∵ 纵筋为$\phi16$钢筋，而$\phi16$单根钢筋的理论重量为$1.58\mathrm{kg/m}$

故纵筋重量为：$m_4=95.2\times1.58\mathrm{kg}=150.42\mathrm{kg}=0.15\mathrm{t}$

综上，桥墩的钢筋用量为：

$$m=(m_1+m_2+m_3+m_4)\times2=(0.05+0.2+0.02+0.15)\times2\mathrm{t}=0.84\mathrm{t}$$

定额工程量同清单工程量。

基础C30混凝土工程量：

清单工程量：

$V=(0.5\times2+0.4)\times8\times9\mathrm{m}^3=100.8\mathrm{m}^3$

定额工程量同清单工程量。

基础钢筋工程量：

清单工程量：

箍筋个数：$[(9-0.02\times2)\div0.14+1]$个$=(64+1)$个$=65$个

总箍筋长度：$l=(0.5\times2+0.4-0.025\times2+8-0.02\times2)\times2\times65\mathrm{m}=1210.3\mathrm{m}$

又∵ 箍筋为$\phi10$钢筋，而$\phi10$单根钢筋的理论重量为$0.617\mathrm{kg/m}$

故箍筋的重量为：$m=1210.3\times0.617\mathrm{kg}=746.76\mathrm{kg}=0.75\mathrm{t}$

纵筋个数：$[(0.5\times2+0.4-0.025\times2)\div0.15+1]\times2$根$=20$根

总纵筋长度：$l=(9-0.02\times2)\times20\mathrm{m}=179.2\mathrm{m}$

又∵ 纵筋为$\phi16$钢筋，而$\phi16$单根钢筋的理论重量为$1.58\mathrm{kg/m}$

故纵筋重量为：$m=179.2\times1.58\mathrm{kg}=283.14\mathrm{kg}=0.28\mathrm{t}$

综上，基础钢筋工程量为：

$$m=(m_{箍}+m_{纵})\times2=(0.75+0.28)\times2\mathrm{t}=2.06\mathrm{t}$$

定额工程量同清单工程量。

(4) 栏杆工程量(图3-181)：

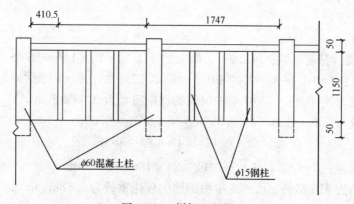

图3-181 栏杆立面图

清单工程量：

∵ 桥长35m，又根据图3-181中的各数据，经计算桥梁一侧的栏杆中混凝土柱的个数为：

[(35000−60)÷1747+1]个=(20+1)个=21个

钢柱数量为：(35000−60)÷1747×3个=60个

扶手数量为：(35000−60)÷1747个=20个

混凝土工程量：$V = \pi \times \left(\dfrac{0.06}{2}\right)^2 \times (0.05 \times 2 + 1.15) \times 21 \times 2 \text{m}^3$
$= 0.15 \text{m}^3$

钢柱工程量：$V_{钢柱} = \pi \times \left(\dfrac{0.015}{2}\right)^2 \times 1.15 \times 60 \times 2 \text{m}^3 = 0.024 \text{m}^3$

扶手工程量：$V_{扶手} = \pi \times \left(\dfrac{0.015}{2}\right)^2 \times (1.747 − 0.06) \times 20 \times 2 \text{m}^3$
$= 0.012 \text{m}^3$

又∵ 钢的密度为 $7.87 \times 10^3 \text{kg/m}^3$

故钢的工程量为：$m = (0.024 + 0.012) \times 7.87 \times 10^3 \text{kg} = 0.28 \text{t}$

定额工程量同清单工程量。

(5) 桥面板工程量(图3-182)：

混凝土工程量：

清单工程量：

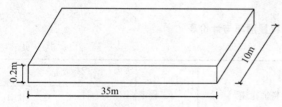

钢筋混凝土桥面板

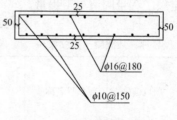

Ⅰ—Ⅰ断面配筋图

说明：
1. 桥面板沿桥长两端的保护层厚度分别为25mm；
2. 桥面板沿桥宽两端的保护层厚度分别为50mm；
3. 桥面板厚20cm。

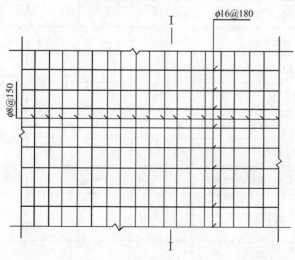

图3-182 桥面板示意图

$$V = 10 \times 35 \times 0.2 \text{m}^3 = 70 \text{m}^3$$

定额工程量同清单工程量。

钢筋工程量：

清单工程量：

箍筋个数：$[(35-0.025 \times 2) \div 0.15 + 1]$ 个 $= 234$ 个

总箍筋长度：$l = (10 - 0.05 \times 2 + 0.2 - 0.025 \times 2) \times 2 \times 234 \text{m} = 4703.4 \text{m}$

又∵ 箍筋为 $\phi 10$ 钢筋，而 $\phi 10$ 单根钢筋的理论重量为 0.617kg/m

故箍筋的重量为：$m = 4703.4 \times 0.617 \text{kg} = 2902 \text{kg} = 2.9 \text{t}$

纵筋个数：$[(10-0.05 \times 2) \div 0.18 + 1]$ 个 $= 56$ 个

总纵筋长度为：$l = (35-0.025 \times 2) \times 56 \times 2 \text{m} = 3914.4 \text{m}$

又∵ 纵筋为 $\phi 16$ 钢筋，而 $\phi 16$ 单根钢筋的理论重量为 1.58kg/m

故纵筋的重量为：$m = 3914.4 \times 1.58 \text{kg} = 6184.75 \text{kg} = 6.18 \text{t}$

综上，桥面板钢筋工程量为：

$$m = m_{箍} + m_{纵} = (2.9 + 6.18) \text{t} = 9.08 \text{t}$$

定额工程量同清单工程量。

(6) 支座工程量：

清单工程量：

根据 GB 50500—2008 清单计价规则中橡胶支座按设计图中以"个"计算，而本桥设计中采用 48 个橡胶支座，故支座工程量为 48 个。

定额工程量同清单工程量。

分部分项工程量清单与计价表

工程名称：某混凝土连续梁桥　　　标段：　　　　　　　　　　第　页　共　页

序号	项目编码	项目名称	项目特征描述	计量单位	工程量	综合单价	合价	其中：暂估价
1	040302010001	混凝土箱梁	承重结构，C30 混凝土	m³	73.70			
2	040302017001	桥面铺装	5cm 沥青表面处治	m²	245			
3	040302017002	桥面铺装	8cm 防水层，C20 混凝土	m²	245			
4	040302004001	墩(台)身	X 形桥墩	m³	2.91			
5	040701002001	非预应力钢筋	桥墩钢筋，$\phi 8$ 箍筋，$\phi 16$ 纵筋	t	0.84			
6	040302001001	混凝土基础	C30 混凝土基础	m³	100.8			
7	040701002002	非预应力钢筋	基础钢筋，$\phi 10$ 箍筋，$\phi 16$ 纵筋	t	2.06			
8	040303005001	预制混凝土小型构件	栏杆，$\phi 60$ 混凝土柱	m³	0.15			
9	040309001001	金属栏杆	$\phi 15$ 钢柱	t	0.28			

续表

序号	项目编码	项目名称	项目特征描述	计量单位	工程量	金额(元)		
						综合单价	合价	其中：暂估价
10	040303002001	预制混凝土板	钢筋混凝土桥面板，35000mm×10000mm×200mm	m³	70			
11	040701002003	非预应力钢筋	桥面板钢筋，φ10 箍筋，φ16 纵筋	t	9.08			
12	040309002001	橡胶支座	板式橡胶支座	个	48			
			本页小计					
			合　计					

【例 7】 如图 3-183 所示为某简易钢架桥，桥宽 9m，桥长 16m，计算该桥的工程量。

【解】 根据图 3-183 所示的各部分尺寸，此钢架桥的工程量如下：

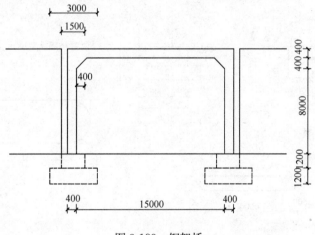

图 3-183　钢架桥

钢的工程量：

清单工程量：

$$V_{钢}=[0.4\times(8+0.4\times 2)\times 2+15\times 0.4+\frac{1}{2}\times 0.4\times 0.4\times 2]\times 9 m^3$$

$$=118.8 m^3$$

又∵ 钢的密度为 $7.87\times 10^3 kg/m^3$，故钢的工程量为：

$$m=118.8\times 7.87\times 10^3 kg=934.96 kg=0.93 t$$

定额工程量同清单工程量。

基础工程量(C20 混凝土)：

清单工程量：

$$V=(1.5\times 1.2\times 9+3\times 1.2\times 9)\times 2 m^3=97.2 m^3$$

清单工程量计算见下表：

清单工程量计算表

序号	项目编码	项目名称	项目特征描述	计量单位	工程量
1	040307005001	钢构件	简易钢架桥	t	0.93
2	040302001001	混凝土基础	C20 混凝土	m^3	97.2

定额工程量同清单工程量。

【例8】 某工程采用简支梁连续梁桥的设计方案,各部分构造如图 3-184 所示,该桥全长 30m,桥宽:[2×3.5(行车道)+2×1.5(人行道及栏杆)]m=10m,共 2 跨,计算该桥的工程量。

【解】(1)主梁工程量(C30 混凝土,图 3-184b):

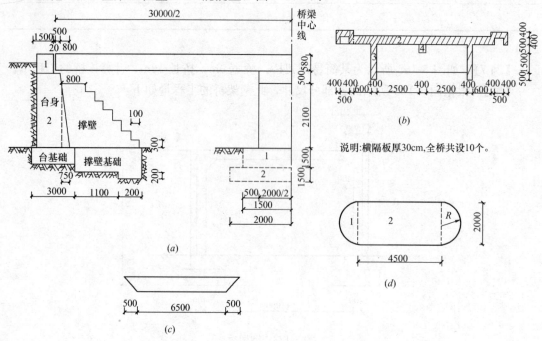

图 3-184 简支梁连续梁桥各部构造示意图
(a)简支梁整体式连续梁桥;(b)主梁截面图;(c)墩座侧面图;(d)桥墩截面图

清单工程量:

$V_1 = [(0.4 \times 2 + 0.5) \times (0.4 \times 2) - 0.5 \times 0.4] \times 30 m^3 = 25.2 m^3$

$V_2 = (0.4 \times 3 + 0.6 \times 2 + 2.5 \times 2) \times 0.4 \times 30 m^3 = 88.8 m^3$

$V_3 = 0.4 \times (0.5 \times 2 + 1.5) \times 30 m^3 = 30 m^3$

$V_4 = 0.4 \times 0.5 \times 30 m^3 = 6 m^3$

横隔板 $V_5 = [(2.5 \times 2 + 0.4) \times (1.5 + 0.5) - 0.4 \times 0.4] \times 0.3 \times 10 m^3$
$= 31.92 m^3$

故主梁工程量为:

$V = 2V_1 + V_2 + 2V_3 + V_4 + V_5 = (2 \times 25.2 + 88.8 + 2 \times 30 + 6 + 31.92) m^3 = 237.12 m^3$

定额工程量同清单工程量。

(2) 桥台混凝土工程量(C25 混凝土)：

台身混凝土工程量：

清单工程量：

$V_1 = 1.5 \times 0.58 \times 10 m^3 = 8.7 m^3$

$V_2 = \frac{1}{2} \times [(1.5+0.02+0.5)+(1.5+0.02+0.5+0.8)] \times (2.1+0.5) \times 10 m^3$

$\quad = 62.92 m^3$

故台身混凝土工程量为：$V = V_1 + V_2 = (8.7+62.92) m^3 = 71.62 m^3$

定额工程量同清单工程量。

台基础清单工程量：

$V = 3 \times 1.5 \times 10 m^3 = 45 m^3$

定额工程量同清单工程量。

(3) 撑壁混凝土工程量(C25 混凝土)：

撑壁清单工程量：

$V = [(0.8 \times 0.3 + (0.8+0.1) \times 0.3 + (0.8+0.1 \times 2) \times 0.3 + (0.8+0.1 \times 3) \times 0.3$

$\quad + (0.8+0.1 \times 4) \times 0.3 + (0.8+0.1 \times 5) \times 0.3 + (0.8+0.1 \times 6) \times 0.3$

$\quad - \frac{1}{2} \times 0.75 \times 2.1] \times 10 m^3$

$\quad = 15.2 m^3$

定额工程量同清单工程量。

撑壁基础清单工程量：

$V = [1.1 \times (1.5 \times 2 - 0.2) + 0.2 \times (1.5 \times 2)] \times 10 m^3 = 36.8 m^3$

定额工程量同清单工程量。

(4) 桥墩混凝土工程量(C25 混凝土,图 3-184d)：

清单工程量：

墩帽：$V = \frac{1}{2} \times (6.5 + 6.5 + 0.5 \times 2) \times 0.5 \times 2 m^3 = 7 m^3$

墩身：$V_1 = \frac{1}{2} \times \pi \times (\frac{2}{2})^2 \times 2.1 m^3 = 3.30 m^3$

$\quad V_2 = 4.5 \times 2 \times 2.1 m^3 = 18.9 m^3$

$\quad V = 2V_1 + V_2 = (2 \times 3.3 + 18.9) m^3 = 25.5 m^3$

墩基础：$V_1 = (1+0.5) \times 2 \times 1.5 \times 10 m^3 = 45 m^3$

$\quad V_2 = 2 \times 2 \times 1.5 \times 10 m^3 = 60 m^3$

$\quad V = V_1 + V_2 = (45+60) m^3 = 105 m^3$

定额工程量同清单工程量。

(5) 桥墩钢筋工程量：

清单工程量：

墩帽(图 3-185)：

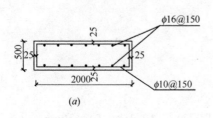
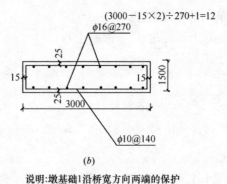
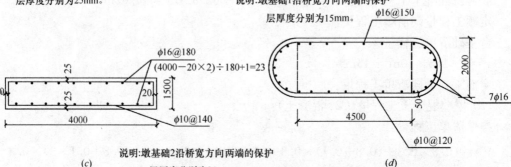

图 3-185 墩基础示意图

(a)墩帽配筋图；(b)墩基础的配筋图；(c)墩基础2的配筋图；(d)桥墩配筋图

箍筋个数：$[(6500-25\times 2)\div 150+1]$ 个 $=44$ 个

总箍筋长度：$l=(0.5-0.025\times 2+2-0.025\times 2)\times 2\times 44\text{m}=211.2\text{m}$

又∵ 箍筋为 $\phi 10$ 钢筋，而 $\phi 10$ 单根钢筋的理论重量为 0.617kg/m

故箍筋重量为：$m=211.2\times 0.617\text{kg}=0.13\text{t}$

纵筋个数：$[(2000-25\times 2)\div 150+1]$ 个 $=14$ 个

总纵筋长度：$l=[(6.5+0.5\times 2-0.025\times 2)\times 14+(6.5-0.025\times 2)\times 14]\text{m}$
$=194.6\text{m}$

又∵ 纵筋为 $\phi 16$ 钢筋，而 $\phi 16$ 单根钢筋的理论重量为 1.58kg/m

故纵筋重量为：$m=194.6\times 1.58\text{kg}=307.47\text{kg}=0.31\text{t}$

综上，墩帽的钢筋工程量为：

$$m=m_{箍}+m_{纵}=(0.07+0.31)\text{t}=0.38\text{t}$$

墩身(图 3-185)：

箍筋个数：$(2100-30\times 2)\div 120+1$ 个 $=18$ 个

总箍筋长度为：$l=[4.5\times 2+\pi\times(2-0.05\times 2)]\times 18\text{m}=269.44\text{m}$

又∵ 箍筋为 $\phi 10$ 钢筋，而 $\phi 10$ 单根钢筋的理论重量为 0.617kg/m

故箍筋重量为：$m=269.44\times 0.617\text{kg}=166.24\text{kg}=0.17\text{t}$

纵筋个数：$\{[(4500\div 150)+1]\times 2+7\times 2\}$ 根 $=80$ 根

总纵筋长度为：$l=(2.1-0.03\times 2)\times 80\text{m}=163.2\text{m}$

又∵ 纵筋为 $\phi 16$ 钢筋，而 $\phi 16$ 单根钢筋的理论重量为 1.58kg/m

故纵筋重量为：$m=163.2\times 1.58\text{kg}=257.86\text{kg}=0.26\text{t}$

综上，墩身的钢筋重量为：
$$m=m_{箍}+m_{纵}=(0.17+0.26)t=0.43t$$

墩基础 1 配筋：

箍筋个数：$[(10-0.03\times2)\div0.14+1]$ 个 $=72$ 个

总箍筋长度：$l=(3-0.015\times2+1.5-0.025\times2)\times2\times72m=638.48m$

又 $\because$ 箍筋为 $\phi10$ 钢筋，而 $\phi10$ 单根钢筋的理论质量为 $0.617kg/m$

故箍筋的重量为：$m=638.48\times0.617kg=392.71kg=0.39t$

纵筋个数：$[(3000-15\times2)\div270+1]\times2$ 个 $=24$ 个

总纵筋长度：$l=(10-0.03\times2)\times24m=238.56m$

又 $\because$ 纵筋为 $\phi16$ 钢筋，而 $\phi16$ 单根钢筋的理论重量为 $1.58kg/m$

故纵筋的重量为：$m=238.56\times1.58kg=376.92kg=0.38t$

综上，墩基础 1 的配筋工程量为：
$$m=m_{箍}+m_{纵}=(0.39+0.38)t=0.77t$$

墩基础 2 配筋：

箍筋个数：$[(10-0.03\times2)\div0.14+1]$ 个 $=72$ 个

总箍筋长度：$l=(4-0.02\times2+1.5-0.025\times2)\times2\times72m=779.04m$

又 $\because$ 箍筋为 $\phi10$ 钢筋，而 $\phi10$ 单根钢筋的理论重量为 $0.617kg/m$

故箍筋重量为：$m=779.04\times1.58kg=1230.88kg=1.23t$

纵筋个数：$[(4000-20\times2)\div180+1]\times2$ 个 $=46$ 个

总纵筋长度：$l=(10-0.03\times2)\times46m=457.24m$

又 $\because$ 纵筋为 $\phi16$ 钢筋，而 $\phi16$ 单根钢筋的理论重量为 $1.58kg/m$

故纵筋用量为：$m=457.24\times1.58kg=722.44kg=0.72t$

综上，墩基础 2 的用量为：
$$m=m_{箍}+m_{纵}=(1.23+0.72)t=1.95t$$

定额工程量同清单工程量。

分部分项工程量清单与计价表

工程名称：某简支梁连续梁桥　　　　标段：　　　　　　　　　第　页　共　页

序号	项目编码	项目名称	项目特征描述	计量单位	工程量	金额(元)		
						综合单价	合价	其中：暂估价
1	040303003001	预制混凝土梁	简支梁整体式连续梁桥，C30 混凝土	m³	237.12			
2	040302004001	墩(台)身	C25 混凝土桥台台身	m³	71.62			
3	040302001001	混凝土基础	C25 混凝土桥台基础	m³	45			
4	040302005001	支撑梁及横梁	C25 混凝土撑壁	m³	15.2			
5	040302001002	混凝土基础	C25 混凝土撑壁基础	m³	36.8			
6	040302003001	墩(台)帽	C25 混凝土桥墩墩帽	m³	7			
7	040302004002	墩(台)身	C25 混凝土桥墩墩身	m³	255			
8	040302001003	混凝土基础	C25 混凝土桥墩基础	m³	105			

续表

序号	项目编码	项目名称	项目特征描述	计量单位	工程量	金额(元)		
						综合单价	合价	其中：暂估价
9	040701002001	非预应力钢筋	桥墩墩帽钢筋，$\phi10$ 箍筋，$\phi16$ 纵筋	t	0.38			
10	040701002002	非预应力钢筋	桥墩墩身钢筋，$\phi10$ 箍筋，$\phi16$ 纵筋	t	0.43			
11	040701002003	非预应力钢筋	墩基础1钢筋，$\phi10$ 箍筋，$\phi16$ 纵筋	t	0.77			
12	040701002004	非预应力钢筋	墩基础2钢筋，$\phi10$ 箍筋，$\phi16$ 纵筋	t	1.95			
			本页小计					
			合　计					

【例9】 如图 3-186 所示，为某吊桥工程，该桥全长 48m，共 1 跨，桥宽：[2×3.75(行车道)+2×1.75(人行道石栏杆等)]m=11m，该桥主梁采用钢桁梁形式，钢桁梁与桥墩细部构造与尺寸如图 3-186 所示，根据图 3-186 中数据计算该桥工程量。

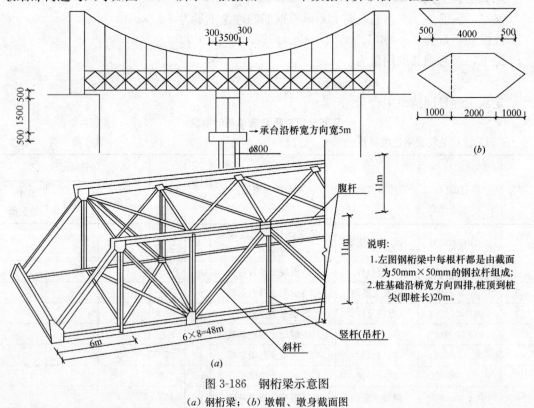

图 3-186 钢桁梁示意图
(a) 钢桁梁；(b) 墩帽、墩身截面图

【解】 (1) 钢桁梁工程量:

清单工程量:

图 3-186 中所示,该钢桁梁中前后面中斜杆的个数为:8×2个=16个,竖杆的个数为:7×2个=14个,上下平纵联中,斜杆共有:14+4个=18个,直杆有:9+7个=16个。

钢桁梁中每根竖杆的长度为 11m,故竖杆的总体积为:
$$V_{竖杆①}=0.05\times0.05\times11\times14m^3=0.385m^3$$

(说明:∵ 图中钢桁梁中每根杆都是由截面为 50mm×50mm 的钢拉杆构成)

钢桁梁中每根斜杆的长度为:$l=\sqrt{11^2+6^2}m=12.53m$

故斜杆的总体积为:$V_{斜杆②}=0.05\times0.05\times12.53\times18m^3=0.564m^3$

上下平纵联中,每根直杆的长度为:$l=11-0.05\times2=10.9m$,故直杆的总体积为:
$$V_{直杆③}=0.05\times0.05\times10.9\times16m^3=0.436m^3$$

每根斜杆的长度为:$l=\sqrt{(11-0.05\times2)^2+6^2}m=12.44m$

故上下平纵联中斜杆的总体积为:
$$V_{④}=0.05\times0.05\times12.44\times20m^3=0.622m^3$$

上下腹杆的总体积为:
$$V_{⑤}=[2\times0.05\times0.05\times(6\times6)+2\times0.05\times0.05\times(6\times8)]m^3=0.42m^3$$

综上,钢桁梁中钢的总体积为:
$$\begin{aligned}V&=V_{竖杆①}+V_{斜杆②}+V_{直杆③}+V_{④}+V_{⑤}\\&=(0.385+0.564+0.436+0.622+0.42)m^3\\&=2.427m^3\end{aligned}$$

又∵ 钢的密度为 $7.87\times10^3 kg/m^3$,故钢桁梁中钢的总工程量为:
$$m=2.427\times7.87\times10^3 kg=19.10t$$

定额工程量同清单工程量。

(2) 桥墩工程量(C25 混凝土):

清单工程量(混凝土工程量):

墩帽:$V_1=\dfrac{1}{2}\times[4+(4+0.5\times2)]\times0.5\times3.5m^3=7.88m^3$

墩身:$V_2=(2\times\dfrac{1}{2}\times3.5\times1+3.5\times2)\times1.5m^3=15.75m^3$

承台:$V_3=(3.5+0.3\times2)\times0.5\times5m^3=10.25m^3$

桩基础:$V_4=\pi\times\left(\dfrac{0.8}{2}\right)^2\times20\times(2\times4)m^3$
$=80.42m^3$

定额工程量同清单工程量。

桥墩墩身钢筋工程量(图 3-187):

清单工程量:

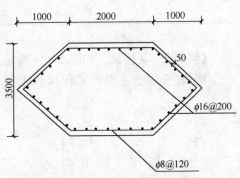

说明:桥墩上下保护层厚度分别为30mm。

图 3-187 桥墩墩身配筋图

箍筋个数：$[(1500-30\times2)\div120+1]$ 个 $=13$ 个

总箍筋长度为：$l=\left[\sqrt{\left(\dfrac{3500}{2}\right)^2+1000^2}\times4+2000\times2\right]\times13\text{mm}$

$=156809\text{mm}=156.8\text{m}$

又 $\because$ 箍筋为 $\phi8$ 钢筋，而 $\phi8$ 单根钢筋的理论重量为 0.395kg/m

故箍筋重量为：$m=156.8\times0.395\text{kg}=61.94\text{kg}=0.06\text{t}$

纵筋个数：$\left\{\left[4\times\sqrt{\left(\dfrac{3500}{2}\right)^2+1000^2}+2000\times2-0.05\times2\right]\div200+1\right\}$ 根 $=60$ 根

总纵筋长度：$l=(1.5-0.03\times2)\times60\text{m}=86.4\text{m}$

又 $\because$ 纵筋为 $\phi16$ 钢筋，而 $\phi16$ 单根钢筋的理论重量为 1.58kg/m

故纵筋的重量为：$m=86.4\times1.58\text{kg}=136.51\text{kg}=0.137\text{t}$

综上，墩身的钢筋用量为：$m=m_{箍}+m_{纵}=(0.06+0.137)\text{t}=0.197\text{t}$

定额工程量同清单工程量。

分部分项工程量清单与计价表

工程名称：某吊桥　　　　标段：　　　　　　　　　　　第 页 共 页

序号	项目编码	项目名称	项目特征描述	计量单位	工程量	金额（元）		
						综合单价	合价	其中：暂估价
1	040307003001	钢桁梁	吊桥主梁钢桁梁，每根杆都是由截面为 50mm×50mm 的钢拉杆组成	t	19.10			
2	040302003001	墩（台）帽	C25 混凝土墩帽	m³	7.88			
3	040302004001	墩（台）身	C25 混凝土墩身	m³	15.75			
4	040302002001	混凝土承台	C25 混凝土承台	m³	10.25			
5	040302001001	混凝土基础	C25 混凝土基础	m³	80.42			
6	040701002001	非预应力钢筋	桥墩墩身钢筋，$\phi8$ 箍筋，$\phi16$ 纵筋	t	0.197			
				本页小计				
				合　计				

【例 10】 某桥梁，如图 2-188 所示。

按照《全国统一市政工程预算定额》混凝土每立方米组成材料到工地现场价格取定如下：

　　C10　　　　　156.87 元
　　C15　　　　　162.24 元
　　C20　　　　　170.64 元
　　C25　　　　　181.62 元
　　C30　　　　　198.60 元

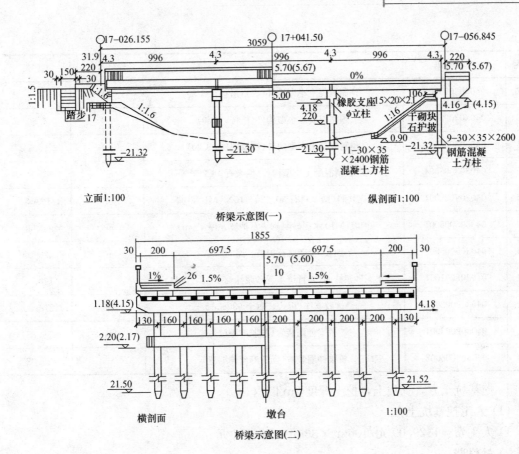

图 3-188 桥梁示意图

一、《建设工程工程量清单计价规范》(GB 50500—2003)计算方法

分部分项工程量清单

工程名称：某梁桥　　　　　　　　　　　　　　　　　第 页 共 页

序号	项目编码	项目名称	计量单位	工程量
1	040101003001	挖基坑土方(三类土，2m以内)	m³	36.00
2	040101006001	挖淤泥	m³	153.60
3	040103001001	填土(密实度95%)	m³	1589.00
4	040103002001	余方弃置(淤泥运距100m)	m³	153.60
5	040301003001	钢筋混凝土方桩(C30，墩、台基桩30×35)	m	944.00
6	040302006001	墩(台)盖梁(台盖梁，C30)	m³	38.00
7	040302006002	墩(台)盖梁(墩盖梁，C30)	m³	25.00
8	040302002001	混凝土承台(墩承台，C30)	m³	17.40
9	040302004001	墩(台)身(墩柱，C20)	m³	8.60
10	040302017001	桥面铺装(车行道厚14.5cm，C25)	m²	457.32
11	040303003001	预制混凝土梁(C30非预应力空心板梁)	m³	166.14

续表

序号	项目编码	项目名称	计量单位	工程量
12	040303005001	预制混凝土小型构件(人行道板,C25)	m³	6.40
13	040303005002	预制混凝土小型构件(栏杆,C30)	m³	4.60
14	040303005003	预制混凝土小型构件(端墙端柱,C30)	m³	6.81
15	040303005004	预制混凝土小型构件(侧缘石,C25)	m³	10.10
16	040304002001	浆砌块料(踏步料石30×20×100,M10砂浆)	m³	12.00
17	040305005001	护坡(M10水泥砂浆砌块石护坡,厚40cm)	m²	60.00
18	040305005002	护坡(干砌块石护坡,厚40cm)	m²	320.00
19	040308001001	水泥砂浆抹面(人行道水泥砂浆抹面1:2,分格)	m²	120.00
20	040309002001	橡胶支座(板式,每个630cm³)	个	216.00
21	040309006001	桥梁伸缩装置(橡胶伸缩缝)	m	39.85
22	040309006002	桥梁伸缩装置(沥青麻丝伸缩缝)	m	28.08

1. 挖基坑土方,三类土,挖土深度2m以内

(1) 人工挖基坑土方

1) 人工费:1429.09元/100m³×36m³=514.47元

2) 材料费:—

3) 机械费:—

(2) 人力手推车运土,运距50m内

1) 人工费:431.65元/100m³×36m³=155.39元

2) 材料费:—

3) 机械费:—

(3) 人力手推车运土,运距增50m

1) 人工费:85.39元/100m³×36m³=30.74元

2) 材料费:—

3) 机械费:—

(4) 综合

1) 直接费合计:700.60元

2) 管理费:700.60×10%元=70.06元

3) 利润:700.60×5%元=35.03元

4) 合计:(700.60+70.60+35.03)元=806.23元

5) 综合单价:806.23÷36元/m³=22.40元/m³

2. 挖淤泥

(1) 人工挖淤泥

1) 人工费:2255.76元/100m³×153.6m³=3464.85元

2) 材料费：—

3) 机械费：—

(2) 综合

1) 直接费合计：3464.85 元

2) 管理费：3464.85×10%元＝346.49 元

3) 利润：3464.85×5%元＝173.24 元

4) 合计：(3464.85＋346.49＋173.24)元＝3984.58 元

5) 综合单价：3984.58÷153.6 元/m³＝25.94 元/m³

3. 填土、密实度 95%

(1) 回填基坑

1) 人工费：891.61 元/100m³×1589m³＝14167.68 元

2) 材料费：0.70 元/100m³×1589m³＝11.12 元

3) 机械费：—

(2) 人工装土，机动翻斗车运土，运距 100m

1) 人工费：338.62 元/100m³×1589.00m³＝5380.67 元

2) 材料费：—

3) 机械费：699.20 元/100m³×1589.00m³＝11110.29 元

(3) 综合

1) 直接费合计：30669.76 元

2) 管理费：30669.76×10%元＝3066.98 元

3) 机械费：30669.76×5%元＝1533.49 元

4) 合计：(30669.76＋3066.98＋1533.49)元＝35270.23 元

5) 综合单价：35270.23÷1589.00 元/m³＝22.20 元/m³

4. 余方弃置、淤泥运距 100m

(1) 人工运淤泥，运距 20m 以内

1) 人工费：698.14 元/100m³×153.6m³＝1072.34 元

2) 材料费：—

3) 机械费：—

(2) 人工运淤泥，运距增 80m

1) 人工费：337.50 元/100m³×153.60m³＝518.4 元

2) 材料费：—

3) 机械费：—

(3) 综合

1) 直接费合计：1590.74 元

2) 管理费：1590.74×10%元＝159.07 元

3) 利润：1590.74×5%元＝79.54 元

4) 合计：(1590.74＋159.07＋79.54)元＝1829.35 元

5) 综合单价：1829.35÷153.60 元/m³＝111.91 元/m³

5. **钢筋混凝土方桩，C30 混凝土，台基桩为 30×50**

(1) 搭拆2.5t打桩支架，水上

1) 人工费：4029.77元/100m²×701.72m²＝28277.70元
2) 材料费：2666.93元/100m²×701.72m²＝18714.38元
3) 机械费：8315.54元/100m²×701.72m²＝58351.81元

(2) 预制混凝土方桩，截面30×35

1) 人工费：421.31元/10m³×109.46m³＝4611.66元
2) 材料费：22557.99元
3) 机械费：258.01元/10m³×109.46m³＝2824.18元

(3) 打混凝土预制方桩，24m以内

1) 人工费：199.31元/10m³×48.96m³＝975.82元
2) 材料费：65.36元/10m³×48.96m³＝320.00元
3) 机械费：1609.13元/10m³×48.96m³＝7878.30元

(4) 打混凝土预制方桩，28m以内

1) 人工费：122.46元/10m³×60.5m³＝740.88元
2) 材料费：84.92元/10m³×60.5m³＝513.77元
3) 机械费：1636.23元/10m³×60.5m³＝9899.19元

(5) 浆锚接桩

1) 人工费：12.36×40元＝494.40元
2) 材料费：90.42×40元＝3616.80元
3) 机械费：134.49×40元＝5379.60元

(6) 送桩，8m以内

1) 人工费：581.75元/10m³×3.66m³＝212.92元
2) 材料费：176.39元/10m³×3.66m³＝64.56元
3) 机械费：1982.49元/10m³×3.66m³＝725.59元

(7) 钢筋混凝土预制桩运输，运距150m以内：

1) 人工费：62.98元/10m³×109.46m³＝689.38元
2) 材料费：150.23元/10m³×109.46m³＝1644.42元
3) 机械费：74.99元/10m³×109.46m³＝820.84元

(8) 凿预制桩桩头混凝土

1) 人工费：7×40元＝280元
2) 材料费：—
3) 机械费：—

(9) 综合

1) 直接费合计：169594.18元
2) 管理费：169594.18×10％元＝16959.42元
3) 利润：169594.18×5％元＝8479.71元
4) 合计：(169594.18+16959.42+8479.71)元＝195033.31元
5) 综合单价：195033.31÷944元/m＝206.60元/m

6. 墩(台)盖梁(台盖梁，C30)

(1) C30 混凝土台盖梁

1) 人工费：369.63 元/10m³×38m³＝1404.59 元

2) 材料费：7738.07 元

3) 机械费：251.00 元/10m³×38m³＝953.80 元

(2) 桥台 C15 混凝土垫层

1) 人工费：297.28 元/10m³×3.43m³＝101.97 元

2) 材料费：565.72 元

3) 机械费：214.14 元/10m³×3.43m³＝73.45 元

(3) 桥台碎石垫层

1) 人工费：146.73 元/10m³×3.43m³＝50.33 元

2) 材料费：558.99 元/10m³×3.43m³＝191.73 元

3) 机械费：—

(4) 综合

1) 直接费合计：11079.67 元

2) 管理费：11079.67×10％元＝1107.97 元

3) 利润：11079.67×5％元＝553.98 元

4) 合计：(11079.67＋1107.97＋553.98)元＝12741.62 元

5) 综合单价：12741.62÷38 元/m³＝335.31 元/m³

7. 墩台(盖)梁(墩盖梁 C30)

(1) C30 混凝土墩盖梁

1) 人工费：375.25 元/10m³×25m³＝938.13 元

2) 材料费：5090.03 元

3) 机械费：259.48 元/10m³×25m³＝648.70 元

(2) 综合

1) 直接费合计：6676.86 元

2) 管理费：6676.86×10％元＝667.69 元

3) 利润：6676.86×5％元＝333.84 元

4) 合计：6676.86＋667.69＋333.84 元＝7678.39 元

5) 综合单价：7678.39÷25 元/m³＝307.14 元/m³

8. 混凝土承台(墩承台，C30)

(1) C20 混凝土墩承台

1) 人工费：320.20 元/10m³×17.4m³＝557.15 元

2) 材料费：3053.47 元

3) 机械费：222.99 元/10m³×17.4m³＝388.00 元

(2) 综合

1) 直接费合计：3998.62 元

2) 管理费：3998.62×10％元＝399.86 元

3) 利润：3998.62×5％元＝199.93 元

4) 合计：(3998.62＋399.86＋199.93)元＝4598.41 元

5) 综合单价：4598.41÷17.4元/m³＝264.28元/m³

9. 墩(台)身(墩柱，C20)

(1) C20混凝土墩柱

1) 人工费：399.74元/10m³×8.6m³＝343.78元

2) 材料费：1496.10元

3) 机械费：281.96元/10m³×8.6m³＝242.49元

(2) 综合

1) 直接费合计：2082.37元

2) 管理费：2082.37×10％元＝208.24元

3) 利润：2082.37×5％元＝104.12元

4) 合计：(2082.37＋208.24＋104.12)元＝2394.73元

5) 综合单价：2395.19÷8.6元/m³＝278.46元/m³

10. 桥面铺装(车行道厚14.5m，C25混凝土)

(1) 桥面混凝土铺装，C25，车行道厚14.5cm

1) 人工费：455.47元/10m³×61.9m³＝2819.36元

2) 材料费：13564.29元

3) 机械费：145.96元/10m³×61.9m³＝903.49元

(2) 综合

1) 直接费合计：17287.14元

2) 管理费：17287.14×10％元＝1728.71元

3) 利润：17287.14×5％元＝864.36元

4) 合计：(17287.14＋1728.71＋864.36)元＝19880.21元

5) 综合单价：19880.21÷61.9元/m³＝321.17元/m³

11. 预制混凝土梁(C30非预应力空心板梁)

(1) 预制C30混凝土非预应力空心板梁

1) 人工费：414.80元/10m³×166.14m³＝6891.49元

2) 材料费：34655.47元

3) 机械费：255.06元/10m³×166.14m³＝4237.57元

(2) 安装空心板梁($l \leqslant 10m$)

1) 人工费：45.39元/10m³×166.14m³＝754.11元

2) 材料费：—

3) 机械费：272.94元/10m³×166.14m³＝4534.63元

(3) 板梁勾缝

1) 人工费：51.68元/10m×51m＝263.57元

2) 材料费：1.86元/10m×51m＝9.49元

3) 机械费：—

(4) 非预应力空心板梁运输(运距150m以内)

1) 人工费：62.98元/10m³×166.14m³＝1046.35元

2) 材料费：150.23元/10m³×166.14m³＝2495.92元

3) 机械费：74.99 元/10m³×166.14m³=1245.88 元

(5) 综合

1) 直接费合计：56134.48 元

2) 管理费：56134.48×10%元=5613.45 元

3) 利润：56134.48×5%元=2806.72 元

4) 合计：(56134.48+5613.45+2806.72)元=64554.66 元

5) 综合单价：64554.66÷166.14 元/m³=388.56 元/m³

12. 预制混凝土小型构件(人行道板 C25)

(1) 预制 C25 混凝土人行道板

1) 人工费：570.51 元/10m³×6.4m³=365.14 元

2) 材料费：1261.70 元

3) 机械费：145.96 元/10m³×6.4m³=93.41 元

(2) 安装人行道板

1) 人工费：358.62 元/10m³×6.4m³=229.51 元

2) 材料费：—

3) 机械费：—

(3) 预制人行道板运输，运距 50m

1) 人工费：107.18 元/10m³×6.4m³=68.60 元

2) 材料费：—

3) 机械费：—

(4) 预制人行道板运输，运距增 100m

1) 人工费：10.34 元/10m³×6.4m³×2=13.24 元

2) 材料费：—

3) 机械费：—

(5) 综合

1) 直接费合计：2031.6 元

2) 管理费：2031.6×10%元=203.16 元

3) 机械费：2031.6×5%元=101.58 元

4) 合计：(2031.6+203.16+101.58)元=2336.34 元

5) 综合单价：2336.34÷6.4 元/m³=365.05 元/m³

13. 预制混凝土小型构件(栏杆，C30)

(1) 预制 C30 混凝土栏杆

1) 人工费：871.39 元/10m³×4.6m³=400.84 元

2) 材料费：972.23 元

3) 机械费：145.96 元/10m³×4.6m³=67.14 元

(2) 安装混凝土栏杆

1) 人工费：492.09 元/10m³×4.6m³=226.36 元

2) 材料费：291.65 元/10m³×4.6m³=134.16 元

3) 机械费：293.24 元/10m³×4.6m³=134.89 元

(3) 预制栏杆运输，运距 50m

1) 人工费：107.18 元/10m³×4.6m³=49.30 元

2) 材料费：—

3) 机械费：—

(4) 预制栏杆运输，运距增 100m

1) 人工费：10.34 元/10m³×4.6m³×2=9.51 元

2) 材料费：—

3) 机械费：—

(5) 综合

1) 直接费合计：1994.43 元

2) 管理费：1994.43×10%元=199.44 元

3) 机械费：1994.43×5%元=99.72 元

4) 合计：(1994.43+199.44+99.72)元=2293.59 元

5) 综合单价：2293.59÷4.6 元/m³=498.61 元/m³

14. 水泥砂浆抹面

(1) 1:2 水泥砂浆抹面，分格

1) 人工费：219.08 元/100m²×120m²=262.90 元

2) 材料费：437.25 元/100m²×120m²=524.70 元

3) 机械费：30.67 元/100m²×120m²=36.80 元

(2) 综合

1) 直接费合计：824.40 元

2) 管理费：824.40×10%元=82.44 元

3) 利润：824.40×5%元=41.22 元

4) 合计：(824.40+82.44+41.22)元=948.06 元

5) 综合单价：948.06÷120 元/m²=7.90 元/m²

分部分项工程量清单计价表

工程名称：某桥梁　　　　　　　　　　　　　　　　　　　　　第　页 共　页

序号	项目编码	项目名称	计量单位	工程量	金额(元)	
					综合单价	合计
1	040101003001	挖基坑土方(三类土，2m 以内)	m³	36.00	22.40	806.23
2	040101006001	挖淤泥	m³	153.60	25.94	3984.58
3	040103001001	填土(密实度 95%)	m³	1589.00	22.20	35270.23
4	040103002001	余方弃置(淤泥运距 100m)	m³	153.60	11.91	1829.35
5	040301003001	钢筋混凝土方桩(C30，墩、台基桩 30×35)	m³	944.00	206.6	195033.31
6	040302006001	墩(台)盖梁(台盖梁，C30)	m³	38.00	335.31	12741.62
7	040302006002	墩(台)盖梁(墩盖梁，C30)	m³	25.00	307.14	7678.39

续表

序号	项目编码	项目名称	计量单位	工程量	金额(元)	
					综合单价	合　　计
8	040302002001	混凝土承台(墩承台，C20)	m³	17.40	264.28	4598.41
9	040302004001	墩(台)身(墩柱，C20)	m³	8.60	278.51	2395.19
10	040302017001	桥面铺装(车行道厚14.5cm，C25)	m³	457.32	313.09	19380.21
11	040303003001	预制混凝土梁(C30非预应力空心板梁)	m³	166.14	388.56	64554.66
12	040303005001	预制混凝土小型构件(人行道板，C25)	m³	6.40	365.05	2336.34
13	040303005002	预制混凝土小型构件(栏杆，C30)	m³	4.60	498.61	2293.59
14	040303005003	预制混凝土小型构件(端墙端柱，C30)	m³	6.81	625.77	4261.51
15	040303005004	预制混凝土小型构件(侧缘石，C25)	m³	10.10	364.95	3686
16	040304002001	浆砌块料(踏步料石30×20×100，M10砂浆)	m³	12.00	177.69	2132.30
17	040305005001	护坡(M10水泥砂浆砌块石护坡，厚40cm)	m²	60.00	56.13	3368.01
18	040305005002	护坡(干砌块石护坡，厚40cm)	m²	320	36.32	11623.65
19	040308001001	水泥砂浆抹面(人行道水泥砂浆抹面1∶2，分格)	m²	120.00	948.06	7.90
20	040309002001	橡胶支座(板式，每个630cm³)	个	216.00	879.91	190059.54
21	040309006001	桥梁伸缩装置(橡胶伸缩缝)	m	39.85	44.79	1785.02
22	040309006002	桥梁伸缩装置(沥青麻丝伸缩缝)	m	28.08	7.01	196.91

分部分项工程量清单综合单价计算表

工程名称：某桥梁　　　　　　　　　　　　　　　　　　　　　　计量单位：m³
项目编码：040303003001　　　　　　　　　　　　　　　　　　　工程数量：166.14
项目名称：预制混凝梁（C30非预应力空心板梁）　　　　　　　　综合单价：388.56元

序号	定额编号	工程内容	单位	数量	金额（元）					
					人工费	材料费	机械费	管理费	利润	小计
1	3-356	预制C30混凝土非预应力空心板梁	10m³	16.614	6891.49	34655.47	4237.57			
2	3-431	安装空心板梁	10m³	16.614	754.11	—	4534.63			
3	3-323	板梁勾缝	100m	5.10	263.57	9.49				
4	补2	非预应力空心板梁运输（运距150m以内）	10m³	16.614	1046.35	2495.92	1245.88			
		合计			8955.52	37160.88	10018.08	5613.45	2806.73	64554.66

分部分项工程量清单综合单价计算表

工程名称：某桥梁　　　　　　　　　　　　　　　　　　　　　　计量单位：m³
项目编码：040304002001　　　　　　　　　　　　　　　　　　　工程数量：12
项目名称：浆砌块料（踏步，料石30×20×100，M10砂浆）　　　　综合单价：177.69元

序号	定额编号	工程内容	单位	数量	金额（元）					
					人工费	材料费	机械费	管理费	利润	小计
1	1-703	M10水泥砂浆砌料石踏步（台阶）	10m³	1.2	750.67	924.80	—			
2	1-715	扶梯料石踏步勾平缝	100m²	0.6	84.67	94.03				
		合计			835.34	1018.83	—	185.42	92.71	2132.30

分部分项工程量清单综合单价计算表

工程名称：某桥梁
项目编码：040103001001
项目名称：填土（密实度95%）

计量单位：m³
工程数量：1589.00
综合单价：22.20元

序号	定额编号	工程内容	单位	数量	金额（元）					
					人工费	材料费	机械费	管理费	利润	小计
1	1-56	填土（填土密实度95%）	100m³	15.89	14167.68	11.12	—			
2	1-47	人力装土，机动翻斗车运土（运距100m）	100m³	15.89	5380.67	—	11110.29			
		合计			19548.35	11.12	11110.29	3066.98	1533.49	35270.23

分部分项工程量清单综合单价计算表

工程名称：某桥梁
项目编码：040301003001
项目名称：钢筋混凝土方桩（C30，墩、台基桩截面30×35）

计量单位：m
工程数量：944
综合单价：206.60元

序号	定额编号	工程内容	单位	数量	金额（元）					
					人工费	材料费	机械费	管理费	利润	小计
1	3-514	搭拆2.5t打桩支架（水上）	100m²	7.0172	28277.70	18714.38	58351.80			
2	3-336	C30混凝土方桩预制（截面30×35）	10m³	10.946	4611.66	22557.99	2824.18			
3	3-23	打混凝土预制方桩（24m以内）	10m³	4.896	975.82	320.00	7878.30			
4	3-26	打混凝土预制方桩（28m以内）	10m³	6.05	740.88	513.77	9899.19			
5	3-60	浆锚接桩	个	40	494.40	3616.80	5379.60			
6	3-75	送桩（8m以内）	10m³	0.366	212.92	64.56	725.59			
7	补2	钢筋混凝土桩运输（150m以内）	10m³	10.946	689.38	1644.42	820.84			
8	补1	凿预制桩桩头混凝土	个	40	280.00	—	—			
		合计			36282.76	47431.92	85879.50	16959.42	8479.71	195033.31

分部分项工程量清单综合单价计算表

工程名称：某桥梁　　　　　　　　　　　　　　　　　　　　　计量单位：m²
项目编码：040305005002　　　　　　　　　　　　　　　　　　工程数量：320.00
项目名称：护坡（干砌块石护坡厚40cm）　　　　　　　　　　　综合单价：36.32元

序号	定额编号	措施项目名称	单位	数量	金额（元）					
					人工费	材料费	机械费	管理费	利润	小计
1	1-691	干砌块石护坡（厚40cm）	10m³	12.80	2950.91	6119.17	—			
2	1-713	干砌块石面勾平缝	100m²	3.20	493.25	544.19	—			
		合计			3444.16	6663.36	—	1010.75	505.38	11623.65

措施项目费用计算表

工程名称：某桥梁

序号	定额编号	工程内容	单位	数量	金额（元）					
					人工费	材料费	机械费	管理费	利润	小计
		围堰小计			8447.35	10329.89	767.30	1954.45	977.23	22476.22
1	1-510	草袋围堰	100m³	2.1653	8447.35	10329.89	767.30			
		模板小计			32650.29	70223.93	9169.20	11204.34	5602.17	128849.93
2	3-267	承台模板	10m²	4.37	313.24	1709.94	181.40			
3	3-281	墩柱模板	10m²	3.69	533.98	678.44	310.11			
4	3-287	墩盖架模板	10m²	7.58	851.61	940.30	688.42			
5	3-373	预制侧缘石模板	10m²	2.77	299.38	422.34	50			
6	3-375	预制端墙、端柱模板	10m²	25.08	5331.26	6393.39	979.62			
7	3-337	预制方桩模板	10m²	66.54	3812.74	6646.68	—			
8	3-357	预制非预应力空心板梁模板	10m²	63.08	11155.84	7218.43	3578.53			
9	3-373	预制人行道板模板	10m²	2.74	296.14	417.77	49.56			
10	3-375	预制栏杆模板	10m²	16.94	3600.94	4318.34	661.68			
11	3-541	筑拆混凝土地模	100m²	6.00	6455.16	41478.30	2669.88			
		合计			41097.64	80553.82	9936.50	13158.79	6579.40	151326.15

二、《建设工程工程量清单计价规范》(GB 50500—2008)计算方法，采用《全国统一市政工程预算定额》(GYD-305—1999)

分部分项工程量清单与计价表

工程名称：某桥梁　　　　标段：　　　　　　　　　　　　　　　第　页 共　页

序号	项目编码	项目名称	项目特征描述	计量单位	工程量	金额(元) 综合单价	合价	其中：暂估价
1	040101003001	挖基坑土方	三类土，2m以内	m³	36.00			
2	040101006001	挖淤泥	人工挖淤泥	m³	153.60			
3	040103001001	填土	回填基坑，密实度95%	m³	1589.00			
4	040103002001	余方弃置	淤泥运距100m	m³	153.60			
5	040301003001	钢筋混凝土方桩	C30混凝土，墩、台基桩30×50	m³	944.00			
6	040302006001	墩(台)盖梁	台盖梁，C30混凝土	m³	38.00			
7	040302006002	墩(台)盖梁	墩盖梁，C30混凝土	m³	25.00			
8	040302002001	混凝土承台	墩承台，C30混凝土	m³	17.40			
9	040302004001	墩(台)身	墩柱，C20混凝土	m³	8.60			
10	040302017001	桥面铺装	车行道厚14.5cm，C25混凝土	m³	61.90			
11	040303003001	预制混凝土梁	C30非预应力空心板梁	m³	166.14			
12	040303005001	预制混凝土小型构件	人行道板，C25混凝土	m³	6.40			
13	040303005002	预制混凝土小型构件	栏杆，C30混凝土	m³	4.60			
14	040303005003	预制混凝土小型构件	端墙端柱，C30混凝土	m³	6.81			
15	040303005004	预制混凝土小型构件	侧缘石，C25混凝土	m³	10.10			
16	040304002001	浆砌块料	踏步料石30×20×100，M10砂浆	m³	12.00			
17	040305005001	护坡	M10水泥砂浆砌块石护坡，厚40cm	m²	60.00			
18	040305005002	护坡	干砌块石护坡，厚40cm	m²	320.00			
			本页小计					
			合　计					

分部分项工程量清单与计价表

工程名称：某桥梁　　　　标段：　　　　　　　　　　　　　　　　　　第　页　共　页

序号	项目编码	项目名称	项目特征描述	计量单位	工程量	金额(元)		
						综合单价	合价	其中：暂估价
19	040308001001	水泥砂浆抹面	人行道水泥砂浆抹面1∶2，分格	m²	120.00			
20	040309002001	橡胶支座	板式，每个630cm³	个	216.00			
21	040309006001	桥梁伸缩装置	橡胶伸缩缝	m	39.85			
22	040309006002	桥梁伸缩装置	沥青麻丝伸缩缝	m	28.08			
			本页小计					
			合计					

分部分项工程量清单与计价表

工程名称：某桥梁　　　　标段：　　　　　　　　　　　　　　　　第　页　共　页

序号	项目编码	项目名称	项目特征描述	计量单位	工程量	金额(元) 综合单价	合价	其中：暂估价
1	040101003001	挖基坑土方	三类土，2m 以内	m³	36.00	22.38	805.68	
2	040101006001	挖淤泥	人工挖淤泥	m³	153.60	25.94	3984.58	
3	040103001001	填土	回填基坑，密实度95%	m³	1589.00	22.20	35270.23	
4	040103002001	余方弃置	淤泥运距100m	m³	153.60	11.92	1830.91	
5	040301003001	钢筋混凝土方桩	C30 混凝土，墩、台基桩 30×50	m³	944.00	213.53	201572.32	
6	040302006001	墩(台)盖梁	台盖梁，C30 混凝土	m³	38.00	335.29	12741.02	
7	040302006002	墩(台)盖梁	墩盖梁，C30 混凝土	m³	25.00	307.12	7678.00	
8	040302002001	混凝土承台	墩承台，C30 混凝土	m³	17.40	296.92	5166.41	
9	040302004001	墩(台)身	墩柱，C20 混凝土	m³	8.60	278.46	2394.73	
10	040302017001	桥面铺装	车行道厚 14.5cm，C25 混凝土	m³	61.90	321.17	19880.21	
11	040303003001	预制混凝土梁	C30 非预应力空心板梁	m³	166.14	388.54	64552.04	
12	040303005001	预制混凝土小型构件	人行道板，C25 混凝土	m³	6.40	364.92	2335.49	
13	040303005002	预制混凝土小型构件	栏杆，C30 混凝土	m³	4.60	498.56	2293.38	
14	040303005003	预制混凝土小型构件	端墙端柱，C30 混凝土	m³	6.81	525.54	3578.93	
15	040303005004	预制混凝土小型构件	侧缘石，C25 混凝土	m³	10.10	367.20	3708.72	
16	040304002001	浆砌块料	踏步料石 30×20×100，M10 砂浆	m³	12.00	177.69	2132.30	
17	040305005001	护坡	M10 水泥砂浆砌块石护坡，厚 40cm	m²	60.00	56.13	3368.01	
18	040305005002	护坡	干砌块石护坡，厚40cm	m²	320.00	36.32	11623.65	
19	040308001001	水泥砂浆抹面	人行道水泥砂浆抹面 1：2，分格	m²	120.00	7.90	948.00	
20	040309002001	橡胶支座	板式，每个 630cm³	个	216.00	879.91	190059.54	
21	040309006001	桥梁伸缩装置	橡胶伸缩缝	m	39.85	56.87	2266.27	
22	040309006002	桥梁伸缩装置	沥青麻丝伸缩缝	m	28.08	7.01	196.91	
			本页小计				567887.33	
			合计				567887.33	

工程量清单综合单价分析表

工程名称：某桥梁　　　　标段：　　　　　　　　　　　　　　　　第1页 共22页

项目编码	040101003001	项目名称		挖基坑土方		计量单位		m³	

清单综合单价组成明细

定额编号	定额名称	定额单位	数量	单价				合价			
				人工费	材料费	机械费	管理费和利润	人工费	材料费	机械费	管理费和利润
1-20	人工挖基坑土方	100m³	0.01	1429.09	—	—	214.36	14.29	—	—	2.14
1-45	人工装运土方	100m³	0.01	431.65	—	—	64.75	4.32	—	—	0.65
1-46	人工装运土方，运距增50m	100m³	0.01	85.39	—	—	12.81	0.85	—	—	0.13
人工单价				小　　计				19.46	—	—	2.92
22.47元/工日				未计价材料费							
清单项目综合单价								22.38			

材料费明细	主要材料名称、规格、型号	单位	数量	单价(元)	合价(元)	暂估单价(元)	暂估合计(元)
	其他材料费			—		—	
	材料费小计			—		—	

注：1."数量"栏为"投标方(定额)工程量÷招标方(清单)工程量÷定额单位数量"，如"0.01"为 36÷36÷100；

　　2. 管理费费率为10%，利润率为5%，均以直接费为基数。

工程量清单综合单价分析表

工程名称：某桥梁　　　　标段：　　　　　　　　　　　　　第2页　共22页

项目编码	040101006001	项目名称		挖淤泥	计量单位		m³

清单综合单价组成明细

定额编号	定额名称	定额单位	数量	单价				合价			
				人工费	材料费	机械费	管理费和利润	人工费	材料费	机械费	管理费和利润
1-50	人工挖淤泥	100m³	0.01	2255.76	—	—	338.36	22.56	—	—	3.38
	人工单价				小计			22.56			3.38
22.47元/工日				未计价材料费							
		清单项目综合单价						25.94			

	主要材料名称、规格、型号		单位	数量	单价（元）	合价（元）	暂估单价（元）	暂估合计（元）
材料费明细								
	其他材料费						—	
	材料费小计					—		—

注：1. "数量"栏为"投标方（定额）工程量÷招标方（清单）工程量÷定额单位数量"，如"0.01"为153.60÷153.60÷100；

　　2. 管理费费率为10%，利润率为5%，均以直接费为基数。

工程量清单综合单价分析表

工程名称：某桥梁　　　　标段：　　　　　　　　　　　　　　第3页　共22页

项目编码	040103001001	项目名称		填土	计量单位	m^3

清单综合单价组成明细

定额编号	定额名称	定额单位	数量	单价				合价			
				人工费	材料费	机械费	管理费和利润	人工费	材料费	机械费	管理费和利润
1-56	填土夯实	100m^3	0.01	891.69	0.70	—	133.86	8.92	0.01	—	1.34
1-47	机动翻斗车运土（运距100m）	100m^3	0.01	338.62	—	699.20	155.67	3.39	—	6.99	1.55
人工单价				小　　计				12.31	0.01	6.99	2.89
22.47元/工日				未计价材料费							
				清单项目综合单价				22.20			

材料费明细	主要材料名称、规格、型号	单位	数量	单价（元）	合价（元）	暂估单价(元)	暂估合计(元)
	水	m^3	0.016	0.45	0.01		
	其他材料费			—		—	
	材料费小计			—	0.01	—	

注：1. "数量"栏为"投标方（定额）工程量÷招标方（清单）工程量÷定额单位数量"，如"0.01"为1589.00÷1589.00÷100；
　　2. 管理费费率为10%，利润率为5%，均以直接费为基数。

工程量清单综合单价分析表

工程名称：某桥梁　　　　标段：　　　　　　　　　　　　　第 4 页　共 22 页

| 项目编码 | 040105002001 | 项目名称 | | 余方弃置 | 计量单位 | | m^3 |

清单综合单价组成明细

定额编号	定额名称	定额单位	数量	单价 人工费	单价 材料费	单价 机械费	单价 管理费和利润	合价 人工费	合价 材料费	合价 机械费	合价 管理费和利润
1-51	人工运淤泥，运距20m以内	100m³	0.01	698.14	—	—	104.72	6.98	—	—	1.05
1-52	人工运淤泥，运距每增加20m	100m³	0.01	337.50	—	—	50.63	3.38	—	—	0.51
	人工单价			小　　计				10.36	—	—	1.56
	22.47元/工日			未计价材料费							
	清单项目综合单价							11.92			

材料费明细	主要材料名称、规格、型号	单位	数量	单价(元)	合价(元)	暂估单价(元)	暂估合计(元)
	其他材料费				—		
	材料费小计				—		

注：1."数量"栏为"投标方(定额)工程量÷招标方(清单)工程量÷定额单位数量"，如"0.01"为153.60÷153.60÷100；

　　2. 管理费费率为10%，利润率为5%，均以直接费为基数。

工程量清单综合单价分析表

工程名称：某桥梁　　　　标段：　　　　　　　　　　　　　第 5 页　共 22 页

项目编码	040301003001	项目名称	钢筋混凝土方桩	计量单位	m

清单综合单价组成明细

定额编号	定额名称	定额单位	数量	单价				合价			
				人工费	材料费	机械费	管理费和利润	人工费	材料费	机械费	管理费和利润
3-514	水上支架	100m²	0.007	4029.77	4771.55	8315.54	2251.84	28.21	33.40	58.21	15.76
3-336	方桩	10m³	0.012	421.31	44.85	258.01	406.62	5.06	0.54	3.10	4.88
3-23	打钢筋混凝土方桩(24m以内)	10m³	0.005	199.31	65.36	1609.13	281.4	1.00	0.33	8.05	1.41
3-26	打钢筋混凝土方桩(28m以内)	10m³	0.006	122.46	84.92	1636.23	276.50	0.73	0.51	9.82	1.66
3-60	浆锚接桩	个	0.042	12.36	90.42	134.49	35.59	0.52	3.80	5.65	1.50
3-75	送桩(8m以内)	10m³	0.0004	581.75	176.39	1982.49	411.09	0.23	0.07	0.79	0.16
补2	钢筋混凝土桩运输(150m以内)	10m³	0.012					0.76	1.80	0.90	0.52
补1	凿预制桩桩头混凝土	个	0.042					0.29			0.04
人工单价			小　计					36.80	40.45	86.52	25.93
22.47元/工日			未计价材料费					23.83			
			清单项目综合单价					213.53			

	主要材料名称、规格、型号	单位	数量	单价(元)	合价(元)	暂估单价(元)	暂估合计(元)
材料费明细	混凝土 C30	m³	0.12	198.60	23.83		
	其他材料费			—		—	
	材料费小计			—	23.83	—	

注：1. "数量"栏为"投标方(定额)工程量÷招标方(清单)工程量÷定额单位数量"，如"0.007"为 701.72÷944÷100；

　　2. 管理费费率为10%，利润率为5%，均以直接费为基数。

工程量清单综合单价分析表

工程名称：某桥梁　　　　标段：　　　　　　　　　　　　　　　　第6页　共22页

项目编码	040302006001	项目名称	墩（台）盖梁	计量单位	m³

清单综合单价组成明细

定额编号	定额名称	定额单位	数量	单价 人工费	单价 材料费	单价 机械费	单价 管理费和利润	合价 人工费	合价 材料费	合价 机械费	合价 管理费和利润
3-288	混凝土台盖梁	10m³	0.1	369.63	20.34	215.00	398.51	36.96	2.03	25.10	39.85
3-261	桥台混凝土垫层	10m³	0.00903	297.28	2.58	214.14	324.11	2.68	0.02	1.93	2.93
3-260	桥台碎石垫层	10m³	0.00903	146.73	558.99	—	105.86	1.32	5.05	—	0.96
人工单价			小　计					40.96	7.1	27.03	43.74
22.47元/工日			未计价材料费					216.46			
清单项目综合单价								335.29			

主要材料名称、规格、型号	单位	数量	单价（元）	合价（元）	暂估单价（元）	暂估合计（元）
混凝土 C30	m³	1.015	198.60	201.58		
混凝土 C15	m³	0.0917	162.24	14.88		
其他材料费				—	—	
材料费小计				216.46	—	

材料费明细

注：1. "数量"栏为"投标方（定额）工程量÷招标方（清单）工程量÷定额单位数量"，如"0.00903"为3.43÷38÷100；

2. 管理费费率为10%，利润率为5%，均以直接费为基数。

工程量清单综合单价分析表

工程名称：某桥梁　　　　标段：　　　　　　　　　　　　　　第 7 页　共 22 页

项目编码	040302006002	项目名称	墩(台)盖梁	计量单位	m³

清单综合单价组成明细

定额编号	定额名称	定额单位	数量	单价				合价			
				人工费	材料费	机械费	管理费和利润	人工费	材料费	机械费	管理费和利润
3-286	混凝土墩盖梁	10m³	0.1	375.25	20.02	259.48	400.58	37.53	2.00	25.95	40.06
人工单价				小　　　计				37.53	2.00	25.95	40.06
22.47 元/工日				未计价材料费				201.58			
				清单项目综合单价				307.12			

材料费明细	主要材料名称、规格、型号	单位	数量	单价(元)	合价(元)	暂估单价(元)	暂估合计(元)
	混凝土 C30	m³	1.015	198.60	201.58		
	其他材料费				—		—
	材料费小计			—	201.58	—	

注：1. "数量"栏为"投标方(定额)工程量÷招标方(清单)工程量÷定额单位数量"，如"0.1"为 25÷25÷10；
　　2. 管理费费率为 10%，利润率为 5%，均以直接费为基数。

工程量清单综合单价分析表

工程名称：某桥梁　　　　标段：　　　　　　　　　　　　　第 8 页　共 22 页

项目编码	040302006002	项目名称	混凝土承台	计量单位	m³

清单综合单价组成明细

定额编号	定额名称	定额单位	数量	单价 人工费	单价 材料费	单价 机械费	单价 管理费和利润	合价 人工费	合价 材料费	合价 机械费	合价 管理费和利润
3-265	混凝土承台	10m³	0.1	320.20	22.87	222.99	387.28	32.02	2.29	22.30	38.73
人工单价				小　　计				32.02	2.29	22.30	38.73
22.47 元/工日				未计价材料费				201.58			
				清单项目综合单价				296.92			

材料费明细	主要材料名称、规格、型号	单位	数量	单价（元）	合价（元）	暂估单价（元）	暂估合计（元）
	混凝土 C30	m³	1.015	198.60	201.58		
	其他材料费			—		—	
	材料费小计			—	201.58	—	

注：1."数量"栏为"投标方（定额）工程量÷招标方（清单）工程量÷定额单位数量"，如"0.1"为 17.4÷17.4÷10；
　　2.管理费费率为 10%，利润率为 5%，均以直接费为基数。

工程量清单综合单价分析表

工程名称：某桥梁　　　　标段：　　　　　　　　　　　　　　第 9 页　共 22 页

项目编码	040302004001	项目名称		墩(台)身		计量单位		m³	

清单综合单价组成明细

定额编号	定额名称	定额单位	数量	单价				合价			
				人工费	材料费	机械费	管理费和利润	人工费	材料费	机械费	管理费和利润
3-280	混凝土柱式墩台身	10m³	0.1	399.74	7.65	281.96	363.20	39.97	0.77	28.20	36.22
人工单价				小　　计				39.97	0.77	28.20	36.32
22.47 元/工日				未计价材料费				173.20			
清单项目综合单价								278.46			

材料费明细	主要材料名称、规格、型号	单位	数量	单价(元)	合价(元)	暂估单价(元)	暂估合计(元)
	混凝土 C20	m³	1.015	170.64	173.20		
	其他材料费			—	—		
	材料费小计			—	173.20	—	

注：1. "数量"栏为"投标方(定额)工程量÷招标方(清单)工程量÷定额单位数量"，如"0.1"为 8.6÷8.6÷10；
　　2. 管理费费率为 10%，利润率为 5%，均以直接费为基数。

工程量清单综合单价分析表

工程名称：某桥梁　　　　标段：　　　　　　　　　　　　　　第10页　共22页

项目编码	040302004001	项目名称	桥面铺装	计量单位	m²

<table>
<tr><td colspan="10" align="center">清单综合单价组成明细</td></tr>
<tr><td rowspan="2">定额编号</td><td rowspan="2">定额名称</td><td rowspan="2">定额单位</td><td rowspan="2">数量</td><td colspan="4" align="center">单价</td><td colspan="4" align="center">合价</td></tr>
<tr><td>人工费</td><td>材料费</td><td>机械费</td><td>管理费和利润</td><td>人工费</td><td>材料费</td><td>机械费</td><td>管理费和利润</td></tr>
<tr><td>3-331</td><td>车行道桥面混凝土铺装</td><td>10m³</td><td>0.1</td><td>455.47</td><td>216.15</td><td>145.96</td><td>400.53</td><td>45.55</td><td>21.62</td><td>14.60</td><td>40.05</td></tr>
<tr><td></td><td></td><td></td><td></td><td></td><td></td><td></td><td></td><td></td><td></td><td></td><td></td></tr>
<tr><td></td><td></td><td></td><td></td><td></td><td></td><td></td><td></td><td></td><td></td><td></td><td></td></tr>
<tr><td></td><td></td><td></td><td></td><td></td><td></td><td></td><td></td><td></td><td></td><td></td><td></td></tr>
<tr><td colspan="2">人工单价</td><td colspan="6" align="center">小　　计</td><td>45.55</td><td>21.62</td><td>14.60</td><td>40.05</td></tr>
<tr><td colspan="2">22.47元/工日</td><td colspan="6" align="center">未计价材料费</td><td colspan="4" align="center">185.25</td></tr>
<tr><td colspan="8" align="center">清单项目综合单价</td><td colspan="4" align="center">307.07</td></tr>
</table>

<table>
<tr><td rowspan="10">材料费明细</td><td colspan="3" align="center">主要材料名称、规格、型号</td><td>单位</td><td>数量</td><td>单价（元）</td><td>合价（元）</td><td>暂估单价(元)</td><td>暂估合计(元)</td></tr>
<tr><td colspan="3" align="center">混凝土 C25</td><td>m³</td><td>1.015</td><td>181.62</td><td>185.25</td><td></td><td></td></tr>
<tr><td colspan="3"></td><td></td><td></td><td></td><td></td><td></td><td></td></tr>
<tr><td colspan="3"></td><td></td><td></td><td></td><td></td><td></td><td></td></tr>
<tr><td colspan="3"></td><td></td><td></td><td></td><td></td><td></td><td></td></tr>
<tr><td colspan="3"></td><td></td><td></td><td></td><td></td><td></td><td></td></tr>
<tr><td colspan="3"></td><td></td><td></td><td></td><td></td><td></td><td></td></tr>
<tr><td colspan="3"></td><td></td><td></td><td></td><td></td><td></td><td></td></tr>
<tr><td colspan="5" align="center">其他材料费</td><td>—</td><td></td><td>—</td><td></td></tr>
<tr><td colspan="5" align="center">材料费小计</td><td>—</td><td>185.25</td><td>—</td><td></td></tr>
</table>

注：1. "数量"栏为"投标方(定额)工程量÷招标方(清单)工程量÷定额单位数量"，如"0.1"为61.9÷61.9÷10；
　　2. 管理费费率为10%，利润率为5%，均以直接费为基数。

工程量清单综合单价分析表

工程名称:某桥梁　　　标段:　　　　　　　　　　　　　第11页　共22页

项目编码	040302017001	项目名称		预制混凝土梁		计量单位		m^3	

清单综合单价组成明细

定额编号	定额名称	定额单位	数量	单价				合价			
				人工费	材料费	机械费	管理费和利润	人工费	材料费	机械费	管理费和利润
3-356	非预应力混凝土空心板梁	$10m^3$	0.1	414.8	58.5	255.06	413.34	41.48	5.85	25.51	41.33
3-431	安装板梁($L \leq 10m$)	$10m^3$	0.1	45.39	—	272.94	47.75	4.54	—	27.29	4.78
3-323	板梁底砂浆及勾缝	10m	0.0307	51.68	1.86	—	8.03	1.59	0.06	—	0.25
补2	非预应力空心板梁运输	$10m^3$	0.1	62.98	150.23	74.99	43.23	6.30	15.02	7.50	4.32
人工单价			小　计					53.91	20.93	60.30	50.68
22.47元/工日			未计价材料费					202.72			
			清单项目综合单价					388.54			

材料费明细	主要材料名称、规格、型号	单位	数量	单价(元)	合价(元)	暂估单价(元)	暂估合价(元)
	混凝土C30	m^3	1.015	198.60	201.58		
	混凝土C20	m^3	0.0067	170.64	1.14		
	其他材料费				—		
	材料费小计			—	202.72	—	

注:1. "数量"栏为"投标方(定额)工程量÷招标方(清单)工程量÷定额单位数量",如"0.0307"为51÷166.14÷10;

2. 管理费费率为10%,利润率为5%,均以直接费为基数。

工程量清单综合单价分析表

工程名称：某桥梁　　　标段：　　　　　　　　　　　　　　　第12页　共22页

项目编码	040303005001	项目名称	预制混凝土小型构件	计量单位	m^3

清单综合单价组成明细

定额编号	定额名称	定额单位	数量	单价 人工费	单价 材料费	单价 机械费	单价 管理费和利润	合价 人工费	合价 材料费	合价 机械费	合价 管理费和利润
3-372	预制C25混凝土人行道板	10m^3	0.1	570.51	127.97	145.96	403.19	57.05	12.80	14.60	40.46
3-475	安装混凝土人行道板	10m^3	0.1	358.62	—	—	53.79	35.86	—	—	5.38
1-634	预制人行道板运输，运距50m	10m^3	0.1	107.18	—	—	16.08	10.72	—	—	1.61
1-635	预制人行道板运输，运距增100m	10m^3	0.1	10.34	—	—	1.55	1.03	—	—	0.16
人工单价			小　计					104.66	12.80	14.60	47.61
22.47元/工日			未计价材料费						185.25		
			清单项目综合单价						364.92		

材料费明细	主要材料名称、规格、型号	单位	数量	单价(元)	合价(元)	暂估单价(元)	暂估合计(元)
	混凝土C25	m^3	1.02	181.62	185.25		
	其他材料费			—	—		
	材料费小计			—	185.25	—	

注：1. "数量"栏为"投标方(定额)工程量÷招标方(清单)工程量÷定额单位数量"，如"0.1"为6.4÷6.4÷10；
　　2. 管理费费率为10%，利润率为5%，均以直接费为基数。

工程量清单综合单价分析表

工程名称：某桥梁　　　　标段：　　　　　　　　　　　　　第 13 页　共 22 页

| 项目编码 | 040303005002 | 项目名称 | | 预制混凝土小型构件 | | 计量单位 | | m³ |

清单综合单价组成明细

定额编号	定额名称	定额单位	数量	单价				合价			
				人工费	材料费	机械费	管理费和利润	人工费	材料费	机械费	管理费和利润
3-374	预制C30混凝土栏杆	10m³	0.1	871.39	97.54	145.96	471.09	87.14	9.75	14.60	47.12
3-478	安装混凝土栏杆	10m³	0.1	492.09	291.65	293.24	161.55	49.21	29.17	29.32	16.16
1-634	预制栏杆运输，运距50m	10m³	0.1	107.18	—	—	16.08	10.72	—	—	1.61
1-635	预制栏杆运输，运距增100m	10m³	0.1	10.34	—	—	1.55	1.03	—	—	0.16
人工单价			小　计					148.10	38.92	43.92	65.05
22.47元/工日			未计价材料费					202.57			
			清单项目综合单价					498.56			

材料费明细	主要材料名称、规格、型号	单位	数量	单价（元）	合价（元）	暂估单价（元）	暂估合计（元）
	混凝土 C30	m³	1.02	198.60	202.57		
	其他材料费			—		—	
	材料费小计			—	202.57	—	

注：1. "数量"栏为"投标方（定额）工程量÷招标方（清单）工程量÷定额单位数量"，如"0.1"为 4.60÷4.60÷10；
　　2. 管理费费率为10%，利润率为5%，均以直接费为基数。

工程量清单综合单价分析表

工程名称：某桥梁　　　　标段：　　　　　　　　　　　　　第14页 共22页

项目编码	040303005003	项目名称	预制混凝土小型构件	计量单位	m³

<table>
<tr><th colspan="10">清单综合单价组成明细</th></tr>
<tr><th rowspan="2">定额编号</th><th rowspan="2">定额名称</th><th rowspan="2">定额单位</th><th rowspan="2">数量</th><th colspan="4">单价</th><th colspan="4">合价</th></tr>
<tr><th>人工费</th><th>材料费</th><th>机械费</th><th>管理费和利润</th><th>人工费</th><th>材料费</th><th>机械费</th><th>管理费和利润</th></tr>
<tr><td>3-374</td><td>预制C30混凝土端柱</td><td>10m³</td><td>0.1</td><td>871.39</td><td>97.54</td><td>145.96</td><td>471.09</td><td>87.14</td><td>9.75</td><td>14.60</td><td>47.12</td></tr>
<tr><td>3-474</td><td>安装混凝土端柱</td><td>10m³</td><td>0.1</td><td>447.83</td><td>455.75</td><td>408.05</td><td>196.74</td><td>44.78</td><td>45.58</td><td>40.80</td><td>19.67</td></tr>
<tr><td>1-634</td><td>预制端柱运输，运距50m</td><td>10m³</td><td>0.1</td><td>107.18</td><td>—</td><td>—</td><td>16.08</td><td>10.72</td><td>—</td><td>—</td><td>1.61</td></tr>
<tr><td>1-635</td><td>预制端柱运输，运距增100m</td><td>10m³</td><td>0.1</td><td>10.34</td><td>—</td><td>—</td><td>1.55</td><td>1.03</td><td>—</td><td>—</td><td>0.16</td></tr>
<tr><td colspan="2">人工单价</td><td colspan="4">小　　计</td><td>143.67</td><td>55.33</td><td>55.41</td><td>68.56</td></tr>
<tr><td colspan="2">22.47元/工日</td><td colspan="4">未计价材料费</td><td colspan="4">202.57</td></tr>
<tr><td colspan="6">清单项目综合单价</td><td colspan="4">525.54</td></tr>
</table>

<table>
<tr><th rowspan="2">材料费明细</th><th colspan="2">主要材料名称、规格、型号</th><th>单位</th><th>数量</th><th>单价(元)</th><th>合价(元)</th><th>暂估单价(元)</th><th>暂估合计(元)</th></tr>
<tr><td colspan="2">混凝土C30</td><td>m³</td><td>1.02</td><td>198.60</td><td>202.57</td><td></td><td></td></tr>
<tr><td colspan="2">其他材料费</td><td colspan="4"></td><td>—</td><td></td><td>—</td></tr>
<tr><td colspan="2">材料费小计</td><td colspan="4"></td><td>—</td><td>202.57</td><td>—</td></tr>
</table>

注：1. "数量"栏为"投标方(定额)工程量÷招标方(清单)工程量÷定额单位数量"，如"0.1"为6.81÷6.81÷10；
　　2. 管理费费率为10%，利润率为5%，均以直接费为基数。

工程量清单综合单价分析表

工程名称：某桥梁　　　　标段：　　　　　　　　　　　　　　第15页 共22页

项目编码	040303005004	项目名称	预制混凝土小型构件	计量单位	m³

清单综合单价组成明细

定额编号	定额名称	定额单位	数量	单价 人工费	单价 材料费	单价 机械费	单价 管理费和利润	合价 人工费	合价 材料费	合价 机械费	合价 管理费和利润
3-372	预制C25混凝土侧缘石	10m³	0.1	570.51	127.97	145.96	403.19	57.05	12.80	14.60	40.32
3-476	安装混凝土侧缘石	10m³	0.1	387.61	—	—	58.14	38.76	—	—	5.81
1-634	预制侧缘石运输，运距50m	10m³	0.1	107.18	—	—	16.08	10.72	—	—	1.61
1-635	预制侧缘石运输，运距增100m	10m³	0.1	10.34	—	—	1.55	1.03	—	—	0.16
人工单价			小　计					107.56	12.80	14.60	47.90
22.47元/工日			未计价材料费					184.34			
			清单项目综合单价					367.20			

材料费明细	主要材料名称、规格、型号	单位	数量	单价(元)	合价(元)	暂估单价(元)	暂估合计(元)
	混凝土C25	m³	1.015	181.62	184.34		
	其他材料费				—		—
	材料费小计				184.34		—

注：1."数量"栏为"投标方(定额)工程量÷招标方(清单)工程量÷定额单位数量"，如"0.1"为10.10÷10.10÷10；

2. 管理费费率为10%，利润率为5%，均以直接费为基数。

工程量清单综合单价分析表

工程名称:某桥梁　　标段:　　　　　　　　　　　　　第16页 共22页

项目编码	040304002001	项目名称	浆砌块料	计量单位	m³

清单综合单价组成明细

定额编号	定额名称	定额单位	数量	单价				合价			
				人工费	材料费	机械费	管理费和利润	人工费	材料费	机械费	管理费和利润
1-703	浆砌料石台阶	10m³	0.1	625.56	770.67		209.43	62.56	77.07		20.94
1-715	浆砌料石面勾平缝	100m²	0.05	141.11	156.71		44.67	7.06	7.83		2.23
人工单价				小　计				69.62	84.9		23.17
22.47元/工日				未计价材料费							
清单项目综合单价								177.69			

	主要材料名称、规格、型号	单位	数量	单价(元)	合价(元)	暂估单价(元)	暂估合计(元)
材料费明细	料石	m³	0.91	65.10	59.05		
	水泥砂浆 M10	m³	0.19	102.65	19.95		
	水	m³	0.42	0.45	0.19		
	草袋	个	2.46	2.32	5.71		
	其他材料费			—		—	
	材料费小计			—	84.90	—	

注: 1. "数量"栏为"投标方(定额)工程量÷招标方(清单)工程量÷定额单位数量",如"0.1"为12÷12÷10;
　　2. 管理费费率为10%,利润率为5%,均以直接费为基数。

工程量清单综合单价分析表

工程名称:某桥梁　　　　标段:　　　　　　　　　　　　　　第17页 共22页

项目编码	040305005001	项目名称		护坡		计量单位		m²

清单综合单价组成明细

定额编号	定额名称	定额单位	数量	单价				合价			
				人工费	材料费	机械费	管理费和利润	人工费	材料费	机械费	管理费和利润
1-697	浆砌块石护坡(厚40cm)	10m³	0.04	260.20	855.47	26.60	171.34	10.41	34.22	1.60	6.85
1-714	浆砌块石面勾平缝	100m²	0.01	142.01	170.06		46.81	1.42	1.70		0.47
	人工单价			小　　计				11.83	35.92	1.06	7.32
	22.47元/工日			未计价材料费							
	清单项目综合单价							56.13			

	主要材料名称、规格、型号	单位	数量	单价(元)	合价(元)	暂估单价(元)	暂估合计(元)
材料费明细	块石	m³	0.47	41.00	19.27		
	水泥砂浆 M10	m³	0.15	102.65	15.46		
	水	m³	0.12	0.45	0.05		
	草袋	个	0.49	2.32	1.14		
	其他材料费				—		—
	材料费小计				35.92	—	

注:1."数量"栏为"投标方(定额)工程量÷招标方(清单)工程量÷定额单位数量",如"0.04"为24÷60÷10;
　　2.管理费费率为10%,利润率为5%,均以直接费为基数。

工程量清单综合单价分析表

工程名称:某桥梁　　　标段:　　　　　　　　　　　　　第18页　共22页

项目编码	040305005002	项目名称	护坡	计量单位	m²

清单综合单价组成明细

定额编号	定额名称	定额单位	数量	单价				合价			
				人工费	材料费	机械费	管理费和利润	人工费	材料费	机械费	管理费和利润
1-691	干砌块石护坡(厚40cm)	10m³	0.04	230.54	478.06		106.29	9.22	19.12		4.25
1-713	干砌块石面勾平缝	100m²	0.01	154.14	170.06		48.63	1.54	1.70		0.49
人工单价				小　计				10.76	20.82		4.74
22.47元/工日				未计价材料费							
			清单项目综合单价						36.32		

	主要材料名称、规格、型号	单位	数量	单价(元)	合价(元)	暂估单价(元)	暂估合价(元)
材料费明细	块石	m³	0.47	41.00	19.12		
	水泥砂浆 M10	m³	0.005	102.65	0.53		
	草袋	个	0.49	2.32	1.14		
	水	m³	0.059	0.45	0.03		
	其他材料费			—		—	
	材料费小计			—	20.82	—	

注:1. "数量"栏为"投标方(定额)工程量÷招标方(清单)工程量÷定额单位数量",如"0.04"为128÷320÷10;
　　2. 管理费费率为10%,利润率为5%,均以直接费为基数。

工程量清单综合单价分析表

工程名称：某桥梁　　　　标段：　　　　　　　　　　　　　　第19页　共22页

项目编码	040308001001	项目名称	水泥砂浆抹面	计量单位	m²

清单综合单价组成明细

定额编号	定额名称	定额单位	数量	单价				合价			
				人工费	材料费	机械费	管理费和利润	人工费	材料费	机械费	管理费和利润
3-546	水泥砂浆抹面，分格	100m²	0.01	219.08	437.25	30.67	103.05	2.19	4.37	0.31	1.03
人工单价				小　计				2.19	4.37	0.31	1.03
22.47元/工日				未计价材料费							
清单项目综合单价										7.90		

材料费明细	主要材料名称、规格、型号	单位	数量	单价（元）	合价（元）	暂估单价(元)	暂估合计(元)
	素水泥浆	m³	0.001	467.02	0.48		
	水泥砂浆1∶2	m³	0.02	189.17	3.88		
	水	m³	0.03	0.45	0.01		
	其他材料费			—	—		
	材料费小计			—	4.37	—	

注：1."数量"栏为"投标方（定额）工程量÷招标方（清单）工程量÷定额单位数量"，如"0.01"为120÷120÷100；
　　2. 管理费费率为10%，利润率为10%，均以直接费为基数。

工程量清单综合单价分析表

工程名称：某桥梁　　　　标段：　　　　　　　　　　　　　　第 20 页　共 22 页

项目编码	040309002001	项目名称	橡胶支座	计量单位	个

清单综合单价组成明细

定额编号	定额名称	定额单位	数量	单价				合价			
				人工费	材料费	机械费	管理费和利润	人工费	材料费	机械费	管理费和利润
3-484	安装板式橡胶支座	100cm³	6.3	0.45	121.00		18.22	2.84	762.30		114.77
人工单价			小　　计					2.84	762.30		114.77
22.47元/工日			未计价材料费								
清单项目综合单价								879.91			

材料费明细	主要材料名称、规格、型号	单位	数量	单价(元)	合价(元)	暂估单价(元)	暂估合计(元)
	板式橡胶支座	100cm³	6.3	121.00	762.30		
	其他材料费			—		—	
	材料费小计			—	762.30	—	

注：1. "数量"栏为"投标方(定额)工程量÷招标方(清单)工程量÷定额单位数量"，如"6.3"为 630×216÷210÷100；

2. 管理费费率为10%，利润率为10%，均以直接费为基数。

工程量清单综合单价分析表

工程名称：某桥梁　　　　标段：　　　　　　　　　　　　第21页 共22页

项目编码	040309006001	项目名称	桥梁伸缩装置	计量单位	m

清单综合单价组成明细

定额编号	定额名称	定额单位	数量	单价 人工费	单价 材料费	单价 机械费	单价 管理费和利润	合价 人工费	合价 材料费	合价 机械费	合价 管理费和利润
3-498	安装橡胶伸缩缝	10m	0.1	215.49	75.68	98.34	74.17	21.55	7.57	9.83	7.42
人工单价				小计				21.55	7.57	9.83	7.42
22.47元/工日				未计价材料费				10.50			
清单项目综合单价								56.87			

材料费明细	主要材料名称、规格、型号	单位	数量	单价（元）	合价（元）	暂估单价（元）	暂估合计（元）
	橡胶板伸缩缝	m	1.00	10.50	10.50		
	其他材料费			—			
	材料费小计			—	10.50	—	

注：1. "数量"栏为"投标方（定额）工程量÷招标方（清单）工程量÷定额单位数量"，如"0.1"为 39.85÷39.85÷10；

2. 管理费费率为10%，利润率为5%，均以直接费为基数；

3. 橡胶板伸缩缝单价可根据不同情况变化。

工程量清单综合单价分析表

工程名称：某桥梁　　标段：　　　　　　　　　　　　　第 22 页　共 22 页

项目编码	040309006002	项目名称	桥梁伸缩装置	计量单位	m

清单综合单价组成明细

定额编号	定额名称	定额单位	数量	单价 人工费	单价 材料费	单价 机械费	单价 管理费和利润	合价 人工费	合价 材料费	合价 机械费	合价 管理费和利润
3-500	安装沥青麻丝伸缩缝	10m	0.1	43.14	17.84		9.15	4.31	1.78		0.92
人工单价			小　　计					4.31	1.78		0.92
22.47元/工日			未计价材料费								
清单项目综合单价									7.01		

材料费明细	主要材料名称、规格、型号	单位	数量	单价(元)	合价(元)	暂估单价(元)	暂估合价(元)
	石油沥青30号	kg	0.16	1.40	0.22		
	油浸麻丝	kg	0.15	10.40	1.56		
	其他材料费			—			
	材料费小计			—	1.78		

注：1."数量"栏为"投标方(定额)工程量÷招标方(清单)工程量÷定额单位数量"，如"0.1"为 28.08÷28.08÷10；

2. 管理费费率为10%，利润率为5%，均以直接费为基数。

措施项目清单与计价表

工程名称：某梁桥　　　标段：　　　　　　　　　　　第1页 共1页

序号	项目编码	项目名称	项目特征描述	计量单位	工程量	金额(元) 综合单价	金额(元) 合价
1	DB001	围堰	草袋围堰	m³	216.53	103.80	22476.22
2	AB001	混凝土、钢筋混凝土模板及支架	承台模板	m²	43.7	58.02	2535.27
3	AB002	混凝土、钢筋混凝土模板及支架	墩柱模板	m²	36.9	47.45	1750.91
4	AB003	混凝土、钢筋混凝土模板及支架	墩盖架模板	m²	75.8	37.63	2852.38
5	AB004	混凝土、钢筋混凝土模板及支架	预制侧缘石模板	m²	27.7	32.04	887.48
6	AB005	混凝土、钢筋混凝土模板及支架	预制端墙、端柱模板	m²	250.8	58.25	14609.91
7	AB006	混凝土、钢筋混凝土模板及支架	预制方桩模板	m²	665.4	18.08	12028.33
8	AB007	混凝土、钢筋混凝土模板及支架	预制非预应力空心板梁模板	m²	630.8	40.02	25245.72
9	AB008	混凝土、钢筋混凝土模板及支架	预制人行道板模板	m²	27.4	32.04	877.99
10	AB009	混凝土、钢筋混凝土模板及支架	预制栏杆模板	m²	169.4	58.25	9868.11
11	AB010	混凝土、钢筋混凝土模板及支架	筑拆混凝土地模	m²	600	96.99	58193.84
			本页小计				151326.16
			合计				151326.16

三、08 计算方法与 03 计算方法的区别与联系

1. 08 规范和 03 规范相比工程量清单计价表有很大差别。比如本题中的"分部分项工程量清单与计价表"就是 03 规范中的"分部分项工程量清单"和"分部分项工程量清单计价表"合成的;"工程量清单综合单价分析表"和 03 规范中的"分部分项工程量清单综合单价计算表"的实质是一样的,只是在细节方面有些不同。

2. "工程量清单综合单价分析表"中增加了"材料费明细"一栏,此栏中若本项编码所包括的任一定额中含有未计价材料则在"材料费明细"中只显示未计价材料,将所有未计价材料费汇总后填入"未计价材料费"一栏中;若本项目编码所包括的定额中都不含未计价材料,则"材料费明细"中应显示以上定额所涉及的全部材料。若不同定额编号所用材料有相同的,则应在"材料费明细"中合并后计算。

3. 若题中含未计价材料,则在计算管理费和利润时应按"(人工费+计价材料费+未计价材料费+机械费)×(管理费费率+利润率)"计算(市政工程)。

4. 若清单中含有补充定额的,在市政工程中计算补充定额中费用的管理费和利润,而安装工程中不计补充定额的管理费和利润。

尊敬的读者：

感谢您选购我社图书！建工版图书按图书销售分类在卖场上架，共设22个一级分类及43个二级分类，根据图书销售分类选购建筑类图书会节省您的大量时间。现将建工版图书销售分类及与我社联系方式介绍给您，欢迎随时与我们联系。

★ 建工版图书销售分类表（详见下表）。

★ 欢迎登陆中国建筑工业出版社网站www.cabp.com.cn，本网站为您提供建工版图书信息查询、网上留言、购书服务，并邀请您加入网上读者俱乐部。

★ 中国建筑工业出版社总编室　　电　话：010—58934845
　　　　　　　　　　　　　　　　传　真：010—68321361

★ 中国建筑工业出版社发行部　　电　话：010—58933865
　　　　　　　　　　　　　　　　传　真：010—68325420
　　　　　　　　　　　　　　　　E-mail：hbw@cabp.com.cn

建工版图书销售分类表

一级分类名称(代码)	二级分类名称(代码)	一级分类名称(代码)	二级分类名称(代码)
建筑学 (A)	建筑历史与理论(A10)	园林景观 (G)	园林史与园林景观理论(G10)
	建筑设计(A20)		园林景观规划与设计(G20)
	建筑技术(A30)		环境艺术设计(G30)
	建筑表现·建筑制图(A40)		园林景观施工(G40)
	建筑艺术(A50)		园林植物与应用(G50)
建筑设备·建筑材料 (F)	暖通空调(F10)	城乡建设·市政工程·环境工程 (B)	城镇与乡(村)建设(B10)
	建筑给水排水(F20)		道路桥梁工程(B20)
	建筑电气与建筑智能化技术(F30)		市政给水排水工程(B30)
	建筑节能·建筑防火(F40)		市政供热、供燃气工程(B40)
	建筑材料(F50)		环境工程(B50)
城市规划·城市设计 (P)	城市史与城市规划理论(P10)	建筑结构与岩土工程 (S)	建筑结构(S10)
	城市规划与城市设计(P20)		岩土工程(S20)
室内设计·装饰装修 (D)	室内设计与表现(D10)	建筑施工·设备安装技术 (C)	施工技术(C10)
	家具与装饰(D20)		设备安装技术(C20)
	装修材料与施工(D30)		工程质量与安全(C30)
建筑工程经济与管理 (M)	施工管理(M10)	房地产开发管理(E)	房地产开发与经营(E10)
	工程管理(M20)		物业管理(E20)
	工程监理(M30)	辞典·连续出版物 (Z)	辞典(Z10)
	工程经济与造价(M40)		连续出版物(Z20)
艺术·设计 (K)	艺术(K10)	旅游·其他 (Q)	旅游(Q10)
	工业设计(K20)		其他(Q20)
	平面设计(K30)	土木建筑计算机应用系列(J)	
执业资格考试用书(R)		法律法规与标准规范单行本(T)	
高校教材(V)		法律法规与标准规范汇编/大全(U)	
高职高专教材(X)		培训教材(Y)	
中职中专教材(W)		电子出版物(H)	

注:建工版图书销售分类已标注于图书封底。